TUNNEL ACCIDENTS & UNDERGROUND SAFETY

터널 사고와 지하 안전

TUNNEL

ACCIDENTS & UNDERGROUND SAFETY

사고로부터 배운다

터널 사고와
지하 안전

김영근 저

ApuB
에이퍼브

추천사

터널과 지하공간 개발은 도심지 인프라 구축의 핵심 요소로, 우리의 삶과 산업에 지대한 영향을 미치고 있습니다. 특히, 안전하고 효율적인 터널 설계와 시공은 지속 가능한 도시 개발과 직결된 중요한 과제입니다. 이러한 분야에서 김영근 박사의 지난 30여 년간의 헌신적 연구와 실무 경험은 한국 터널공학 발전에 큰 기여를 해왔습니다.

터널 기술은 암반공학 분야와 깊은 관련성이 있으며, 국내 터널 기술의 발전에 있어 암반공학의 기여는 매우 높다고 할 수 있습니다. 이러한 배경을 바탕으로 터널공학 분야와 암반공학 분야는 긴밀한 협조와 상호협력을 이어가고 있으며, 미래 터널과 지하공간 기술의 핵심 토대를 만들어 가고 있습니다.

이번에 발간된 『터널 사고와 지하 안전』은 터널 사고의 원인과 대응 방안, 그리고 지하 안전성 확보를 위한 중요한 통찰과 다양한 국내외 사고 사례를 체계적으로 정리한 소중한 저작입니다. 복잡해지는 도시화와 재해 증가로 지하 안전에 대한 관심이 높아지는 가운데, 이 책은 학문적 깊이와 실무적 활용성을 겸비한 탁월한 지침서로 자리매김할 것입니다.

김영근 박사의 전문성과 열정이 담긴 이 책의 발간은 단순히 한 권의 도서를 넘어, 터널 분야 전문가 및 연구자들에게 새로운 시각을 제시하고, 지하 안전성을 높이는 데 큰 기여를 할 것이라 확신합니다.

저는 김영근 박사와는 오랜 기간 동안 학술적 교류와 협력을 이어오며 그의 깊이 있는 공학적 통찰과 문제 해결능력에 감탄해 왔습니다. 이번 저서 발간을 진심으로 축하드리며, 이 책이 국내외 관련 학계 및 산업에 널리 읽히고 활용되기를 바랍니다. 끝으로 이 소중한 저작이 빛을 발하게 하기 위해 노력해주신 모든 분들께 감사의 말씀을 전합니다.

국제암반공학회(ISRM) 회장
서울대학교 에너지자원공학과 교수
전 석 원

　　최근 급격한 도시 개발과 교통 인프라의 확장에 따라 터널과 지하공간의 시대가 오고 있지만, 여전히 지하터널공사의 불확실성으로 인하여 터널 붕락사고와 싱크홀과 같은 지반 함몰 사고가 발생하고 있습니다. 이에 터널 사고 방지에 대한 대책과 지하 안전에 대한 관심이 증가하고 있습니다.

　　오늘 제가 추천하고자 하는 책은 우리 학회의 자랑스러운 회원인 김영근 박사의『터널 사고와 지하 안전』입니다. 김영근 박사는 오랜 현장 경험과 깊이 있는 학문적 연구를 바탕으로 우리나라 터널 기술 및 지하 안전 분야를 선도해 온 터널 기술자입니다.

　　본 책은 터널 건설과정에서 발생할 수 있는 다양한 사고 유형과 원인을 분석하고, 이를 바탕으로 보다 안전하고 효율적인 지하공간 활용을 위한 실질적인 해결책을 제시하고 있습니다. 특히 국내외 터널 사고 사례를 면밀히 분석하고, 최신 터널공학 기술을 적용하여 터널 사고 발생 메커니즘을 규명한 점이 돋보입니다. 또한 국내외 다양한 터널 사고 사례를 종합적으로 분석하여 사고 발생의 원인을 규명하고, 이를 예방하기 위한 체계적인 접근방안을 분석하였습니다. 그리고 터널 안전과 관련된 최신 기술을 소개하고, 실제 현장에 적용 가능한 방안을 제시함으로써 터널 엔지니어들이 직면하는 다양한 문제에 대한 해결책을 구체적인 사례와 함께 제시하여 실무에 적용할 수 있을 것입니다.

　　본 책은 터널 엔지니어뿐만 아니라 지반공학, 건설관리 등 관련 분야 종사자들에게 필독서가 될 것입니다. 특히 우리나라의 급격한 도시화와 지하인프라 구축 과정에서 지하터널과 지하공간의 중요성이 더욱 커지고 있는 지금, 본 책은 안전하고 지속 가능한 지하공간 개발을 위한 중요한 길잡이가 될 것입니다.

　　한국터널지하공간학회 회장으로서 저는 김영근 박사의 깊이 있는 연구와 헌신적인 노력에 깊은 감사를 드립니다. 이 책이 우리 학회 회원은 물론 국내 터널 및 지하 안전 분야 발전에 크게 기여할 것이라고 확신합니다.

한국터널지하공간학회(KTA) 회장
KAIST 건설 및 환경공학과 교수
조 계 춘

이 책의 구성과 활용

지하 터널의 시대가 오고 있는 지금, 터널에 대한 기술적 관심과 사회적 니즈가 증가하고 있지만 여전히 터널 공사 중 붕락사고(Tunnel Collapse Accident)는 계속적으로 발생하고 있습니다. 이에 터널 붕락사고의 발생 원인을 보다 쉽게 설명하고, 실제적인 터널 붕락사고 이슈를 중심으로 터널 사고를 방지하고 안전을 강조하기 위하여 본 강좌를 시작하게 되었습니다.

본 강좌는 총 18강으로 구성하여, 터널 붕락사고에 대한 국내외 주요 사례를 선정하고 각각의 사례에 대한 원인과 발생 메커니즘, 보강 대책에 대하여 기술하였습니다. 또한 각각의 사례로부터 배워야 할 교훈(Lesson Learned)을 분석하여 향후 터널공사에서의 사고방지에 기술적인 참고자료로 활용하고자 하였습니다.

▌이 책의 구성과 내용

강의		내용	핵심 이슈
I 터널 리스크와 터널 사고	1강	NATM 터널과 주요 리스크	지질/지반 리스크
	2강	TBM 터널과 주요 리스크	지질/굴진 리스크
	3강	터널 붕락사고의 원인과 특성 분석	지질/설계/시공 리스크
II NATM 사고와 교 훈	4강	히드로 급행철도 NATM 터널 붕락사고와 교훈	지반/시공 리스크
	5강	후쿠오카 지하철 대단면 NATM 터널 붕락사고와 교훈	지질/시공 리스크
	6강	오타와 LRT NATM 터널 붕락사고와 교훈	지질/시공 리스크
	7강	상파울루 메트로 NATM 터널 붕락사고와 교훈	지질/시공 리스크
	8강	싱가포르 MRT 니콜 하이웨이 붕락사고와 교훈	설계/시공 리스크
	9강	국내 도심지 NATM 터널 사고 사례와 교훈	지질/시공 리스크
III TBM 사고와 교 훈	10강	타이완 가오슝 MRT TBM 터널 붕락사고와 교훈	시공 리스크(피난연락갱)
	11강	도쿄 외곽순환도로 TBM 터널 싱크홀 사고와 교훈	시공 리스크(굴진)
	12강	상하이 메트로 TBM 터널 붕락사고와 교훈	시공 리스크(피난연락갱)
	13강	호주 포레스트필드 공항철도 TBM 터널 싱크홀 사고와 교훈	시공 리스크(피난연락갱)
	14강	독일 라슈타트 철도 TBM 터널 붕락사고와 교훈	시공 리스크(지반보강)
	15강	국내 도심지 TBM 터널 사고 사례와 교훈	시공 리스크(굴진)
IV 터널 사고와 안전 관리	16강	터널 사고 조사와 법적 이슈	Geo-Forensic
	17강	터널 사고와 안전관리 제도	Safety Management
	18강	터널 사고 줄이는 방법	Risk Management

NATM 터널 사고와 교훈

1. 히드로 급행철도 NATM 터널 붕락사고와 교훈   UK

영국 최초의 대규모 NATM 공법 적용현장으로 터널 굴착 중 지반 보강그라우팅 부실로 터널 붕괴 및 지반침하가 발생하였다. 본 사고는 영국의 지하터널공사의 안전 및 리스크 관리시스템을 확립하는 중요한 계기가 되었다.

2. 후쿠오카 지하철 대단면 NATM 터널 붕락사고와 교훈   JAPAN

정거장 터널구간에서의 대단면 NATM 분할 굴착 중 암토피고 부족구간에서로 지반이완 및 토사유입으로 터널 붕괴가 발생하였다. 본 사고는 NATM 터널에서 시공 중 변화하는 지질조건에의 대응이 중요하다는 것을 알려주고 있다.

3. 오타와 LRT NATM 터널 붕락사고와 교훈   CANADA

대단면 정거장 터널에서 본선터널 굴착 중 토사층과 암반층 경계부에서의 터널 붕괴 및 지반 함몰이 발생하였다. 본 사고는 NATM 터널에서 지질 취약부에서의 대응이 중요하다는 것을 알려주고 있다.

4. 상파울루 메트로 NATM 터널 붕락사고와 교훈   BRAZIL

대형 수직구에서 정거장 터널 및 본선터널 굴착 중 지질 리스크로 1차 터널붕괴 및 2차 수직구 붕괴가 발생하였다. 본 사고는 NATM 터널에서 차별풍화 및 단층풍화대에서의 대응이 중요하다는 것을 알려주고 있다.

5. 싱가포르 MRT 니콜 하이웨이 붕락사고와 교훈   SINGAPORE

연약지반상의 대규모 수직구 및 가시설 공사 중 설계 오류 및 시공관리 부실로 가시설 및 도로 완전 붕괴가 발생하였다. 본 사고는 지하굴착공사에서 안전성 제고를 위한 종합적인 안전관리시스템을 확립하는 중대한 계기가 되었다.

6. 국내 도심지 NATM 터널 사고 사례와 교훈   KOREA

도심지 지하철 구간 NATM 터널 굴착 중 지질 및 지반 리스크에 의한 붕괴 및 지반 함몰이 발생하였다. 도심지 NATM 터널에서의 사고는 지하터널공사에서 안전 확보를 위한 터널공사 관리시스템을 개선시키는 계기가 되었다.

NATM 터널 사고 줄이는 방법

1. 암반에 적합한 빠른 지보설치가 중요하다　　　　　　　　　　Suitable Support

NATM 터널은 시공 중 확인된 지반/암반조건에 적합한 최적 지보를 시공하는 것이 가장 중요하다. 특히 지반이완을 최소화하기 위하여 숏크리트를 가능한 빨리 타설하도록 하고 보조보강공법을 적절히 활용하여야 한다.

2. 페이스 매핑과 같은 기본 프로세스를 잘 하자　　　　　　　Geo-Face Mapping

조사·설계단계에서 파악된 지반조건에 대하여 시공단계에서 파악하고 평가하는 막장관찰(face mapping)은 NATM 터널의 가장 기본적인 프로세스로서 매 막장마다 공학적으로 수행되어 지질리스크를 파악하여야 한다.

3. 계측 등 NATM 원칙에 충실하자　　　　　　Measurement & Monitoring

NATM 터널은 원칙적으로 관찰적 방법(Observational Method)에 기반하고 있으므로 시공 중 모니터링에 의하여 지보의 적정성 및 터널의 안정성을 확인하는 계측관리에 대하여 충실하게 수행하도록 해야 한다.

4. 현장중심의 터널 전문가 판단이 필요하다　　　　　　Tunnel Expert Engineer

NATM 터널에서 설계 조건과 달리 변화하는 실제 조건에 대하여 기술적으로 판단하고 대응하기 위해서는 터널현장에서 의사결정을 주체적으로 실행할 수 있는 공인된(Accredited) 터널 전문가가 상주하는 시스템이 요구된다.

5. 단층파쇄대 굴착이 가장 위험한 공정이다　　　　　　Fault & Weakness Zone

상대적으로 연약하고 파쇄된 단층파쇄대(Fault Zone)는 NATM 터널에서 가장 큰 문제를 발생하는 가장 위험한 지질로 조사·설계 단계에서뿐만 아니라 시공단계에 단층파쇄대를 파악하고 대응하는 것이 무엇보다 중요하다.

6. 지질 리스크를 확인하고 관리하자　　　　　　　　　　Geo-Risk Control

NATM 터널은 지반 불확실성(Uncertainty)으로 인하여 시공 중 예상치 못한 터널 붕락사고 등이 발생할 가능성이 크므로 시공 중 지오 리스크에 대하여 보다 적극적으로 대응하여야 한다.

TBM 터널 사고와 교훈

1. 타이완 가오슝 MRT TBM 터널 붕락사고와 교훈   TAIWAN

TBM 터널 피난연락갱 공사에서의 NATM 굴착 리스크로 피난연락갱 굴착 중 파이핑 발생 후 대규모 터널 붕락과 도로함몰이 발생하였다. 본 사고는 TBM 터널에서의 피난연락갱 시공 리스크를 확인하였다.

2. 도쿄 외곽순환도로 TBM 터널 싱크홀 사고와 교훈   JAPAN

도심지 대심도 구간(40m 이하)에서의 대단면 TBM 터널굴진 시 TBM 정지 시 지반이완 및 도로까지 연결되는 싱크홀이 형성되는 사고가 발생하였다. 본 사고는 대심도 TBM 터널에서의 시공리스크 관리의 중요성을 확인하였다.

3. 상하이 메트로 TBM 터널 붕락사고와 교훈   CHINA

하저 연약지반구간 TBM 터널로 굴진 후 피난연락갱 굴진 중 피난연락갱 NATM 굴착 중 파이핑(piping) 발생 후 대규모 터널붕괴가 발생하였다. 본 사고는 연약지반이 지반동결공법의 시공 리스크 관리의 중요성을 확인하였다.

4. 호주 포레스트필드 공항철도 TBM 터널 싱크홀 사고와 교훈   AUSTRALIA

TBM 본선터널 굴진 후 피난연락갱 굴진 중 피난연락갱 NATM 굴착 중 토사 및 지하수 유입과 지반 함몰 사고가 발생하였다. 본 사고는 피난연락갱 주변의 지반그라우팅에 대한 시공 리스크 관리의 중요성을 확인하였다.

5. 독일 라슈타트 철도 TBM 터널 붕락사고와 교훈   GERMANY

철도하부 TBM 통과구간에 대한 지반동결공법 적용 시 동결지반에 대한 품질관리부실로 철도 및 TBM 장비가 함몰되는 대형사고가 발생하였다. 본 사고로 운행 중인 철도시스템을 마비시킴에 따라 막대한 영향을 미치게 되었다.

6. 국내 도심지 TBM 터널 사고 사례와 교훈   KOREA

도심지 지하철 구간 TBM 터널 굴착 중 지질 및 지반 리스크에 의한 지반 함몰(싱크홀) 및 터널 붕락사고가 발생하였다. 본 사고로 지하굴착공사 시 지하 안전에 대한 총체적인 법제도 개선을 통하여 지하 안전을 확보하고자 하였다.

TBM 터널 사고 줄이는 방법

1. 지반에 적합한 TBM 선정이 가장 중요하다　　　　TBM Suitable Selection

TBM 터널은 TBM 장비를 이용하여 터널을 굴진하는 터널링 기술로 토질/암반에 적합한 최적의 장비를 선정하는 것이 가장 중요하다. 토질/암반조건 및 특성에 따라 가장 적합한 장비를 선정하고 설계에 반영하여야 한다.

2. 굴진 및 막장압 관리가 핵심이다　　　　Face Stability Control

쉴드 TBM은 슬러리 또는 굴착토로 채워진 챔버에서 일정한 막장압을 유지하면서 막장의 안정성을 확보하면서 굴진하는 공법이다. 굴진 중 발생하는 막장압 및 굴진 데이터에 대한 적극적인 관리가 핵심이다.

3. 굴착토 관리는 정량적으로 하자　　　　Excavated Ground & Material

TBM 커터헤드에 의해 굴착된 굴착토는 지속적으로 배토시스템을 이용하여 배토하게 된다. 막장면에서의 과도한 굴착으로 인하여 침하 및 싱크홀 등이 발생하는 경우가 있으므로 이에 대한 정량적인 관리가 요구된다.

4. TBM 장비 정지 시 주변 거동을 체크하자　　　　Cutterhead Intervention

일정한 기간 또는 일정한 거리를 굴착한 후 커터를 교체하기 위하여 굴진을 중단하게 된다. 이와 같은 TBM 정지 시 주변 지반 거동의 변화가 발생할 수 있으므로 이에 대한 정밀한 계측관리가 필요하다.

5. 피난연락갱 굴착이 가장 위험한 공정이다　　　　Cross Passage Excavation

TBM 터널인 경우에도 방재목적상 일정한 간격으로 피난연락갱을 굴착하게 되는데, 기존 세그먼트를 제거한 후 단계적 굴착을 하는 과정이 TBM 터널의 가장 취약하고 위험한 공정이므로 이에 대한 엄격한 시공관리가 필요하다.

6. 복합적이고 변화 많은 지질이 가장 문제다　　　　Mixed & Complex Ground

TBM은 일정 규격의 장비로서 균질한 지반이 아닌 복합적이고 변화가 많은 지질 및 지반을 조우하는 경우 운영상에 문제를 발생시킬 가능성이 높으므로 굴진 중 지오 리스크에 대하여 보다 적극적으로 대응하여야 한다.

터널 사고와 지하 안전 18강

구분			내용	비고
PART I	1강	I-1	NATM 터널과 주요 리스크	NATM Risk
	2강	I-2	TBM 터널과 주요 리스크	TBM Risk
	3강	I-3	터널 붕락사고 원인과 특성 분석	Key Issue
PART II	4강	II-1	히드로 급행철도 NATM 터널 붕락사고와 교훈	NATM / Tunnel
	5강	II-2	후쿠오카 지하철 NATM 터널 붕락사고와 교훈	NATM / Tunnel
	6강	II-3	오타와 LRT NATM 터널 붕락사고와 교훈	NATM / Tunnel
	7강	II-4	상파울루 메트로 NATM 터널 붕락사고와 교훈	NATM / Tunnel
	8강	II-5	싱가포르 MRT 니콜 하이웨이 붕락사고와 교훈	Diaphragm Walll / Station
	9강	II-6	국내 도심지 NATM 터널 사고 사례와 교훈	NATM / Tunnel
PART III	10강	III-1	타이완 가오슝 MRT TBM 터널 붕락사고와 교훈	TBM / Tunnel
	11강	III-2	도쿄 외곽순환도로 TBM 터널 싱크홀 사고와 교훈	TBM / Tunnel
	12강	III-3	상하이 메트로 TBM 터널 붕락사고와 교훈	TBM / Tunnel
	13강	III-4	호주 포레스트필드 공항철도 TBM 터널 싱크홀 사고와 교훈	TBM / Tunnel
	14강	III-5	독일 라슈타트 철도 TBM 터널 붕락사고와 교훈	TBM / Tunnel
	15강	III-6	국내 도심지 TBM 터널 사고 사례와 교훈	TBM / Tunnel
PART IV	16강	IV-1	터널 사고 조사와 법적 이슈	Geo-Forensic Legal Issues
	17강	IV-2	터널 사고와 안전관리 제도	Safety Management
	18강	IV-3	터널 사고 줄이는 방법	Risk Management

터널 사고 줄이는 방법

The SMARTER · The SAFER

구분	핵심 사항	비고
S	굴진 및 막장압 관리가 핵심이다 Stability Control of Face Pressure	TBM
M	복합적이고 변화 많은 지질이 가장 문제다 Mixed and Complex Ground	TBM
A	TBM 장비 정지 시 주변 거동을 체크하자 Alert Monitoring in Cutterhead Intervention	TBM
R	피난연락갱 굴착이 가장 위험한 공정이다 Risk of Cross Passage Excavation	TBM
T	지반에 적합한 TBM 선정이 가장 중요하다 TBM Suitable Selection for the Ground	TBM
E	굴착토 관리는 정량적으로 하자 Excavated Ground and Material Management	TBM
R	지질 리스크를 확인하고 관리하자 Risk Control and Geo-Risk Management	NATM
S	암반에 적합한 빠른 지보설치가 가장 중요하다 Support Installation by Rock Mass Classification	NATM
A	페이스 매핑과 같은 기본 프로세스를 잘 하자 Accredited Geo-Face Mapping	NATM
F	단층파쇄대 굴착이 가장 위험한 공정이다 Fault Fracture and Weakness Zone	NATM
E	현장중심의 터널 전문가 판단이 필요하다 Expert Engineer in Tunnel On-Site	NATM
R	계측 등 NATM 원칙에 충실하자 Robust Measurement & Monitoring	NATM

들어가는 말

>>> 터널엔지니어의 길을 걷다

1983년 암반공학을 전공하고 꼬박 10년을 공부하여 박사학위를 취득하였으며, 1993년 아무것도 모르는 상태에서 현업에 뛰어 들게 되었습니다. 그리고 30여 년 동안 암반 및 터널 분야에 대한 설계 및 시공, 글로벌 엔지니어링 등의 경험을 거쳐 2025년 현재 이 자리에 서게 되었습니다.

터널엔지니어로서 성장하는 데 있어 가장 중요했던 경험은 바로 소양댐 터널 붕락사고 현장에서의 경험이라 할 수 있습니다. 공학적 관점에서 사고의 발생 원인을 분석하는 것뿐만 아니라 사고 이해당사자들과의 계속되는 갈등과 이해관계를 조성하고 풀어내는 과정에서 기술외적 요인 또한 중요한 의미를 가질 수 있음을 이해하게 됨으로써 보다 실력있는 전문가로 성장할 수 있게 되었습니다.

터널엔지니어로서의 30여 년의 시간은 배움과 경험 그리고 변화의 시간이었다고 생각합니다. 시공에서 설계로의 전환, 국내에서 해외로의 도전 그리고 관련학회에서의 다양한 활동을 통하여 터널 전문가로 성장하고, 글로벌 엔지니어로 발전하는 계기가 되었습니다. 또한 우리 분야에 대한 전문지식과 현안사항을 기술 기사로, 책으로 표현하고 홍보하는 진짜 엔지니어가 되었습니다. 엔지니어링의 길을 꾸준히 걸어오면서 엔지니어링이 가치 있고 정말 할 만한 일임을 인식하게 되었습니다. "Slow and Steady Wins the Race"라는 명제를 가슴에 담아 오늘도 우리 업에 대한 무한한 애정과 열정을 가지게 되었고, 우리 일에 대한 자부심을 통하여 우리 업의 자리매김과 발전을 위해 노력 중에 있습니다.

>>> 터널 사고로부터 배운다

Why? 지난 수십 년 동안 우리 터널 분야는 많은 변화와 발전을 거듭해 왔습니다. 새로운 공법과 기술이 도입되고 적용되면서 설계와 시공 분야는 보다 안전하고 보다 효율적인 시스템으로 운영되고 있습니다. 특히 안전관리 규정이나 기준이 강화되면서 터널 현장에서는 안전에 대한 관리도 보다 철저히 그리고 엄격히 수행되고 있습니다. 그럼에도 불구하고 여전히 크고 작은 사고가 발생하는 것이 현실입니다. 신문이나 TV 등에서 보도되는 터널 붕락사고 및 싱크홀 사고소식을 접하게 되면 아직도 터널 사고가 발생하는 근본적인 원인에 대한 고민과 터널 전문가로서의 책임을 느끼게 됩니다. 터널 사고(Accident)는 왜 발생하는 것일까?

Which? 지난 세월 동안 국내뿐만 아니라 세계 곳곳의 터널현장에서 다양한 터널 사고가 발생하여 왔습니다. 선진국이라 할 수 있는 영국, 독일, 일본, 캐나다 그리고 호주 등에서도 대형 터널 붕락사고, 도로함몰 및 싱크홀 사고 등이 발생하고 있습니다. 터널 사고 발생 시 가장 중요한 것은 터널 붕락사고에 대한 공학적 분석과 조사가 반드시 필요하다는 것입니다. 해외의 주요 터널 사고의 경우 국가 차원의 조사위원회가 구성되어 보다 객관적이고 공정한 사고조사를 통하여 사고 발생 원인을 분석하고, 적절한 대책을 수립하고자 하였으며, 궁극적으로는 사고 재발 방지를 위한 안전이슈에 대한 법적 제도적 보완으로 이어지기도 했습니다. 이와 같이 세계적으로 이슈가 되었던 터널 사고 사례(Case)는 어떤 것이 있었을까?

What? "사고로부터 배운다"라는 말이 있습니다. 이미 발생한 터널 사고는 공사비 및 공기 등 터널공사에 막대한 영향을 미칠 뿐만 아니라 인명사고 및 주변의 심각한 재산상의 손해를 미치게 됩니다. 따라서 적절한 대책을 조속히 실현하는 것뿐만 아니라 다시는 이러한 유사한 사고가 발생하지 않도록 하는 것도 중요하기 때문에 철저한 조사결과를 바탕으로 터널공사시스템에 반영하는 노력이 요구되고 있습니다. 터널 사고로부터 배워야 할 교훈(Lesson Learned)은 무엇일까?

Zero? 지하터널의 시대가 오고 있습니다. 지하터널의 시대에 있어 터널 사고가 최소화되고 가능한 발생하지 않도록 하는 노력이 무엇보다 필요합니다. 공사비 및 공기라는 절대적 목표 아래 모든 프로세스와 규정을 준수하고 안전관리에 만전을 다하는 것은 쉽지 않은 일이지만, 그럼에도 불구하고 지하터널공사에서의 사고 발생을 제로화(Zero Accident)하는 것은 터널 기술자의 최종적인 목표입니다.

>>> 지하터널 시대가 오고 있다

지하터널은 교통 체증 완화, 지상 공간 활용 증대, 환경오염 감소 등 다양한 장점으로 인해 미래 도시의 중요한 교통인프라로 자리매김할 것으로 예상됩니다. 과거 단순히 교통을 위한 공간을 넘어, 미래 도시의 중요한 지하인프라 시설로 발전할 전망입니다. 기술 발전과 사회적 요구 변화에 따라 지하터널은 더욱 안전하고, 효율적이며, 지속 가능한 공간으로 발전할 것입니다. 미래 지하터널 구축에 있어 요구되는 주요 사항을 정리하면 다음과 같습니다.

- **Integrated** 지상과 지하의 통합화 : 지하터널은 복잡하고 혼잡한 지상의 인프라를 대체하기 위하여 지하에 구축되는 것으로, 지상공간은 녹지 및 편의공간으로, 지하터널은 안전하고 빠른 도심지 지하인프라로서 기능함으로써 지상과 지하가 유기적으로 입체적으로 통합 구현되어야 합니다.
- **Connect** 기존과 신설의 연결화 : 지하터널이 교통 효율성을 높이기 위해 기존 인프라와 신설 인프라를 연결하는 것은 중요한 과제입니다. 지하에 교차로, 합류시설, 분기시설, 교차로 등의 연결방법이 효율적으로 구현되어야 하며, 특히 입출구부에서의 기존 인프라와의 간섭 문제 등을 해결하여야 합니다.
- **Complex** 지하터널의 복합화 : 지하터널은 도심지에 구축되는 새로운 인프라로서 도심지의 교통문제뿐만 아니라 침수 등과 같은 안전 및 재난 문제 등에 대한 솔루션을 제공할 수 있어야 합니다. 특히 막대한 공사비를 투자하여 만들어진 지하인프라로서 복합적인 기능과 성능을 가져 최대한 활용되어야 합니다.
- **Platform** 지하터널의 플랫폼화 : 지하터널 플랫폼화는 기존의 교통 중심적인 기능에서 벗어나 상업, 문화, 휴식 등 다양한 기능을 수행하는 공간으로 지하터널을 재활용하는 개념입니다. 특히 도심지 재생 공간으로서의 지하인프라는 친환경 공간으로서 주민들이 적극적으로 활용할 수 있는 미래공간이 되어야 합니다.

| Integration | Connectivity | Complex | Platform |
| 통합화 | 연결화 | 복합화 | 플랫폼화 |

지하터널의 향후 전망 – 통합/연결/복합/플랫폼화

>>> 두 번째 "알쓸터지" 시리즈

지하터널의 시대에 터널 기술에 대한 전반적인 이해가 부족한 상황에서 터널과 지하에 대한 기술을 널리 알리고자 "알쓸터지! 알아두면 쓸모있는 터널과 지하공간 이야기"를 시작하였습니다. 지난번 첫 번째 "알쓸터지" 시리즈로 『터널 스마트 지하공간』을 출간한 데 이어 터널 붕락사고와 안전 이슈에 대한 관심을 바탕으로 두 번째 "알쓸터지" 시리즈 『터널 사고와 지하 안전』을 만들어 보았습니다.

　지하터널에서 안전 문제에 대하여 고민하는 설계나 시공을 담당하는 터널 기술자들에게 실무적으로 도움이 될 만한 참고도서가 필요할 것으로 생각됩니다. 또한 터널을 잘 모르는 일반인들에게도 지하터널에 대한 이해를 돕고자 지하터널에서의 주요 사고 이슈와 핵심 내용을 종합적으로 정리하여, 터널 기술자들이 배워야 할 교훈과 안전관리를 중심으로 본 책을 집필하게 되었습니다. 끝으로 지난 시간 동안 부족한 원고를 게재해 준 한국지반공학회지 「地盤」의 관계자분들께 진심으로 감사드립니다. 또한 지난 수십 년 동안 암반 및 터널 분야에 관심을 가져 주시고 응원해주신 모든 분들께도 감사드립니다. 그리고 항상 책 발간에 도움을 주신 씨아이알 및 에이퍼브 분들에게도 감사의 말씀을 전합니다.

　또 한 권의 책이 만들어지게 되었습니다. 항상 우리 터널 분야가 자리매김하고 더욱 발전하기를 바라는 마음과 그러기 위해 모두가 노력하고 함께하는 우리 터널 기술자들의 활약과 비전을 그려봅니다. 또한 모든 터널 기술자들과 지하터널에 관심이 있는 일반인들에게 알아두면 쓸모 있는 좋은 책이 되기를 바랍니다.

2025년 1월
(주)건화 부사장 / 공학박사 · 기술사
한국터널지하공간학회 감사

김 영 근

CONTENTS

Tunnelling Risks & Tunnel Accidents

PART I

교사 됨과 배움의 터널

LECTURE 01

NATM 터널과 주요 리스크
NATM Tunnel and Key Risks

NATM 터널은 1960년대 개발된 이후 세계적으로 가장 많이 적용되는 터널링 기술로, 숏크리트와 록볼트를 주지보로 사용하는 공법이다. 현재 NATM 터널 기술은 지속적으로 발전하여, TBM 공법이 적용되지 않은 모든 터널 공사에서 적용되는 가장 일반적인 공법이 되었다. [표 1.1]은 NATM 터널 기술의 특성과 기술 트렌드를 10가지 키워드로 요약한 것으로, 제1강에서는 이 10가지 키워드를 중심으로 NATM 터널 기술의 주요 특징과 리스크를 설명한다.

[표 1.1] NATM 터널 특징과 주요 리스크

Key Word		As-is	To-Be
	NATM 공법과 재래식 공법	주로 암반에 적용	모든 지반에 적용
	대단면화와 대단면 터널	단면크기 제한	대단면/대공간화
	전단면 굴착과 분할 굴착	상하반 굴착	다분할 굴착/대형화
	다양한 단면과 특수 형상	마제형/아치형	대형화/다기능화
N A T M	장대화와 초장대 터널	단터널 위주	대심도/초장대화
	발파 굴착과 기계 굴착	발파 진동/소음	고성능 로드헤더
	NATM 시공과 1사이클	인력/소형	기계화/대형장비화
	주지보와 보조공법	숏크리트 + 록볼트	주지보 + 보조공법
	인버트와 링폐합구조	인버트 없음	인버트 구조
	숏크리트와 콘크리트 라이닝	1차 및 2차 라이닝	고성능/고강도 라이닝

Key Risk			Cause	Effect
R I S K	지오 리스크	단층 파쇄대	Very Weak Zone	붕락/붕괴
		연약대/풍화대	Weathered Soil/Rock	붕락/붕괴
		저토피	갱구부/계곡부	붕락/붕괴
		출수/용수	지하수 유입	과다출수/붕락
		절리 거동	Against Dip/블록	낙반/막장 슬라이딩
		복합 암반	Soft + Hard Rock	낙반/막장 슬라이딩
		장기 열화/변질	우수 및 지하수 영향	과다변형/소성변형
	시공 리스크	지보 문제	지보역할 부족	붕락/과다변형
		보강 문제	보강성능 부족	붕락/과다변형
		인버트 문제	폐합구조 불형성	붕락/과다변형

1. NATM 터널의 특징

1.1 NATM 공법과 재래식 공법

재래식 공법은 암반을 굴착한 후 강지보를 세우고 암반과 강지보 사이를 목재로 끼우는 방법이다. 이에 비하여 NATM 공법은 암반 굴착 후 숏크리트와 록볼트를 타설하는 방법으로, [그림 1.1]에는 NATM 공법과 재래식 공법의 특징이 나타나 있다. 두 공법 모두 최종적으로 콘크리트 라이닝을 시공한다.

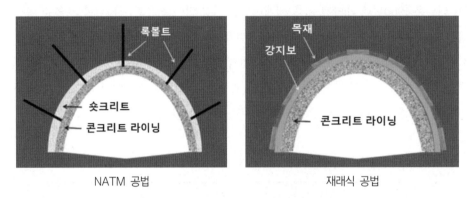

[그림 1.1] NATM 공법과 재래식 공법

재래식 공법은 암반과 강지보 사이가 틈이 밀실하게 채워지지 못해 암반이완(Loosening)이 지속적으로 발생하여 암반이완 범위가 크게 증가하나, NATM 공법은 굴착 이후 가능한 빨리 숏크리트를 타설함으로써 암반이완을 최소화하여 기존 재래식 공법에 비해 지보량을 최소화할 수 있다[그림 1.2].

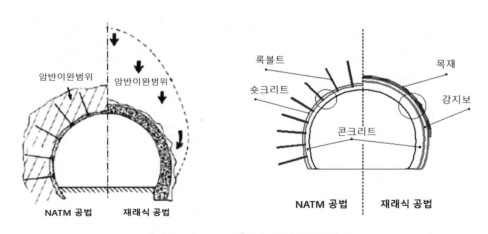

[그림 1.2] NATM 공법과 재래식 공법의 비교

1.2 대단면화와 대단면 터널

NATM 터널의 가장 큰 장점은 터널 용도에 맞게 터널 단면의 형상과 크기를 크게 할 수 있다는 것이다. [그림 1.3]은 단면이 작은 수로터널부터 단면이 매우 큰 지하철 터널까지 다양한 크기의 터널 단면을 보여주고 있으며, 터널 굴착기술과 터널 기능 특성에 따라 터널 단면이 점차적으로 대단면화되고 있다.

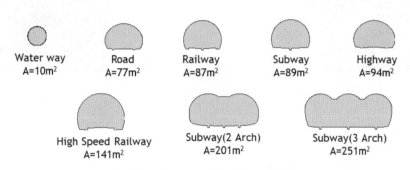

[그림 1.3] NATM 터널 단면 크기 비교

철도 터널의 경우 본선 터널을 기본으로 확폭 터널, 승강장 터널, 2아치 터널, 3아치 터널, 정거장 터널 등 다양한 형상의 터널로 구성된다. [그림 1.4]는 철도 터널에서의 다양한 터널 단면 크기를 비교하여 나타낸 것으로, 지하 정거장 터널은 폭 43m, 높이 25m, 굴착단면적 500m^2 이상의 초대단면 터널로 계획되었다.

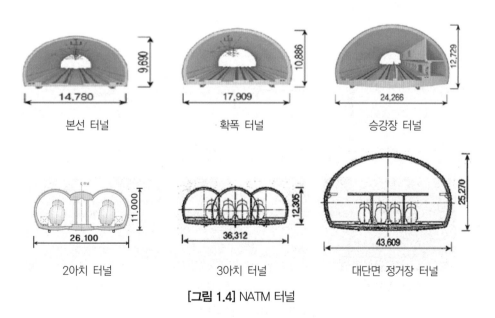

[그림 1.4] NATM 터널

1.3 분할 굴착과 전단면 굴착

NATM 공법은 암반 상태에 따라 지보를 차등 적용하고, 굴착 방법도 달라지게 된다. 암반이 양호하면 전단면 굴착을, 암반이 불량하게 되면 분할 굴착을 적용하게 된다. [그림 1.5]에는 NATM 공법에서의 분할 굴착 방법이 나타나 있다.

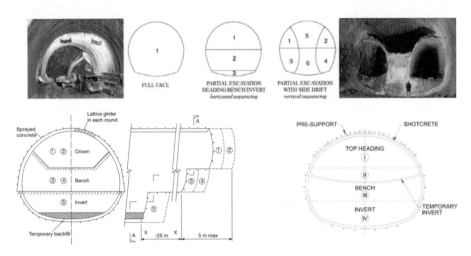

[그림 1.5] NATM 공법에서의 분할 굴착

NATM 공법에서의 분할 굴착은 상하반 분할 굴착을 기본으로 중벽(Central Diaphragm, CD) 분할 굴착과 측벽도갱(Side Drift) 분할 굴착이 많이 적용되고 있으며[그림 1.6], 터널 단면 크기와 지반조건에 따라 보다 세분하여 굴착한다.

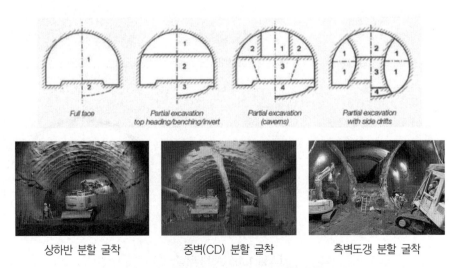

[그림 1.6] NATM 터널에서의 분할 굴착

1.4 다양한 단면 형상

NATM 터널은 다양한 터널 단면으로 굴착이 가능하다는 장점을 가진다. 현재 NATM 터널은 아치형 단면을 기본으로 바닥이 편평한 경우와 바닥이 인버트를 가지는 단면으로 구분된다. [그림 1.7]에는 NATM 단면과 TBM 단면의 비교가 나타나 있으며, 원형인 TBM 단면은 하부에 사공간이 발생하게 된다.

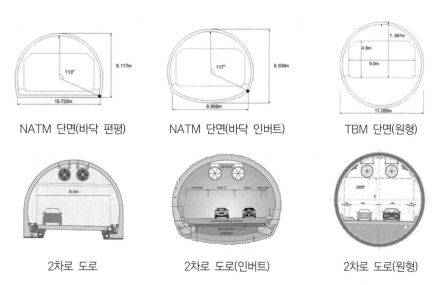

[그림 1.7] NATM 터널 단면과 TBM 터널 단면 비교

NATM 단면은 측벽이 직선이 마제형 단면에서 곡선인 아치형으로 변화하고 있으며, 터널 기능이 다양해지고 차선이 증가함에 따라 [그림 1.8]에서 보는 바와 같이 터널 폭이 높이에 비해 큰 타원형(Oval)의 단면도 있다.

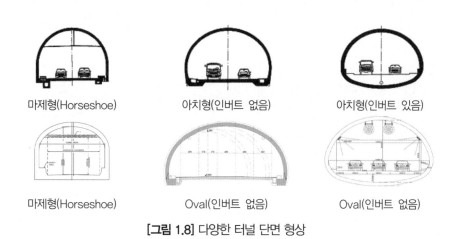

[그림 1.8] 다양한 터널 단면 형상

1.5 장대화와 초장대 터널

터널 기술이 발전하고 터널 기능이 다양해짐에 따라 터널 연장이 점점 길어지는 장대화 경향이 나타나고 있다. [표 1.2]는 장대 터널에 대한 정의로서 터널기준, 방재 개념 그리고 통상적 개념으로 구분할 수 있으며, 수십 km에 이르는 초장대 터널이라고 한다.

[표 1.2] 장대 터널의 기준

		짧은 터널	터널	장대 터널	초장대 터널
설계 기준		1km 이하	–	1~5km	5km 이상
방재 개념		0.5~1km	–	1~15km	15km 이상
통상적 개념	도로	1km 이하	1~4km	4~10km	10km 이상
	철도	1km 이하	1~5km	5~20km	20km 이상

세계적으로는 고타르트 베이스 터널이 57km로 세계 최장대 터널이며, 계속적으로 50km 이상 최장대 터널이 건설되고 있다[표 1.3]. 국내의 경우 SRT 구간의 율현 터널이 50.3km로 국내 최장대, 세계 4위의 초장대 터널이다. 또한 현재 수도권급행철도 GTX-A가 대심도 터널로 시공 중에 있다[표 1.4].

[표 1.3] 세계의 초장대 터널

터널명	터널 연장	터널 용도	비고
고타르트 베이스 터널	57.0km	철도	세계 최장대(스위스-이탈리아)
브레너 베이스 터널	55.4km	철도	오스트리아-이탈리아
세이칸 터널	53.9km	철도	해저터널(일본)
유로 터널	50.0km	철도	해저터널(영국-프랑스)
레드달 터널	24.5km	도로	세계 최장대 도로(노르웨이)
야마테 터널	18.5km	고속도로	세계 최장대 고속도로(일본)

[표 1.4] 한국의 장대 터널

터널명	터널 연장	터널 용도	비고
율현 터널	50.3km	고속철도	국내 최장대(복선)
대관령 터널	21.74km	철도	복선 터널
금정 터널	20.26km	고속철도	복선 터널
솔안 터널	16.24km	일반철도	단선 터널
인제 터널	10.96km	고속도로	국내 최장대 도로
서부 간선지하터널	10.33km	도심지 지하도로	대심도 터널
GTX-A 터널	42.689km	급행철도	대심도 터널(시공 중)

1.6 발파 굴착과 기계 굴착

터널을 굴착하기 위해서 수행되는 발파(Drill and Blasting)는 1자유면 발파이기 때문에 심발부 발파가 선행되어야 하며, 암반 상태에 따라 1발파당 굴진장을 다양하게 달리할 수 있다. 터널 발파는 [그림 1.9]에서 보는 바와 같이 암반 상태에 따라 장약량을 달리하는 발파 패턴을 적용하고, 주변에 보안물건(건물 및 축사 등)에 따라 장약량을 조절하고 조절발파(Controlled Blasting)를 실시하여야 한다.

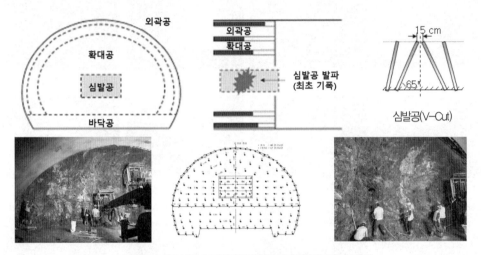

[그림 1.9] NATM 공법에서의 발파 굴착과 발파 패턴

[그림 1.10]에서 보는 바와 같이 발파 굴착은 필연적으로 진동과 소음을 발생하게 되고, 이에 따라 민원 및 환경 문제 등이 발생하는 경우가 많으므로 이에 대한 적절한 대책(진동제어발파 및 미진동/무진동 공법 적용)을 반영하여야 한다.

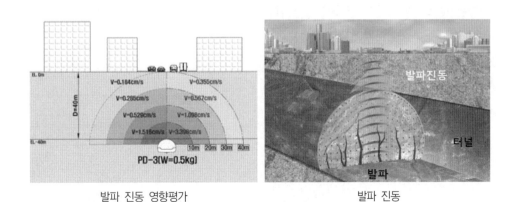

발파 진동 영향평가   발파 진동

[그림 1.10] 터널 발파 영향과 진동소음 문제

1.7 NATM 시공과 1사이클

발파 굴착을 적용하는 NATM 터널은 굴착(천공–장약–발파–버력처리)과 지보설치의 과정을 반복적으로 수행하게 되며, 이를 1사이클(Cycle)이라고 한다. [그림 1.11]은 NATM 터널의 시공순서가 나타나 있으며, 암반 상태에 따른 굴착 및 지보 패턴에 따라 시공 프로세스가 결정된다.

천공	장약	발파	버력처리
부석정리	페이스 매핑	막장면 실링작업	강지보 설치
1차 숏크리트 타설	록볼트 천공	록볼트 설치	2차 숏크리트 타설

[그림 1.11] NATM 공법 시공순서

[그림 1.12]는 NATM 터널의 시공 프로세스를 나타낸 것으로 막장관찰 결과에 의한 암반 상태에 따라 지보 설치하게 되고, 계측모니터링을 통하여 추가 보강 여부를 결정하게 된다. 이를 관찰적 접근법(Observational Approach)이라 하는데, 이는 NATM 공법의 중요한 원칙이다.

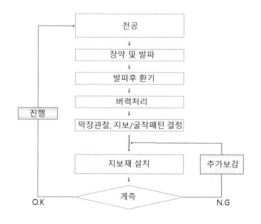

[그림 1.12] NATM 시공 순서

1.8 주지보와 보조공법

NATM 터널에서의 주지보재는 숏크리트(Shotcrete)와 록볼트(Rockbolt)를 조합한 지보시스템이며, 암반 상태에 따라 강지보재(Steel Rib)를 적용한다[그림 1.13]. 가장 중요한 역할을 하는 지보는 숏크리트로 굴착 이후 지반이완을 최소화하기 위하여 가능한 빨리 타설하는 것이 중요하다.

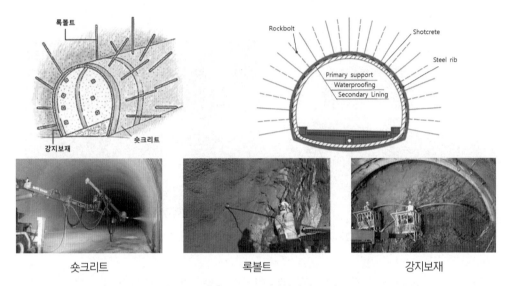

[그림 1.13] NATM 공법에서의 주지보

단층파쇄대와 같이 지반이 불량하거나 연약한 경우에는 터널의 안정성을 확보하기 위하여 보조공법(Auxiliary Method)을 적용하게 된다. 이는 터널 주변지반의 지지력을 증진시키기 위한 것으로 가장 일반적으로 적용되는 보조공법은 Umbrella Arch 공법으로 알려진 강관그라우팅 보강공법이다[그림 1.14]. 본 공법은 천단부에 빔아치체의 보강영역을 형성하여 천단부의 안정성을 확보하는 개념이다.

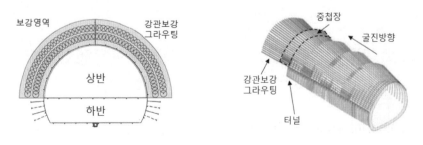

[그림 1.14] 강단보강 그라우팅 공법

1.9 인버트와 링폐합 구조

NATM 터널에서 인버트(Invert)는 가장 아랫부분의 바닥 굴착면과 맞닿는 부분을 말한다. 분할 굴착의 경우 상반(Top Heading), 중반(Bench), 하반(Invert)으로 구분되며, 터널의 안정성을 확보하는 데 중요한 역할을 한다. 일반적으로 암반이 양호한 경우는 인버트 숏크리트를 타설하지 않지만, 암반이 불량한 구간에서는 굴착 작업 후 인버트 숏크리트를 빨리 타설하여 터널 단면을 조기에 폐합함으로써 굴착면의 변형을 억제하도록 해야 한다.

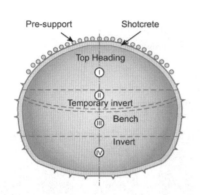

[그림 1.15] NATM 터널에서의 인버트 개념

특히 Soft Ground에서 매우 중요한 점은 인버트를 빠르게 폐합(Closure)하여 하중 지지링(Load-bearing Ring) 구조를 만들고 터널을 둘러싼 암반의 고유한 강도를 활용하도록 하여야 한다. 이러한 링폐합 구조는 터널의 장기적인 안전성을 확보하는 데 있어 매우 중요한 요소이므로 암반이 불량하거나 연약한 구간에서는 설계 및 시공 시 이를 충분히 고려하는 것이 필요하다.

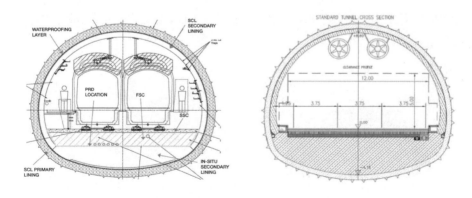

[그림 1.16] NATM 터널 Soft Rock 구간에 적용되는 링폐합 구조(Ring Closure)

1.10 숏크리트 라이닝과 콘크리트 라이닝

터널공사에서 라이닝(Lining)은 일정한 두께로 터널면을 따라 만들어지는 지지구조를 말한다. NATM 터널은 굴착단계의 숏크리트 라이닝과 지보 이후의 콘크리트 라이닝으로 구성되는데 [그림 1.17], 숏크리트 라이닝은 굴착 단계에서 시공되므로 1차 임시 지보(Primary/Temporary Support) 개념이며, 콘크리트 라이닝은 최종 완성 단면을 이루게 되므로 2차 영구 라이닝(Secondary/Permanent Lining) 개념이다.

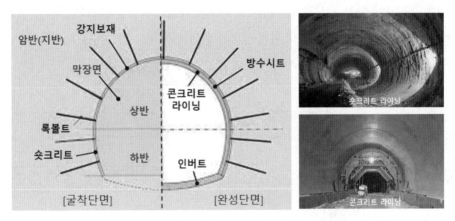

[그림 1.17] 숏크리트 라이닝과 콘크리트 라이닝

[그림 1.18]에서 보는 바와 같이 숏크리트 라이닝과 콘크리트 라이닝이 이중으로 설치되는 구조를 더블쉘(Double Shell) 구조라고 하며, 숏크리트 라이닝 또는 쉴드 TBM의 세그먼트 라이닝만이 설치되는 경우를 싱글쉘(Single Shell) 구조라고 한다. NATM 터널은 장기적인 안정성 확보를 위해 더블쉘 구조를 형성하게 된다.

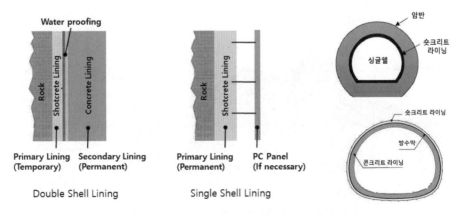

[그림 1.18] NATM 터널의 싱글쉘과 더블쉘 라이닝

2. NATM 터널의 주요 리스크

2.1 지오 리스크 - 단층파쇄대(Fault Fracture Zone)

지오 리스크(Geo-Risk)는 터널 공사와 같이 지반과 관련된 프로젝트에서 예상치 못한 지질학적 조건으로 인해 발생할 수 있는 위험을 의미한다. 즉, 땅속에 숨겨진 다양한 지질학적 요인들이 터널 공사 과정에서 예상치 못한 문제를 일으켜 공사 기간 지연, 비용 증가, 안전사고 등을 유발할 수 있는 가능성을 의미한다.

단층을 중심으로 암석이 심하게 부서지고 파쇄된 지역을 단층파쇄대라고 한다. 단층 운동 과정에서 발생하는 마찰과 압력으로 인해 암석이 미세한 조각으로 부서지고, 이러한 조각들이 밀집되어 단층파쇄대를 형성하게 된다.

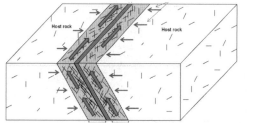 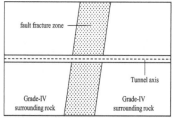

[그림 1.19] 단층 파쇄대(Fault Fracture Zone)

단층파쇄대는 강도가 약해 터널 천장이나 측면의 붕괴 위험이 높으며, 투수성이 높아 지하수 유입량이 많아져 공사를 지연시키며, 안전사고의 위험도 높다. 또한 단층파쇄대는 불안정하여 터널 굴착 시 예상치 못한 움직임을 보일 수 있으며, 지진 활동이 활발한 지역이므로 터널 안전성을 위협할 수 있다. NATM 터널에서 단층파쇄대는 가장 위험한 리스크이다.

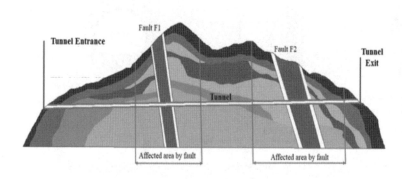 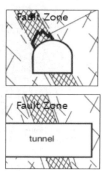

[그림 1.20] 단층파쇄대에서의 터널링 리스크

2.2 지오 리스크 - 연약대(Weakness Zone)

연약대는 지반의 강도가 매우 약하여 터널 공사 시 붕괴나 침하 등의 문제를 일으킬 가능성이 높은 지층을 말한다. 주로 점토, 실트, 모래 등의 미립자로 구성되어 있으며, 물을 많이 함유하고 있어 강도가 더욱 약해진다. 파쇄존(Crushed Zone)은 지각 변동이나 외부적인 힘에 의해 암석이 심하게 부서지고 잘게 쪼개진 지역을 말한다. 마치 큰 암석을 망치로 세게 내려쳐 부순 것처럼, 파쇄대 내의 암석들은 작은 조각들로 산산조각이 나 있는 상태이다.

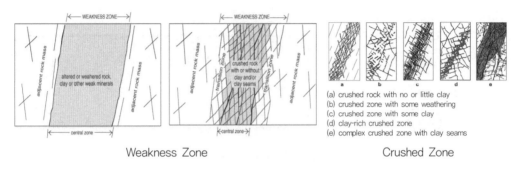

Weakness Zone   Crushed Zone

[그림 1.21] 연약대

연약대가 터널의 공사에 미치는 영향은 크게 연약한 암반은 주변 암반에 비해 상대적으로 강도가 약해 터널 붕괴 위험성이 높다는 점이다. 또한 연약화 작용으로 인해 암반 내 절리(불연속면)가 많아져 지하수 유입이 증가할 수 있기 때문에 터널 굴착 후 용수가 발생하기 쉬우며 이는 터널 불안정성의 주요 원인이 되고 있다. 특히 연약대는 단층파쇄대와는 달리 주변 암반과의 상대적 차이가 크지 않은 경우가 많으므로 굴착 중 이를 확인하고 평가하는 데 주의해야 한다.

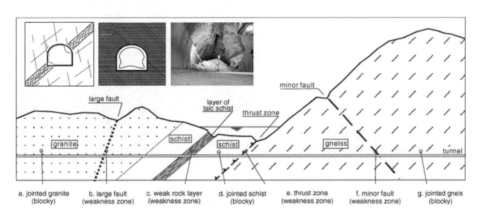

[그림 1.22] 연약대에서의 터널링 리스크

2.3 지오 리스크 - 저토피(Shallow Overburden)

NATM 터널공사에서 저토피는 상대적으로 토피가 얕은 구간으로 [그림 1.23]에서 보는 바와 같이 아칭효과를 발휘하기 어렵기 때문에 굴착 중 안전성에 대한 리스크가 크다고 할 수 있다. 일반적으로 아칭효과로 인한 터널 안정성을 확보하기 위해서는 2D(D : 터널직경) 이상의 토피를 확보하는 것이 바람직하다. 하지만 터널 선형 계획 시 1D 이하의 저토피 구간이 발생하게 되므로 이러한 구간에서는 별도의 굴착 및 보강대책을 수립해야 한다.

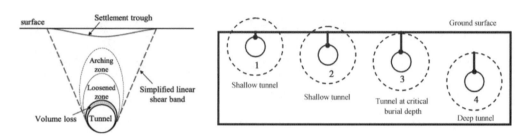

[그림 1.23] 터널 토피고와 아칭 효과

저토피 구간의 주요 리스크로는 토피고(Overburden)가 얇아 지지력이 약하기 때문에 굴착 시 붕괴 발생 가능성이 높으며, 특히 지하수 유입 시 붕괴 위험은 커지게 된다. 또한 굴착으로 인해 지반이 불안정해져 지표침하가 발생할 수 있으며, 주변 건물에 손상을 입힐 수 있다. 저토피 구간은 지하수가 풍부한 경우가 많아 굴착 시 대량의 지하수 유입이 발생할 수 있는데, 이는 굴착 작업을 방해하고, 안전사고를 유발하여 주변 환경에 영향을 미칠 수 있다. 따라서 저토피 구간 통과 시 굴착 전 지상에서 사전보강을 하는 것이 좋으며, 지상보강이 어려울 경우에는 [그림 1.24]에서 보는 바와 같이 저토피 전후구간에 보강을 실시하도록 한다.

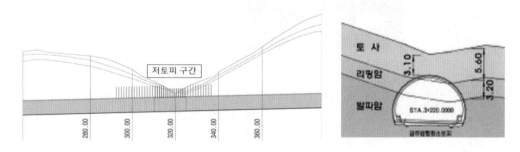

[그림 1.24] 저토피 구간에서의 터널보강

2.4 지오 리스크 - 출수/용수(Water Inrush and Inflow)

터널 매우 복잡한 지질 조건하에서 터널 내 출수나 용수가 발생하게 되는데, 단층파쇄대는 터널이 자주 통과하는 부적합한 지질구조로 지하수 함량이 풍부하고 구조가 느슨하며 결합력이 약한 것이 특징이다. 이러한 특성은 터널 굴착 중에 지하수의 유입으로 쉽게 이어질 수 있으며, 대량의 출수나 용수가 발생하여 터널의 안전성을 심각하게 위협할 수 있다. 또한 단층파쇄대나 연약대는 [그림 1.25]에서 보는 바와 같이 집중 우수에 의한 영향을 받아 용수로 이어질 수 있으며, 이는 대형 붕괴사고를 유발할 수 있으므로 특히 유의해야 한다.

 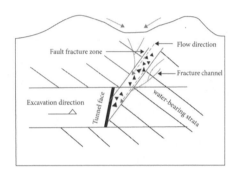

[그림 1.25] NATM 터널에서의 출수

터널 굴착 시 예상치 못한 지하수 유입은 공기 지연, 안전사고 발생, 공사비 증가 등 다양한 문제를 야기할 수 있다. 따라서 사전에 철저한 지질 조사와 함께 효과적인 배수 대책을 수립하는 것이 중요하다. 출수 및 용수 발생 원인을 살펴보면 굴착 깊이가 깊어질수록 지하수위가 높아져 유입량이 증가하는 것과 단층파쇄와 같은 지하수가 이동하기 쉬운 지질 구조는 출수량을 증가시키는 주요 원인이다. 또한 강우 시 지하수위가 상승하여 유입량이 급격히 증가할 수 있다.

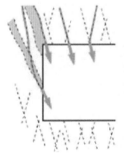 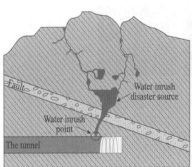 

[그림 1.26] NATM 터널에서의 출수 및 용수 리스크

2.5 지오 리스크 - 절리 거동

암반 불연속면은 암반 내 서로 분리되어 있는 면을 의미하며, 암석의 강도와 안정성을 저하시키는 주요 원인이 되며, 다양한 지질적인 요인에 의해 만들어진다. 이와 같이 암반 불연속면에서 의해 형성된 암반에는 블록성 암반(Blocky Rock Mass), 층상 암반(Stratified Rock Mass)이 있다. 이러한 암반에서는 불연속면(절리/층리)이 주요 거동인자로서 터널을 굴착하게 됨에 따라 자유면이 형성되면서 [그림 1.27]에서 보는 바와 같이 낙반(Falling)과 슬라이딩(Sliding)이 발생하게 되므로 터널 설계 및 시공 시 암반 불연속면의 특성을 정확하게 파악하고 이에 대한 적절한 대책을 수립하는 것이 매우 중요하다.

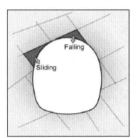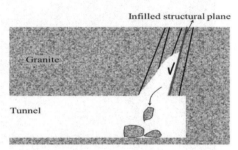

[그림 1.27] 터널 주변 암반의 불연속면 거동

암반 불연속면의 거동은 터널의 안정성에 직접적인 영향을 미치며, 다양한 리스크를 유발할 수 있다. 불연속면이 교차하여 쐐기형 블록이 형성될 경우, 굴착으로 인해 지지력이 상실되면 낙반이 발생할 수 있다. 또한 층상 절리 등이 발달한 경우, 판상 형태의 암반이 탈락하여 붕괴를 일으킬 수 있다. 불연속면을 따라 전단 변형이 발생하여 암반이 미끄러지면서 붕괴가 발생할 수 있다. 특히 터널 천단에서의 블록의 낙반은 예측하기가 매우 어려우므로 특히 유의해야 한다.

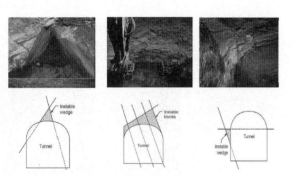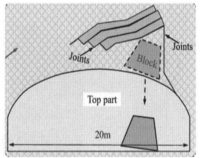

[그림 1.28] 터널 주변 암반의 불연속면 거동에 의한 리스크

2.6 지오 리스크 - 복합 암반

터널은 종단 방향의 긴 선형구조물로서 터널 굴착 중 다양한 지질 및 암반조건을 조우하게 된다. 특히 하나의 막장면에서 토사(Soft Soil)와 암반(Hard Rock), 연암반(Soft Rock)과 경암반(Hard Rock)이 나타나는 경우가 많다. 이와 같은 암반에서는 상대적 강도 차이로 인하여 부분적인 붕락 등의 문제가 발생할 수 있으므로 암반평가를 실시하여 굴착 및 지보 등에 적절한 대책을 수립하여야 한다. 특히 연약한 부분에 대한 보강을 우선적으로 실시하여야 한다.

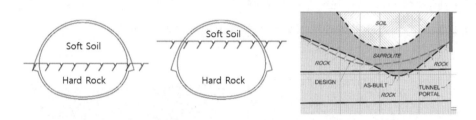

[그림 1.29] 복합 암반 – 토사와 암반/연암반과 경암반

복합 암반은 하나의 지질 단위에서 연암반과 경암반이 교호하거나 혼재되어 나타나는 복합구조(Composite Structure)를 가지는 암반을 말한다. 일반적으로 화산암 지대에서 연암반의 특성을 나타내는 미고결 또는 반고결 상태의 화산쇄설물 퇴적층과 현무암 또는 안산암 등의 경암반이 혼재되어 나타나거나, 서로 다른 공학적 특성을 가진 화산쇄설암이 순차적으로 퇴적되면서 연암반과 경암반이 교호하면서 나타나는 응회암 지대에서 볼 수 있다. 복합 암반은 지층 자체의 불균질성뿐만 아니라, 단단한 암반하부에 연약한 층이 존재하는 수직적 불균질성이 나타날 수 있는 지질 조건을 가지고 있으므로, 지반조사 시에 지층조건이나 지반조건에 대한 잘못된 해석을 가져올 수 있으며, 특히 이러한 복합 특성은 하부 연약암반에 의한 암반구조물의 불안정성을 가져와 커다란 피해를 가져올 수 있다.

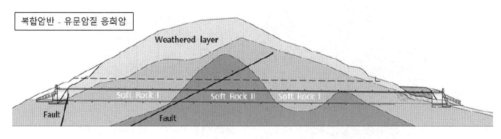

[그림 1.30] 지질성인에 의한 터널 종방향으로의 복합 암반

2.7 지오 리스크 - 장기 열화/변질

암반은 자연적인 요인과 인위적인 요인에 의해 장기적으로 변질되고 열화될 수 있다. 이러한 변질과 열화는 터널의 안전성에 심각한 영향을 미치므로, 이에 대한 이해가 매우 중요하다. 암반의 장기 열화 및 변질의 원인은 암석이 공기, 물, 생물 등과 접촉하여 화학적, 물리적, 생물학적으로 분해되는 풍화작용이 있으며, 특히 지하수는 암석 내의 광물 성분을 용해시키거나 침전시켜 암석의 강도를 저하시키게 된다. 특히 [그림 1.31]에서 보는 바와 같이 터널 굴착 이후 열화 변질이 급격이 증가하여 소성영역이 점차적으로 확대되어 붕락에 이르는 경우로 이는 이암이나 셰일층에 나타난다. 또한 단층파쇄대의 경우 굴착 중에는 안정성을 확보하였다가 지하수 유동에 따른 장기적인 거동이 발생하여 문제가 되는 경우도 있다.

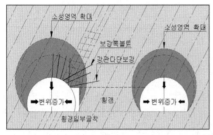

굴착 이후 열화 변질(이암·셰일층)   굴착 이후 지하수에 의한 단층대 장기거동

[그림 1.31] 이암·셰일층에서의 굴착 후 열화 변질

암반의 장기 열화 및 변질은 암석의 강도가 저하되어 붕괴, 낙석 등의 위험이 증가하며, 지하수 유입이 용이해지고 침투성이 증가하게 되며, 암석의 내구성이 저하되어 구조물의 수명이 단축될 수 있다. [그림 1.32]는 단층파쇄대에 집중호우에 의한 우수가 침투하여 장기적인 열화 변질로 터널 붕괴가 발생한 사례이다.

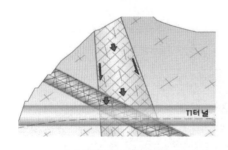
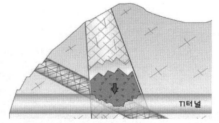

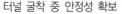

터널 굴착 중 안정성 확보   굴착 이후 단층대 열화 변질에 의한 붕락

[그림 1.32] 단층대의 장기적인 열화 변질에 의한 터널 붕괴 사례

2.8 시공 리스크 - 지보 문제

NATM 터널은 굴착으로 인해 발생하는 암반의 변형과 붕괴를 방지하고, 터널의 안정성을 확보하기 위하여 지보를 설치하게 된다. 주지보재인 숏크리트와 록볼트 그리고 강지보재를 조합하여 암반의 상태에 따라 지보량을 결정하여 설치하게 된다. 따라서 적절한 지보량의 산정과 지보의 설치는 터널 안정성 확보에 가장 중요한 요소가 된다. 특히 숏크리트의 즉각적인 타설은 NATM 터널에서 가장 중요한 요소로서 숏크리트를 제때에 타설하지 못하는 경우에 터널 안정성에 문제가 발생하게 된다.

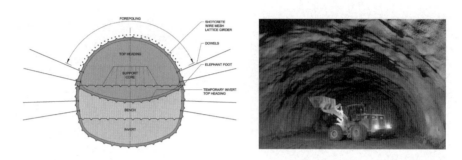

[그림 1.33] NATM 터널에서의 지보 설치와 숏크리트 타설

[그림 1.34]에는 Landrucken 터널 사고를 나타낸 것으로 바닥부 가인버트에서 과지압에 의한 전단파괴와 균열이 발생하고, 이어 측벽부에서의 내측으로의 수평변위가 발생하고 천단부에 균열이 확대되었다. 이후 좌우 측벽부와 인버트가 붕괴되고 천단부가 완전히 파괴되어 터널 전체가 붕괴됨을 볼 수 있다. 이는 과지압(Over Stressing)으로 인하여 설치된 지보력이 이를 견디지 못하여 발생한 경우이다.

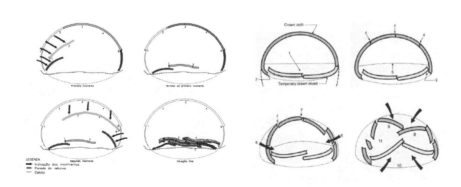

상파울루 메트로 터널   독일 Landrucken 터널

[그림 1.34] 지보력 부족에 의한 숏크리트 라이닝 파괴

2.9 시공 리스크 - 보강 문제

NATM 터널에서 주지보재로 지보력을 확보하지 못한 경우에는 다양한 보조보강공법을 적용하여 연약대나 단층대에서 시공이 가능하게 된다. 가장 일반적으로 적용되는 보강공법은 강관보강그라우팅으로, 본 공법은 터널굴착 시 암반의 불안정한 구간이나 지하수 유입이 예상되는 구간에 강관을 설치하고, 그 주변에 그라우트 재료를 주입하여 암반과 강관을 일체화시키는 공법이다. 이를 통해 암반의 강도를 증가시키고, 균열을 메워 지하수 유출을 방지하며, 터널의 안정성을 확보하는 효과를 얻을 수 있다.

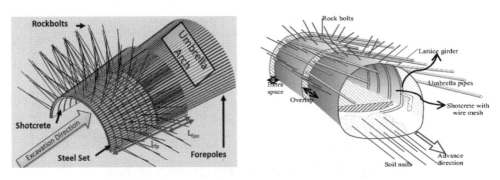

[그림 1.35] NATM 터널 보조보강공법 – 강관보강그라우팅

대부분의 경우 암반이 불량한 경우에 강관보강그라우팅을 적용하기 때문에 강관보강그라우팅의 보강효과 발현은 매우 중요하다. 특히 지반/암반 상태에 따라 강관의 크기, 강관의 간격, 강관의 배열 등을 계획하게 되는데 강관보강그라우팅이 제대로 보강 효과를 발휘하지 못하게 되는 경우 터널 붕락 등의 문제가 발생하게 된다. 따라서 시공 과정을 철저히 관리하고, 품질검사를 주기적으로 실시하여 문제 발생 시 신속하게 대처해야 한다.

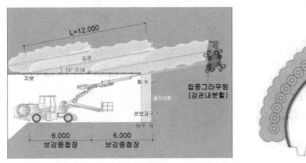 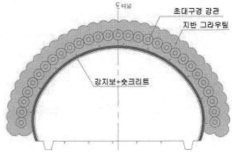

[그림 1.36] 강관보강그라우팅의 설계와 시공

2.10 시공 리스크 - 인버트 문제

터널 인버트(Invert)는 터널의 바닥 부분을 의미하며, 인버트를 타설함으로써 완전한 링 폐합구조(Ring Closure)를 형성하게 되므로, 상부에서 작용하는 하중을 넓은 면적에 분산시켜 지반에 미치는 응력을 감소시키며, 터널의 구조적 안정성을 확보하게 된다. 특히 암반이 불량한 구간에서는 시공 중에 1차 라이닝으로 인버트 숏크리트 타설하고, 2차 라이닝으로 인버트 콘크리트를 타설하게 된다. 하지만 인버트는 구조적 안정성 확보라는 장점에도 불구하고 시공성 및 공사비 증가 등의 문제가 있으므로 암반 상태를 충분히 고려하여 적용하여야 한다.

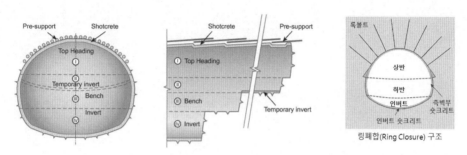

[그림 1.37] NATM 터널에서의 인버트

[그림 1.38]에는 인버트 미설치에 의한 터널 변형사례를 나타낸 것으로, 시공 중에 확인된 막장조사 결과 인버트가 필요하지 않은 것으로 파악되었으나, 터널 주변의 단층파쇄대의 장기적인 거동으로 인하여 터널 바닥부에서의 히빙이 발생하였다. 따라서 인버트는 터널의 안전성과 기능을 유지하는 데 매우 중요한 역할을 하므로 터널설계 및 시공 시 인버트에 대한 충분한 고려가 필요하다.

[그림 1.38] 인버트 미설치에 의한 터널 변형 리스크

TBM 터널과 주요 리스크
TBM Tunnel and Key Risks

TBM 터널은 TBM(Tunnel Boring Machine) 장비를 이용하여 터널을 굴진하는 공법으로, 도심지 터널 등과 같은 안전 및 민원이 강조되는 터널공사에서 적용되는 가장 중요한 공법이 되었다. [표 2.1]은 TBM 터널 기술의 특성과 기술 트렌드를 10가지 키워드로 요약한 것으로 제2강에서는 이 10가지 키워드를 중심으로 TBM 터널 기술의 주요 특징과 리스크를 설명한다.

[표 2.1] TBM 터널 특징과 주요 리스크

	Key Word		As-is	To-Be
T B M		오픈 TBM과 쉴드 TBM	암반/토사 구분 적용	모든 지반에 적용
		EPB 쉴드과 Slurry 쉴드	EPB or Slurry	EPB + Slurry
		지반특성과 TBM 선정	단일 기능의 장비	다기능 장비
		TBM 장비구성과 복합화	단일 목적의 장비	복합 목적의 장비
		TBM 커터헤드와 대단면화	소형/소중단면	대형/대단면화
		TBM 시공 프로세스와 자동화	인력중심 운영	자동화 기술적용
		TBM 굴진율과 급속 굴진	굴진율 한계	굴진율 증가
		막장 안정성과 고수압	저수압 적용	고수압 대응
		세그먼트 라이닝과 고성능화	PC 콘크리트	고성능/특수 라이닝
		TBM 스마트 기술과 디지털화	기존 기술 이용	스마트 기술 응용
	Key Risk		Cause	Effect
R I S K	지오 리스크	복합 지반	Mixed Ground	굴진저하/디스크 마모
		극경암	Very Hard Rock	굴진저하/디스크 마모
		단층파쇄대	Fault/Fractured Zone	굴진저하/Trapping
		연약지반	Weak Ground	굴진저하/물+토사유입
		출수/용수	지하수 과다유입	굴진저하/물+토사유입
	시공 리스크	TBM 장비고장	부적합 설계/운영	굴진 불가(수리/교체)
		막장압 관리	지보역할 부족	지반 함몰/싱크홀
		배토량 관리	보강성능 부족	지반 함몰/싱크홀
		그라우팅 관리	지수성능 부족	누수/출수
		피난연락갱 굴착	NATM 굴착	함몰/토사유입/붕락

1. TBM 터널의 특징

1.1 오픈 TBM과 쉴드 TBM

TBM 공법은 TBM 장비의 굴진을 위한 반력을 그리퍼(Gripper)의 암반벽면 지지에 의해 얻는 오픈 TBM(Gripper TBM)과 세그먼트에 대한 반력을 이용하는 쉴드 TBM으로 구분된다. 암반을 굴착할 수 있는 오픈 TBM은 터널 주면을 지지하고 내부 작업공간을 보호하기 위한 쉴드가 없으며, 굴착 벽면에 대한 그리퍼의 지지력으로 추진력을 얻는다. 또한 굴착 후 터널 안정성을 확보하기 위해 숏크리트, 록볼트 등과 같은 지보와 콘크리트 라이닝이 활용되는 굴착장비이다.

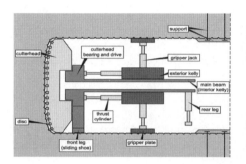

[그림 2.1] 오픈 그리퍼 TBM의 작동 원리 및 모습

쉴드 TBM 공법은 쉴드기 전면에 장착된 커터헤드를 회전시키면서 디스크 커터(면판)가 지반을 굴착한다. 이후 이수(Slurry) 또는 굴착된 버력으로 챔버를 채워 막장압을 유지한다. 이렇게 압력을 가하면서 회전·전진하며 터널을 굴진하면 분쇄된 암석과 흙은 컨베이어 벨트 또는 배관을 통해 TBM 장비 뒤로 옮겨지고 굴착과 동시에 이렉터를 이용해 터널 벽면에 세그먼트 라이닝을 설치하여 하나의 링 구조를 완성하게 된다.

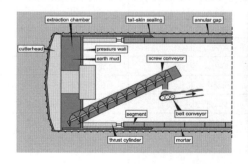

[그림 2.2] 쉴드 TBM의 작동 원리 및 모습

1.2 EPB 쉴드와 Slurry 쉴드

쉴드 TBM은 터널 굴진 후 챔버 내에 압력을 가하는 방식에 따라 이수식(Slurry Pressure Balanced, SPB)과 토압식(Earth Pressure Balanced, EPB)으로 나뉜다. 막장압을 챔버 내에 채워진 굴착토로 메워서 지지하면 토압식(이토압식), 물을 섞은 점토인 이수(Slurry)로 채워서 압력을 가하면 이수식(이수가압식)이라 한다.

EPB 쉴드 TBM은 전단면 굴착을 위한 커터헤드(Cutterhead)를 장착하고 챔버 안에 굴착된 물질을 압축함으로써 막장면을 지지하며 스크류 컨베이어로 배출한다. 일반적으로 막장면 토압이 확실하게 스크류 컨베이어에 전달되도록 소성유동화한 굴착토를 챔버에 가득 채우게 된다.

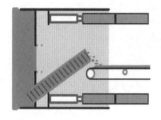 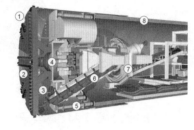

① Tunnel Face
② Cutterhead
③ Excavation Chamber
④ Bulkhead
⑤ Thrust Cylinders
⑥ Screw Conveyer
⑦ Segment Erector
⑧ Segment Lining

[그림 2.3] EPB 쉴드 TBM의 구성

Slurry 쉴드 TBM은 커터헤드로 전단면굴착을 수행한다. 챔버 내에 이수를 가압순환시켜 막장을 안정시키며 버력처리 역시 이수의 유동에 의하여 수행된다. 즉 수압, 토압에 대응해서 챔버 내에 소정의 압력을 가한 이수를 가압하여 막장의 안정을 유지하는 동시에 이수를 순환시켜 굴착토를 유체 수송하여 배토하는 공법이다. [그림 2.4]에는 슬러리 쉴드 TBM의 구성이 나타나 있다.

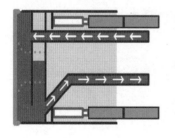 

① Cutterhead
② Bulkhead
③ Compressed Air
④ Submerged Wall
⑤ Slurry Line
⑥ Stone Crusher
⑦ Feed Line
⑧ Segment Erector

[그림 2.4] Slurry 쉴드 TBM의 구성

1.3 TBM 장비 구성과 복합화

Open TBM은 디스크가 부착된 커터헤드, 추진장치, 버력운반 컨베이어 그리고 그리퍼로 구성된 본체가 있으며, 후속 트레일러 그리고 후속 설비로 크게 세 가지로 구성되며 터널 굴진 후방에서 지보 설치 장치를 갖출 수 있다. [그림 2.5]에는 오픈 TBM 장비의 구성이 나타나 있다.

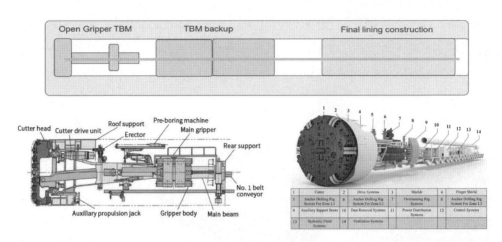

[그림 2.5] 오픈 TBM 장비의 구성

쉴드 TBM은 본체와 후속설비 등으로 이루어져 있고 본체 부분은 굴진면 측에서부터 후드부, 거더부, 테일부의 3부분으로, 외피는 외판(Skin Plate)과 그 보강재로 구성되어 있다. [그림 2.6]에는 쉴드 TBM 장비의 구성이 나타나 있다.

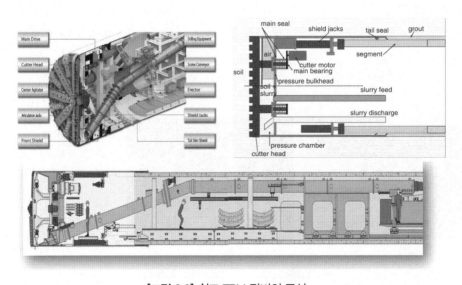

[그림 2.6] 쉴드 TBM 장비의 구성

1.4 TBM 터널의 대단면화

TBM 터널 단면은 원형이므로 NATM 터널 단면에 비하여 단면 규모가 크고 공간 활용성이 떨어지는 문제점이 있다. TBM 공법을 적용한 도로터널에서는 상하부 여유 공간을 환기 및 방재시설과 유지 관리 시설로 활용하게 되고, 터널 내에 슬래브를 설치하여 차량 운행하중을 지지하고 공간을 확보하게 된다. 최근에는 TBM 단면이 직경이 14m 이상 대단면화되고 있으며, 중간 슬래브를 설치하여 공간 활용도를 높이는 복층(Double-decked) TBM 터널도 적용되고 있다. [그림 2.7]에는 TBM 도로터널의 단면이 나타나 있다.

3차로   2차로   2차로 복층 터널

[그림 2.7] TBM 도로터널의 단면

TBM 철도 터널의 경우 단선(Single Tube)과 복선(Double Tube) 그리고 열차의 특성에 따라 단면 크기가 달라지는데, 일반적으로 단선 터널이 직경 7~8m, 복선터널이 직경 11~12m 이다. 최근 철도의 고속화에 따라 대단면화되는 추세이다. [그림 2.8]에는 TBM 철도 터널의 단면이 나타나 있다.

Double Track   Single Track   Double Track(Metro)

[그림 2.8] TBM 철도 터널의 단면

1.5 TBM 시공 프로세스와 자동화

TBM 시공 프로세스의 핵심은 TBM 장비의 설치이다. 일반적으로 야드에서 굴진하는 방법과 수직구에서 굴진하는 방법으로 구분되는데, 도심지 터널의 경우 수직구를 굴착하여 TBM 장비를 조립하여 굴진하게 된다. [그림 2.9]에는 TBM 터널 프로세스가 나타나 있다.

[그림 2.9] TBM 터널 시공 프로세스

TBM 장비가 준비가 완료되면 초기굴진 과정을 거쳐 본 굴진을 시작하게 된다. TBM 굴진은 커터헤드의 회전과 추진력에 의한 굴착, 굴착토의 배토 및 운반, 추진잭을 이용한 굴진 그리고 세그먼트 라이닝 운반 및 조립 순서로 진행된다.

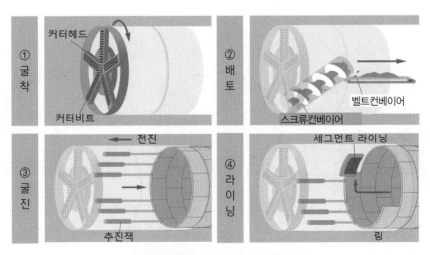

[그림 2.10] TBM 굴진 프로세스

1.6 TBM 굴진율과 급속 굴진

TBM에서 굴진속도는 매우 중요한 시공성 평가지표이다. 일굴진율(Advance Rare, AR)은 각 작업일 동안 굴착된 터널의 길이로 정의되며 m/day로 표시된다. AR은 터널 프로젝트 공기 및 공사비 추정의 핵심 요소이며, 설계 중 예측된 굴진율 값을 시공 중 확인하여 지반에 적합한 최적 TBM 운영에 반영하여야 한다. [그림 2.11]에는 TBM 굴진율과 링조립 시간이 나타나 있다.

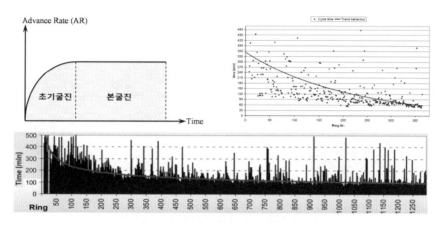

[그림 2.11] TBM 굴진율과 링조립 시간

일반적으로 하나의 링을 완성하는 링조립 시간, TBM 장비의 가동시간과 다운 타임 등이 굴진율에 영향을 주는 요소이며, 가장 중요한 것은 지반조건 및 지반 상태에 적합한 TBM 장비를 선정하여 운영하는 것이다.

[표 2.2] 주요 TBM 터널과 굴진율

프로젝트	TBM 장비	굴진율
West Gate Tunnel	직경 15.6m 무게 4000톤 길이 90m / EPB Shield	평균 9m/일
M30 Motorway Tunnel	직경 15.2m 무게 4000톤 / EPB Shield	최대 188m/주
Eşme—Salihli Tunnel	직경 13.77m / Crossover XRE TBM	최대 28.5m/일
Brenner Base Tunnel	직경 7.9m 무게 1,800톤 길이 200m / Gripper TBM	최대 61m/일
Folio Line Project	직경 9.9m / Hard Rock / Double Shield TBM	평균 13~15m/일
Waterview Connection	직경 14.4m 무게 2,800톤 / EPB Shield	최대 452m/월

1.7 막장 안정성과 고수압

TBM 터널에서 굴착 전 지반의 상태는 안정된 원지반의 상태로 토압과 수압이 균형을 이루고 있으나 TBM 터널 굴착이 이루어진 후는 막장과 터널 벽체로부터 토압과 수압이 내부로 작용한다. 쉴드 TBM은 챔버 내의 채워진 이토/슬러리 압력(Face Pressure)으로 막장의 토압과 수압을 지지하게 된다. 막장 안정은 토압 및 수압과 챔버 내의 압력을 조절하여 균형을 유지함으로써 지반교란을 최소화할 수 있고 이러한 균형이 깨지면 지반침하나 융기, 지반 함몰 등이 발생하게 된다.

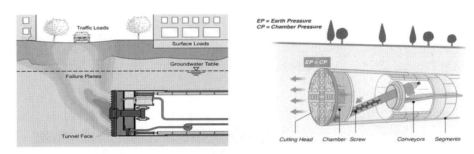

[그림 2.12] 쉴드 TBM에서의 막장 안정성

EPB 쉴드 TBM에서 막장면(Face)의 지지압력은 굴진속도와 스크류 컨베이어의 회전수에 의해 제어되며 추진력에 의해 챔버 내에서 가압된 굴착토의 토압이 굴진면 전체에 작용해 막장의 안전성(Face stability)을 확보하게 된다.

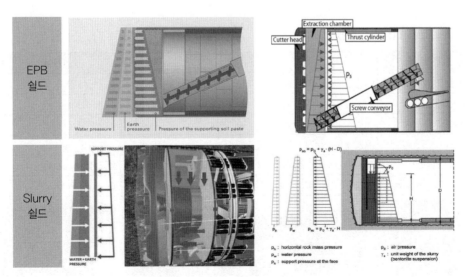

[그림 2.13] 막장압 작용과 막장압 계산

1.8 세그먼트 라이닝과 고성능화

세그먼트 라이닝(Segment Lining)은 현장타설 콘크리트 라이닝과 달리 공장이나 야드에서 미리 제작된 세그먼트를 터널 내에 조립 설치해 완성하는 라이닝의 형태를 총칭한다. 세그먼트 라이닝은 쉴드 TBM 터널에서 공사 중의 안정성을 확보하고 영구적인 터널 라이닝으로 사용되는 중요한 구조체이다. 더욱이 세그먼트 라이닝은 쉴드 터널의 공사비에서 가장 큰 비중을 차지하기 때문에 세그먼트의 경제성 향상을 위한 기술적인 개선 노력들이 이루어지고 있다.

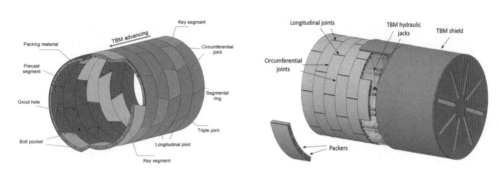

[그림 2.14] 세그먼트 라이닝

세그먼트 폭이 넓으면 링 설치당 생산량이 증가하고 터널 길이당 접합부의 수가 감소하지만 TBM 운반 및 적재에서 공간을 더 많이 요구하고 터널의 곡선 구간에서는 문제가 많다. 현장에 가까운 세그먼트 제조 공장을 보유한 프로젝트는 운송비가 적고 품질 관리가 우수하다. 몰드에 대한 3D 스캐닝 및 검증은 시공 단계에서의 지연을 방지하기 위한 필수적인 단계이다.

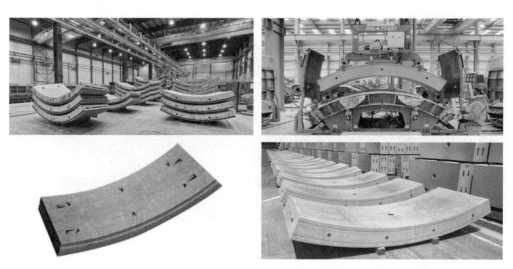

[그림 2.15] 세그먼트 라이닝의 제작

1.9 TBM 스마트 기술과 디지털화

TBM은 일반적으로 규격화된 건설기계와 달리 지반 상태 등 현장 조건에 따라 맞춤형으로 설계 및 제작해야 하는 고가의 건설기계다. TBM은 각종 센서와 디지털 기기를 탑재해 운영정보를 실시간으로 취득할 수 있도록 해야 한다. 최근 TBM 터널에서는 스마트 건설기술인 무인 현장관리에 활용 가능한 원격드론, 무인지상차량(UGV) 등도 터널현장에 투입해 AI 기반의 안전관리 및 라이다(LiDAR) 기반의 측량 업무 무인화를 실현하고 있다.

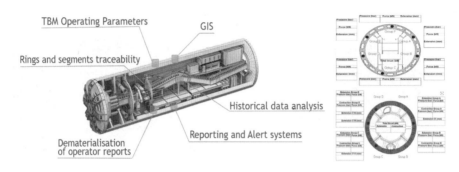

[그림 2.16] TBM 장비의 스마트 기술

국내에서는 TBM 커터헤드 설계자동화 시스템과 TBM 장비 운전·제어 시스템기술을 개발하였다. TBM 장비 운전·제어 시스템은 커터헤드 회전속도, 굴진방향 등을 자동 제어하고 운전하는 TBM 운용의 핵심 기술이다.

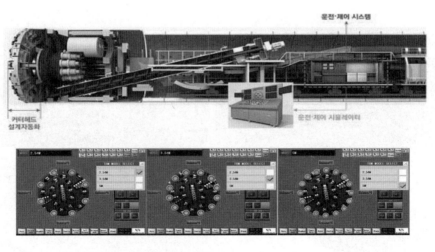

[그림 2.17] TBM 장비 운전·제어 시스템(한국건설기술연구원)

1.10 TBM 방재시스템과 안전 강화

최근 터널이 장대화됨에 따라 장대 터널 내 사고 발생 시 이에 대한 적극적인 대응을 요구하는 터널 방재기준이 강화되고 있다. [그림 2.18]에 나타낸 바와 같이 터널 계획 시 다양한 방재시스템을 고려하도록 하고 있으며 초장대 터널의 경우 환기 및 방재 목적으로 중앙에 서비스 터널을 설치하는 경우도 있다. 특히 TBM 터널의 경우에는 원형 단면으로 인하여 하부의 빈 공간이 발생하게 되므로 이를 방재공간(피난통로)으로 활용하고 있으며, TBM 터널 내 각종 배연설비 등의 방재설비가 설치된다.

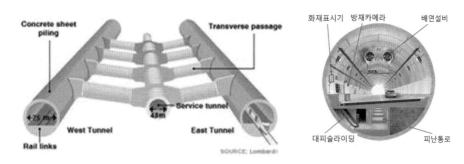

[그림 2.18] TBM 터널 방재시스템

단선 병렬의 터널의 경우 상행선과 하행선을 서로 연결해주는 방재통로의 의미인 피난연결통로(Cross Passage)를 일정한 간격으로 반드시 설치하도록 하고 있다. [그림 2.19]에는 TBM 터널에 설치된 전형적인 피난연결통로가 나타나 있다.

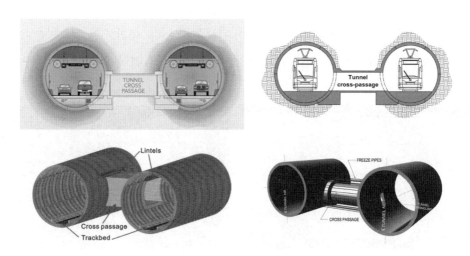

[그림 2.19] TBM 터널과 Cross Passage

2. TBM 터널의 주요 리스크

2.1 지오 리스크 - 복합 지반(Mixed Ground)

　지반공학적 관점에서 복합 지반(Mixed Ground)은 현저하게 다른 특성을 가진 두 개 이상의 지질학적 형성 또는 다른 풍화 등급을 가진 동일한 지질학적 형성이 동시에 발생하는 것으로 정의된다. 특히 TBM 터널링의 경우 복합 지반조건이라는 용어는 터널 면이 완전히 다른 두 가지 이상의 암석 유형으로 구성될 때 사용된다. TBM 터널링에서 발생하는 복합 지반은 큰 문제를 야기하며 경고 없이 잠재적인 위험을 유발할 수 있다. 따라서 이러한 불리한 조건에 대한 자세한 이해는 성공적인 TBM 터널에서 매우 중요하다.

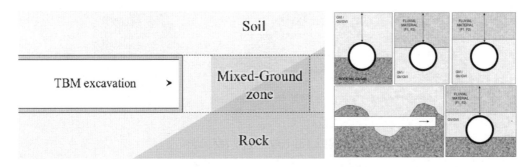

[그림 2.20] TBM 터널링에서의 복합 지반

　일반적으로 복합 지반 조건은 커터 마모, 롤러 커터 헤드 걸림, 지반 침하, TBM 성능 저하 및 비용 초과로 이어질 수 있으며, 막장 불안정성, 굴착도 운반 문제 등과 관련된 주요 문제가 발생할 수 있다. 불리한 지반조건으로 인해 TBM 성능이 크게 제한되고 추가 비용이 많이 들거나 가동 중지 시간이 길어지거나 무기한 지연이 발생할 수 있다. 이러한 문제를 해결하기 위해서는 지반조건에 적합한 TBM 타입 선정, 지반 특성에 맞는 TBM 운영의 최적화 등이 있다.

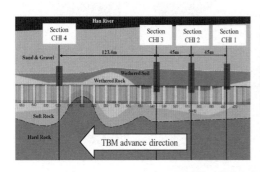
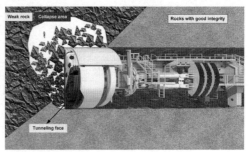

[그림 2.21] 복합 지반에서의 트러블

2.2 지오 리스크 - 극경암(Very Hard Rock)

불리한 지질 조건은 TBM 진전 속도와 커터 마모에 심각한 영향을 미쳐 TBM 활용도가 매우 낮아지고 추가 비용이 많이 발생할 수 있다. TBM 굴착에 영향을 미치는 불리한 지질 조건은 복합 지반, 파쇄 암반, 고응력 암반, 극경암의 네 가지 유형으로 요약할 수 있다. 매우 단단하고 마모성이 강한 암석은 커터 마모를 증가시키고 굴진율을 감소시킴으로써 과거와 현재 진행 중인 TBM 프로젝트에 큰 문제가 된다. TBM의 성능 및 용량을 개선하거나 보조 암석 파괴방법을 개발하여 이러한 극경암에서 TBM의 성능을 개선하기 위해 많은 연구가 수행되었다.

[그림 2.22] 암반의 특성에 따른 TBM

저굴진은 TBM이 충분한 속도로 면을 관통할 수 없거나 절삭 공구의 마모가 허용 한계를 초과하는 것으로 정의할 수 있다. 커터헤드의 2~2.5mm/rev 미만의 관통 속도는 굴진 문제의 지표로 간주할 수 있다. 암석의 높은 강도와 마모성은 낮은 관통에서 제한된 칩 형성을 초래하고 커터 마모가 과도하게 비례적으로 증가한다. TBM 터널링은 기계와 지반의 상호작용에 달려 있으며, TBM 커터에 의한 암석 파쇄 과정과 TBM 굴착 효율은 암반 특성과 관련이 있다.

[그림 2.23] 극경암에서의 TBM 굴진

2.3 지오 리스크 - 단층파쇄대(Fault Fracture Zone)

TBM이 해결해야 할 암반조건은 매우 다양하며, 발주자와 TBM 설계자 및 제조업체에 대한 컨설턴트의 조언에 크게 의존하여 발생할 가능성이 있는 암반조건의 범위에 관해 검토해야 한다. TBM 터널링 시 안정성에 대한 4가지 사례의 예로 들어 설명하면 단층대(Fault Zone)는 라벨링(Ravelling) 거동을 일으킬 것으로 예상할 수 있으며, 단층코어/점토(Core)는 같이 압착(Squeezing)을 받을 수 있다. 절리가 발달한 암반(Jointed Rock)은 지보가 필요하지 않아서 TBM에 이상적일 수 있으며, 절리가 거의 없는 경암반(Hard Rock)은 마모성으로 인하여 굴진하기 어렵다.

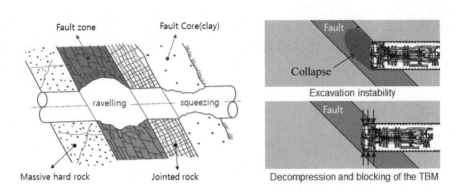

[그림 2.24] TBM 터널링 시 안정성에 영향을 미치는 사례

암반은 종종 파쇄되고 파쇄 정도는 RQD, 절리 간격, 블록 크기 및 체적 절리 수를 포함한 여러 지수로 정량화할 수 있다. GSI(지질 강도 지수) 시스템에서 암반 구조는 블록형, 매우 블록형 그리고 일반적으로 단층 및 전단대에서와 같이 붕괴되고 전단된 암반으로 정량화된다. TBM 터널링 시 가장 문제가 되는 경우는 파쇄 암반으로 굴진 시 세심한 주의가 요구된다.

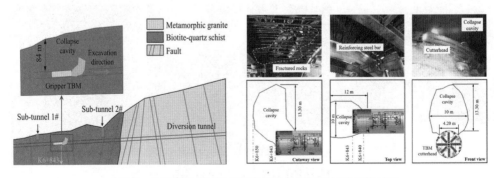

[그림 2.25] TBM 터널링의 단층파쇄대 구간에서의 붕락사례

2.4 지오 리스크 - 연약지반(Soft Ground)

연약지반의 경우 굴착면이 불안정하여 쉴드 챔버 내부로 토사가 유입될 가능성이 높은데, 이는 굴진 작업을 방해하고 장비 고장의 원인이 될 수 있다. 또한 토사의 강도가 약하거나 지하수 유입이 많은 경우 굴착면이 붕괴되어 쉴드 챔버가 손상되거나 굴진이 중단될 수 있다. 그리고 굴진 과정에서 지반이 침하되어 지상 구조물에 손상을 입히거나 주변 환경에 영향을 미칠 수 있다. 일반적으로 토사 터널링에 사용되는 쉴드 TBM은 오픈형 방법에 비해 우수한 배수 제어를 제공할 수 있지만 단단한 암석에서 사용할 때 마모가 심하다는 문제가 있다. 연약지반에서의 간극수압 감소는 압축으로 이어지고 기초가 있는 건물의 경우 침하를 초래하여 막대한 피해를 입히게 된다.

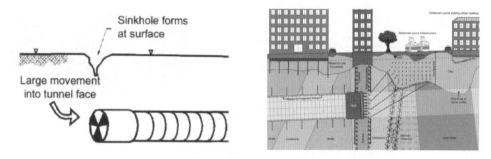

[그림 2.26] 쉴드 TBM 터널링에 의한 지반침하와 싱크홀 문제

이러한 문제를 해결하기 위하여 굴진 전 정밀한 지반 조사를 통해 토사의 종류, 강도, 지하수위 등을 정확히 파악하여 적절한 굴진 계획을 수립해야 한다. 또한 연약지반의 특성에 맞는 절삭체, 쉴드 면판, 유압 시스템 등을 선정하고 주기적인 점검 및 유지보수를 실시해야 한다.

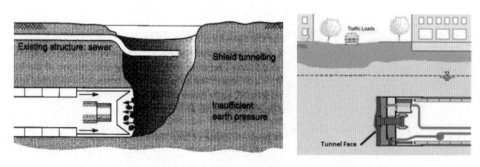

[그림 2.27] 쉴드 TBM 터널링에 의한 리스크

2.5 지오 리스크 - 출수/용수(Water Inflow and Inrush)

일반적으로 비배수 개념의 TBM 터널은 굴진 중 출수 및 용수 문제는 크게 발생하지 않는다. 하지만 단층파쇄대 및 대수층을 같은 지질 조건을 조우하게 되면 상당한 정도의 출수가 발생하게 되고 이는 TBM 굴진 자체에 지장을 주게 된다. TBM 커터헤드가 단층파괴대에 진입하기 시작할 때 단층파쇄대와 터널 사이에 침투 채널이 먼저 발생하고 국부적인 최대 유입은 단층파쇄대와 양호한 암반 사이에서 발생한다.

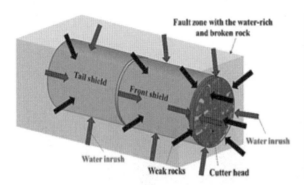 

[그림 2.28] TBM 터널링에서의 출수/용수 리스크

쉴드 TBM 굴진 시 막장에서의 갑작스런 붕락 또는 지하수 유출이 발생될 경우에는 사전에 전방 지질 상태 파악을 위한 드릴링과 갱내에서의 그라우팅 시스템이 매우 주요한 역할을 하게 된다. 특히 해하저 통과구간의 경우 지상에서의 보강 그라우팅이 현실적으로 어렵기 때문에 갱내에서의 전방 드릴링 및 그라우팅 시스템 구축 중요성이 가중된다. 대부분의 장비 제작사에서는 옵션 사항으로서 전방 드릴링 및 그라우팅 시스템을 제안하고 있으며, 굴진 중 지속적인 지질 관찰을 통해 전방지질을 예측평가하고 그라우팅의 필요성을 면밀히 검토해야 한다.

 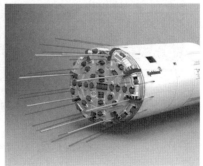

[그림 2.29] TBM 막장 전방 그라우팅 시스템

2.6 시공 리스크 - TBM 장비 고장(TBM Breakdown)

TBM 장비 고장은 터널 공사 현장에서 예상치 못한 지연과 비용 증가를 야기하는 심각한 문제이다. TBM은 터널 굴착 작업의 핵심 장비로 이 장비의 고장은 전체 공사 일정에 큰 영향을 미치고 결과적으로 공사비를 상승시키는 주요 원인이 된다. TBM 고장의 원인으로는 부품 마모, 유압 시스템 문제, 전기 시스템 이상 등의 기계적 결함, 예상치 못한 지반 조건으로 인한 과부하, 부적절한 운전, 유지보수 미흡 등의 운영 미숙, 지진, 침수 등 예상치 못한 외부 요인 등이 있다.

▌ 최악의 TBM 장비 사고 - Bertha TBM(S99 Tunnel Project, USA)

Bertha TBM은 Alaskan Way Viaduct 교체 터널 프로젝트를 위해 제작된 직경 17.5m TBM이다. 2013년 12월 6일 예상치 못한 장애물로 인해 330m 지점에서 작업이 중단되었다. 지하수를 측정하는 데 사용되던 강관에 부딪혀 절단 날이 여러 개 파손된 것으로 확인되었으며, 후속 조사에서 메인 베어링과 씰 시스템의 일부가 손상되어 베어링이 작동 중에 과열된 것으로 밝혀졌다. 그 후 2년 동안 2015년에 TBM 수리 및 부분 교체를 위해 TBM 커터헤드에 접근하여 들어 올리기 위해 지표면에서 수직구를 굴착하였다. 이후 업그레이드된 TBM으로 재개한 후 공기 2년 지연으로 공사비 2억 2,330만 달러가 증가되었으며, 2019년 2월에 개통되었다.

[그림 2.30] TBM 장비 사고 - Bertha TBM(S99 Tunnel Project, USA)

2.7 시공 리스크 - 막장압 관리(Face Control)

막장압은 쉴드 TBM이 굴착하는 과정에서 굴진면(막장)에 작용하는 압력을 의미하는 것으로 지반의 종류, 굴착 속도, 굴착 깊이 등 다양한 요인에 따라 달라지게 된다. 막장압이 너무 낮으면 굴진면이 붕괴될 위험이 있으며, 막장압이 너무 높으면 쉴드 TBM 장비에 과도한 부하가 걸려 고장이 발생할 수 있다. 또한 막장압이 불안정하면 터널 내부로 물이 새어 들어올 수 있으며, 막장압이 과도하게 높으면 지표면이 침하될 수 있다.

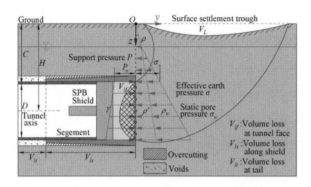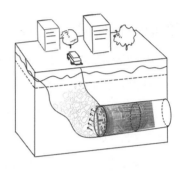

[그림 2.31] TBM 터널에서의 막장압 관리

막장압 유지가 어려운 리스크의 경우 단층파쇄대, 복합지반, 연약지반 등 불리한 지반 조건에서 시공하는 경우 발생할 가능성이 크다. 이에 대처하기 위해서 설계단계에서 지반조사의 양 증가, 위험지반에 대한 보강계획 설계, 적절한 장비 타입 결정, EPB TBM의 경우 첨가제 투입 설비 설치, Slurry TBM의 경우 지반에 대비한 이수조정 장치 설치 등이 필요하다. 시공단계에서는 지반보강 시행, 숙련된 장비운용, 첨가제 투입 및 이수 조절 수행, 지표침하 체크, 배토량 측정 등이 필요하다.

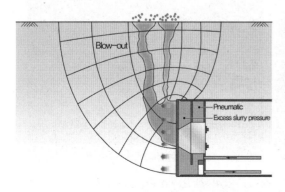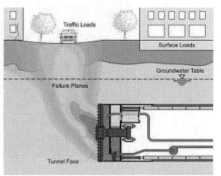

[그림 2.32] TBM 터널에서의 막장압에 의한 리스크

2.8 시공 리스크 - 배토량 관리(Excavated Material Management)

쉴드 TBM은 막장을 직접 볼 수 없기 때문에 송배니 계통에 설치한 유량계와 밀도계에 의한 계측을 통해 굴착토량을 관리하는 방법을 적용하고 있다. 관리 항목은 추진에 따른 굴착량과 건사량 2가지이다. 미세한 점토질 토양의 쉴드 드라이브는 종종 막힘의 영향을 받는다. 이러한 막힌 재료의 벽은 절단 휠의 뒤쪽에서 후속 이송 시스템까지 굴착된 재료의 직접 경로를 악화시키거나 심지어 방해하여 운전을 특히 어렵게 만든다.

[그림 2.33] TBM 터널에서 배토량 관리

배토와 관련해서는 자갈층 지반에 대비하여 돌분쇄기를 설치하여야 하며 EPB TBM의 경우 스크류 컨베이어에 점검창의 설치가 가능하고 점토질의 지반 및 지하수 과다 지역에 대비한 첨가재 투입 계획 및 장비를 마련해야 한다. Slurry TBM의 경우 이수조절 장치 설치 및 조절 계획을 수립해야 한다. 시공단계에서는 EPB TBM의 경우 지반에 적합한 첨가재를 투입하여 배토의 품질을 확보하는 것이 가장 중요하며, Slurry TBM의 경우 이수를 조절하고 수압을 모니터링하고 배관 마모도 및 펌프에 대한 정기적인 점검 및 교체를 하는 것이 필요하다.

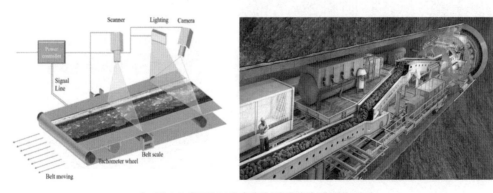

[그림 2.34] TBM 터널에서 정량적인 배토량 관리

2.9 시공 리스크 - 그라우팅 관리(Grouting Management)

TBM 터널 공사에서 지반을 보강하는 보조공법으로는 그라우팅이 일반적으로 활용되고 있다. 그라우팅은 시공 시점에 따라 포스트그라우팅(Post-grouting)과 프리그라우팅(Pre-grouting) 으로 나눌 수 있고 프리그라우팅은 주입공의 위치에 따라 지상에서부터 보강이 이루어지는 수 직 그라우팅과 TBM 본체 내에서 수행하는 갱내 그라우팅으로 구분할 수 있다. 일반적으로 포 스트 그라우팅은 프리 그라우팅보다 보강작업에 많은 시간과 비용이 소요될 뿐만 아니라 보강 효율이 낮기 때문에 프리 그라우팅공법을 보완하는 목적으로 활용된다.

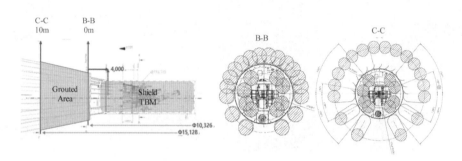

[그림 2.35] TBM 내부에서의 그라우팅 레이아웃

TBM 굴착 시 그라우팅의 적용은 토사지반에서 디스크 커터 교체를 위하여 굴진면 전방의 보강이 필요할 시, 굴착면의 안정성이 요구될 시, 지하수 유입의 차단이 필요할 시 등의 경우에 이루어진다. 즉 지반보강과 차수를 위하여 그라우팅을 적용하며 목적에 따라 그 방법과 재료 선정이 달라지게 된다. 지반보강과 차수를 목적으로 하는 그라우팅은 공법이 다양하므로 목적 과 경제성을 고려하여 최적의 공법을 신속하게 선정하여 시공하는 것이 바람직하다.

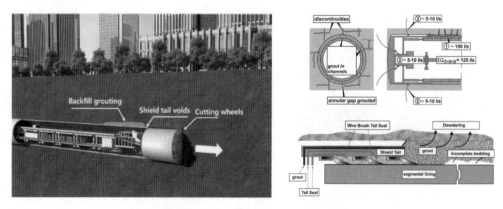

[그림 2.36] TBM 터널에서의 그라우팅

2.10 시공 리스크 - 피난연락갱 굴착(Cross Passage Excavation)

터널에서 피난연락갱(Cross Passage)은 터널 내부에서 발생할 수 있는 화재, 붕괴 등의 비상 상황 시 사람들이 안전하게 대피할 수 있도록 연결하는 통로를 의미한다. 일반적으로 2개 이상의 터널이 병행하여 건설될 때 이들 터널을 연결하는 역할을 하며, 비상시에는 피난 경로로 활용된다. TBM 터널의 경우 지반 특성을 고려하여 TBM 공법을 적용하였지만 대부분의 경우 피난연락갱의 굴착은 NATM 굴착방법을 적용하고 있다. 이는 TBM 터널링에서의 가장 위험한 리스크로서 TBM 터널에서의 붕락사고가 피난연락갱 굴진 시 발생하고 있다.

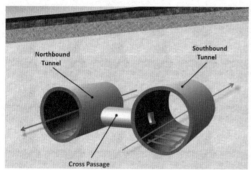

[그림 2.37] TBM 터널에서의 피난연락갱 NATM 시공

TBM 터널에서 피난연락갱을 안전하게 시공하기 위해서 가장 중요한 것은 피난연락갱 주변에 대한 지반그라우팅을 확실히 수행하여 그라우팅을 통해 지반의 강도를 증가시키고, 지반의 투수성을 감소시켜 피난연락갱 굴착에 의한 지하수 유동을 차단하도록 해야 한다. 또한 필요한 경우 지반동결공법 등을 적용하여 관리하여야 한다. 특히 기존 세그먼트 해체 시 사전에 그라우팅의 차수 효과에 대한 관리가 필수적으로 수행되어야 한다.

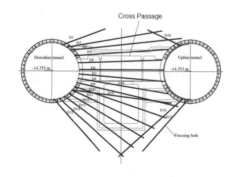

[그림 2.38] TBM 터널에서의 피난연락갱 주변 그라우팅

LECTURE 03

터널 붕락사고 원인과 특성 분석
General Review of Tunnel Collapse Accidents

제3강에서는 터널 붕락사고 사례를 분석하여 터널 사고 발생 원인 분석과 메커니즘, 주요 리스크와 이에 대한 대책 그리고 사고 현장에 대한 응급 복구 및 보강대책 등을 중심으로 기술하고자 한다. 즉 터널공사에서 발생 가능한 지오 리스크와 이로 인한 터널 붕락 및 붕괴 특성을 면밀히 검토하여, 터널 사고로부터 얻을 수 있었던 여러 가지 교훈과 사고 이후 개선되거나 달라진 공사체계와 시스템 등에 대하여 기술하고자 하였다. [표 3.1]에는 터널 붕락사고의 주요 원인과 특성을 10가지 키워드로 정리하였다. 표에서 보는 바와 같이 터널 사고의 주요 원인은 조사, 설계 및 시공 등의 다양한 오류와 실수에서 발생하지만 가장 중요한 것은 예측하지 못한 지질 및 지반조건에 대하여 얼마나 적극적으로 대응할 수 있었느냐는 것으로, 이는 터널공사의 모든 단계에서 지오 리스크(Geo-Risk) 관리가 가장 중요한 요소임을 확인할 수 있다.

[표 3.1] 터널 붕락사고 원인과 특성

	Key Word	As-is	To-Be
원인	예측할 수 없는 지질	제한된 지반조사	철저한 지반조사
	설계 및 시방 오류	설계기술의 한계	설계기술의 발전
	계산 또는 해석 오류	해석방법의 한계	해석기술의 발전
	시공 절차 및 공법 오류	설계기술의 한계	시공기술의 한계
	관리 및 컨트롤 오류	관리기술의 한계설계	관리기술의 발전
특성	지질 특성 – 지질 및 지반 특성 파악	설계단계결과에 의존	시공 중 적극적 대응
	터널 공법 – 지반 특성에 적합한 공법	공법선정의 단일화	공법적용의 복합화
	터널 설계 – 지반정보와 기준에 부합	지질/지반정보의 한계	지질 리스크 확인
	터널 시공 - 시공 프로세스 및 시공기술	시공기술의 한계	다양한 기술의 개발
	터널 리스크 – 체계적인 통합 관리	경험/노하우에 의존	정량적 리스크 관리

1. 지하터널공사에서의 붕락사고 원인 및 특징

1.1 지하터널공사에서의 사고와 결과

대부분의 터널 사고와 관련된 문제는 지하 구조물을 건설하는 동안 발생하며, 지반 조건의 불확실성과 관련이 있다. 따라서 터널공사에서 리스크 분석 시스템을 개발하고 발생을 방지하는 것이 필수적이다. 리스크는 사고 발생가능성(Probability)과 사고 발생으로 인한 결과(Consequence) 두 가지 요인의 조합으로 복잡한 특성을 가진다. 리스크 분석은 의사결정(Decision-Making)이 일정 수준의 불확실성에 기초해야 한다는 사실을 보여준다(Einstein, 2002; Caldeira, 2002). 리스크 분석은 [그림 3.1]과 같이 의사결정 사이클의 일부이다.

불확실성(Uncertainty)은 지반 공학에서 중요한 특성으로 지질 요인의 공간적 변동성과 시간, 지반 변수의 측정과 평가에 의한 오류, 모델링과 하중의 불확실성 그리고 누락과 같은 여러 가지 다른 범주가 설정될 수 있다(Einstein, 2002).

최근 지속가능한 개발의 필요성 때문에 지하공간의 이용이 증가하고 있다. 지하공사에서 사고가 발생하는 것은 다른 구조물처럼 특이한 일이 아니지만 그럼에도 불구하고 관련된 법적 사회학적 문제를 고려할 때 사고의 확산은 흔하지 않으며 관련된 위험과 그 원인의 확산을 최소화하는 경향이 있다.

비교적 최근까지 지하 프로젝트를 평가할 때 리스크 평가와 리스크 분석은 특별한 연관성을 갖지 않았지만 최근 미국과 스위스의 주요 교통인프라 프로젝트에서 상업용 및 연구용 소프트웨어를 이용하여 리스크 분석을 성공적으로 수행하고 있다. 미국 MIT가 개발한 DAT(Decision Aids for Tunnelling)은 확률적 모델링을 통해 지질 불확실성과 시공 불확실성이 공사비와 공사기간에 미치는 영향을 분석할 수 있는 프로그램이다(Einstein 등, 1999; Sousa 등, 2004).

지반공학적 리스크의 식별은 위험(Hazard)을 초래할 수 있는 모든 원인을 평가하는 것을 목적으로 한다. 따라서 본 장에서는 주로 NATM 공법과 TBM 공법을 적용한 지하구조물의 사고 원인에 대한 검토를 진행하고자 한다. 또한 지상 또는 지중의 기존 인프라 구조의 손상, 굴착 중 터널 자체의 붕괴 및 붕락 등의 손상을 참조하였다.

지하구조물 사고에 대한 연구는 구조물의 시공에 의해 발생하는 불안정 현상과 메커니즘을 이해하는 데 매우 중요한 도구이며, 그 결과 향후 프로젝트에 가장 적합한 시공 방법을 선택할 수 있다. 지하공사에서의 사고 발생이 다른 구조물처럼 이례적인 것은 아니더라도 사고의 확산이나 원인에 대한 설명을 최소화하려는 경향이 있으며 이러한 사실은 설계자와 시공자에 의한 이전 오류의 반복으로 이어질 수 있다. 따라서 지하 공사에서 보고된 실패 횟수는 상대적으로 감소하고 있다.

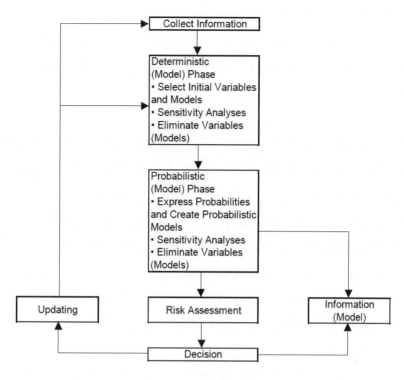

[그림 3.1] 리스크 평가와 의사결정 사이클(Einstein, 2002)

　　1994년 10월 21일 영국 Heathrow Express Ray Link의 일부로 건설되고 있는 3개의 병렬 터널 붕괴사고가 발생함에 따라 영국 보건안전위원회(Health and Safety Commission, HSC) 는 NATM 터널의 사용에 대한 영향을 연구하기 위한 조사를 수행했다. 이 조사를 통해 히드로 공항에서 발생한 터널 붕괴의 원인을 파악하고 안전관리에 대한 보고서를 발행하였다(HSE, 1996; ICE, 1996).

　　영국 HSE가 NATM 터널에 대한 상세 조사를 통해 얻은 주요 결론은 다음과 같다(HSE, 1996).

• NATM 터널 굴착에 따른 대형 사고가 전 세계에서 발생하고 있다. 그럼에도 불구하고 안전 (Safety)에 관한 가장 중요한 측면이 기술적으로 충분히 검토된 것이 아니다.
• 도심지 NATM 터널에서 발생한 붕괴는 작업자뿐만 아니라 지상 인프라와 환경에 심각한 결과 를 초래할 수 있다. 붕괴에 의한 결과를 허용할 수 없는 구조적 해결책이 있기 때문에 대안적 인 해결책(Alternative Solution)을 찾아야 한다.
• 지반조사를 통해 지하 구조물의 안전과 관련한 예기치 않은 중대 조건(Critical Condition)을 발견할 가능성이 없음을 확인해야 한다. 결과적으로 상세하고 정확한 설계가 필요하게 되고 각 구조 요소는 시공 전에 개략적으로 설계되어야 한다.

- 임시 및 영구 지보 설계를 고려할 수 있는 통합 절차(Integrated Procedure)가 개발되어야 한다. 설계는 터널 시공에 의해 만들어진 모든 절차를 시공 방법론에 따라 고려해야 한다.
- NATM 공법에 따라 설계된 지보로 굴착되는 터널은 다른 공법을 사용하여 굴착되는 터널만큼 안전하다.

NATM 공법과 관련된 리스크의 상세 분석과 다른 방법과의 비교는 아직 수행되지 않았으나 각각의 다른 방법론은 지하구조물의 위치와 기능에 크게 달라지는 위험요소(Hazard)를 도입하고 있다. TBM 장비를 이용하여 굴착하는 TBM 공법은 다른 공법에 비교하여 상대적으로 굴진속도가 빠르고 막장 전방의 안정성을 확보할 수 있고, 도심지 터널의 경우 지표침하를 정확하게 컨트롤할 수 있다(Babenderdem, 1999; Barton, 2000; Vlasov 등, 2001).

복합 암반과 천층 도심지 터널에서 안전관리는 달성하기 어렵다. 지질 및 지반조사는 항상 불충분하며 터널과 주변지반에 대한 강도 및 투수 특성을 상세하고 정확하게 제공할 수 없다. 특히 지상에 건물 및 기타 기반시설이 존재하기 때문에 적절한 장소에서 시추공 및 기타 조사 작업을 수행할 수 없으므로 굴착시공 단계에서 운영할 필요가 있으며, 터널 막장전방에 대한 시추가 수행된다. 또한 각 굴착 단계에서 상한과 하한을 설정함으로써 터널 막장면에서 굴착토의 양 등을 최대한 정확하게 제어할 수 있다(Martins 등, 2013).

운영 중인 터널의 경우 화재, 폭발 및 홍수로 인한 구조물 및 장비의 일부 또는 전체 손상이 발생할 수 있으며, 오래된 터널은 보상 및 개선 작업 중 사고가 발생할 수 있다(Silva, 2001). 또한 산사태, 암반사면 붕괴, 홍수와 같은 자연 재해로 주요 터널 사고가 발생하기도 한다 (Vlasov 등, 2001).

터널에서의 지속적인 변상과 열화는 오래된 터널과 최근의 터널에서 발생할 수 있으며, 주로 암반과 지보와 관련이 있다. 노후 터널의 경우 당시 시공법으로 인한 주변 공동의 이완과 관련이 있는데, 이는 지하구조물에 특히 피해를 준다. 노후 터널의 변상은 또한 공동(Void), 벽돌 조인트 벌어짐, 지하수, 콘크리트의 열화, 그리고 지보에 이완하중 작용 등과 관련이 있다 (Freitas 등, 2003). 최근 터널에서 주요 변상은 NATM 공법, TBM 공법 및 개착공법 등과 같은 터널공법과 관련이 있다. 지보는 현상타설 콘크리트, 숏크리트, 볼트, 앵커 및 강재지보 등이 있다. 설계 문제, 배수 불량으로 인한 수압 문제, 계산 및 계획에서의 오류 등에 의해 터널의 변상과 열화의 원인을 설명할 수 있다(HSE, 1996; Matos, 1999; Blasov 등, 2001).

여러 가지 이유로 지난 몇 년간 터널에서의 사고가 크게 증가하고 있다. 이는 주로 터널 건설의 급격한 증가와 관련 리스크가 잘 확인되지 않고 컨트롤되지 않으며 때로는 공법에 대한 지나친 신뢰와 관련이 있다. 터널 현장에서 발생한 많은 사고가 실제로 보고되지 않기 때문에 이러한 터널 사고의 주요 원인에 대한 적절한 통계를 정의할 수 없기 때문에 발생 사고에 대한 개략적인 내용을 중심으로 지하터널공사에서의 사고 현황과 주요 원인을 중심으로 정리하였다.

2. 지하터널공사에서의 사고와 원인 분석

2.1 지하터널공사에서의 사고 사례 분석

터널 굴착 중 발생하는 사고는 심각한 결과를 초래할 수 있는 통제할 수 없는 사건이다. 다른 지하공사에 비해 사고 발생 빈도가 상대적으로 높다고 할 수 있다. 앞서 설명한 바와 같이, 영국 보건안전위원회(HSE)는 지하구조물에서 발생한 사고를 규명하고 분석하기 위해 광범위한 문헌 조사를 수행했다. 이러한 자료의 예비 분석을 통해 다음과 같은 내용을 확인하였다.

    i) 도심 지역의 붕괴 건수가 농촌 지역의 붕괴 건수보다 2배 정도 많다.
    ii) 터널 사고 사례는 NATM 사용 경험이 적은 국가에만 해당되는 것은 아니다.
    iii) 대부분의 터널 사고 사례는 철도 또는 지하철 터널에 관한 것이다.
    iv) 터널 붕괴로 인한 환경 영향은 도심 지역에서 지속적으로 높다.

일본에서는 65개의 터널, 주로 경암반에서 터널 사고 사례가 보고되었다(Inokuma 등, 1994). 이 중 15건은 50~500m³의 범위를 가리키며, 3건은 1,000m³ 이상의 지반 손실(Ground Loss)이 있었다. 지표에 싱크홀(지반 함몰)이 생긴 상황은 두 가지였다. 브라질 상파울루의 터널 사고에 대한 자료는 Neto와 Kochen(2002)에 의해 수집되었다. 보고된 사례의 대부분은 토질 문제였으며, 암반에서의 사고는 감소했다. 이러한 경우에서 도출해야 할 중요한 결론으로 일부 터널 사고는 점토층에서 발생했으며, 점토층 내 균열로 인해 지반 강도가 감소했기 때문이다. 이와 같은 터널 사고는 NATM이 도심 지역에서 점점 더 어려운 조건에서 적용되고 있다는 점과 설계자와 시공자의 지식 부족과 같은 다양한 요인들에 기인할 수 있다. 터널 사고가 증가함에도 불구하고 터널 사고에 대한 출판물과 기술 논문 수는 감소했지만 Vlasov 등(2001)이 출판한 책을 특별히 참고했다.

[그림 3.2]는 상파울루에서 발생한 사고 사례를 보여주며, [그림 3.3]은 도심지 터널공사에서 발생한 사고들을 보여준다. 또한 [그림 3.4]는 지하터널 공사에서 발생할 수 있는 다양한 형태의 붕괴사례를 나타낸 것이다. 터널 사고 사례에서 보는 바와 같이 터널 사고는 터널 붕괴

뿐만 아니라 지상에 있는 도로, 건물 등에 중대한 피해를 줌을 볼 수 있다. 특히 도심지 터널공사에서는 그 영향이 매우 커서 터널 사고로 인한 결과가 매우 심각하다는 것을 확인할 수 있다.

[그림 3.2] 상파울루 터널 붕락사고(2000; 2007)

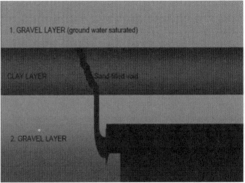

(a) 뮌헨 지하철(1994)

(b) 싱가포르 MRT(2004)   (c) 상하이 지하철(2003)

[그림 3.3] 도심지 터널 붕락사고 사례(2000; 2007)

(a) Gotthard Base Tunnel, Faido

(b) Hirschengraben Tunnel, Zurich

(c) Hirschengraben Tunnel, Zurich

(d) Gotthard Base Tunnel, Faido

[그림 3.4] 터널 사고 사례

[표 3,2]는 국제터널협회(ITA)에 보고된 전 세계 터널에서 발생한 사고 사례들을 요약한 것이며, [표 3.3]에는 참고문헌 등에서 보고된 터널 사고 사례 등을 정리한 것이다.

[표 3.2] 터널 사고 사례(ITA, 2004)

Year	Location	Hazard	Consequence
1994	Great Belt Link, Denmark	Fire	USD 33 M
	Munich Metro, Germany	Collapse	USD 4 M
	Heathrow Express Link, UK	Collapse	USD 141 M
	Metro Taipei, Taiwan	Collapse	USD 12 M
1995	Metro Los Angeles, USA	Collapse	USD 94 M
	Metro Taipei, Taiwan	Collapse	USD 12 M
1999	Hull Yorkshire, UK	Collapse	USD 55 M
	TAV Bologna–Florence, Italy	Collapse	USD 9 M
	Anatolia Motorway, Turkey	Earthquake	USD 115 M
2000	Metro Taegu, Korea	Collapse	USD 24 M
	TAV Bologna–Florence, Italy	Collapse	USD 12 M
2002	Taiwan High Speed Railway, Taiwan	Collapse	USD 30 M
	SOCATOP Paris, France	Collapse	USD 8 M
2003	Shanghai Metro, China	Collapse	USD 60 M
2004	Nicoll Highway, Singapore	Collapse	USD 100 M

[표 3.3] 터널 사고 사례(Neto and Kochen, 2002)

Year	Place	Type of Accidents
1973	Paris	Railway tunnel (France), Collapse
1981	São Paulo	Metro tunnel (Brazil), Collapse
1984	Landrüken	Tunnel (Germany), Collapse
	Bochum	Metro tunnel (Germany), Collapse
1985	Richthof	Tunnel (Germany), Collapse
	Kaiserau	Tunnel (Germany), Collapse
	Bochum	Metro tunnel (Germany), Collapse
1986	Krieberg	Tunnel (Germany), Collapse
1987	Munich	Metro tunnel (Germany), 5 Collapses
	Weltkugel	Metro tunnel (Germany), Cave-in
	Karawanken	Tunnel(Austria/Slovenia), Large inflow and deformations
1988	Kehrenberg	Tunnel (Germany), Serious surface settlements
	Michaels	Tunnel (Germany), Collapse(pilot tunnel enlargements)
1989	Karawanken	Tunnel (Germany), Collapse
	São Paulo	Metro tunnel (Germany), Collapse
1991	Kwachon	Metro tunnel (Korea), Collapse
	Seoul	Metro tunnel (Korea), Collapses affecting buildings
1992	Funagata	Tunnel (Japan), Collapse
	Seoul	Metro tunnel (Korea), 2 Collapses
1993	Seoul	Metro tunnel (Korea), 4 Collapses
	Chungho	Taipei tunnel (Taiwan), Collapse
	Tribunal da Justica	Tunnel (Brazil), Collapse
	Toscana	Tunnel (Italy), Collapse and severe deformations
1994	Carvalho Pinto	Tunnel (Brazil), Collapse
	Montemor	Road tunnel (Portugal), 2 Collpases
	Galgenberg	Tunnel (Austria), Collapse
	Munich	Metro tunnel (Germany), Collapse
	Heathrow	Airprot tunnel (London, UK), Collapse
	Storebaelt	Tunnel (Denmark), Fire in TBM
1995	Turkey	Motorway tunnel, Collapse
1996	Turkey	Motorway tunnel, Collapse
	Los Angeles	Tunnel (USA), Collapse
	Athens	Metro tunnel (Greece), Collapse
	Adler	Tunnel (Switzerland), Collapse
	Toulon	Tunnel (France), Collapse
	Eidsvoll	Tunnel (Norway), Collapse
1997	Athens	Metro tunnel (Greece), Collapse
	São Paulo	Metro tunnel (Brazil), Collapse
	Carvalho Pinto	Metro tunnel (Brazil), Collapse
1998	Russia	Tunnel (Russia), Collapse

2.2 NATM 터널에서의 붕괴 메커니즘

NATM 터널의 경우 보고된 대부분의 사례는 막장면 전방근처에서 발생하는 붕괴를 의미한다. 이는 터널 심도가 매우 깊지 않은 경우에 지표면이 붕괴되어 터널 상부에 구멍이 생겼기 때문이다. 특히 대심도 대형 지하구조물의 경우에도 지표면에 도달할 수 있고, 작업자, 일반 대중, 인프라 시설 및 환경에 대한 재앙적인 결과를 가질 수 있다. 때로는 막장 붕괴가 지반의 불안정 상태에 기인하는 경우가 있는데, 실제로 붕괴의 원인은 현장 조건에 맞지 않는 시공법의 사용이다.

터널 붕괴의 원인을 분석하여 일반화된 터널 붕괴 메커니즘을 분류하면 다음과 같다.

i) 천단부에서의 지반 붕괴[그림 3.5 및 그림 3.6]
ii) 링 폐합 전후의 라이닝 붕괴[그림 3.7]
iii) 기타 붕괴 위치와 메커니즘

붕괴를 초래한 다양한 유형의 원인은 다음과 같이 정리할 수 있다(HSE, 1996).

1) 굴착 막장면 인접부에서의 붕괴
• 굴착면 근처의 불안정한 지반의 붕괴
• 시추공과 같은 인공적인 것을 포함한 불안정한 굴착 막장면의 붕괴
• 과도한 침하 또는 변위로 완성된 라이닝의 부분적인 붕괴
• 종방향으로의 하반 붕괴
• 터널 중앙부 쪽으로의 굴착 중 하반 붕괴
• 완료된 링의 첫 구간 전방의 상반에서 종방향 캔틸레버의 붕괴
• 링 폐합을 앞두고 너무 일찍 상반을 굴착하여 붕괴
• 상반 임시 인버트의 붕괴
• 상반 엘리펀트 풋 하부의 붕괴
• 부분적으로 완성된 라이닝의 구조 파괴로 인한 붕괴

2) 완성된 숏크리트 라이닝 구간에서의 붕괴
• 과도한 침하 또는 변위 발생으로 인한 붕괴
• 예기치 않은 또는 허용되지 않은 하중 조건의 국부적인 과부하로 인한 붕괴

- 표준 이하의 자재 또는 중대한 시공 결함으로 인한 붕괴
- 터널 라이닝의 기존부와 신설부 접합부에 대한 작업 중단으로 인한 붕괴
- 숏크리트 라이닝의 단면 보정, 변경 또는 수리 등으로 인한 붕괴

3) 기타 다른 위치 및 메커니즘

- 열악한 지반조건과 관련된 갱구부에서의 붕괴
- 연약한 지반조건과 지하수 문제로 인한 수직구의 붕괴

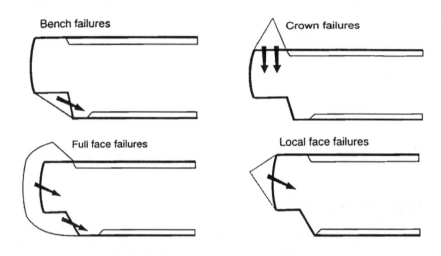

[그림 3.5] 막장 전방에서의 터널 붕괴(HSE, 1996)

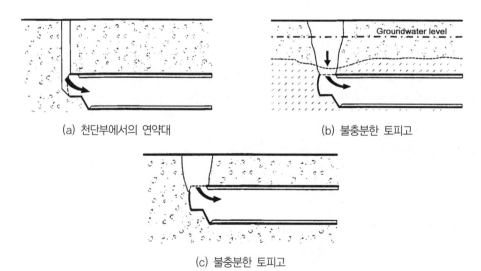

(a) 천단부에서의 연약대   (b) 불충분한 토피고

(c) 불충분한 토피고

[그림 3.6] 특정 조건에서의 막장 전방에서의 터널 붕괴(HSE, 1996)

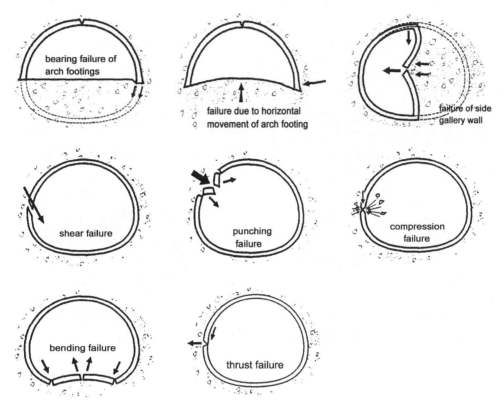

[그림 3.7] 링 폐합 전후의 파괴 메커니즘(HSE, 1996)

2.3 NATM 터널에서의 사고 사례

NATM 터널에서의 사고 사례를 분석하였다. [그림 3.8]은 1987년에 발생한 독일 Landrucken 터널 사고를 나타낸 것이다. 그림에서 보는 바와 같이 먼저 바닥부 가인버트에서 과지압에 의한 전단파괴와 균열이 발생하고, 이어 측벽부에서의 내측으로의 수평변위가 발생하고 천단부에 균열이 확대되었다. 이후 좌우 측벽부와 인버트가 붕괴되고 천단부가 완전히 파괴되어 터널 전체가 붕괴됨을 볼 수 있다. 이는 과지압(Over Stressing)으로 인하여 설치된 지보력이 이를 견디지 못하여 발생하는 것으로, 설계 및 시공상의 오류로 파악되었다.

[그림 3.9]에는 1987년에 발생한 독일 Krieburg 터널 사고를 나타낸 것이다. 그림에서 보는 바와 같이 측벽선진도갱을 굴착한 후 상반을 굴착하면서 우측 천단부 숏크리트가 파괴되었다. 이는 지하수를 포함한 지반의 이완하중이 작용함에 따라 숏크리트 지보력을 초과하여 발생한 것으로 주지보재 설치전에 터널 천단부에 충분한 강단보강그라우팅과 같은 지반보강작업이 굴착 전에 수행되지 않았기 때문으로, 설계 및 시공상의 오류로 평가되었다.

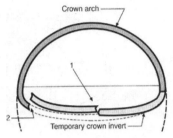

(a) 1단계 : 가인버트 파괴

(b) 2단계 : 천단부 숏크리트 파괴

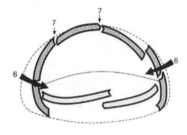

(c) 3단계 : 측벽부 수평이동

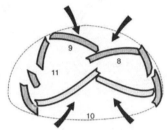

(d) 4단계 : 터널 붕락

[그림 3.8] 독일 Landrucken 터널 사고(John 등, 1987)

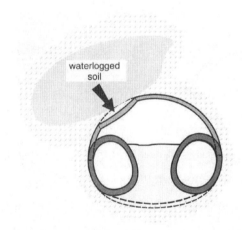

[그림 3.9] 독일 Krieburg 터널 사고(Leichnitz and Schlitt, 1987)

[그림 3.10]에는 1987년에 발생한 독일 뮌헨 터널 사고를 나타낸 것이다. 그림에서 보는 바와 같이 지하수위 하부에 지반동결작업을 실시한 후 터널상반 굴착 중에 붕괴가 발생하여 지반 함몰까지 이르게 되었다. 이는 지반동결이 충분하지 않은 이회토(Marl)층이 터널 천단부에 노출되어 발생한 것으로 지반의 불균질성으로 제대로 확인하지 못한 시공상의 오류로 평가되었다.

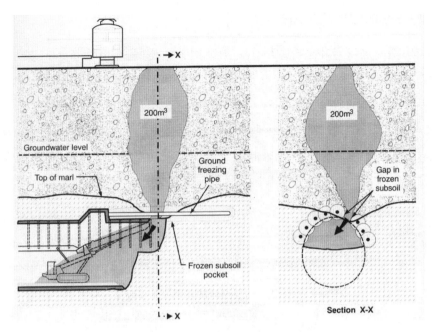

[그림 3.10] 독일 뮌헨 터널 사고(Weber, 1987)

[그림 3.11]에는 1978년에 발생한 독일 메트로 터널 사고를 나타낸 것이다. 그림에서 보는 바와 같이 낮은 토피고로 인하여 터널 천단부에 연약토사층이 위치하고 있어 터널굴착에 의한 아치효과가 부족하여 도로함몰까지 이르게 되었다. 이는 터널 굴착 전에 충분한 지반보강작업 이 이루어지지 않아 발생한 것으로 낮은 토피고로 인한 지반 특성을 제대로 확인하지 못한 지반 조사상의 문제로 평가되었다.

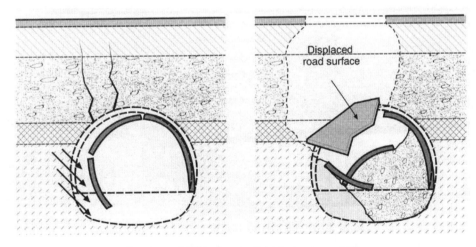

[그림 3.11] 독일 메트로 터널 사고(Muller, 1978)

2.4 TBM 터널에서의 사고 사례

TBM 장비를 이용해 굴착한 터널의 경우, 막장 전면에 가까운 곳에서 붕괴가 일어나면 심각한 파손과 절단장치 파괴로 이어져 추가 접근 작업이 진행돼 상당한 공사비와 공기 지연이 초래될 수 있다. TBM 장비의 현장 수리와 터널 내 해체 및 제거가 매우 어렵다.

TBM 터널 사고 사례가 [그림 3.12]에 설명되어 있으며, 캐나다 몬트리올 인근 45km의 하수관로 터널에서 수행된 긴급 공사작업과 비상 조치 작업을 보여준다. [그림 3.13]과 [그림 3.14] 그리고 [그림 3.15]는 TBM 터널에서의 다양한 붕괴 사례를 보여준다.

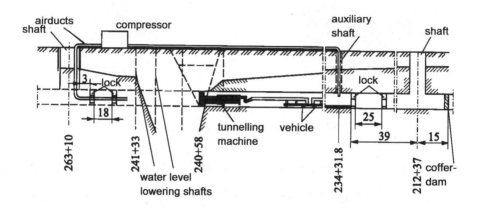

[그림 3.12] 터널 전방 붕괴에 의한 비상 조치 작업(Vlasov 등, 1996)

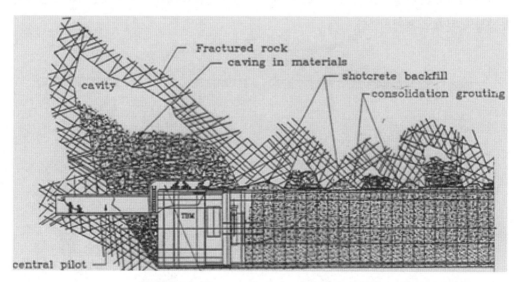

[그림 3.13] 쉴드 TBM의 Tapping(Shen 등, 1996)

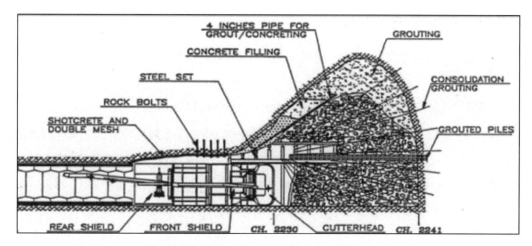

[그림 3.14] TBM의 Withdraw(Grandori 등, 1995)

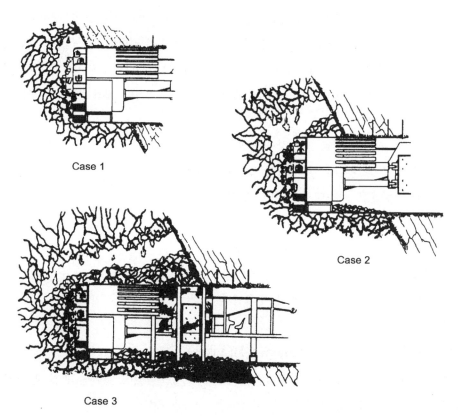

Case 1

Case 2

Case 3

[그림 3.15] 암반용 TBM 터널에서의 붕괴사례(Barton, 2000)

2.5 터널 붕괴사고 원인 분석

터널 붕괴사고의 원인은 다음과 같이 5개의 카테고리로 구분할 수 있다.

1) 예측할 수 없는 지질적인 원인(Unpredicted Geological Causes)

지반조사의 감소로 인해 지반의 특성을 명확히 파악하지 못했기 때문이다. 일반적인 예측할 수 없는 상황(Unpredicted Situation)은 지반의 변화와 불확실성과 관련이 있다. 따라서 시공 중에도 지반조사를 계속하고, 전문가에 의한 굴착 막장 분석을 실시하는 것이 좋다. 이것은 많은 붕괴사례에서 가장 자주 보고되는 원인 중 하나이다.

2) 설계 및 시방 오류(Planning and Specification Mistakes)

터널 붕괴는 계획 단계에서 수직구, 지하박스 및 빈 시추공과 같은 지하 구조물을 찾는 데 실패했기 때문에 발생하기도 한다. 다른 원인으로는 부적절한 지반에 터널을 굴착하는 것과 관련이 있다. 지반 특성을 고려하지 않는 굴착 및 지보 조치는 부적절한 지보와 건설 자재의 부적절한 사양 그리고 예상치 못한 또는 긴급 상황에 대한 부적절한 계획 등과 관련이 있다.

- 너무 높은 터널 레벨로 부족한 터널토피고
- 지질 특성을 고려하지 않은 굴착 및 지보 대책
- 잘못된 지반분류 시스템으로 인한 부적합한 지보
- 부적합한 건설 자재의 규격
- 단면 또는 레벨 공차의 부적합한 시방
- 라이닝 보수 절차에 대한 부적합한 시방
- 예상치 못한 조치나 응급 조치 계획의 부적절

3) 해석 오류(Calculation or Numerical Mistakes)

설계 중 해석과 계측 모니터링과 관련된 계산 오류가 포함되며, 후자는 관찰 데이터의 품질과 관련이 있다. 계산 및 해석상의 다른 오류는 다음과 같다.

- 부적절한 해석 매개변수의 선정
- 지하수의 영향의 과소평가
- 부적절하거나 검증되지 않은 해석 프로그램의 사용

- 터널 모니터링 집계의 수치 오류
- 수치모델링 데이터 프로세스의 실패

4) 시공 오류(Construction Mistakes)

시공 오류는 광범위하고 특정하기 어렵다. 가장 일반적인 예는 다음과 같다.

- 지정된 두께가 부족한 라이닝
- 록 앵커 및 아치의 설치 오류
- 지반동결파이프의 부적절한 설치
- 인버트 콘크리트에 버력 포함
- 부적절한 인버트 단면과 불량한 기시공 라이닝 보수

5) 관리 및 컨트롤 오류(Management and Control Mistakes)

경험 없는 설계자와 시공사, 부적절한 구조 설계의 존재를 나타내는 상황 발생 후 적절한 결론의 결여, 부실한 현장 검사 그리고 부적절한 시공 단계의 채택 등을 포함한다.

- 무능하거나 경험이 부족한 NATM 설계자
- 무능하고 미숙한 현장 관리
- 이전 경험에서 좋은 점과 나쁜 점을 모두 배울 수 없는 관리 무능
- 무능하거나 경험이 부족한 시공자
- 시공에 대한 감독(감리) 부실
- 잘못된 터널 공사단계 허용

요약하자면 터널 사고의 원인은 주로 자연적 또는 기술적 요인으로 구분된다. 자연적인 요인들은 기본적으로 다음과 같은 특징들을 포함한다. 이는 지질 구조와 특성, 이방성, 지하수 상태 및 지진, 카르스트 침식 및 지열을 포함한 지질학적·물리적 과정이다. 기술적인 요인들은 엔지니어링 활동과 관련이 있다. 예를 들어, 현장 암반응력 상태의 변동과 굴착에 의해 유도된 변형 거동, 지상 인프라 구조물과 지중 구조물과의 상호 작용, 지하수위의 감소와 증가, 시공 기준과 운영 중인 터널에서의 운영 조건의 무시 등이 있다(Vlasov 등, 2001).

3. 터널 사고 분석

터널 사고 사례 분석은 터널 붕괴사고에 대한 문서화되고 공개적으로 이용 가능한 데이터를 기반으로 하였다. 전 세계적으로 주요 터널 붕괴사고 사례에 대한 포괄적인 목록을 검색했다. 지하터널공사의 주요 위험요소는 다음과 같다.

i) 지질 특성(지반공학적 조건) : 물리적 및 역학적 지반 특성과 평가 영향 및 지하수의 영향
ii) 터널 공법 선정(NATM 및 TBM) : 지반 조건, 터널 심도, 시공업체의 경험, 기계 사용가능성 등을 기준으로 TBM 공법, NATM 공법(발파 D & B) 및 개착공법(Cut & Cover) 등과 같은 다양한 터널공법의 선택(독립 또는 결합)
iii) 터널 설계 접근법(지반 정보와 경험) : 주로 지반조건에 대한 상당한 지식과 경험의 중요성
iv) 터널 시공 방법(시공 수행 및 시공 기술) : 프로젝트별로 잘 만들어지고 규정된 시공관리계획의 중요성 → 승인된 설계개념에 따라 적용 가능한 시방서

3.1 지반조건 및 터널 공법별 터널 사고

본 분석의 주요 목표는 이용 가능한 터널 사고 및 그에 따른 손실에 대한 분석 및 평가이다. [그림 3.16]은 터널 사고와 지반조건 그리고 터널공법을 비교한 것이다. 그림에서 보는 바와 같이 토사지반이 사고가 발생하기 쉬우며, TBM 공법에서는 토사지반, NATM과 발파공법에서는 암반에서 사고가 많이 발생함을 확인하였다.

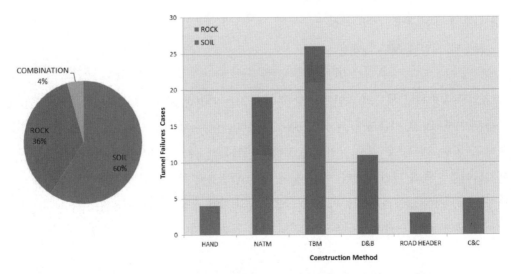

[그림 3.16] 터널 사고 vs. 지반조건 vs. 터널공법(Thomas 등, 2016)

[그림 3.17]은 터널 공법별로 발생한 터널 사고를 정리한 것이다. 그림에서 보는 바와 같이 TBM 공법이 NATM 공법보다 약간 많지만 기존 전통적인 터널공법이 전체의 2/3 정도를 차지하고 있음을 볼 수 있다.

[그림 3.18]은 터널 사고 유형을 정리한 것이다. 그림에서 보는 바와 같이 가장 자주 발생하는 사고 유형은 막장 불안정성임을 알 수 있다.

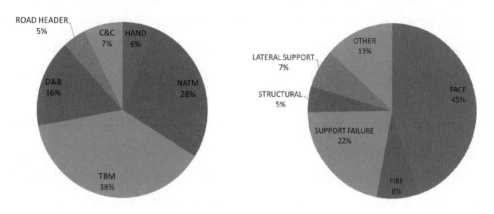

[그림 3.17] 터널 사고 vs. 터널 공법(Thomas 등, 2016) [그림 3.18] 터널 사고 유형(Thomas 등, 2016)

3.2 터널 사고에 대한 주요 영향 요소

터널 사고에 영향을 주는 요소를 정리하면 다음과 같다.

1) 지질 및 지반 문제
- 지반조사와 관련이 있는 지반정보 부족
- 연약대(Weak Zone)와 파쇄대(예, 단층)의 확인
- 층상암반의 천단부 낮은 지지력 : 천층터널에서 상당한 지표침하 유발

2) 설계 문제
- 지반 불확실성에서의 터널 막장 안정성 및 지보 대책
- 실제적인(Realistic) 트리거 수준과 결합된 제안된 계측 모니터링
- 터널에 작용하는 전반적인 응력의 실제적인 평가와 시뮬레이션

3) 시공 기술문제
- 견고한 시공관리 계획
- 승인된 설계와 시공법의 준수
- 주요 프로젝트 인력의 구성 및 자격

본 검토에서는 현존하는 공개적이고 상업적으로 이용 가능한 기존 터널 사고 사례 분석을 통하여 터널 사고에 영향을 주는 가장 중요한 사고 요인을 분석하였다. 터널 사고는 상당한 보험 관련 재정적 손실과 심각한 프로젝트 지연을 초래할 수 있다. 사고에 따른 공사비 증가 및 공기 지연은 통계 기반에 따라 조사되었으며, 일반적으로 보험 비용(Insurance Cost)과 그에 상응하는 공기 지연(Time Delay) 사이의 선형 관계를 가짐을 확인할 수 있다.

경험 많은 컨설턴트가 프로젝트 초기에 참여하여 국제터널협회(ITA)와 같은 세계적으로 인정받는 지침을 사용함으로써 사전 예방적 리스크 엔지니어링 관리가 반드시 요구된다.

지금까지 검토한 터널 사례로부터 얻은 가장 중요한 점은 바로 터널 사고가 터널 작업자, 주변 인프라 및 환경에 심각한 결과를 초래할 수 있다는 것이다. 터널 사고에서 가장 심각하고 상대적으로 빈번한 경우는 전방 막장면 붕괴로 이는 지보의 파괴 및 변형뿐만 아니라 침수, 화재, 폭발 및 기타 긴급 상황과 함께 발생하게 된다. 또한 지하(지중)와 지표 인프라와의 상호작용은 지하터널공사에서의 리스크 안전 분석에서 반드시 고려되어야 하는 사항이다.

터널의 건설, 운영 및 복구 과정에서 우발적인 사건을 최소화하고 예방하여 지하 구조물의 안전성과 내구성을 개선하고 비용을 절감하기 위한 몇 가지 권고안을 수립할 수 있으며, 터널 설계에 대한 리스크 분석은 설계, 시공 및 운영의 모든 단계에서 필수적이라 할 수 있다.

>>> 요점 정리

지하터널공사에서의 해외 터널 사고 사례를 중심으로 터널 사고의 발생 원인과 그 영향에 대하여 고찰하였다. 터널에서 발생한 다양한 사고 형태와 특성을 검토하고 주요 문제점 분석을 통하여 얻은 요점을 정리하면 다음과 같다.

☞ 터널공법과 사고
터널공법은 크게 NATM 공법과 TBM 공법으로 구분되며, NATM 공법과 TBM 공법이 적용된 모든 터널공사에서 터널 사고가 꾸준히 발생하고 있다. 최근까지도 NATM 공법과 TBM 공법에서의 사고 사례가 보고되고 있으며, 특히 도심지 터널공사에서의 사고가 많이 발생하고 있으며, 상대적으로 그 영향(결과)도 심각한 것으로 확인되었다.

☞ 터널 사고의 원인

터널 사고의 원인은 크게 지질 및 지반 문제, 설계상의 오류와 해석문제 그리고 시공기술 부족과 관리문제로 구분할 수 있다. 지질 및 지반문제는 터널공사의 가장 고유한 문제로 설계단계에서의 충분한 지반조사와 시공단계의 지질 및 암반평가 작업의 중요성을 확인하여 준다. 또한 설계과정에서의 해석오류로 인한 잘못된 지보 선정과 시공 경험이 부족한 기술자의 터널현장관리는 가장 근본적인 사고 원인이라 할 수 있다.

☞ 터널 사고의 영향

터널 사고는 터널 작업자의 피해뿐만 아니라 도심지 터널의 경우 지상인프라에 상당한 손상 그리고 주변 환경에 심각한 영향을 주게 된다. 또한 터널 사고로 인하여 사고 수습과 복구로 인한 추가 공사비 증가 및 공기 지연은 매우 심각한 문제로서 일반적으로 터널 사고의 발생 원인에 따라 발주자뿐만 아니라 시공자(또는 설계자)의 책임 여부와 보험자의 재무적 손실은 가장 중요한 영향요소이다.

☞ 터널 사고와 리스크 안전관리

해외에서 발간된 터널 사고조사보고서상에 터널 사고를 방지하기 위한 가장 주요한 방법이 바로 리스크 분석을 통한 리스크 관리(Risk Management)이다. 이는 국제터널협회(ITA)를 중심으로 정량적 리스크 분석기법에 대한 가이드라인을 만들었으며, 선제적이면서 적극적인 예방(Pro-active) 대책으로 터널공사에 적용되어 운용되고 있으며, 설계단계에서부터 운영관리 단계까지 프로젝트 모든 단계에서 운용되도록 하고 있다.

NATM Tunnel Collapse Accidents and Lessons

PART II

NATM 터널 사고와 교훈

히드로 급행철도 NATM 터널 붕락사고와 교훈
Case Review of NATM Tunnel Collapse at Heathrow Express

히드로 급행철도(HEX) 터널 프로젝트는 히드로 공항과 런던 중심부의 패딩턴역을 연결하는 프로젝트로서 영국공항공사(BAA)에 의해 관리되고 영국의 대표적인 건설사인 Balfour Beaty(BB)에 의해 시공되었다. 또한 설계의 일환으로 영국에서 처음으로 새로운 NATM 공법을 도입하였으며, 이를 위해 오스트리아 터널전문회사인 Geoconsult를 참여시켜 1994년에 시작되었다.

프로젝트 관리는 처음부터 여러 가지 어려움에 직면했는데, 그중에는 제한된 예산 문제, 경직되고 복잡한 조직, 제대로 이해되지 않은 NATM 공법과 관련된 기술적 문제 등이 있었다. 이러한 결과로 직접적으로 취해진 몇 가지 결정은 전체 프로젝트를 위태롭게 했고 [그림 1.1]에서 보는 바와 같이 1994년 10월 21일 밤에 터널 붕괴사고가 발생하게 되었다.

터널 붕락사고라는 비상사태를 해결하기 위해 조직 변화를 도입하고 '솔루션 팀'이라는 새로운 조직을 신설하여 터널 복구를 성공적으로 마쳤다. '솔루션 팀'은 보수적인 방법으로 12개월이 소요되는 복구계획을 수립하였지만, 최종적으로 공기 지연을 6개월로 줄여 프로젝트는 1998년에 무사히 마무리되었다. 한편 영국 보건안전위원회(HSE)가 수행한 조사에서 NATM 공법의 안전성을 인증한 후, 터미널 4의 터널건설에서 NATM 공법을 계속 사용할 것을 권장했다. 그러나 이후 HSE의 조사 결과는 시공사인 BB와 Geoconsult에 대한 기소로 이어졌고 각각 130만 파운드와 600만 파운드의 벌금을 부과받았다. 이 사고와 대응 사례는 NATM을 포함한 터널 공법의 안전성에 관한 추가 요구사항과 표준의 필요성을 부각하며, 영국 내 건설 프로젝트의 안전 기준을 재검토하는 계기가 되었다.

본 장은 건설 분야에서의 기술 경쟁력을 유지하기 위해 적응하고 혁신해야 했던 토목건설사업에 대한 지하터널 프로젝트의 중요성을 고려하여 터널 붕락사고로부터 얻는 여러 가지 교훈을 중심으로 향후 지하터널프로젝트의 성공적인 수행과 무사고를 목표로 하였다. 특히 본 붕괴 사례는 터널에 대한 기술적인 측면뿐만 아니라 시공관리, 조직운영 및 리스크 관리 등의 중요성에 대한 인식을 제공하고 터널 엔지니어 실무자에게 복잡하고 어려운 재앙적인 한계상황을 극복할 수 있는 방법에 대한 좋은 참고 자료될 것이다.

[그림 1.1] 영국 히드로 급행철도(HEX) 터널 붕락사고(영국, 1994)

1. HEX 터널 프로젝트 개요

본 프로젝트는 히드로 센트럴 터미널 구간(Central Terminal Area, CTA) 내 위치한 지하터널공사이다. 히드로 공항의 터미널4 정거장은 센트럴 런던의 Paddington역과 효율적으로 연결하기 위한 공사로 발주처는 영국공항공사(BAA)로 Mott MacDoland가 제안한 설계를 시공사인 Balfour Beaty(BB)가 최저 입찰액(약 6천만 파운드)으로 프로젝트를 수주하였으며, NATM 터널공법을 적용하여 8.8km의 터널공사를 수행하기로 결정되었다. NATM 공법은 예산에 의해 부과된 재정적 제한을 극복하기 위한 기술적 해결책으로 채택되었다.

영국에서 NATM 공법은 1992년 히드로 공항의 런던 Clay에서 사용 가능 여부를 테스트하여 사용 가능성을 확인했으며, 주빌리 연장선 프로젝트(JLEP)를 포함한 여러 지하철 노선에도 부분적으로 적용되었지만, 히드로 급행철도 프로젝트에서 처음으로 광범위하게 적용되었다.

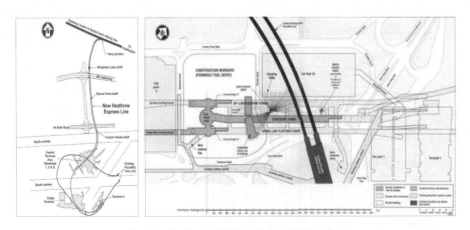

[그림 1.2] 히드로 공항 터미널 프로젝트 개요

BB는 1993년에 제정된 새로운 계약 표준인 NEC(New Engineering Contract)를 사용하기로 결정했으며, NEC의 목적은 각 당사자가 수행해야 하는 활동을 설명하는 단순하고 간단한 언어를 사용하여 공사를 관리하는 동시에 프로젝트 이해당사자 간의 협업을 강화하는 것이다. BAA는 NEC 요구사항에 따라 HEX 프로젝트 관리팀을 지정하고 BAA(발주자), BB(시공사), MM(설계사) 및 Taylor Woodrow(CM사)의 대표자를 포함하였다. [그림 1.3]은 프로젝트 관리팀과 NATM 공법의 특수성을 감안하여 터널 전문업체인 Geoconsult를 포함한 프로젝트의 조직도를 보여준다.

프로젝트 관리조직은 상당히 복잡하며, HEX 관리그룹은 주로 재무적인 측면에 집중해야 했고, 시공사인 BB는 프로젝트 일일 일정 작업과 품질 보증에만 집중함으로써 정보의 흐름이 가장 효율적인 방식으로 전달되지 않았다. 주요 조치들이 기록되고 문서화되었지만, 그들의 해석과 분석이 의사결정 과정에서 항상 고려되지 않았으며, 또한 관리부서와 건설부서 간의 의사소통의 부족은 초기 경보 사인(alarm sign)을 보여주는 데이터의 잘못된 관리를 초래하는 주요 요인이었다.

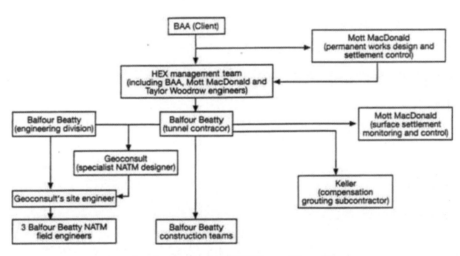

[그림 1.3] 히드로 급행철도 프로젝트 조직

1994년 10월 히드로 공항에서 건설되고 있는 터널의 한 부분이 붕괴되었다. 부상자는 없었지만 많은 사람들이 위험에 처했고, 그 결과로 인해 엄청난 복구비용이 들었다. 터널은 NATM(New Austrian Tunneling Method)공법을 사용하여 건설되었는데, 런던 clay에서 NATM이 사용된 것은 이번이 처음이었다. 본 공법은 숏크리트 라이닝을 사용하는 것으로 숏크리트를 단계별로 적용함으로써 노출된 지반의 자립시간(Stand-Up Time)을 최대한 손상되지 않도록 활용하는 공법이다.

리스크에 영향을 미치는 구매 및 컨트롤에 관련된 중요한 결정 및 조치가 구조안전위원회(SCOSS)의 Priestley와 Carpenter(2006)에 의해 다음과 같은 사항이 보고되었다.

- 시험 시공과 주요 시공과의 차이
- 시공자가 시공리스크를 책임지는 '설계 및 시공(Design and Build)'을 채택
- 자체적인 인증(Self Certification) 채택
- 만족할 만한 준공과 연계된 지급방식의 새로운 엔지니어링 계약(NEC)의 사용
- 모니터링 전문업체에 입찰 단계에서 비용을 최소화하도록 압력

터널상부 지표침하와 관련된 현재 계측데이터와 상관없이 시공이 진행되는 점 등을 포함하여 터널 건설에 대한 결정이 상당한 잘못된 점이 분명했다. 보건안전관리위원회(HSE) 보고서(2000)에서 인용한 바와 같이 일련의 사건으로서 터널 붕괴의 원인은 다음과 같다.

- CTA 정거장 터널 초기구간에서의 수준 이하의 시공
- CTA 터널에 손상을 준 잭 그라우팅과 불충분한 보수작업
- 불량한 지반에서의 병렬터널 시공
- 1994년 10월 동안 부실한 보강작업으로 인한 인접 지반에서 주요 구조적 파괴와 점진적 파괴

2. 터널 개요

2.1 터널 특징

- **굴착** : CTA 정거장은 중앙홀 터널에 의해 분리된 두 개의 플랫폼 터널을 가지고 있다.
- **굴착 형태** : 편평한 인버트 형태로, 가장 중요한 것은 인버트가 편평하지 않았어야 하며, 설계자의 의도에 따라 곡선형 아치 인버트 형태를 취했어야 한다는 점이다. 굴착 단면은 [그림 1.6]에서 보는 바와 같이 상반, 벤치, 인버트로 구분된다.
- **굴착 방향** : CTA 정거장의 3개 터널은 모두 Fuel Depot Shaft에서 동쪽으로 굴착되었다.
- **굴착 공법** : 3개의 터널 중 중앙 터널(Concurse Tunnel)은 NATM 공법으로 굴착되었다. NATM 공법은 습식 숏크리트 라이닝(Shotcrete Concrete Lining, SCL)을 사용했다.
  - 숏크리트 : 굴착 단계마다 라이닝에 형성하는 데 적용

- 실링 숏크리트 : 굴착면에 50mm 두께로 타설
- 1차 숏크리트 : 철망으로 보강되어 200~300mm 두께의 라이닝을 형성
- 2차 숏크리트 : 다음 굴착 작업을 하기 전 또는 굴착 사이클이 지연될 때 타설
- **충전** : 시공 시 장비운행을 위한 평탄한 바닥면을 제공하기 위해 완료된 터널 인버트 위에 타설되었다.
- **굴진장** : 굴진장은 약 1m로, 미리 정해진 순서에 따라 점진적으로 진행되었다.
- **굴착 크기** : CTA 터널이 완공되면 폭 8m, 높이 7m, 평탄한 인버트가 설치될 예정으로 CTA 터널에는 230m 길이의 플랫폼 2개, 중앙 300m 길이의 중앙 대합실이 있다.
- **굴착 깊이** : 터널은 [그림 1.5]와 같이 기존 지표면으로부터 약 30m 깊이로 건설될 예정이었다.
- **지질/지반** : 지질은 매우 균일하며, CTA 터널은 60m 두께의 런던 점토층 내에 있다. [그림 1.5]에서 보는 바와 같이 CTA 터널 상부에 15m의 런던 점토층이 넢여 있다.

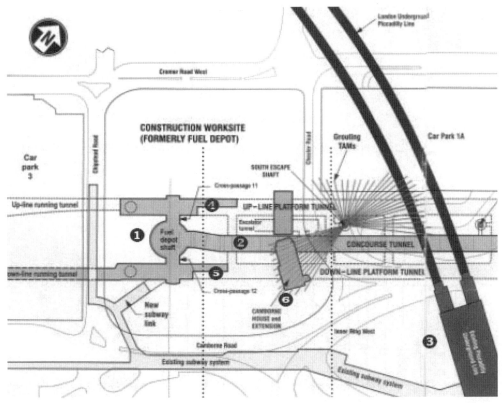

❶ Fuel Depot Shaft ❷ Central Concourse Tunnel ❸ Existing Picadilly London Underground Line
❹ Up-Line Platform Tunnel ❺ Down-Line Platform Tunnel ❻ Camborne House and Extension

[그림 1.4] 터널 굴착 상황을 나타낸 레이아웃

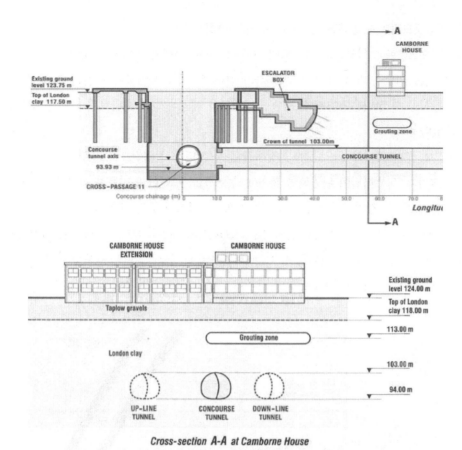

[그림 1.5] 지반 및 터널 특징(Three Parallel Tunnel)과 주변 현황

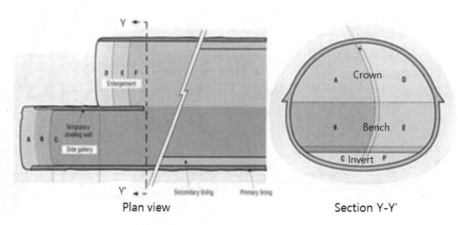

[그림 1.6] 터널 굴착 단면 및 굴착 순서

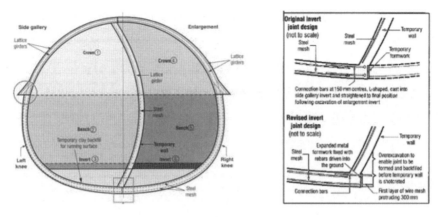

[그림 1.7] 터널 분할 굴착방법 및 연결부 상세

2.2 터널 붕괴(Tunnel Collapse)

CTA의 6가지 중요한 영역은 [그림 1.4]에서 확인할 수 있다. 그림에서 보는 바와 같이 1개의 수직구와 3개의 터널이 기존 지하철과 주변 건물에 근접하여 계획되었으며, 1994년 10월의 굴착 상황을 다음과 같이 나타낸다.

❶ Fuel Depot 수직구(작업구)

❷ Central Concourse 터널(중앙 터널)

❸ Existing Piccadilly London Underground Line(기존 지하철 하부 통과)

❹ Up-Line Platform 터널(상행선 터널)

❺ Down-Line Platform 터널(하행선 터널)

❻ Camborne House and Extension(지상 건물 하부 통과)

세 개의 터널은 Fuel Depot 수직구를 통해 굴착하는 것으로, 중앙 터널은 기존의 피카딜리 지하철 하부를 통과하도록 계획되었으며, 수직구로부터 짧은 길이의 상행선 및 하행선 플랫폼 터널이 시공된 상태였다. 붕락지점에 위치한 세 개의 터널은 두 개의 지상 건물 바로 하부(캠본 주택과 확장건물)에 놓여 있으며 일반인들이 사용하는 도로와 주차장 아래에 인접해 있다.

1) 터널 변형거동(Tunnel Movements)

• 1994년 7월 22일 침하 발생 : 중앙 터널(Concourse Tunnel) 시공으로 인하여 캠본 주택에 관리기준 이상의 침하가 발생하였다. 공사시방서상의 최대 허용 침하량은 25mm였으나, 지반이 교란되어 25~35mm 범위에서 침하가 발생하였다.

- 1994년 8월 5일 잭그라우팅 실시 : 잭그라우팅(Jack Grouting)은 건물 하부 점토층 내에서 터널상부에 위치한 건물을 이전 수준으로 다시 끌어올리기 위한 시도로 수행되었다.
- 터널 내공변위 발생 : [그림 1.8]에서 보는 바와 같이 중앙 터널에 상당한 변위가 발생하였고, NATM 1차 라이닝인 숏크리트에 일부 구조적 손상이 확인되었다. 이는 그라우팅이 터널에 상당한 영향을 일으켜 발생한 것으로 캠본 주택 양쪽 약 35m 길이 구간에 발생하였다.

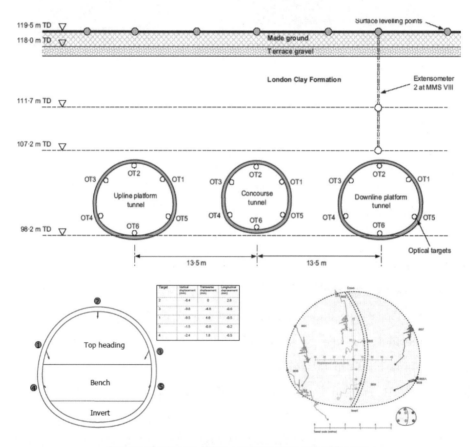

[그림 1.8] 터널 모니터링 시스템과 내공변위 계측 결과

- 터널 내공변위 추가 발생 : [그림 1.9]에서 보는 바와 같이 잭그라우팅 이후 7일 동안 캠본 주택 하부 터널 천단부는 50mm 변위가 발생하였고, 나중에는 최대 60mm까지 발생하였다. 또한 [그림 1.10]에서 보는 바와 같이 터널 종방향으로 보면 그라우팅 하부에서 최대 변위가 발생하였고, 그라우팅을 이전 및 이후 간인 측점 23 이전과 측점 90 이후 지반침하는 거의 0으로 줄어듦을 볼 수 있다.

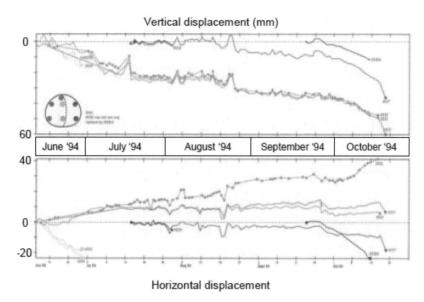

[그림 1.9] 시간 경과에 따른 수직 및 수평변위 그래프(측점 30)

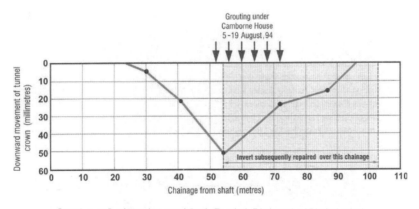

[그림 1.10] 건물 하부 그라우팅 후 터널 천단부의 하향변위 발생

- 시공 결함 및 변상 발생 : 주로 CTA 정거장 터널에서 반복적인 시공 결함들이 시공사와 컨설턴트의 감사 없이 발생하고 있었으며, 터널 천단부가 더 아래로 거동하고 숏크리트 라이닝에 균열이 간 것은 캠본 주택 하부에 그라우팅으로 인해 발생하였다.
- 터널 인버트 보강 : 인버트 상당 길이가 보수되었으며, 인버트의 두께가 시방기준보다 현저히 부족했고 기타 시공 결점보다 심각함을 확인하였다.
- 상하행선 터널 시공 : 상행선과 하행선 터널을 동시에 굴착하기로 결정되었고, 9월 21일에 굴진이 시작되었다.

2) 터널 붕괴(Tunnel Collapse)

- 10월 17일 : 중앙 터널에서 진행 중인 터널 내공변위는 더욱 가속화되고 있었다.

- 10월 19일 : 중앙 터널의 구조 인버트를 노출하여 검사하기 위하여 바닥부를 제거한 결과, 심각하게 손상된 바닥 인버트가 확인되었다.

- 인버트 보강 실시 : 더 많은 보강작업이 시작되었고 바닥부 인버트 구간을 걷어내고 굴착면에 숏크리트를 재시공하였다.

- 균열 및 손상 재발생 : 터널과 수직구 연결부에 인접한 숏크리트 라이닝의 균열과 스폴링은 보강 후 얼마 지나지 않아 재발생하였다. [그림 1.11]에서 보는 바와 같이 붕락을 제어하기 위하여 백필(Backfill) 작업을 수행하였다.

- 10월 20일 밤 : 중앙 터널 인버트의 광범위한 파괴로 구조물의 열화가 진행되었고, 단순한 균열이 아닌 히빙이 발생하고 부분적인 손상(파괴)이 발생하였다.

- 10월 21일 : 이른 시간까지 보강 작업이 진행되었지만 균열과 변형이 계속되어 작업이 중단되었다. 중앙 터널의 붕락과 붕락 메커니즘은 [그림 1.12]에 나타나 있다.

[그림 1.11] 터널 붕괴 전 Clay Backfill

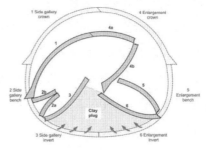

[그림 1.12] 중앙 터널 붕락 및 붕락 메커니즘

3) 지표 함몰(Surface Craters)

중앙 터널의 붕괴는 [그림 1.13]과 같이 각 터널에 하나씩 3개의 지표 함몰을 가져왔으며, 붕괴는 며칠에 걸쳐 일어났고 터널 위의 건물들은 서서히 붕괴되어 함몰되었다.

- 1차 붕괴 : 1994년 10월 21일, 하행선 터널 상부에서 발생
- 2차 붕괴 : 1994년 10월 22일, 상행선 터널 상부에서 발생
- 3차 붕괴 : 1994년 10월 23일, 캄본 주택 바로 아래 그리고 중앙 터널 상부에서 발생

캠본 주택은 3m까지 침하되었고 건물 전체가 붕괴되었다. 3차 붕괴는 1차 붕괴에서 멀리 떨어져 있었고 지난 8월 동안 중앙 터널이 보강된 구간이었다. 중앙 터널은 초기에 변형되어 이 지점까지 점차적으로 붕괴가 진행되었다. 측점 54에서의 보강은 이 지점에서의 불연속적인 경향을 만듦으로 인해 터널 붕괴 메커니즘에 영향을 미쳤다(HSE 보고서, 2000).

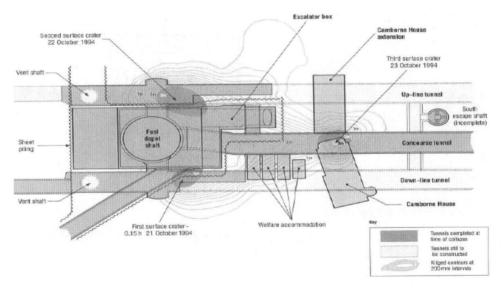

[그림 1.13] 터널 붕괴에 의한 지표 함몰(1차, 2차 및 3차)

4) 붕괴 원인 분석

터널 붕괴 원인에 대한 다양한 검토가 수행되었으며, 설계 및 시공상의 문제점을 [표 1.1]과 같이 정리하였다.

[표 1.1] 터널 붕괴 원인

NATM의 문제점	프로젝트의 문제점
Difficult Invert Joints	Inexperienced or Lack of Skill Crews
Blockages and Delayed Delivery of Shotcrete	Regular Change of Work Gangs
Over-excavation	Pressures from Management on Foreman
Higher Surface Settlement than Expected	Regular Delay in Work
No Starter Bars	

2.3 긴급 보강 및 상세 지반조사

붕락구간에 대한 임시 보강대책으로 콘크리트를 채우고(Concrete Bulkhead), 지표함몰구간을 중심으로 수직구와 3개의 터널을 복구하기 위하여 우선적으로 코퍼댐(Cofferdam)을 시공하였다. [그림 1.14]에는 터널 붕락 현황과 긴급 보강조치가 나타나 있다.

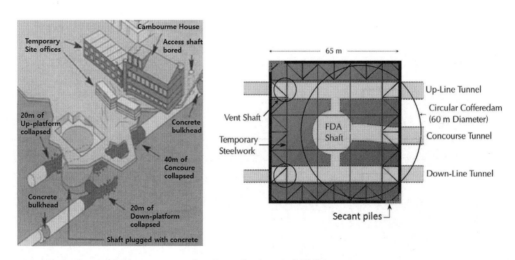

[그림 1.14] 긴급 조치 현황

또한 터널 붕락의 원인을 규명하기 위하여 붕락구간 지반에 대한 상세한 지반조사를 실시하였다. 터널구간에 대한 지질 및 지반조건은 [그림 1.15]와 같으며, 지반조사에 대한 항목과 위치는 [그림 1.16]에서 보는 바와 같다. 본 지반조사에서는 터널 붕락구간을 그 특성에 따라 몇 개의 구간을 구분하였으며, [표 1.2]에는 수행된 지반조사 결과로부터 얻은 구간별 지반물성치가 정리되어 있다. 또한 [그림 1.16]에는 침하 등고선(Settlement Contour)이 표시되어 있으며, 코퍼댐과 복구 및 보강공사를 위한 Access 수직구와 Vent 수직구가 나타나 있다.

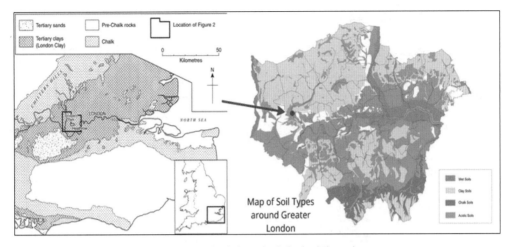

[그림 1.15] 터널 구간 지질 및 지반 조건

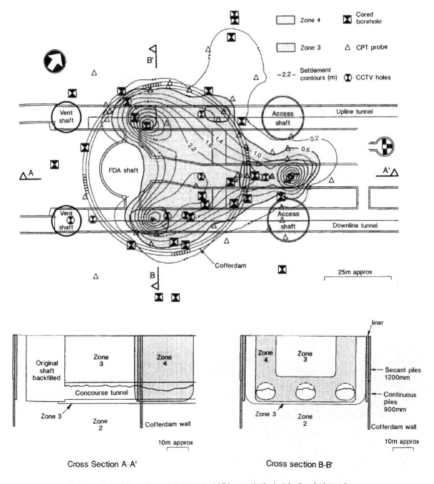

[그림 1.16] 붕락구간 복구를 위한 코퍼댐과 상세 지반조사

[표 1.2] 런던 점토층의 지반물성

	Level	Zone 2		Zone 3		Zone 4	
		MP	WC	MP	WC	MP	WC
cu(kPa)	118–108 mTD	50+7d	30+7d	30+7d	0+7d	0+7d	10+1.5d $(=0.25\sigma_v')$
	108–93 mTD	105+3.5d	85+3.5d	85+3.5d	55+3.5d	85+3.5d	
γ_R(kPa)		19.5	19.5	19.5	19	19	16
Ø (degree)		25	25	25	25	25	21
c'(kPa)		10	5	5	0	0	0
Strain (%)		<0.1	0.2	0.2	0.5	1	N/A
Eu/cu		700	500	500	350	150	150
kh(m/sec)		$(1\times10^{-8}$ to $1\times10^{-10})$		$(1\times10^{-7}$ to $1\times10^{-9})$		$(1\times10^{-3}$ to $1\times10^{-7})$	
kv(m/sec)		kh$\times10^{-1}$		kh$\times10^{-1}$		kh$\times1$	
$K_u(1)$		1.0	0.8	0.8	0.6	0.6	0.6

- d=Depth below ground level • MP=More Probable Moderately Conservative • WC=Worst Credible
- Zone 4 extends to +95 T.D. • Zone 3 extends to +93 T.D. • Below +93 T.D. Zone 2 MP should be used.

3. 터널 붕괴 사고 및 솔루션

3.1 터널 붕괴 사고 현황

터널 붕괴는 1994년 10월 21일 밤에 발생했다. 저녁 7시쯤 균열보수를 하던 야간 근무자들은 벽면에 균열이 빠르게 커지면서 이미 보수된 구역까지 확대됐고 그때부터 숏크리트와 와이어메쉬 일부가 떨어지기 시작했다. 10월 22일 오전 1시경 터널 대피명령이 내려진 후 터널이 붕괴되었다. 터널뿐만 아니라 지표면의 구조물까지 손상시키면서 다음 이틀 동안 계속되었다. [그림 1.17]은 지표 함몰과 터널 붕괴 영향을 받은 침하 크레이터를 표시한 것이다.

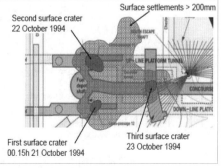

[그림 1.17] 지표 함몰 및 침하 크레이터(Surface Crater)

다행스럽게도 공항의 매우 복잡한 지역에서 발생한 사고로 인한 사망자와 부상자는 없었다. 이것은 사고가 한밤중에 일어났기 때문이다. 그럼에도 불구하고 이 사고가 검찰에 의해 법원에 기소되었을 때, 잠재적으로 인간의 생명에 해롭다고 여겨져 형사사건으로 취급되었다. 언론의 반응이 한창일 때, 영국 HSE는 전면적인 조사를 지시하고 기술의 안전성이 적절하게 평가될 때까지 다른 모든 NATM 터널공사를 중단하라고 요구했다.

터널 붕괴의 규모가 크기 때문에 보험회사는 거액의 배상금을 지불하지 않기 위해 법정에서 각 부분의 책임을 해결하라고 요구했다. 따라서 이러한 유형의 프로젝트에 대한 보험회사의 요구사항이 강화되어 프로젝트 안전을 보장하기 위한 관리 메커니즘의 구현이 요구되었다. 또 다른 문제는 피카딜리 지하철 노선에 의해 히드로 공항을 오가는 교통이 중단되었다는 것인데, 이는 1998년 6월 프로젝트가 완료될 때까지 임시 히드로 정거장을 만들어 해결하였다.

3.2 해결책(Solution)

HEX팀은 프로젝트 내부의 정보 흐름을 재구성하는 어려움을 극복하고 붕락에 대한 솔루션 개발 및 품질보증 프로세스에 대한 다른 시스템을 구현해야 했다.

첫 번째 접근방법으로 HEX팀이 현장에 관련된 중간 관리자와 그룹 미팅을 함으로써 일상적인 업무에 더 가까이 다가갈 수 있도록 하는 것이었다. 두 번째는 '솔루션 팀'으로 명명된 태스크포스 조직의 신설로, 주요 목적은 터널을 재굴착하고 프로젝트를 완성할 수 있는 실현 가능하고 효율적이며 경제적인 방안을 만드는 것이었다. 이것은 품질에 대한 외부 시스템과의 통합으로 개선되었으며, HSE의 참여는 현장 조사의 일부로서 어느 정도 의무적이었다.

추가 자원에 대한 긴급한 필요성과 함께 예산과 계약구조 조정협상이 있었다. NEC의 사용에 대한 논란은 연기되었고, 발주처인 BAA의 참여도가 더 높은 전통적인 방식으로 계약이 조정되었다.

기술적 관점에서 솔루션팀은 기본적으로 코퍼댐을 기반으로 한 보수적인 계획을 제안했다. 가장 중요한 목표는 가능한 한 빨리 문제를 해결하고 비용을 최소화하는 것이기 때문에 이러한 접근 방식은 특별한 것이 아니며, 솔루션팀은 시공 문제뿐만 아니라 내부 커뮤니케이션에 특히 중점을 두고 조직 구조를 재구성하는 12개월 통합계획을 제시했다.

1) 기술 솔루션(Technical Solution)

솔루션팀은 터널의 붕괴된 지역을 자유롭게 하기 위해 코퍼댐을 고안했으며, 그 운용면적은 영국에서 건설된 것 중 가장 큰 규모로 만들었다. 또한 이러한 문제에도 불구하고, HSE의 보고서에 따라 모든 문제를 주의 깊게 고려한다면 NATM 공법이 안전하게 진행될 수 있다는 것이 입증되었으며, 솔루션팀은 터미널 4의 터널 시공을 동일한 기술을 계속 사용하는 결정을 지지했다.

2) 조직 솔루션(Organizational Solution)

솔루션팀은 조직에 대하여 프로젝트에 새로운 사고방식을 도입했다. 이것은 기존의 공사비 절감에 대한 초점을 핵심 가치로서 품질과 안전을 중심으로 프로젝트를 마무리하려는 것으로 바뀌었다. 모든 책임은 사법당국에 의해 확인될 것이기 때문에 마녀사냥을 하는 것은 의미가 없었으며, HEX 관리팀은 책임을 간과하는 것이 아니라 프로젝트 구조 내의 분열을 막는 무비난 문화(No Blame Culture)를 추진했다. 이는 모든 당사자를 하나의 목표로 조정하는 데 도움이 되었다.

3) 정보 흐름(Information Flow)

커뮤니케이션 전략도 수정되었다. 모든 결정은 공식 통보를 통해 전달되었고, 수신인은 그들이 통지를 받았음을 확인해야 했다. 이 과정은 시간이 더 걸릴 수 있지만, 직원들이 그들에게서 무엇을 기대했는지 정확히 알 수 있었기 때문에, 결국 그 프로젝트에 대한 직원들의 참여를 늘리는 데 도움이 되었다. 또 다른 계획은 매주 프로젝트 사전 회의를 개최하여 모든 관련 당사자와 현황을 검토하는 것이었다.

4) 의사결정 과정(Decision Making Process)

의사결정 과정은 운영 및 시공 부서의 참여를 허용하고, 피드백에 대한 승인을 보장하도록 하였다. 이 접근방식은 두 가지 분명한 의도를 가지고 있었다. (i) 작업자에게 권한을 부여하고 시공참여를 강화시킨다. (ii) 잠재적인 이슈를 적절히 해결할 수 있도록 조기 통지를 늘린다. 모든 당사자가 주간 프로젝트 미팅의 서명된 회의록에 따라 입력 및 의사결정에 대한 책임을 지는 문서문화와 결합되었다. 이러한 관리 변화 속에서 프로젝트는 빠른 속도로 진행되었다. 보수적인 해결책은 효과가 있었으며 터널 붕락구간은 복구되었다.

한편 HSE위원회는 NATM 터널 기술의 안전에 대한 평가를 마무리하고 일련의 적용상의 권장사항을 발표했으며, 기존의 법적 규정, 특히 CDM(영국 설계시공관리지침)은 기술역량 평가를 포함한 리스크의 정기적인 컨트롤에 대한 종합적인 시스템을 제공하도로 하고, NATM 터널에서 발생하는 리스크를 해결하기 위해 특별히 추가적인 법률이 필요하지 않다고 결론지었다.

영국에서 NATM 공법을 적용한 다른 프로젝트가 재개되었다. 1996년 중반까지 터널 복구 공사는 원래의 계획에 따라 계속되었고, 공기지연은 처음 12개월에서 6개월로 줄어들어 마침내 1998년 6월 23일 개통하기에 이르렀다.

4. 교훈(Lesson Learned)

이번 터널 붕락사고는 지난 25년 동안 영국에서 발생한 최악의 토목 재해 중 하나였다. 그것은 붕괴의 규모와 시공의 중요성뿐만 아니라 프로젝트가 관리되는 방식에서도 마찬가지였다. 영국 건설산업과 같은 규모와 역사를 가진 분야에서 실패는 여러 가지 면에서 변곡점을 가져왔으며, 이번 사고를 통하여 얻은 교훈은 다음과 같다.

i) 토목건설 분야의 전문성은 도전받았고, BB와 Mott-MacDonald와 주요 건설사들은 감독 부족과 부실한 프로젝트 관리로 인해 명성에 손상을 입어야 했다. 이후 개정된 프로젝트 관리 실무(Management Practice)와 건설계약의 다른 사용은 이러한 이미지를 개선하는 데 도움이 될 것이다.

ii) 기술에 대한 이해와 적용에 대한 무시를 포함하는 건설기술에 대한 과신 및 적응의 어려움이 드러났다. 그런 의미에서 영국토목기술자협회(ICE) 등 전문학회가 사고에 어떻게 대응했는지 검토하는 것이 중요하다. 이후 ICE에서는 영국에서 NATM 기술사용을 표준화하는 데 도움을 준 『연약지반에서 NATM 공법』(1996)을 발간했다.

iii) 프로젝트 시작 시 시공사의 공사비 절감방향은 건설공사에 필요한 품질 보증 및 리스크 평가에 영향을 미친다. 붕괴 이후 건설업계에 대한 리스크관리 규제가 강화됐으며, 이러한 변경의 예는 다른 터널 프로젝트에서 확인할 수 있다.

iv) HSE 감독이 예상했던 것과는 완전히 다르다는 것을 보여주었으며, 현장에서 실시된 점검에서는 아무런 경고도 나오지 않았다. BB와 Geoconsult를 상대로 한 재판에서 사실(Fact)에 대한 설명에서 부분적이고 제한적인 소명이 받아들여져 부과된 벌금 총액에서 약간의 보상만을 받았다.

v) 건설업계와 정부는 영국을 건설분야의 선두 주자로 유지하기 위해 새로운 작업 표준을 시행해야 할 필요성을 인식했다. 이러한 작업의 일환으로 "Rethinking Construction 보고서"(1998)를 만들었다[그림 1.18].

| 히드로 공항 NATM 터널
붕락 보고서(1996) | NATM 터널의
안전 보고서(1996) | Rethinking Construction
보고서(1998) |

[그림 1.18] 히드로 공항철도 터널 사고 이후의 보고서

　　최종적으로 터널 붕락사고 이후 복구 공사를 재개하고 붕괴를 초래한 대부분의 문제를 해결할 수 있었던 프로젝트 관리능력이 대단하다고 할 수 있다. 본 프로젝트의 주요 차별화 요소는 새로운 기술의 도입이 아니라 새로운 건설 현실에 대한 관리 적응의 집중적인 프로세스와 크고 복잡한 조직 내에서 바로잡아야 할 핵심적인 요소를 식별할 수 있는 능력이라 할 수 있다. 오히려 본 프로젝트는 엄청난 재난을 산업혁명으로 전환하는 방법에 대한 좋은 예이기도 한 것이다.

>>> 요점 정리

본 장에서는 영국 히드로 공항철도(HEX) 터널공사에서의 붕락사고 사례를 중심으로 터널 사고의 발생 원인과 그 영향에 대하여 고찰하였다. 본 사고는 영국의 토목역사상 가장 재난스러운 사고로서 이 사고 이후 터널공사에 대한 사고를 방지하기 위한 다양한 개선노력이 진행되어 터널 기술이 발전하는 계기가 되었다. 본 터널붕괴사고를 통하여 얻은 주요 요점을 정리하면 다음과 같다.

☞ 새로운 기술의 적용과 시행착오

NATM 터널공법은 오스트리아에서 개발되어 광범위하게 적용되었으며, 이후 영국에서 대형 도심지 터널공사인 히드로 공항철도 터널에 처음으로 적용되었다. 이러한 이유로 NATM 공법 도입 초기에 설계 및 시공상 많은 시행착오를 거듭하였고, 특히 런던 점토층(London Clay)과 같은 연약지반에 대한 기술 노하우와 경험이 부족하여 발주처 및 시공사의 시공상의 잘못이나 관리상의 문제가 발생하여 심각한 붕괴사고를 초래하였다.

☞ 터널 붕락사고 원인과 메커니즘

본 터널의 붕락사고의 원인은 런던 점토층의 지반공학적 특성을 고려하지 않은 설계와 NATM 공법의 특성을 이해하지 못한 시공상의 결함으로 발생한 것으로 평가된다. 즉 연약 점토층에서의 수직구와 3개의 터널을 동시에 시공하고, 바닥 인버트(Invert)를 평편하게 하여 링폐합 구조(Ring Closure)를 제대로 형성하지 못하고, 건물 하부구간에서의 무리한 잭그라우팅으로 인한 터널에 심각한 영향을 미쳐 지속적인 터널변형 발생과 숏크리트 라이닝의 손상으로 인하여 터널 붕괴가 발생한 것으로 평가되었다.

☞ 터널 사고 방지에 대한 해결책

본 터널 사고가 발생한 직후 발주처에서는 솔루션팀을 구성하여 터널 복구 방안을 수립하고 주요 대책을 제시하였다. 기술 솔루션으로 붕괴구간에 코퍼댐을 시공하여 복구 공사를 수행하도록 하였으며, 조직 솔루션으로는 공사비 위주에서 품질과 안전가치를 중심으로 공사목표로 조정하도록 개선하였다. 또한 정보 흐름구조를 만들어 공사담당자와 책임자에 대한 통지와 공사에 대한 이해를 증진하도록 하고, 또한 의사결정과정에 모든 공사담당자들이 참여하고 의사소통을 개선하도록 하였다. 또한 터널공사에서의 안전과 리스크 평가를 시행하도록 하여 모든 지하공사에서 리스크 관리를 보수적으로 진행하도록 하였다.

☞ 터널붕괴 사고와 교훈

본 터널 사고는 그 당시 영국에서 진행되어 왔던 발주자 및 시공자와의 계약관계, 프로젝트 관리방식 및 발주시스템에 대한 제반 문제점을 확인할 수 있는 좋은 계기가 되었다. 특히 영국 HSE 위원회와 영국토목학회(ICE) 및 영국터널학회(BTA)를 중심으로 심도 깊은 논의와 연구를 진행하여 "NATM 터널에서의 안전시공" 및 "지하터널공사에서의 리스크 관리" 등의 보고서를 발간하여 지하터널공사에서의 공사관리시스템을 혁신적으로 개선시키고 발전하게 되었다.

영국 히드로 공항철도 터널의 사고는 터널 역사에 있어 획기적인 전환점 또는 변곡점이 되었던 사고였다. 엄청난 터널 실패사례부터 놀라운 제도와 시스템을 만들어가는 터널 기술자들의 열정적인 노력이 빛났던 사례라 할 수 있다.

후쿠오카 지하철 NATM 터널 붕락사고와 교훈
Case Review of NATM Tunnel Collapse at Fukuoka Subway

2016년 11월 8일 오전 5시 15분경 [그림 2.1]에서 보는 바와 같이 후쿠오카 지하철 공사 중 NATM 터널이 붕괴되고 상부 도로가 함몰되는 사고가 발생했다. 본 사고는 일본 도심지에 지하 철에 적용되어 왔던 NATM 터널공사에 상당한 영향을 미쳤다. 본 사고를 통해 NATM 터널공사 에서 설계 변경 및 시공관리 등에 많은 문제점이 확인되었다. 특히 대단면 NATM 터널에서의 대규모 터널 붕괴사고는 조사, 설계 및 시공상의 기술적 문제점을 제기하는 계기가 되었으며, 도심지 구간에서 대규모 터널 붕락 및 도로 함몰의 사고 원인 및 발생메커니즘을 규명하기 위하 여 철저한 조사를 진행하게 되었다.

본 장에서는 후쿠오카 지하철 공사의 도심지 대단면 NATM 터널 붕괴사고 사례로부터 대단 면 NATM 터널 공사 시 지질 및 지하수 리스크, 대단면 터널 단면계획, 대단면 터널 분할 굴착 및 지보공, 보조공법의 시공 등 시공관리상의 문제점을 종합적으로 분석하고 검토하였다. 이를 통하여 본 터널 붕괴사고로부터 얻은 중요한 교훈을 검토하고 공유함으로써 지반 및 터널 기술 자들에게 기술적으로 실제적인 도움이 되고자 하였다.

[그림 2.1] 후쿠오카 지하철 NATM 터널 붕락사고(일본, 2016)

1. NATM 터널 붕락 및 도로함몰 사고의 개요

1.1 사고 개요

후쿠오카 지하철 나나쿠마선 연장공사 현장에서 2016년 11월 8일 5시 15분경 하카타역 앞 교차로 부근 도로 포장면에 균열이 발생하고, 이후 5시 20분경 도로 남쪽이 함몰, 5시 30분경 도로 북쪽이 함몰, 7시 20분경 도로 중앙부가 함몰되기에 이르렀다.

지하철 공사현장에서는 11월 8일 0시 40분경부터 지보공 103기 부근 굴착을 시작했으며 4시 25분경 연속적인 부분 붕락을, 4시 50분경에는 막장천단에서 이상출수를 관측하여 5시 00분경 작업원 9명 전원의 지상 대피가 완료, 5시 10분경 차량 등의 진입금지 조치가 완료된 바 있었다. [그림 2.2]에는 터널 붕락 및 도로함몰 사고 발생위치 및 경위가 정리되어 있다. [그림 2.3]에는 터널붕락 및 도로함몰 사고 형상에 대한 개요도가 나타나 있다.

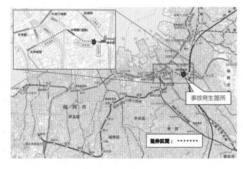

11월 8일 0:40	지보공 No103 굴착 개시
11월 8일 4:25	천단 및 강관 사이 부분인 붕락
11월 8일 4:50	막장천단에서 이상 출수(흙탕물) 0.25㎥ 규모의 낙반 및 대량출수 중장비를 막장후방으로 대피 지시
11월 8일 5:00	전원 지상으로 대피 완료
11월 8일 5:05	차량 등의 진입금지 조치 개시(5 : 10분경 조치 완료)
11월 8일 5:15	포장 크랙 발생(함몰사고 발생)
11월 8일 5:20	도로 남쪽 함몰
11월 8일 5:30	도로 북쪽 함몰
11월 8일 7:20	도로 중앙 함몰

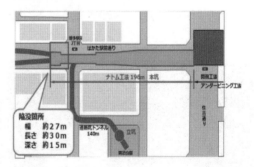

[그림 2.2] 터널붕락 및 도로함몰 사고 발생 위치 및 경위

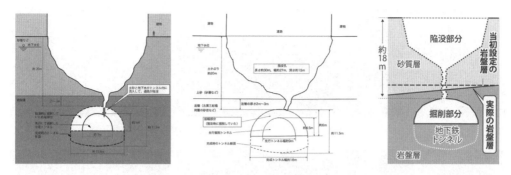

[그림 2.3] 터널붕락 및 도로함몰 사고 개요도

본 사고는 [그림 2.4]에서 보는 바와 같이 대단면 본선터널의 선진도갱 굴착 중에 발생하였으며, 토피고는 약 18m, 암토피고는 약 2m이며, 암반층 상부에는 미고결 대수 모래층이 분포하고 있어 대단면 터널을 선진도갱 공법으로 분할 굴착하고 강관보강그라우팅과 같은 보조공법을 적용하여 시공 중에 있었다.

도로함몰 규모는 폭이 약 27m, 길이 약 30m, 깊이 약 15m이며, 함몰의 볼륨은 약 6,200m³로 추정되었다.

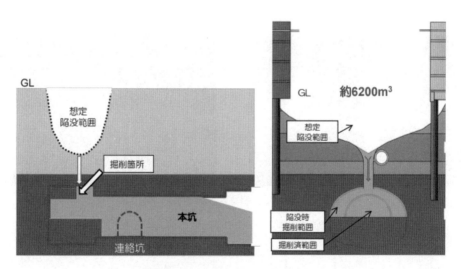

[그림 2.4] 붕락개소 종단도 및 횡단도

[그림 2.5]는 터널 붕락 및 도로함몰 당시의 사진을 보여주고 있으며, 도로폭 전체가 함몰되는 것을 볼 수 있다. 다행스럽게도 건물의 경우 말뚝기초로 인하여 심각한 손상은 발생되지 않았다.

(a) 지상 : 붕락 시의 도로함몰 상황 사진

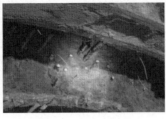

(b) 지하 : 붕락 시의 터널 현장 내 상황 사진

[그림 2.5] 터널 및 도로붕락 시의 상황 사진

[그림 2.6]은 터널 붕락 및 도로함몰 이후의 사진을 보여주고 있으며 본선터널, 연락갱 및 수직구가 밀려온 토사와 지하수로 침수되었음을 볼 수 있다.

(a) 사고 전후 수직구 상황

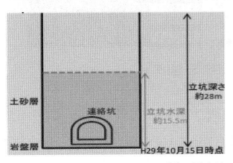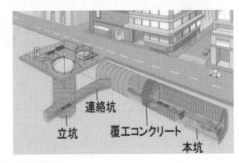

(b) 지하수와 토사로 채워진 상황

[그림 2.6] 사고 직후 수직구 및 터널공사 현장 상황

1.2 긴급 복구 현황

[그림 2.7]에는 도로함몰구간에 대한 긴급 복구방안이 나타나 있다. 그림에서 보는 바와 같이 우선적으로 붕락구간에 유동화처리토를 타설하고 그 위에 되메움토와 쇄석을 타설하였다. 또한 유동화처리토 하부는 그라우팅을 실시하여 지반 강성을 증가하도록 하였다. [그림 2.8]에는 시간별로 실시된 긴급 복구 단계와 최종적으로 복구가 완료되어 도로가 일주일 만에 개통되는 모습을 보여주고 있다.

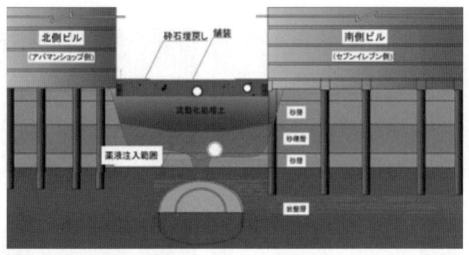

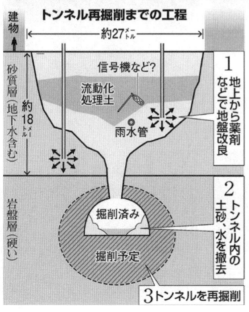

복구방안(터널 재굴착 공정)

1. 지상으로부터 약액을 주입하여 지반개량

2. 터널 내의 토사 및 유출수 제거

3. 터널을 재굴착

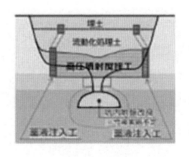

[그림 2.7] 도로함몰구간에 대한 복구방안

1. 유동화처리토 투입(11월 8일~9일)

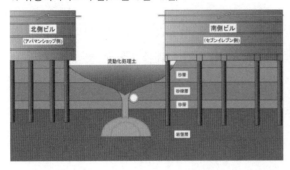

2. 지장물 복구 및 근접빌딩 기초주변의 충진 개시(11월 10일~13일)

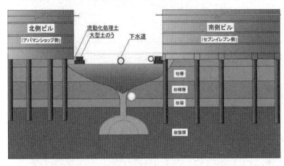

3. 쇄석 되메움 및 도로포장(11월 11일~14일)

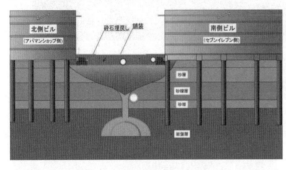

4. 도로 복구 완료 및 차량 운행(11월 15일)

[그림 2.8] 긴급 복구 실시

또한 복구구간에 대한 보링 조사를 실시하여 충분한 강도가 확보되어 있는지 확인하였고, 11월 14일에 전문기술자 등에 의해 임시 복구도로의 안전성을 검토하였으며, 어느 정도 노면침하가 발생할 수 있고 가설구조물의 전제가 되는 유동화처리토 하부지반의 강도에 대한 확인보링을 가능한 한 빨리 실시하도록 하였다. 그리고 도로 개방 후에도 안전성을 확인하기 위해 계속 모니터링을 실시하도록 하였다.

2. NATM 터널 현장 개요 및 공사 현황

2.1 현장 개요

본 현장은 후쿠오카 지하철 노선 중 나나쿠마선 연장구간(덴진미나미~하카타)으로 총연장 1.4km에 이르는 도심지 지하철 공사이다. 본 현장의 공사평면도와 단면도가 [그림 2.9]에 나타나 있다. 그림에서 보는 바와 같이 본 현장에 적용된 공법은 다음과 같다.

1) 중간역 서측

하천을 2개소 횡단하여 교통량이 많은 국체도로에 지하철을 부설함으로써 비개착 공법을 적용하였으며 비개착 공법 중 단면 형상에 변화가 없고 토사층에서의 굴착이 되기 때문에 쉴드 공법을 적용하였다.

2) 중간역

역의 단면 형상이 복잡하기 때문에 개착공법을 적용하였다.

3) 중간역~하카타역

지하차로나 중요한 점용물이 많이 매설되어 있어 교통량이 많은 하카타 역전 거리에 지하철을 부설함으로써 비개착 공법을 적용하였으며, 단면 형상에 변화가 없고 토사층에서 암반층으로 변화하는 구간에 대해 쉴드 공법, 암반층에서 단면 형상이 변화하는 구간에 대해 NATM 공법을 적용하였다.

4) 하카타역

기존 구조물 아래에 새로운 역을 설치하기 위해 개착 공법, 파이프루프 공법, 언더피닝 공법을 적용하였다.

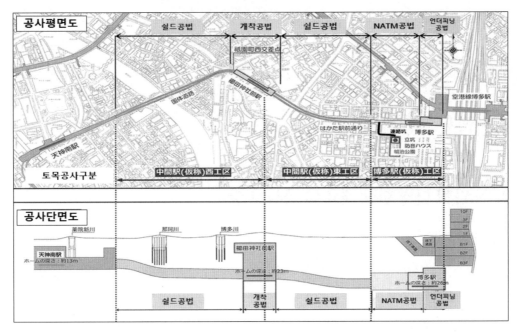

[그림 2.9] 공사 평면도 및 단면도

본 사고가 발생한 구간은 중간역과 하카타역 사이를 연결하는 본선터널 구간 중 NATM 공법으로 시공되고 있는 대단면 NATM 터널구간이다.

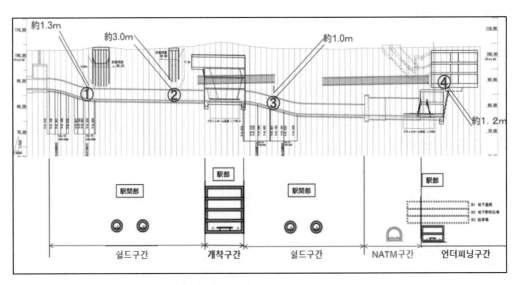

[그림 2.10] 구조물 종단도

[그림 2.10]에는 본 현장의 구조물 종단도가 나타나 있다. 그림에서 보는 바와 같이 기존 구조물과의 이격거리가 약 1.0~3.0m로 근접공사로 구성되어 있으며, 주변 조건 및 특성에 따라 쉴드 공법, NATM 공법 및 개착 공법이 적용되는 전형적인 도심지 지하철 공사의 특성을 보여주고 있다.

[그림 2.11]에는 본 현장의 지질종단면도가 나타나 있다. 그림에서 보는 바와 같이 충적층과 홍적층 그리고 고제3기층으로 구성되어있다. 고제3기층은 N치 50 미만의 강풍화암(D2), N치 50 이상의 강풍화암(D1) 그리고 약풍화~신선암반(C1, C2)으로, 그 상부에는 미고결 대수 모래층이 덮어 있어 부정합면을 형성하고 있음이 확인되었다.

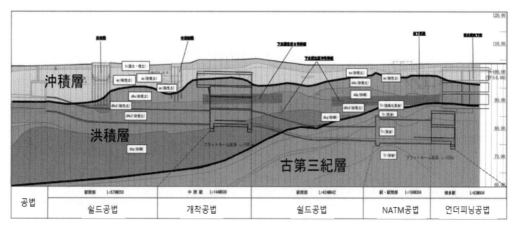

[그림 2.11] 지질 종단면도

2.2 NATM 터널 특성

[그림 2.12]에는 본 현장의 NATM 터널구간의 종단면도가 나타나 있다. NATM 터널구간은 [그림 2.13]과 [그림 2.14]에서 보는 바와 대단면 터널, 표준터널(I형, II형), 3아치터널(I형, II형 – 정거장 구간)으로 구성되어 있으며, 대단면 터널은 쉴드 병설터널과 연결되는 구간이다. 본 사고는 대단면 터널 굴착 중에 발생한 것으로 대단면 터널은 상반, 중반, 하반의 3분할 굴착으로 설계되었으나, 선진도갱을 먼저 굴착하는 4분할 굴착으로 변경 시공되었다.

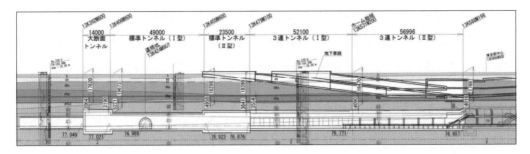

[그림 2.12] NATM 터널구간 종단면도

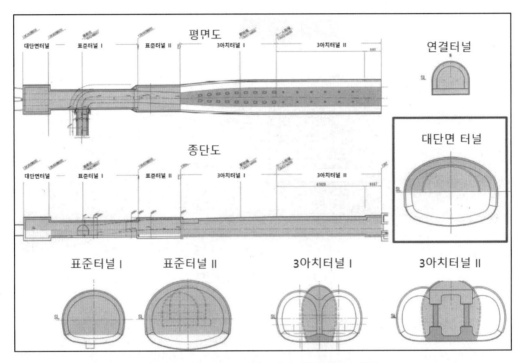

[그림 2.13] NATM 터널구간의 터널 종류와 단면

대단면 터널 I

표준터널 II

3아치터널

[그림 2.14] NATM 터널 사진

2.3 NATM 터널 변경

[표 2.1]에는 NATM 터널구간에서의 주요 설계 변경 사항이 정리되어 있다. 표에 나타난 바와 같이 설계 당시와는 다른 실제 지질 및 지반조건을 반영하여 수직구 심도를 하부로 조정하였고 표준터널과 3아치터널의 굴착방법을 보다 안전측으로 변경하였다.

[표 2.1] NATM 터널구간 주요 변경 사항

	항목	당초	변경점	변경사유
①	수직구	당초심도 25.08m	변경심도 28.16m	수직구부에서의 지질조사 결과, 당초 설계조건과 비교하여 변형되기 쉬운 것으로 조사
②	본선터널-연락갱 연결부	경사로 접속	직교하여 접속	추가 시추시험 결과, 변형계수가 당초 설계의 절반 정도인 것으로 파악
③	표준터널 I·II형 굴착공법	상중하반 분할 굴착	선진도갱 분할 굴착	표준터널 I·II형의 지반상황을 관찰·조사하여 암반의 정보를 얻기 위해서
④	30치터널 I·II형 굴착공법	상하반굴착	상중하반 굴착	표준 터널과 마찬가지로 지반 상황을 관찰·조사하여 암반의 정보를 얻기 위해서

① 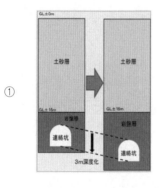 ② 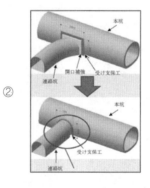 ③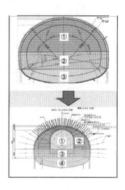

④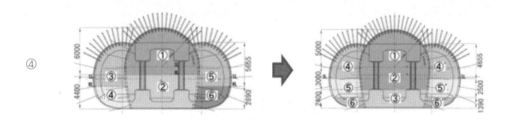

1) 대단면 NATM 터널 - 단면 변경

2015년 10월 추가 시추(No.27 S-1)을 실시하였으며, 지반조사 결과로부터 당초의 생각보다 토사층이 두꺼운 것으로 확인되었다. 당초 설계에서의 단면도와 추가 보링 결과를 반영한 단면도를 [그림 2.15]에 나타내었다. 당초 설계에서는 암토피고 약 2.1m였던 것이 지층을 재검토한 결과, 암토피고가 최소 1.0m 정도로 판명되었기 때문에 단면 형상의 변경을 위해 검토를 실시했다.

시공사에서는 시공계획 작성(도갱굴착, 상반기 확대 굴착) 및 FEM 해석(대단면 터널 굴착 시의 재예측 해석과 관리기준치 설정) 결과를 바탕으로 대단면부 변경설계를 수행하여 대단면 터널의 형상을 보다 편평하게 하여 암토피고 2m 이상을 확보하도록 변경하였으며, 숏크리트 및 지보공 형상 등을 변경하였다.

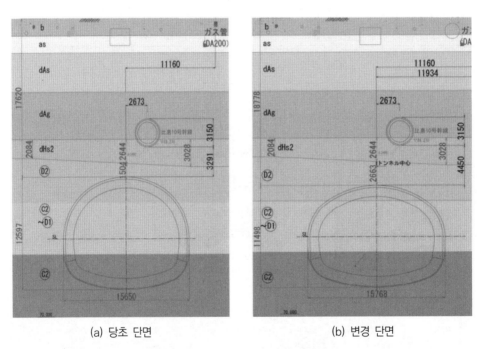

(a) 당초 단면   (b) 변경 단면

[그림 2.15] 대단면 NATM 터널 단면 변경

2) 대단면 NATM 터널 - 지보 및 보조공법 변경

당초 설계와 추가 시추결과 굴착 자료에 기초한 지층 분포의 비교하여 보조공법을 재검토하여 지상부로부터의 약액 주입공에 대해서 지하 매설물이 지장을 받아 충분한 효과가 없을 가능성이 있다는 점 등에서 보다 안전한 터널 시공을 위해 [그림 2.16]에서 보는 바와 같이 주입식 장척강관선수공(이중화), 주입식 사이드파일공, 고강도 숏크리트와 같은 지보 및 보조공법을 변경했다.

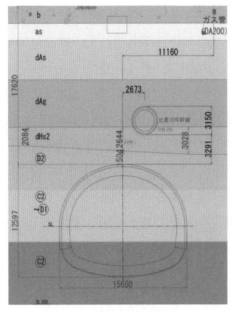 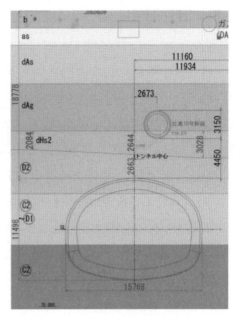

(a) 당초 보조공법   (b) 변경 보조공법

[그림 2.16] 대단면 NATM 터널 보조공법 변경

3. NATM 터널 붕락사고 원인 및 발생 메커니즘

사고 원인 규명에 있어서 후쿠오카시, 시공사 및 설계사로부터 자료를 제출받았으며, 함몰 사고 발생 후에 사고조사위원회의 의뢰에 근거한 추가 시추조사를 실시하였다. 본위원회에서는 여러 번의 회의와 함께 위원 상호 간의 토의에 많은 시간을 소비했다. 이하에 사고 원인의 추정을 나타내지만 붕괴된 터널 현장에 출입할 수 없다는 점, 또 위원회 설치 후 4개월이라는 짧은 기간의 정리였기 때문에 관계자가 제공한 자료를 토대로 가능성이 높은 사고 원인에 대해 추정한 것이다.

일반적으로 도로함몰의 원인으로는 지하 매설물에 의한 것, 오랜 세월에 걸쳐 형성된 지하 공동에 의한 것 등이 상정되지만, 이번 도로 함몰에 대해서는 시공사 직원이 터널 천단으로부터의 붕괴를 목격하고 터널 갱내에 유입된 토사의 사진이 존재하는 것, 또 후쿠오카 지하철 나나쿠마선 연장공사 이외에 원인이 되는 지하공사를 실시하지 않았기 때문에 해당 공사가 도로 함몰의 원인이 되었다고 추정된다.

3.1 사고 원인 분석

사고조사위원회에서는 사고 원인에 대해 [표 2.2]에 나타낸 바와 같이 10개의 요인(항목)을 검토하여 그것들이 요인이 되는지 아닌지의 가능성에 대해 평가를 실시했다. 표에서 보는 바와 같이 사고 원인은 자연적인 요인으로 지질 및 지하수에 관한 것과 인공적인 요인으로 설계 및 시공에 관한 것으로 구분하여 정리하였다. 각각의 요인은 반드시 하나가 아니라 다양한 요인이 복합적으로 작용해 함몰에 이르렀다고 생각되는데, 그중에서도 이하의 2가지 요인(A-①, ②)에 대해서는 가능성이 높은 것으로 추정했다.

그러나 이러한 요인을 추정하기에 이른 해당 지층의 상황 등에 대해서는 사고 후의 조사 등에 의해 밝혀진 것으로 해당 공사의 설계 시점에 있어서의 지질조사 빈도 등은 통상의 도시 NATM 공사와 비교해 적다고까지는 말할 수 없으므로 사고 전에 정확하게 파악하는 것은 어려웠을 것으로 생각한다.

또 사고 후의 조사는 함몰 후의 지층 상황을 조사한 것으로 사고 전의 상황과는 반드시 같은 것은 아닐 가능성도 있지만 사고 전의 조사 자료가 적기 때문에 해당 조사 등의 결과도 포함해 추정한 것이다.

1) A-① 난투수성 풍화암층의 강도나 두께

난투수성 풍화암층의 강도나 두께에 대해서는 과거에 해당 암반층이 지상에 있었던 영향 등에 의해 강풍화의 약부가 곳곳에 존재하고, 또 지층 상부에 요철이 있는 등 불규칙하고 복잡한 지질구조를 이루고 있어 상부에 강도가 낮은 층이 존재하고 있었음이 사고 후에 실시한 추가 지질조사 등에 의해 밝혀졌다. 예를 들면 대단면 터널부에서 해당 지층의 두께를 약 2.79~3.67m 확보할 수 있을 것으로 예상하고 있었지만, 그 후의 조사 결과 두께는 약 1.90~2.28m 밖에 확보할 수 없어 강풍화가 진행된 강도가 낮은 상부층이 지배적이 되었을 가능성이 있는 것으로 나타났다.

국소적으로 강도나 두께가 부족한 난투수성 풍화암층에 대해서 해당 공사의 설계 및 시공에 있어서는 강도나 두께를 균질하다고 파악해, 예를 들면 안정성 해석에 이용한 변형 계수에 대해서는 약 14,000kN/m²에서 약 700,000kN/m²의 편차가 있는 것을 최종적으로는 대표치로서 87,000kN/m²의 값을 이용하는 등 불균형의 고려가 불충분한 채 설계 및 시공이 이루어져 결과적으로 지반의 강도를 실제보다 높게 평가한 설계가 되어 있었다.

2) A-② 지하수 압력의 영향

미고결 대수 모래층의 지하수위는 지표로부터 약 −2.5m의 위치에 있었고, 미고결 대수 모래층으로부터 난투수성 풍화암층의 경계부에 수두로 하여 약 10m(약 1기압에 상당) 이상의 높은 수압이 작용하고 있었다. 앞서 설명한 바와 같이 터널 상부의 난투수성 풍화암층은 불규칙하고 복잡한 구조였지만 설계 및 시공에 있어서는 그 차수성이나 수압에 대한 내력을 충분하다고 생각하고 있었다. 그러나 사고 후에 추가한 지질조사 등에 의하면 난투수성 풍화암층 내부에는 소단층이나 박리면, 많은 절리나 균열이 존재하고 있어 결과적으로 지하수 압력에 대한 안전성이 충분하지 않았다.

또 위와 같은 불규칙하고 복잡한 지질이나 높은 지하수 압력 조건하에서 시공할 때에는 시공 시 지반의 안정성을 포함해 터널 구조의 안정성을 최대한 손상시키지 않도록 신중한 설계, 시공을 실시할 필요가 있었지만 시공 중에 다음과 같은 2가지 변경(B-①, ②)은 통상 지질 상황에서는 요인이 될 가능성은 낮지만, 상기 A-①, ②와 같은 엄격한 지질 조건하에서는 그 영향 정도를 강화하게 되어 결과적으로 사고 발생의 부차적인 요인이 되었을 가능성이 높은 것으로 추정했다.

3) B-① 터널단면 형상 변경

난투수성 풍화암 터널 상부의 층 두께를 확보하기 위해 터널 천단을 약 1.2m 낮춤으로써 편평률(내공 높이÷내공폭)이 0.625에서 0.532가 되었다. 이에 대한 안전성은 확보될 것이라는 해석 결과를 얻었지만 아치 액션에 의한 효과가 감소하게 되어 결과적으로 터널 구조의 안정성을 저하시키게 되었다.

4) B-② 보조공법 시공 방법 변경

해당 공사구간은 표준단면터널(Ⅰ형)의 13k413m700(No.115 부근) 지점에서 대단면 터널의 13k407m700(No.108)지점으로의 확폭구간(연장 6m)으로 단면을 확폭(높이 약 2.5m, 폭 약 5m)하는 구간이었다. 보조공법으로는 주입식 장척강관선수공법(AGF 공법)이 채용되어 있었지만, 확폭구간에서는 강관의 타설 위치제약과 난투수성 풍화암층을 뚫지 않도록 삽입각을 작게 할 필요가 있기 때문에 장척강관의 완전 이중화가 곤란해지는 부분이 존재하게 되어 더욱 지보공을 설치하기 위해 강관의 근본부를 절단해야 했다. 그 결과 강관의 종단적인 중첩길이가 짧거나 중첩하지 않은 상태가 되어 해당 보조공법에 기대하는 효과가 충분히 발휘되지 않았다. 또한 강관으로부터의 주입은 암반 균열에의 주입으로 충분한 지반개량 효과가 발휘되지 않았을 가능성이 있었다.

[표 2.2] 사고 원인을 규명하기 위한 요인 평가

	요인 1 (A-①)	요인 2 (A-①)	요인 3 (A-②)
지질지하수에 관한 요인	 난투수성 풍화암의 강도 • 물성치(N값 등)의 편차에 대한 평가 • 잠재적인 약부 파악	 난투수성 풍화암 두께 • 난투수성 풍화암의 상면 위치, 두께 및 불규칙성 파악	 높은 지하 수위에 의한 영향 • 난투수성 풍화암에 대한 수압 • 난투수성 풍화암의 불규칙성으로 작용면이 변동됨에 따른 국소적 하중 • 유로의 발생에 의한 국소 하중
	요인 4 (A-②)	요인 5	요인 6 (B-①)
설계·시공에 관한 요인	 난투수성 풍화암의 내력 부족 가능성 • 상부 미고결대수모래층으로부터의 수압에 대한 난투수성 풍화암의 내력 부족 가능성 유무 • 지반 개량 등 지하수 대책 필요성	 도갱 시공에 의한 영향 유무 • 선진 도갱 시공에 의한 이완이나 균열 발생 가능성 유무	 터널 단면 형상의 영향 유무 • 편평 단면에 의한 영향 유무
	요인 7	요인 8 (B-②)	요인 9 (B-②)
	 터널 지보공의 안정성 • 숏크리트나 강재 지보공의 내력 • 지보공각부의 지지력	 강관공법의 횡방향 지반 개량효과 • 주입 개량체의 연속성 • 주입재의 지반 적합성 • 강관 간격이나 시공 어긋남 가능성 • 주입압 및 주입량 시공관리	 강관공법의 종방향 지반 개량효과 • 개량체의 중첩길이 • 강관 공법의 확폭 방식의 적합성 • 강관 시공 어긋남 가능성 유무 • 강관공법에 의한 유로 형성 가능성
	요인 10		
	적절한 계측관리나 필요한 대책공 실시로 인한 피해 최소화 • 리스크 관리와 그 대응책 검토		

3.2 사고 발생 메커니즘 추정

사고 발생 메커니즘에 대해서는 다음과 같이 추정하였으며 [표 2.3]에 정리하여 나타내었다.

[표 2.3] 사고 발생의 메커니즘 추정

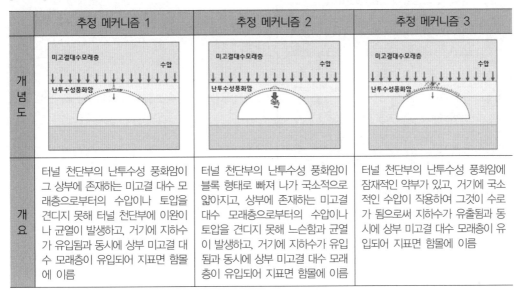

	추정 메커니즘 1	추정 메커니즘 2	추정 메커니즘 3
개념도			
개요	터널 천단부의 난투수성 풍화암이 그 상부에 존재하는 미고결 대수 모래층으로부터의 수압이나 토압을 견디지 못해 터널 천단부에 이완이나 균열이 발생하고, 거기에 지하수가 유입됨과 동시에 상부 미고결 대수 모래층이 유입되어 지표면 함몰에 이름	터널 천단부의 난투수성 풍화암이 블록 형태로 빠져 나가 국소적으로 얇아지고, 상부에 존재하는 미고결 대수 모래층으로부터의 수압이나 토압을 견디지 못해 느슨함과 균열이 발생하고, 거기에 지하수가 유입됨과 동시에 상부 미고결 대수 모래층이 유입되어 지표면 함몰에 이름	터널 천단부의 난투수성 풍화암에 잠재적인 약부가 있고, 거기에 국소적인 수압이 작용하여 그것이 수로가 됨으로써 지하수가 유출됨과 동시에 상부 미고결 대수 모래층이 유입되어 지표면 함몰에 이름

위에서 설명한 사고 발생 메커니즘을 보다 세부적으로 구분하여 [표 2.4]에 나타내었으며 각 단계별 설명은 다음과 같다.

- 1단계 : 원래 퇴적 환경이나 이후 풍화 정도에 따라 강도나 두께에 편차가 있는 난투수성 풍화암층 하부에 터널이 굴착되었다. 터널 천단에서 해당 지층과 그 상부의 미고결 대수 모래층과의 경계까지는 약 2m로 되어 있었다.
- 2단계 : 터널을 굴착 또는 단면을 확폭함에 따라 미고결 대수 모래층으로부터의 높은 수압의 영향도 더해져 난투수성 풍화암에 이완이나 균열이 발생하여 서서히 파괴되기 시작하거나 난투수성 풍화암에 잠재적 약부가 존재하여 이른바 '유로'가 형성되었다.
- 3단계 : 2단계에 의하여 터널 천단부가 연속적으로 박락 또는 누수를 수반하면서 파괴가 진행되었고, 마침내 미고결 대수 모래층과 지하수가 터널 내로 유입되고, 또한 이로 인하여 파괴가 가속도적으로 진행되어 최종적으로는 대규모 도로 및 지반 함몰을 발생시키기에 이르렀다.

[표 2.4] 사고 발생의 단계별 메커니즘

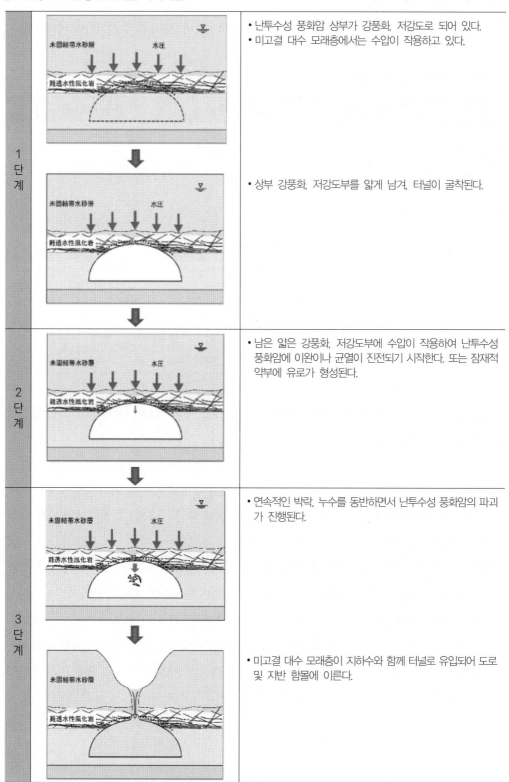

단계		설명

1단계
- 난투수성 풍화암 상부가 강풍화, 저강도로 되어 있다.
- 미고결 대수 모래층에서는 수압이 작용하고 있다.

- 상부 강풍화, 저강도부를 얇게 남겨, 터널이 굴착된다.

2단계
- 남은 얇은 강풍화, 저강도부에 수압이 작용하여 난투수성 풍화암에 이완이나 균열이 진전되기 시작한다. 또는 잠재적 약부에 유로가 형성된다.

3단계
- 연속적인 박락, 누수를 동반하면서 난투수성 풍화암의 파괴가 진행된다.

- 미고결 대수 모래층이 지하수와 함께 터널로 유입되어 도로 및 지반 함몰에 이른다.

4. 붕락구간 재굴착 방안

4.1 공사 재개에 관한 주요 유의점

사고 원인 추정을 토대로 후쿠오카시가 지하철 공사를 재개할 때는 주로 다음 항목에 대해 유의하고 필요한 조사 등을 실시할 필요가 있다.

1) 지질, 지하수 상황 파악에 관한 것

난투수성 풍화암층의 강도나 두께에 대해서는 과거 풍화의 영향 등에 의해 강풍화의 약부가 곳곳에 존재하고, 또 지층 경계면에 요철이 있는 등 불규칙하고 복잡한 지질구조를 이루고 있었음이 사고 후 조사 등에서 밝혀졌다. 따라서 추가 시추조사 결과나 과거에 주변부에서 실시된 지질조사 결과 등도 감안하는 동시에 함몰 부위에 대해 매립한 유동화 처리토, 약액 주입된 주변 지반 등 사고 후의 조치도 고려하여 지질 및 지하수 상황을 파악할 필요가 있다.

2) 터널 갱내의 배수 및 토사 철거에 관한 것

터널 갱내의 물을 빼거나 토사 제거에 있어서는 현재는 안정되어 있다고 추정되는 역학적 균형이 다시 변화하여 터널부나 주변 지반의 붕괴에 이를 우려가 있으므로 지하수위 등을 계측함으로써 역학적 안정성에 대해 관측, 평가하면서 주변에 영향이 발생하지 않도록 신중하게 실시할 필요가 있다.

3) 재굴착 공법 선정에 관한 것

공법 선정에 대해서는 NATM 공법 외에 쉴드 공법 등 다른 공법이나 신기술 활용도 포함해 안전을 중시해 실시할 필요가 있다. 재굴착을 개착공법으로 하는 경우에는 매설물의 존재를 고려하면서 흙막이 지보공이 설치할 수 없는 곳에 대한 대책을 포함한 흙막이 지보공의 안전성을 확인할 필요가 있다. 또 주변 건물에 영향을 줄 우려가 있으므로 흙막이 지보공의 강성을 높이는 등 사전 대책이나 지표면 변위 계측 등 안전을 고려한 대책을 강구할 필요가 있다. 또 비개착 공법으로 실시하는 경우에는 지하수의 영향이나 주변 지반, 지보공의 상황 파악, 오수 유입에 의한 유독가스 발생 가능성, 재굴착의 굴착방안, 지보공, 보조 공법 등에 대해 안전을 고려한 대책을 강구할 필요가 있다.

4.2 재굴착 방안 검토

붕락개소의 터널 재굴착이 가능하다고 생각되는 공법에 대해서 크게 개착 공법과 비개착 공법으로 나누어 검토를 진행하였다. 각각의 특징에 대해서는 [표 2.5]에서와 같다.

[표 2.5] 붕락구간 재굴착 방안 검토

개착공법	비개착공법	
	인공암반 + NATM 공법	특수 쉴드공법
지표면에서 땅속에 토류벽을 만들어 직접 파내 구조물을 만들고 되파서 복구하는 공법	지상에서 암반층 상부의 토사층에 지반 개량을 실시하여 인공적으로 암반과 같은 단단한 지반을 형성한 후 굴착하여 터널을 만드는 공법	쉴드터널을 굴착한 후, 설치가 끝난 세그먼트를 일부 철거하면서 2개의 터널을 비개착으로 연결하여 터널을 접합하는 방법

1) 개착공법 검토

붕락구간에 대한 재굴착방안으로서 개착공법의 검토방안은 [그림 2.17]에 나타나 있다. 기설 터널이 구축되어 있기 때문에 토류벽 시공이 어렵다. 또 이설이 곤란한 하수도 간선 등의 지하 매설물이 있으므로 토류벽이 연속적으로 시공되지 못해 토류 결손이 생긴다. 많은 지하 매설물이 매설되어 있어 공사를 진행할 때에는 지장이 되는 지하 매설물을 이설할 필요가 있다. 토류벽의 시공에 대해서는 토류벽 및 지반 안정성 검토를 실시한다. 또 토류 결손에 대해서는 지반 개량 방법을 검토하지만 안전한 토류벽 시공과 확실한 지반 개량이 어렵다. 또한 지하 매설물 사업자와 협의하여 양해를 얻은 후 대규모 이전을 실시하여야 하므로 하카타 역전 거리는 많은 지하 매설물이 있어 이설 루트 확보가 어렵다.

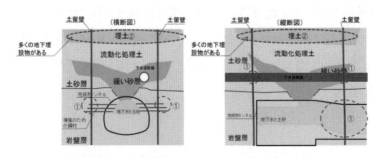

[그림 2.17] 붕락구간 재굴착 방안 – 개착공법 검토

2) 인공암반 NATM 공법 검토

붕락구간에 대한 재굴착 방안으로서 NATM 공법의 검토 방안은 [그림 2.18]에 나타나 있다. 하수도 간선 등의 영향으로 지반개량의 미개량부가 생겼을 경우 터널 상부의 이완 발생에 의해 지하수나 토사가 터널 갱내로 유입되는 것을 생각할 수 있다. 미개량부의 발생을 억제하기 위해 지반 개량을 조합하는 등 시공 방법을 검토한다. 또한 지반개량에 의해 차수벽을 구축하여 주변으로부터의 지하수 유입을 제어한다.

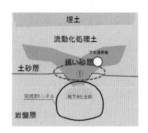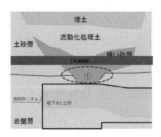

[그림 2.18] 붕락구간 재굴착 방안 – NATM 공법 검토

3) 쉴드 터널공법 검토

붕락구간에 대한 재굴착 방안으로서 쉴드공법의 검토방안은 [그림 2.19]에 나타나 있다. 쉴드 굴착을 실시하기 전에 기설 터널을 지지하고 있는 강재를 철거할 필요가 있다. 하수도 간선 등의 영향으로 지반 개량 미개량부가 생겼을 경우, 기설 터널의 강재를 철거할 때 주변 지반의 이완 발생이나 터널이 변형됨으로써 지하수나 토사가 터널 갱내로 유입되는 것을 생각할 수 있다. 쉴드 굴착범위에 함몰 사고에 의해 터널 갱내에 유입된 장애물이 있는 경우 굴착을 멈추고 인력에 의한 철거가 필요하다. 또한 사전에 터널 갱내를 충전하여 미개량부의 발생을 억제하기 위해 지반 개량을 조합하는 등 시공 방법을 검토하여야 한다. 또한 지반 개량에 의해 차수벽을 구축해 주변으로부터의 지하수 유입을 제어하고, 방호공을 실시한 후 인력에 의해 장애물을 철거해야 한다.

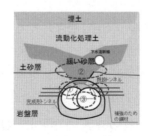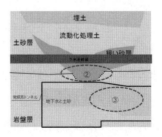

[그림 2.19] 대단면 NATM 터널 보조공법 변경

4) 재굴착 공법 결정

개착공법은 기설 터널이 있어 개착공법을 시공할 때 필요한 토류벽 시공 시에 주변 지반에 영향을 미칠 가능성이 있다. 또한 이설이 어려운 지하 매설물이 있어 대규모 토류 결손이 발생하므로 채용이 곤란하다. 특수 쉴드공법은 함몰 부위는 장애물이 있는 등 복잡한 지반 상황이라는 점이나 시공 중 불안정한 구조가 되는 기간이 있다는 점, 또 특수 쉴드는 신기술로 미경험 공법이라는 점 등의 이유로 적극적인 적용은 곤란하다. 인공암반 NATM 공법은 우려되는 리스크를 충분히 배려하고 현장의 감시체제 및 시공사와 발주처의 정보공유 강화를 도모함으로써 안전하게 시공이 가능할 것으로 판단되었다.

[그림 2.20]에는 붕락구간에 대한 재굴착 방안으로 NATM 공법 적용 시의 단계별 재굴착 방안이 나타나 있다. 먼저 터널 상부 주변 지반을 개량하고, 수발공 및 토사를 철거한 후 굴착과 지보를 시공하여 최종적으로 터널을 완성하도록 하였다.

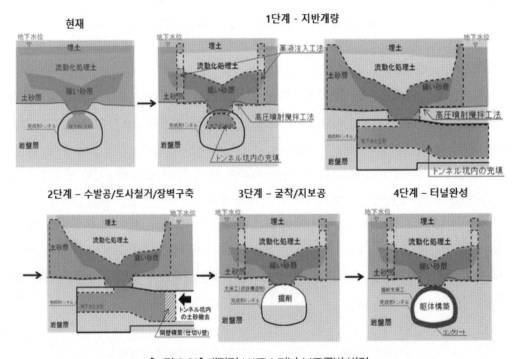

[그림 2.20] 대단면 NATM 터널 보조공법 변경

시공 중 지반 리스크에 대응하기 위해서 함몰 범위로의 지하수 유입 방지, 지반의 강도 향상을 목적으로 지반 개량을 실시하였다. 또한 재굴착 및 수발공 시 영향이 생기는 범위 등을 검토한 결과 암반층 상부의 토사층, 느슨한 모래층 및 터널 갱내를 개량하기로 했다. 지반 개량의 실시 완료 후, 확실한 지반 개량이 되어 있는지 시추에 의해 확인하도록 하고, 미개량부가 확인된 경우는 보충 주입(약액 주입공법)을 실시하였다. [그림 2.21]에는 지상에서 실시하는 지반개량공사의 범위와 시공 내용이 나타나 있다.

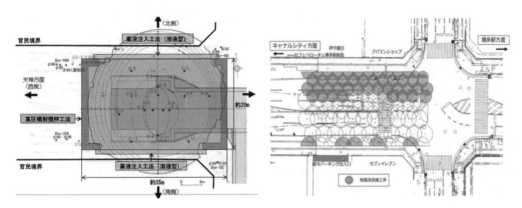

[그림 2.21] 지반개량 범위 및 시행

[그림 2.22]에는 붕락구간 NATM 터널에 대한 재굴착 완료 후 모습을 보여주고 있다. 하카타역전의 지하철 공사를 진행하고 있는 하카타역 NATM 터널구간에서는 2019년 9월에 대단면 터널부의 굴착이 완료되었으며, 굴착이 완료된 대단면 터널부는 지하수의 침입을 막기 위해 터널 전체를 방수시트로 덮은 후 철근조립 등의 터널시공을 완료하였다. 이는 터널붕락 및 도로 함몰 사고가 발생한 지 약 3년 만에 이루어진 일이다.

대단면 터널 재굴착 완료(2019년 9월)   터널 시공 현황(2019년 11월)

[그림 2.22] 붕락구간 NATM 터널 재굴착 완료 후 모습

5. 도심지 NATM 터널공사에서의 유의사항 및 교훈

이번 사고는 터널을 시공하는 지반의 강도나 두께가 국소적으로 부족한 난투수성 풍화암인데다 높은 지하수압이 작용하는 까다로운 조건에서 터널 시공의 안전성이 실제보다 높게 평가된 것이 요인인 것으로 추정했다. 또한 이와 같은 까다로운 조건하에서 설계 변경이 결과적으로 터널 구조의 안정성을 저하시키는 부차적 요인이 됐을 것으로 추정했다. 이러한 점에서 도심지 NATM 공법 선정 자체가 잘못되었다는 것은 아니며, 또한 직접적으로 도심지 NATM 자체의 신뢰성이 손상되는 것은 아니다. 게다가 지금까지의 기술적인 기준 등의 재검토에 직접적으로 연결되는 사항은 없다. 그러나 이번 사고의 교훈을 살려 다시는 이러한 사고를 발생시키지 않도록 유사한 조건하에서 도심지 NATM에 의한 터널을 계획·시공하는 경우 등 지하터널공사에서 유의해야 할 점은 다음과 같다.

5.1 조사·계획 및 설계적인 측면

1) 조사·계획

시추 등 지질에 관한 데이터는 지하의 한정적인 정보이며, 비록 많은 조사를 실시하더라도 지하를 상세히 파악하는 데는 한계가 있기 때문에 시공의 안전성을 사전에 완벽하게 확보하는 데는 자연스럽게 한계가 있다. 그러나 이번 사고의 규모나 영향을 감안하면 지하공간의 안전한 이용·활용을 도모하기 위해서는 지하공간에 관한 정보를 가능한 한 수집하는 동시에 최신 기술을 이용해 리스크를 가능한 한 저감시켜 보다 안전성을 확보한 설계·시공에 노력해야 한다. 때문에 지하에 관한 조사는 지질 특성이나 불균질성 등을 바탕으로 단계적이고 효과적이며 효율적으로 실시하는 동시에 그 목적에 비추어 필요하고 충분한 것이어야 한다. 또한 과거 주변부에서 실시된 지질조사 등을 관민에 관계없이 정보를 수집하고 활용할 수 있도록 할 필요가 있다.

토피가 확보되어 있어도 미고결층과 그 하부에 있는 암반과의 경계에서는 풍화에 의해 지산 강도에 편차가 보이거나 암반의 침식 등에 의한 기복에 의해 불균일한 층후가 되어 있는 경우가 있으므로 지질조사를 충분히 실시할 필요가 있다.

도심지 NATM 터널은 단면 자유도나 경제성 등의 이점이 있지만, 지반 조건이나 주변 환경 상황에 따라서는 리스크가 높아지는 것을 충분히 감안하여 리스크 대책에 필요한 조사, 상정되는 리스크에 대한 적절한 대응 등에 대해서도 검토할 필요가 있다.

2) 설계

(1) 해석에 이용하는 지반의 모델화

지하공사의 안전성을 확보하기 위해서는 지질이 가지는 불균질성을 적절히 파악하고 위험측이 되지 않는 물성치의 적용이나 지층 두께의 검토나 물성치를 변화시킨 복수의 계산을 실시하여 결과를 평가하는 것(파라메타 검토)의 적용을 검토하는 등의 노력을 설계 및 시공에 반영시키는 동시에, 이번과 같은 불규칙하고 복잡한 지질구조나 높은 지하수위 등의 안전성에 대한 위험을 가능한 한 파악하고 저감하도록 노력할 필요가 있다. 또 수치해석에 의해 얻을 수 있는 결과는 반드시 만능이 아니라는 인식에 입각해 충분한 지식·경험 등도 더해 종합적인 공학적 판단을 실시하는 것이 중요하다.

(2) 터널단면 형상

적용하는 터널 단면형상이 편평해지는 경우에는 주변 지반이나 지보공의 안정성에 대해 면밀히 검토할 필요가 있다. 특히 터널 천단 지반에 차수성을 기대하는 설계를 하는 경우에는 편평단면 천단부 근방의 지반은 아치 액션의 효과가 감소하므로 지반의 안정성과 더불어 차수 기능이 충분히 확보될 수 있도록 검토할 필요가 있다.

(3) 시공방법의 검토

지하수위가 높은 경우에는 수압에 의한 영향을 미리 최소화할 수 있도록 공법의 선정, 수위 저하나 지반 개량 등 필요한 조치에 대해 충분히 검토할 필요가 있다. 또한 지하수위 저하가 곤란한 경우 수압이나 토압에 견디는 차수층의 두께나 차수를 위한 약액 주입 등 보조 공법의 시공 범위를 검토하여 차수층의 안정성을 확보할 필요가 있다.

(4) 주입식 장척 강관 선수공법(AGF)의 설계

주입식 장척 강관 선수공법은 터널 주변 지반 굴착 시 이완을 억제하는 공법으로 큰 수압이 작용하는 지반의 차수효과는 기대할 수 없음을 감안할 필요가 있다. 주입식 장척강관 선수 공법의 중첩길이 설정에 있어서는 막장·천단의 안정성을 충분히 확보할 수 있도록 설정하고, 이때 주변 지반으로의 주입재 주입 상태(침투주입, 균열주입), 개량 효과, 설계상 필요한 최소 중첩길이의 요구 성능을 시험 시공에서 확인할 필요가 있다.

5.2 시공적인 측면

1) 설계 조사와 추가 조사, 시공법 변경 제안

근접 구조물 등의 시공상의 제약, 지상에의 영향 등에 대해 조사를 실시하고, 필요에 따라 설계의 변경·시공에 필요한 조사 등을 실시할 필요가 있다. 설계 변경이 필요한 경우 설계의 개념을 충분히 파악하고 현장조건을 바탕으로 유효한 변경안을 작성할 필요가 있다. 도심지 NATM 터널 시공단계에서 지반 및 지하수 상황을 파악하여 조사를 실시하여 안전성을 확인할 필요가 있다. 굴착단면의 분할에 대해서는 주변 환경, 근접 구조물에 대한 영향을 고려하여 적절한 보조공법과의 조합 및 단면의 조기 폐합이나 시공 장비의 조합에 대해 검토할 필요가 있다.

2) 보조공법의 시공과 관리

설계상 보조공법에 기대하고 있는 요구 성능에 대해 대상 지반에 대해 충분히 만족하고 있는지 시험 시공에서 확인할 필요가 있다. 또한 시험 시공을 통해 요구 성능을 만족하기 위한 적절한 관리 목표치를 설정하고 시공 관리에 있어 적절히 관리할 필요가 있다. 주입식 장척 강관 선수공법은 터널 시공 시 막장·천단의 안정성을 확보하기 위한 보조공법으로 차수성에 대해서는 별도 대책을 검토할 필요가 있다.

3) 모니터링

터널 변상의 발생을 민감하게 파악하고 비상시를 상정한 상세한 모니터링 계획을 작성하는 등 체제를 내실화할 필요가 있다.

5.3 설계·시공 이외에 고려해야 할 사항

1) 설계·시공에서의 의사소통

조사, 설계, 시공에서 관계자는 최종적으로 어떻게 사용되는지도 포함하여 그 목적을 충분히 감안하는 동시에 필요에 따라 추가 조사나 설계 변경을 실시하여 리스크 저감에 노력할 필요가 있다. 조사, 설계, 시공의 각 단계에서 얻은 정보나 자료에 대해서는 기록에 남겨 관계자 간에 충분히 공유하는 동시에 조사에서 설계, 설계에서 시공이라는 다음 단계로 적절히 인계할 필요가 있다. 설계 내용을 발주자나 시공자에게 확실하게 전달하기 위해 3자(발주자, 설계자, 시공자) 협의의 실시가 중요하다. 특히 터널공사에서는 지하 정보가 한정적이기 때문에 불확정 요소가 많기 때문에 발주자, 설계자, 시공자 등 관계자가 협력하여 서로 지혜를 나누면서 어려움을 극복해야 하며, 조사, 설계, 시공의 각 단계에서 얻은 정보나 지견에 대해서는 관계자 간에 충분히 공유함과 동시에 적절하게 조사로부터 설계, 설계에서 시공이라는 다음 단계로 인계하는 것이 중요하다.

난이도가 높고 리스크를 많이 포함하는 터널공사에서는 종합적인 판단이 요구되므로 평소 관련 기술자의 기술력 향상은 물론 공사 중에도 필요한 의사소통의 장을 마련해 관계자 간 현장 상황 공유와 진지한 기술적 논의, 그 결과의 피드백에 의해 고도의 기술적 식견을 설계·시공에 반영시키는 동시에 지질·지반 조건이 복잡한 현장에서는 관련 지식 등을 전국적으로 수집·활용할 수 있는 구조가 필요하다.

2) 기술적 검토의 장 활용

기술적 검토의 장에 대해서는 설계·시공에 관한 과제의 추출 등 초기단계부터 그 활용을 검토할 필요가 있다. 기술적 검토의 장을 활용할 때는 전문가로부터의 구체적인 지적사항에 대해 상세하게 대응을 검토하고, 그 대응 상황을 설명함으로써 양방향의 교환으로 함으로써 기술적인 시사점을 설계·시공에 활용해 나가는 것이 중요하다. 또한 발주자, 조사자, 설계자, 시공자 각 자가 기술 수준 향상에 노력하는 것이 중요하다.

>>> 요점 정리

본 장에서는 후쿠오카 지하철 대단면 NATM 터널공사에서의 발생한 NATM 터널붕락 및 도로 함몰 사고 사례를 중심으로 사고의 발생 원인과 교훈에 대하여 고찰하였다. 본 사고는 도심지 구간에서의 지하철 NATM 터널 공사 중 발생한 붕괴사고로서 본 사고 이후 도심지 NATM 터널 공사에 대한 사고를 방지하기 위한 설계 및 시공상의 다양한 개선 노력이 진행되어 도심지 NATM 터널 기술이 발전하는 계기가 되었다. 본 터널 붕락사고를 통하여 얻은 주요 요점을 정리하면 다음과 같다.

☞ 대단면 터널에서의 지질 및 지하수 리스크

본 현장에서는 시공 중에 설계상 예측한 지질 및 지반조건과 다른 지질 및 지하수 조건에 대한 기술적 대책을 수립하여 적극적으로 반영하였으나 대규모 터널 붕락사고가 시공 중에 발생하여 도로 함몰에 이르게 되었다. 사고 원인 조사를 통하여 지질 및 지하수에 대한 원인과 설계 시공에 관한 원인을 10가지로 분석하고, 특히 암토피고가 작은 풍화암층과 미고결 대수 모래층에서 선진도갱 굴착에 의한 영향으로 천단부에 유로가 형성되어 급격히 토사와 지하수가 터널내로 유입되면서 붕락이 발생한 것으로 분석되었다. 따라서 지질 불량 구간에서의 대단면 NATM 터널 굴착 시 지질 및 지하수 상태를 면밀히 관찰하고 이에 대해 보다 적극적으로 대응해야만 한다.

☞ 대단면 NATM 터널에서의 보조공법 시공

본 현장에서는 설계시공적인 요인으로 암토피고를 확보하기 위한 터널단면 변경 및 지반 특성을 반영한 분할 굴착 변경 및 보조공법 변경 등 보다 안전한 측으로 설계를 변경하여 시공하였으나, 결과적으로는 붕괴사고에 이르게 되었다. 본 현장과 같은 지반불량구간에서는 주지보에 추가적으로 시공되는 보조공법(강관보강그라우팅)의 경우 지보성능 확인 등에 대한 품질 및 시공관리가 무엇보다 중요함을 알 수 있다. 따라서 보조공법을 적용하기 위해서는 터널 주변 지반의 특성을 파악하고 이에 적합한 보조공법을 선정하고 적용하도록 해야 하며, 반드시 시험시공을 통하여 그 적정성을 검증해야만 한다. 특히 지하수 유입 등의 리스크가 확인되는 경우에는 지하수를 차단하고 제어할 수 있는 차수성능을 가진 보조공법을 시공해야만 한다.

☞ 사고 원인 조사와 복구 대책 수립

본 붕락사고가 발생한 직후 발주처에서는 사고조사위원회를 구성하여 설계 및 시공에 대한 철저한 조사로 주요 사고 원인을 규명하고, 복구 방안을 제시하였다. 주요 복구방안으로 사고구간에 대한 지상그라우팅에 의한 지반개량을 확실하게 실시하고, 터널내에서는 붕락된 터널구간을 완전히 토사로 채우고 지보벽체를 설치한 후 수발공을 설치하여 지하수위를 제어하도록 하였다. 또한 터널 주변 지반을 그라우팅하여 인공지반을 형성한 후 NATM 공법으로 재굴착하여 최종적으로 복구 공사를 무사히 마칠 수 있었다. 또한 사고 원인으로부터 도심지 지하철 공사에서의 지질 및 시공 리스크를 철저히 관리하도록 하는 도심지 NATM 터널공사 안전관리시스템을 개선하였다.

☞ 도심지 대단면 NATM 터널 붕락사고와 교훈

본 붕락사고는 도심지 지하철 공사에서의 지질 리스크 관리 문제, NATM 터널공사에서의 보조공법 시공에 대한 제반 문제점을 확인할 수 있는 계기가 되었다. 특히 후쿠오카 당국 및 사고조사위원회 등을 중심으로 심도 깊은 논의와 검토를 진행하여 본 붕괴사고에서의 사고 원인 규명과 재발 방지 대책 등을 수립하여 일본 도심지 NATM 터널공사에서의 안전시공관리시스템을 개선시키게 되었다.

후쿠오카 지하철 NATM 터널 붕괴 사고는 일본의 토목 역사에서 중요한 전환점이 된 사고였다. 오랫동안 축적되었던 지하철 터널공사에서의 기술적 경험에 대한 자부심에도 불구하고 도심지 한복판에서의 대규모 붕락 및 함몰 사고의 발생은 토목기술자뿐만 아니라 일반 국민들에게도 상당한 충격을 준 사고라 할 수 있다. 다행스럽게도 인명사고와 건물피해가 발생하지 않았고 빠른 복구대책으로 불과 1주일 만에 도로복구가 완료되어 교통이 재개되었다. 하지만 붕괴구간에 대한 보강공사와 터널 재굴착 공사로 후쿠오카 지하철 개통이 상당히 지연되어 경제적 손실을 끼쳤던 도심지 NATM 터널공사 사고 사례라 할 수 있다.

또한 본 터널붕락 사고 사례는 일반적으로 상당한 리스크가 있는 대단면 NATM 터널공사에서 발생한 대형사고로 도심지 터널공사에서 NATM 공법으로 굴착하게 되는 대단면 터널의 리스크를 인식하게 되는 중요한 계기가 되었다고 할 수 있다. 따라서 지반불량구간에 시공되는 NATM 터널공사에서의 굴착방법, 지보 및 보조공법의 안전 및 시공관리는 아무리 강조해도 지나치지 않으며, 무엇보다 세심한 주의와 관리가 요구된다. 또한 이러한 리스크를 최소화하거나 회피할 수 있는 NATM 시공기술이 더욱 신중하게 검토되고 적용되야 할 것이다.

LECTURE 06

오타와 LRT NATM 터널 붕락사고와 교훈
Case Review of NATM Tunnel Collapse at Ottawa LRT

2016년 6월 8일 오전 10시 30분경 [그림 3.1]에서 보는 바와 같이 캐나다 오타와(Ottawa)의 LRT 공사 중 터널이 붕괴되고 상부 도로에 거대한 싱크홀(Sinkhole) 사고가 발생했다. 본 사고는 캐나나 도심지 터널공사 공사에 적용되어 왔던 NATM 터널공사에 심각한 영향을 미쳤다. 본 사고를 통해 NATM 터널공사에서 연약토사층에서의 보강 방법과 지질 및 지반 리스크 (Geo-risk) 관리상의 여러 가지 문제점이 확인되었다. 특히 도심지 구간을 통과하는 NATM 터널에서의 터널 붕락 및 도로 함몰 사고는 조사, 설계 및 시공상의 기술적 문제점을 제기하는 계기가 되었으며, 도심지 NATM 터널구간에서 싱크홀 사고 원인 및 발생 메커니즘을 규명하기 위하여 철저한 조사를 진행하게 되었다.

본 장에서는 캐나다 오타와 LRT 프로젝트의 NATM 터널구간에서의 터널붕락 및 싱크홀 사고 사례로부터 도심지구간 NATM 터널공사 시 저토피 연약토사층에의 터널보강, 복합 지반구간에서의 터널 굴착 및 지반 리스크 대응 등 시공관리상의 문제점을 종합적으로 분석하고 검토하였다. 이를 통하여 본 NATM 터널 사고로부터 얻은 중요한 교훈을 검토하고 공유함으로써 지반 및 터널 기술자들에게 기술적으로 실제적인 도움이 되고자 하였다.

[그림 3.1] 오타와 LRT 터널 싱크홀 사고(캐나다 오타와, 2016)

1. Ottawa LRT 프로젝트

1.1 OLRT 프로젝트 개요

오타와 경전철(OLRT) 시스템은 두 개의 평행한 선로에서 운행되는 LRT 시스템으로 시티의 다중 모드 교통망의 일부로서 시티를 통과하는 동서 교통 경로를 제공한다. OLRT1은 또한 O-Train 1호선과 컨페더레이션 라인으로 구성되며, 그 네트워크는 도시의 대중교통기관인 오타와-칼튼(Ottawa-Carleton) 지역교통위원회(OC Transpo)에 의해 운영된다. [그림 3.2]에 나타난 바와 같이 OLRT1은 약 12.5km의 경전철 선로와 벨파스트 로드의 유지 보수 및 저장 시설로 구성되어 있다.

OLRT1의 일부는 피미시(Pimisi)역 바로 동쪽에서 오타와 대학 캠퍼스의 유오타와(uOttawa) 역 바로 북쪽까지 오타와 시내 지하 2.5km 터널을 통해 운행된다. 또한 트랜짓웨이(Transitway)로 알려진 오타와의 BRT 시스템에서 전환된 지상 10km의 철도가 포함되어 있다.

컨페더레이션 라인은 13개 역에 정차하며, 도심지 터널 내 3개 역(Lyon, Parliament, Rideau)을 포함하여 동쪽의 블레어(Blair)역에서 서쪽의 투니스 파스투레(Tunney's Pasture)역까지 운행한다. OLRT1에는 34개의 경전철 차량(LRV)이 포함된다.

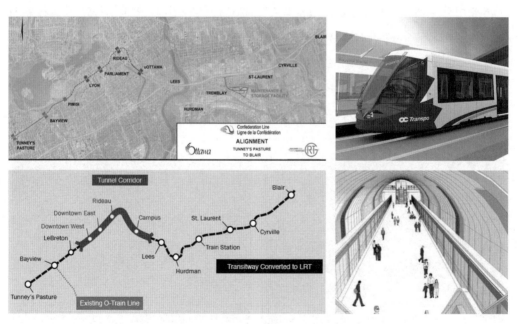

[그림 3.2] Ottawa LRT 프로젝트의 개요

1.2 OLRT 프로젝트 조직

총 21억 달러 규모의 컨페더레이션 라인은 오타와시와 RTG(Rideau Transit Group) 사이의 민관 협력을 통해 건설되었다. 또한 오타와 LRT 건설사(OLRT-C)가 이 프로젝트를 설계하고 건설하고 있으며, 계약에 따라 RTG는 2038년까지 노선을 유지할 예정이다.

[그림 3.3]에는 OLRT1의 조직도가 나타나 있다. 그림에서 보는 바와 같이 발주처인 오타와 시는 운영주체로 RTG와 계약을 하고 토목시공을 담당하는 OLRT-C와 유지관리를 담당하는 RTM(Rideau Transit Maintenance)으로 구성되어있다. 차량 부분은 알스톰(Alsotom), 신호 시스템 부분은 테일스 캐나다(Thales Canada)가 담당하고 있다.

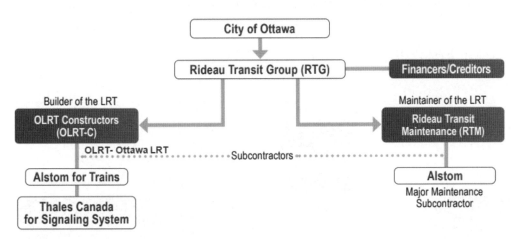

[그림 3.3] Ottawa LRT 프로젝트의 조직도

2. Ottawa LRT 터널 프로젝트 개요 및 특성

2.1 터널 계획

2013년부터 OLRT-C는 오타와의 컨페더레이션 라인 환승 링크에 대한 공사를 시작했다. 컨페더레이션 라인은 OC 트랜스포의 환승 네트워크의 필수적인 부분으로, 본 공사의 대부분은 도심지 2.5km 터널 구간이다. 이 터널 구간은 리옹(Lyon)역 서쪽에서 오타와역 바로 북쪽까지 이어지며, 터널과 역을 굴착하기 위해 로드헤더 굴착기계 3대를 사용하여 시공되었다.

[그림 3.4]에는 터널 노선 개요가 나타나 있다. 그림에서 보는 바와 같이 3개의 지하정거장 과 본선터널로 구성되어 있으며, 본선터널은 싱글 튜브의 더블 트랙으로 계획하였다. 공사의 시종점은 서측 갱구부와 동측 갱구부로 중간에 공사용 수직구가 임시 작업구로 사용되었다.

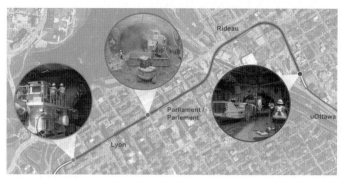

OLTA Tunnel	
Length	2,530m
Start Point	West Portal
End Point	East Portal
Running Tunnel	Single-Tube Double-Track
3 Under Ground Stations	Rideau Station
	Parliament Staion
	Lyon Staion

[그림 3.4] 터널 노선 개요

[그림 3.5]에는 터널 계획이 나타나 있다. 그림에서 보는 바와 같이 서측 및 동측 갱구, 3개의 대단면 터널의 지하 정거장 그리고 본선터널이 나타나 있다. 이번 싱크홀 사고구간은 리도(Rideau) 정거장과 본선터널 사이 지점에서 발생하였다.

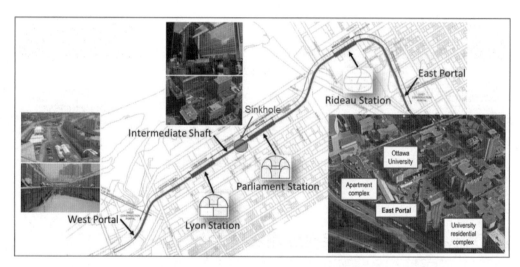

[그림 3.5] 터널 계획(갱구 + 정거장 + 본선터널)

2.2 지질 및 지반 특성

본 구간의 지질 및 지반조사 결과 주로 토사 및 빙적토 그리고 석회암의 기반암(Bed Rock)으로 구성되어 있으며, 전체적인 노선에 대한 지질도가 [그림 3.6]에 나타나 있다. 그림에서 보는 바와 같이 주요 암종은 석회암과 셰일층이며 일부 단층이 확인되었다. 본 노선에 대한 지질 및 지반 특성은 다음과 같다.

- 웨스트 터널 포털 : 토사, 빙적토(Glacial Till)

- Laurier Ave에서 이스트 터널 포털 : 토사, 실트질 점토, 모래, 빙적토 및 기반암

- 기반암 : 대부분 석회암으로 이루어져 있지만 일부 동쪽 구역은 셰일

- 기존 자료 및 시추코어로부터 추정된 비활성 단층 다수 존재

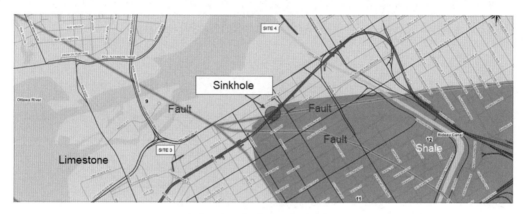

[그림 3.6] 터널구간 지질도

특히 [그림 3.7]의 지질종단면도에 나타난 바와 같이 대부분의 터널구간은 기반암에 위치하고 있으며, 리도 정거장 구간과 본선터널 사이에 빙적토가 계곡 형태로 깊게 분포하고 있는 Glacial Valley 구간이 확인되었다. 이번 터널 싱크홀 사고가 발생한 구간이 바로 이 지점이다. 이 구간은 기반암에서 연약토사층으로의 급격한 지반 변화가 나타나며, 특히 터널 굴착에 의한 지반이완, 지표침하 및 지하수위 저하 등에 대한 계측관리를 통하여 철저한 시공관리가 요구되는 지오 리스크(Geo-risk)가 가장 큰 구간이다.

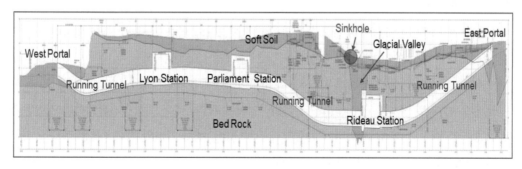

[그림 3.7] 터널구간 지질종단면도

2.3 본선 터널

터널 굴착공법으로 NATM 공법의 다른 이름인 순차굴착법(Sequential Excavation Method, SEM)이 사용되고 있다. 터널공사는 2013년 말에 로드헤더 3개를 사용하여 시작되었다. 터널링은 서쪽 갱구에서 리옹역을 향해 동쪽으로 이동하고, 임시 작업구를 이용하여 동서 방향으로 굴착이 진행되었다. 동쪽 갱구 굴착은 서쪽 리도 정거장을 향해 굴진하면서 본선터널을 연결하고 있다. [그림 3.8]에는 본선터널의 단면과 굴착장면이 나타나 있다.

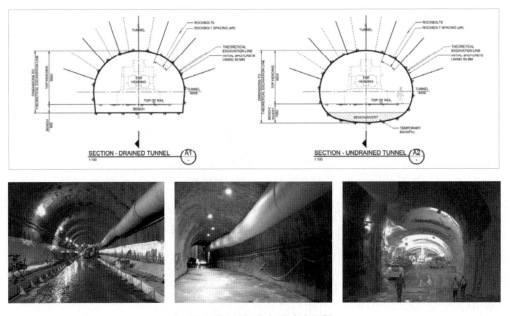

[그림 3.8] 본선 터널 단면과 굴착

2.4 정거장 터널

본 프로젝트에서는 도심지 구간을 통과하기 때문에 3개의 역을 지하정거장의 대단면 터널로 계획하였으며, 대단면 지하정거장 건설이 가장 도전적인 시공 이슈라 할 수 있다. [그림 3.9]에서 보는 바와 같이 리옹 지하정거장에서는 도로 폭에 걸쳐 지하정거장 터널이 두 건물 기초 사이에 있으며, 터널 구조는 건물들로부터 독립적이어야 한다. 리도 지하정거장에서는 기반암과 연약 토사층(빙적토 계곡) 사이의 전환점에서 가로 21m, 세로 17m의 지하정거장 터널을 시공하게 되며, 그 일에서 가장 어려운 난공사로 평가되었다.

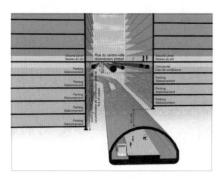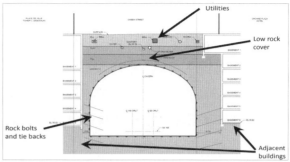

[그림 3.9] 리옹 정거장 터널 계획

　지하정거장 터널은 대단면 터널로서 [그림 3.10]에서 보는 바와 같이 측벽선진도갱공법을 이용한 분할 굴착공법을 적용하였다. 암반 특성을 고려하여 리옹 정거장 터널과 Parliament 정거장 터널은 상하반의 측벽선진도갱으로 굴착하였으며, 특히 건물 사이에 위치한 구간은 텐션타이(Tension Tie)를 설치하여 대단면 터널을 보강하도록 하였다. 리도 정거장 터널은 토사구간과 암반구간에서 각각의 측벽선진도갱 분할 굴착공법을 적용하였다[그림 3.11].

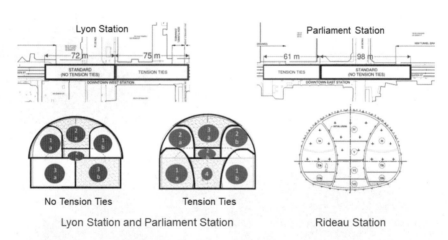

[그림 3.10] 대단면 정거장 터널 분할 굴착

[그림 3.11] 정거장 터널 분할 굴착(측벽선진도갱)

2.5 로드헤더 기계굴착

터널공법은 SEM 공법을 적용하였으며, 도심지 구간의 특성을 고려하여 발파 굴착을 적용하지 않고 로드헤더를 이용한 기계굴착을 적용하였다. 본 구간에서는 [그림 3.12]에서 보는 바와 같이 3개의 Sandvik MT-720로드헤더를 이용하여 양호한 석회암의 구간의 지하터널을 굴착하였다. 35t 로드헤더는 길이가 약 20m이며, 암버력을 벨트 컨베이어로 옮기는 커터헤드와 적재장치를 포함하고 있으며, 전기를 사용하여 작동하게 된다.

또한 암반의 강도에 다른 픽(Pick)이 사용되며, 터널 전체에 걸쳐 약 50,000개의 픽이 필요할 것으로 예상되었다. 로드헤더의 픽은 막장면의 암반을 파쇄 및 분쇄하는데 보통은 암반 특성에 따라 직경이 10~15cm를 초과하지 않는다. 때때로 암반이 불량하거나 암반 절리로 인하여 암석 파편이 터널 막장면으로부터 분리될 수 있으며, 큰 암석 파편은 작은 크기로 분쇄될 것이다. 각 액세스 포인트마다 하나씩, 세 개의 로드헤더가 최대 70~80MPa UCS(일축압축강도) 암석을 굴착하였다. 로드헤더는 트레일러로 중간 크기로 미리 조립되어 배로 운송되었으며 현장 조립에 약 2~3주가 소요되었다.

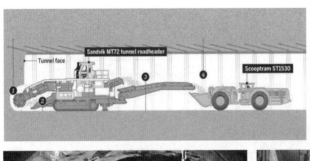

[그림 3.12] 로드헤더 기계굴착(Sandvik MT-720)

3. 싱크홀 및 터널 붕락사고 현황

2016년 6월 8일 오전 10시 30분경 오타와 시내 서섹스(Sussex) 드라이브와 교차하는 리도 스트리트에 대형 싱크홀이 발생하였다. 이 싱크홀은 리도 스트리트의 여러 차선의 도로를 붕괴시켰으며, 리도 스트리트에 주차된 밴과 근처의 신호등이 싱크홀에 가라앉았다. 또한 싱크홀로 수도관이 파손되고 가스관이 새어 인근 건물 여러 곳이 대피하는 사고도 발생했다. 다행히 부상자는 보고되지 않았지만, 주변의 몇몇 건물들은 물, 전기, 가스가 끊긴 상태로 남겨졌다. 싱크홀은 국내외 언론에 의해 광범위하게 보도되었다.

싱크홀은 Ottawa LRT의 도심지 터널공사 구간에서 발생했으며, 그 당시 작업자들은 지하 리도 지하정거장에서 작업을 수행하고 있었다. 싱크홀의 결과로 터널은 붕괴되었고 싱크홀 발생지점에서 수백 미터 떨어진 곳까지 차단되었으며, 싱크홀로 인해 지하 터널공사 진행이 상당한 영향을 받았다. 싱크홀이 발생했을 당시 지하터널은 거의 완성되었으며, 약 2.5km 길이의 터널 중 50m 정도만 남아 있는 상태였다.

싱크홀은 Lideau 지하정거장의 한쪽 가장자리에서 발생했고, 지하역 자체를 위한 공간을 만들기 위해 지하구간을 굴착하고 있었다. 모든 역들 중에서 리도 지하정거장은 가장 깊은 지하역으로 가장 많은 인프라를 포함하고 있으며, 마지막으로 건설될 계획이었다. 전체 LRT 프로젝트의 일정이 가장 긴 일련의 활동들이 모두 지하터널을 통과했기 때문에, 리도 지하정거정의 건설은 전체 프로젝트 일정의 임계구간(Critical Path)에 있었다. 리도 스트리트에서 싱크홀의 발생은 리도 지하정거장과 터널의 완공을 크게 지연시켰으며, RTG는 싱크홀로 인해 OLRT1 프로젝트가 약 6~8개월 지연되었다고 주장했다.

싱크홀이 발생한 직후 오타와 시당국과 RTG는 피해를 완화하고 복구하기 위해 협력하였다. 그러나 싱크홀은 OLRT1 프로젝트 전체에 매우 심각한 영향을 미치게 되었다. 싱크홀의 원인이 무엇인지에 대한 논쟁이 있은 후에 싱크홀 사고의 영향에 대해 보다 상세한 논의와 검토가 요구되었다.

3.1 싱크홀 사고 개요

본 싱크홀 사고로 인한 부상자는 없었고 지표면 구조물 손상은 없었지만 오타와 시내 LRT 터널 공사 위에 뚫린 상당한 규모의 싱크홀이었다. 터널 주변 토사가 유실되면서 가로 28m, 세로 40m, 깊이 5m가량의 싱크홀이 발생하였고, 콘크리트 2,700m³가 긴급하게 메워져 안정성을 확보하였다.

본 터널 붕괴와 싱크홀 사고는 [그림 3.13]에 나타난 바와 같이 오타와의 첫 번째 LRT 노선의 총 2,532m 길이의 지하 구간의 마지막 50m 이내에서 발생했다. 터널공사는 Parliament 지하정거장에서 완공된 리도 지하정거정 터널의 서쪽 끝으로 싱글 튜브 복선 터널의 마지막 방향으로 굴착 중이었다. 또한 리도 스트리트의 새로운 쇼핑몰 개발의 일환으로 리도 지하정거장으로 가는 출입구에 대한 작업도 진행 중이었다.

폭 9m×높이 6.5m의 복선 터널은 리도 스트리트 하부에서 석회암 기반암의 빙적토 계곡구간으로 확인된 구간을 통해 진행되었으며, 본 구간은 매우 조밀한 상태의 빙적토로 채워진 복합지반이라 할 수 있다. 본 구간의 토피고는 약 20m로 분할 굴착의 SEM 공법으로 굴착이 진행되고 있었다.

확인된 페이스 매핑과 계측자료에 의하면 싱크홀 사고 지점의 본선터널 상부는 석회암 구간에 있었고 모니터링 결과 터널 변위와 지표침하의 징후는 나타나지 않았다. 아마도 터널 굴착이 암반과 토사경계부인 인터페이스를 가로질러 빙적토 구간으로 진행될 때, 조밀한 빙적토와 포화된 점성토가 지하수의 유입과 함께 터널 막장으로 급격하게 밀려들어온 것으로 파악되었다. 이때 싱크홀 사고지점의 막장면 이외의 터널 주변의 지보시스템은 붕괴되지 않고 그대로 유지되어 추가적인 붕락사고로 이어지지는 않았다.

터널 지표면을 통한 토사 유실은 결국 도로 싱크홀을 생성하기 위해 이동하여 유틸리티 라인을 파손하고 상수도관을 파열시켜 엄청난 양의 물로 빠르게 채워졌다. 리도 스트리트는 복구공사가 진행되는 동안 교통이 완전히 통제되었으며, 길에 주차된 승합차와 가로등 설치물, 인접한 차단덮개 진입로에서 작업 중인 차량 등으로 재산 손실이 컸다.

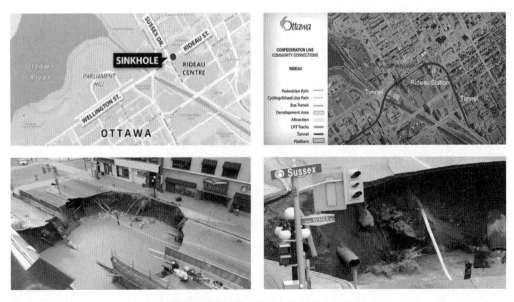

[그림 3.13] 싱크홀 사고 발생 구간 및 장면

3.2 싱크홀 사고 현황 분석

[그림 3.14]에는 본 싱크홀 사고에 대한 발생상황이 나타나 있다. 그림에서 보는 바와 같이 사고 발생 시간은 10시 30분으로, 상수도관과 가스관의 파열로 물이 분출하고 가스가 확인되어 주변 건물에 있는 모든 사람들이 대피하였다. 그리고 지장물에 대한 긴급조치 이후에 오후 6시부터 싱크홀 구간에 대한 콘크리트 채움 작업이 진행되었다.

[그림 3.14]에 나타난 바와 같이 싱크홀 사고 발생 지점은 리도 지하정거장으로부터 50m 떨어진 구간의 본선터널구간으로 터널 바닥면으로부터 25m, 터널 토피고는 약 19.4m이다. 본선 터널에서의 굴착은 완료하고 리도 지하정거장으로부터 굴착을 진행하여 사고지점에서 관통할 예정이었다.

본 사고구간은 사전에 지질리스크가 확인된 빙적토 계곡 통과구간으로 설계 시 이에 대한 보강조치를 반영하였고, 터널 주변 지반과 인근 건물에 종합적인 모니터링을 실시하였으며, 터널 상부 지표면에 대한 침하 등에 대하여 주의 깊게 관리하였다.

싱크홀 사고의 정확한 시작이나 원인은 계속 조사 중이지만, 석회암에 묻혀 있는 빙적토 계곡층의 지반 상태가 정확히 파악되어 있었고, 적절한 굴착 및 보강방법이 적용되어 시공 중에 특별한 계측결과의 이상이 나타나지 않은 점 등의 이유로 터널상부에 위치한 상수도관의 경함으로 장시간 지속적으로 누수가 발생하여 주변 토사가 유실될 수 있다는 것이 이번 싱크홀 사고의 예비 원인으로 의심되기도 하였다.

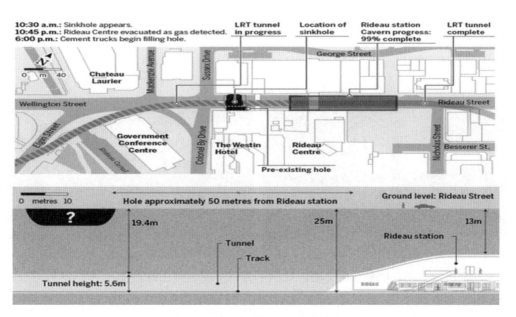

[그림 3.14] 싱크홀 사고 발생 현황

3.3 응급 조치 현황

지장물에 대한 긴급조치 이후 싱크홀 발생구간을 긴급보수하기 위하여 [그림 3.15]에서 보는 바와 같이 콘크리트 채움 방안을 채택하였다. 적극적인 보수공사로 싱크홀 구간에 약 6,000톤 이상의 콘크리트가 필요했으며, 싱크홀이 성공적으로 채워져 도로를 완전히 복구하고 부분적으로 통행을 재개하고, 주변 건물에 대한 운영을 다시 시작하였다.

[그림 3.15] 싱크홀 구간에 대한 긴급 복구 대책

3.4 지상 보강 및 터널 재굴착

싱크홀 사고구간에 대한 콘크리트 채움공사 이후 터널 주변지반을 보강하고 안정화하기 위하여 [그림 3.16]에서 보는 바와 같이 지반보강 그라우팅을 실시하였다. 지반보강 그라우팅 실시후 막장이 붕락된 본선터널 부분을 파이프 루프공법으로 보강하고 리도 지하정거장 구간에서 다시 굴착을 재개하였다. [그림 3. 17]에는 리도 지하정거장에서 본선터널로 굴진하는 모습과 굴진 완료 후 콘크리트 라이닝을 타설하는 모습이다.

[그림 3.16] 싱크홀 사고구간에 대한 지상보강 그라우팅

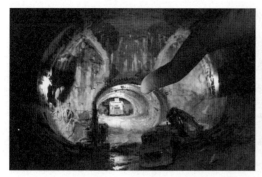

[그림 3.17] 리도 정거장 터널 재굴착 및 라이닝 시공

3.5 1차 싱크홀 사고 현황 분석(2014년 2월 21일)

Ottawa LRT 터널공사에서는 이번 2016년 대형 싱크홀 사고 이전 2014년 2월에 1차 싱크홀 사고가 발생한 바 있다. 1차 싱크홀 사고는 오타와 터널공사에서의 지질 리스크를 더욱 더 확인하는 계기가 되었다.

1) 1차 싱크홀 사고 현황

Ottawa LRT 터널 이스트 포털 공사구간에서 2014년 2월 21일에 폭 8m, 깊이 12m의 싱크홀이 발생하였고, 관계자들은 그 이유를 밝히기 위해 노력하였다. 본 싱크홀 사고는 로리에 애비뉴 바로 남쪽에 있는 월러 스트리트에서 발생했으며, 싱크홀 사고가 발생함에 따라 터널링 작업은 즉각적으로 중단되었으며, 다행히 아무도 다치지 않았다.

[그림 3.18]에는 1차 싱크홀 사고 발생 지점이 나타나 있다. 그림에서 보는 바와 같이 도심지 도로하부의 터널공사 상부 지점으로 확인되었다.

[그림 3.18] 1차 싱크홀 사고 발생 지점

[그림 3.19]는 1차 싱크홀 발생모습이다. OLRT-C에서는 우려할 만한 징후가 없었고, 사건 이전의 관행에서 벗어난 주목할 만한 문제도 없었다고 하였다. 터널 작업은 승인된 계획과 도면에 따라 진행되고 있었다. 매일의 기록은 지질 조건이 지질 가정과 밀접하게 일치한다는 것을 확인했다. 그러나 2월 20일 오후 9시 40분쯤, 작업자들은 터널 파이프 루프 사이에서 터널 상부 왼쪽 부분에서 터널 바닥으로 과도하게 느슨하고 젖은 토사가 떨어지기 시작하는 것을 발견했다. 이 토사는 계속 침투하여 하부에서 안정화하려는 노력에도 불구하고 싱크홀이 발생한 후에야 안정화되었다. 인근 도로들에 대한 긴급 점검 이후, 오후 10시에 작업자들은 로리에 근처의 월러 스트리트를 폐쇄하여 차량 접근을 금지했다. 2월 21일 새벽 1시경에 싱크홀은 지표면에 도달했다.

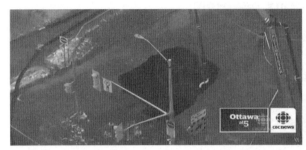

[그림 3.19] 1차 싱크홀 발생 모습

싱크홀로 인한 피해는 도시 공공시설(하수도 및 교통 신호)로 제한되었다. OLRT-C가 사고 주변구간에 대한 광범위한 모니터링 결과를 통해 우려 수준의 건물 침하가 발생하지 않았음을 확인했으며, 긴급 복구 공사에 대한 기술지침을 제공했다. 안전 보고서는 1차 싱크홀 사고로 근로자 또는 기타 사람이 부상하지 않았음을 확인하였다. OLRT-C는 교통통제와 교통 효과를 관리하기 위해 시당국과 협력하여 2월 22일 새벽 2시까지 싱크홀을 안정화시키고 [그림 3.20] 에서 보는 바와 같이 싱크홀 구간을 완전히 다시 메웠다.

[그림 3.20] 1차 싱크홀 사고 구간 응급 복구 조치

2) 1차 싱크홀 사고 원인 분석

싱크홀 안정화 이후 OLRT-C는 모든 관련 자료를 검토하여 원인 분석 기술보고서를 작성하였다. 이 보고서에서는 지장물보다 더 깊고, 기반암에서 지표면까지 확장되었을 가능성이 있는, 이전에 굴착된 시공 피트 하부를 터널이 통과했음을 확인하였다. 피트의 형태는 뚫린 싱크홀의 형태와 밀접하게 일치하며, 피트 가장자리는 수직 형태의 지보시스템 특징을 나타내었다. 터널 막장으로 유입된 것은 저품질의 압축되지 않은 백필을 나타내는 재료였으며, 부분적으로 물로 포화된 상태였다. 예상치 못한 피트(약 7~8m 정사각형)의 존재는 터널공사 중에 확인될 수 없을 정도로 국지적이었다. 사고 원인 보고서는 2014년 2월 21일의 싱크홀 사고가 주로 이전 굴착에 의한 백필층의 존재와 결과적으로 터널 상부의 연약한 습윤상태의 토사층에 의해 발생했다고 결론지었다.

[그림 3.21]에는 1차 싱크홀에 대한 발생 메커니즘을 단계별로 나타나 있다. 그림에서 보는 바와 같이 터널 상부에 사전굴착에 의한 백필층(Nonnative Material)이 파이프 루프에 의한 보강효과를 충분히 발휘하지 못하고 터널 굴착에 의해 싱크홀이 발생하게 되었다.

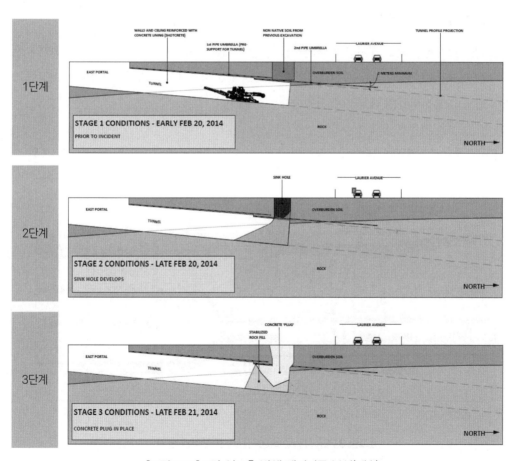

[그림 3.21] 1차 싱크홀 발생 메커니즘 분석(계속)

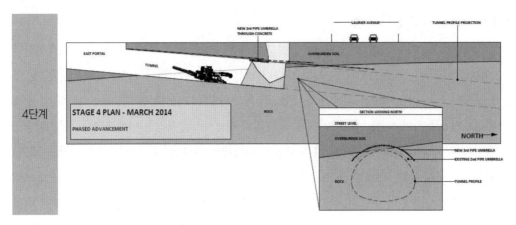

[그림 3.21] 1차 싱크홀 발생 메커니즘 분석

4. 싱크홀 사고 원인 분석

4.1 설계 및 시공 현황

[그림 3.22]에는 리도 정거장과 본선터널 구간에 대한 굴착 보강 및 관통계획이 나타나 있다. 그림에서 보는 바와 같이 본선터널은 Sta.102+350 지점까지 굴착하고, 리도 정거장에서 50m 정도의 본선터널을 굴착하여 관통한다는 계획이다.

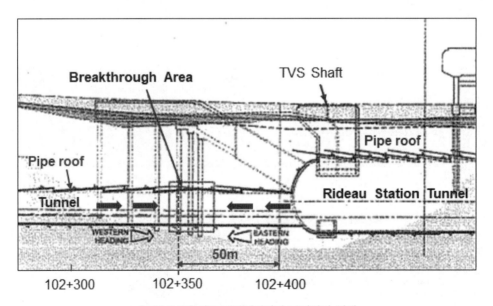

[그림 3.22] 리도 지하정거장과 본선터널 설계

[그림 3.23]에는 싱크홀 발생구간의 평면도와 사고현황이 나타나 있다. 그림에서 보는 바와 같이 싱크홀 사고 발생 구간은 본선터널의 최종 굴착지점인 Sta.102+350 지점으로 리도 본선 터널의 관통지점이다. 또한 터널 상부에 400mm 상수도관(Watermain)과 300mm 상수도관이 통과하고 있음을 볼 수 있다.

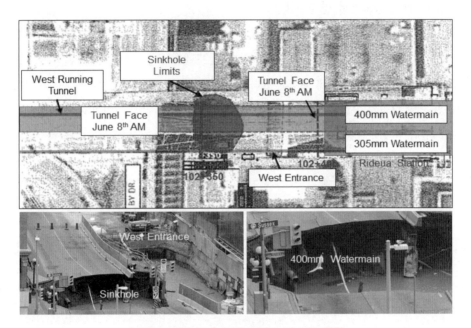

[그림 3.23] 싱크홀 구간 평면도 및 시공 현황

[그림 3.24]에는 싱크홀 발생 구간의 종단면도와 시공 현황이 나타나 있다. 그림에서 보는 바와 같이 Sta.102+350 지점에서 터널 상부로 지반이완이 확장되어 지반 함몰 및 도로 함몰의 대규모 싱크홀이 발생한 것으로 판단된다.

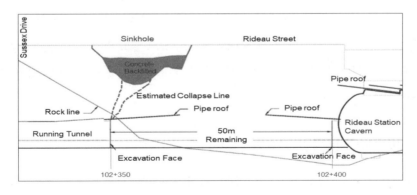

[그림 3.24] 싱크홀 사고구간의 예상 붕락 모습

4.2 지질 및 지반 리스크

오타와 중심가에서 갑작스런 도로 붕괴가 모래, 실트, 파쇄대가 불안정한 상태에서 발생하였다. 본 싱크홀은 2011년 LRT 프로젝트를 위해 지질조사를 실시한 엔지니어들이 서섹스 드라이브 바로 동쪽에 있는 리도 스트리트 하부에서 120m 폭의 기반암 벨리층(Bedrock Valley)을 발견한 곳과 같은 장소에서 발생했다.

지반보고서에서는 기반암 벨리층을 15~37m의 느슨한 충적층, 실트질 점토 및 빙적토(Glacial Till) 또는 파쇄된 풍화암으로 채워진 기반암의 자연 트렌치로서 가장 깊은 곳은 리도 지하정거장 부근으로 지표면 하부 27m에 위치해 있다. 또한 싱크홀 인근의 시추공에서 채취한 시료로부터 터널 노선의 나머지 구간을 따라 나타난 단단한 석회암과는 달리 기반암 자체도 파쇄된 것으로 확인되었다. [그림 3.25]에는 사고구간의 지질종단면도와 지질 특성이 나타나 있다.

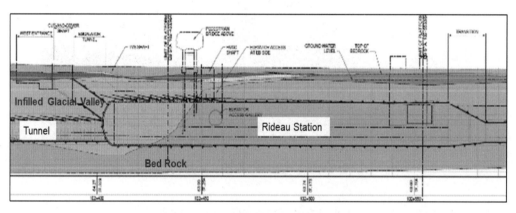

[그림 3.25] 싱크홀 사고구간의 지질 특성

설계 및 시공에서는 기반암 벨리층이 터널링하기에 매우 나쁜 구간(Bad Area)으로 해당 구간에 대하여 특별 보강조치를 취하였다. 본 구간에서 작업자들은 리도 지하정거장역에서의 마지막 50m를 조심스럽게 굴착하였으며, 보다 가볍고 민첩한 터널장비를 사용하여 보강공사를 수행했다. RTG는 이 구간의 지반 상태에 대해 확실히 알고 있었고, 토사지반을 보강하기 위해 광범위한 대책을 취했으며, 인근 건물과 지표면의 상태의 변화를 감지하기 위해 상세 계측 모니터링이 수행되었다.

4.3 지질 및 지반 리스크와 사고의 연관성

지반 조건과 싱크홀 사이의 직접적인 연관성에 대하여 이와 같은 불량한 지반 상태가 싱크홀 사고를 야기한 것으로 추측되었다. 본 터널링 프로젝트에서 기반암 밸리층이 모든 관련된 사람들이 잠재적인 실패 리스크를 잘 알고 있었다. 가장 문제가 되었던 것은 주변의 다른 지반에 비해 약한 교란된 지반층이 부분적으로 존재한다는 점이다. 이러한 지반의 불균질성은 연약토 사층에서의 지하터널 프로젝트에서 가장 큰 지질 리스크이다.

싱크홀을 유발한 토사 유실이 터널 상부에 위치한 상수도 파이프 파열이 주요 원인일 수도 있다는 의견에 대하여서는 상수도에 대한 기록 등에 대한 점검을 통하여 직접적인 원인은 아닌 것으로 확인되었다.

4.4 싱크홀 사고 원인 분석

본 싱크홀 사고의 직접적인 원인은 기반암에 존재하는 계곡모양의 빙적토층과 기반암의 파쇄로 인한 지질 리스크(Geo-Risk)로 파악되었다. 특히 본선터널 암반구간의 터널굴착 후 터널 관통을 기다리는 과정에서 지하수가 유입되고 터널 상부 빙적토층이 점차적으로 이완됨에 따라 터널 내부로 급격하게 토사가 유입되었다. 결과적으로 터널 주변 토사 유실이 지상도로에 이르게 되고 순간적으로 지반 함몰의 싱크홀이 발생하게 된 것으로 볼 수 있다.

오타와 시당국과 OLRT-C에서는 전문 컨설팅사에 의뢰하여 [그림 3.26]에서 보는 바와 같이 사고 원인 조사 분석보고서를 작성하였다. 또한 오타와 시당국은 공공질의(Public Inquiry) 보고서를 작성하여 본 싱크홀 사고에 대한 모든 상황을 정리하여 공개하였다.

[그림 3.26] Ottawa LRT 싱크홀 사고원인보고서

5. 지반 리스크에 대한 분쟁과 중대 영향

5.1 지반 리스크의 책임과 분쟁

Ottawa 시당국과 RTG는 싱크홀의 근본 원인에 대해 의견을 달리했다. 이로 인해 독립 인증자(Independent Certifier)에게 제출된 분쟁으로 이어졌고, 이후 RTG, 시, 프로젝트 보험사 간 소송이 진행되었다. 시와 RTG 간 분쟁은 싱크홀 사고의 근본 원인과 OLRT1 사업에 대한 지반 리스크(Geotechnical Risk)의 일반적인 이전(General Transfer)에 대한 제한된 예외 중 하나에 해당하는지 여부에 초점이 맞춰졌다. 프로젝트 계약은 지반과 관련된 문제와 조건의 리스크인 지반 리스크를 RTG에 이전했다. 이러한 리스크 이전은 프로젝트 계약에 설명된 특정한 제한된 예외를 따르게 되며, 이러한 리스크 이전의 결과로, RTG는 관련 비용과 공기지연을 포함하여 발생하는 지반 이슈의 결과에 대해 일반적으로 책임이 있었다.

이와 같은 리스크 이전은 터널링 작업과 특히 관련이 있는데, 터널링은 지반 리스크를 수반하기 때문이다. 그러나 RTG와 OLRT-C는 OLRT1 프로젝트 입찰 당시에 필요한 터널링 작업에 대해 큰 우려를 하지 않았다는 점에 유의해야 한다. 그들은 터널링을 위험 영역으로 인식했지만, RTG와 OLRT-C는 그들이 가지고 있는 기술에 자신감이 있었고 그것이 경쟁자들보다 우위에 설 수 있다고 믿었다. 이 조사에서 확인된 증거는 시공자들이 이 정도 규모의 싱크홀과 같은 사건을 예상하거나 계획하지 않는다는 것이었다.

OLRT1 프로젝트에서 RTG가 완전히 부담하는 지반 리스크는 싱크홀의 형태로 실제로 나타났다. 2014년 월러 스트리트에서 1차 싱크홀이 있었지만, 같은 규모는 아니었다. 싱크홀은 건설작업과 OLRT1 프로젝트에 가장 큰 중대한 영향을 미쳤다.

2019년 9월 OLRT1 노선이 대중에게 개통된 이후, RTG는 독립 인증자에게 분쟁을 제출했고, RTG는 싱크홀이 프로젝트 계약에 정의된 공기지연 사항(Delay Event)이라고 주장했다. RTG는 준공일까지 281일 공기연장을 요청하였으며, 2019년 11월에도 RTG는 싱크홀이 보상 사항(Compensation Event)이라고 주장하며 2억 3천만 달러의 보상을 요청하였다.

RTG는 싱크홀이 이전된 소화전에 하이맥스 커플러 조인트를 부적절하게 설치한 결과라고 주장했다. 소화전과 수도관은 시공과정에서 Rideau 지하정거장 근처에서 옮겨졌다. 이 이전 작업은 RTG가 설계했지만 Ottawa 시당국이 수행했다. RTG의 이론은 하이맥스 커플러가 부적절하게 설치되어 고장이 발생하여 소화전에서 물이 누출된다는 것이었다. 결국 누출된 물은 주변 지역의 토사를 약화시켜 지하에 형성된 빈 공극으로 이어졌으며, 공극은 각종 유틸리티를 운반하는 지하 덕트 뱅크(보호 케이싱) 2개와 수도관이 붕괴되었다. 지하 덕트 뱅크의 붕괴는 더 이상 덕트 뱅크의 충분한 지지력을 갖지 못하여 도로 구조가 붕괴되어 싱크홀이 발생한 것으로 주장하였다.

오타와 시당국은 이 문제에 대한 다른 관점을 가지고 있었다. 시는 싱크홀이 OLRT-C에 의해 수행된 RTG의 터널링에 의해 발생했다고 주장했다. 더 구체적으로는 시의 주장은 다른 지반(토사, 점토 및 암반 포함)에서의 터널링과 관계된 것이다. 터널이 기반암층에서 토사층으로 굴진할 때 터널링으로 인한 지반이완으로 굴착 수직면의 지지되지 않은 연약지반의 거동과 결합하여 리도 스트리트 하부의 지표 근접 점토층의 붕괴를 초래했다고 주장했다. 이로 인해 터널 상반 위에 공극이 발생하여 싱크홀이 발생하고 수도관이 파열되었다.

또한 오타와 시당국은 RTG가 싱크홀의 원인이 된 터널링 방법에 대한 적절한 예방 조치를 취하지 않았다고 주장했다. 시의 관점에서, 이러한 예방 조치는 터널링 과정에서 노출되기 전에 지반을 안정화시키고 리도 스트리트 하부의 지반조건에 의해 야기되는 리스크를 감소시켰을 것이다. 시는 하이맥스 커플러가 고장 났다는 RTG의 주장을 기각하고 싱크홀이 OLRT1 프로젝트 완료의 중요 경로에 영향을 미치는 공기지연을 초래했다는 데 동의하지 않았다.

독립 인증자는 2021년 2월 5일에 결정문을 전달하였다. 결정문에서 독립 인증자는 싱크홀이 공기지연 이벤트 또는 보상 이벤트에 해당한다는 RTG의 주장을 거부하고, RTG가 요청한 공기 연장 및 공사비 보상청구도 거부하였다. 최종적으로 독립 인증자는 다음과 같은 결론을 얻었다.

• 시의 하이맥스 커플러 설치 불량이 싱크홀과 수도관 누수의 원인이라는 주장을 뒷받침할 증거 불충분
• 터널링이 싱크홀을 야기했을 가능성이 매우 높음
• 싱크홀은 터널 구간의 근본적인 지반 리스크(프로젝트 계약에 따라 RTG가 부담)의 결과로 발생
• RTG가 준공기일을 지키지 못한 주요 원인은 다른 지하정거장에 대한 시공, 차량 인도, 테스트 및 시운전에 대한 지연

RTG는 독립 인증자의 의견에 동의하지 않고 시를 상대로 한 법원 소송에서 결정에 이의를 제기했다. 해당 법원 소송에서 시는 RTG로부터 시가 싱크홀의 결과로 발생했다고 주장한 손해와 OLRT1 프로젝트 공기지연을 주장했다. RTG와 시는 싱크홀의 결과로 발생했다고 주장한 비용을 회수하기 위해 OLRT1 프로젝트의 보험사를 상대로 법원 소송을 시작했다. 궁극적으로 RTG와 시 사이의 청구와 RTG와 보험사 사이의 청구는 2021년 6월에 열린 조정에서 해결되었다. 이에 따라 시와 RTG는 서로 싱크홀과 관련한 모든 청구를 해제했다.

시와 RTG는 2021년 싱크홀을 둘러싼 분쟁을 최종적으로 해결했지만, 싱크홀은 OLRT1 프로젝트 동안 그들의 관계에 상당한 손상을 입혔다. 이것은 싱크홀에 대한 책임을 누가 지는지에

대한 상업적인 논쟁 때문이기도 했지만, 싱크홀이 공기에 미치는 영향과 RTG가 시에 제공하고 있는 일정과 RTG의 필수 준공일자를 맞출 수 있는 능력에 대한 정보 때문이기도 했다. 싱크홀이 준공기일을 제때 달성하지 못한 주요 원인 중 하나인지 아닌지에 관계없이 그것은 중대한 공기 문제를 야기했고, 시공 및 시험운행의 무질서한 순서화를 초래했다. 일정을 둘러싼 이러한 문제들과 언제까지 준공기일을 지킬 수 있는지에 대한 RTG의 주장은 시와 RTG 사이의 긴장된 관계로 이어졌다.

5.2 싱크홀의 중대 영향

본 싱크홀 사고는 단순히 OLRT1 프로젝트의 한 가지 또는 여러 구성 요소에 지연을 초래했을 뿐만 아니라 전체 OLRT1 프로젝트에 중대한 영향을 미쳤다. 결과적으로 싱크홀은 OLRT-C가 터널링 단계의 완료에 가까워질 때 발생했다. 결국 싱크홀은 OLRT-C가 터널링 단계를 완료하고 정거장 및 다양한 하부 시스템을 포함한 인프라 구축으로 전환하는 단계에 가까워질 때 발생했다. OLRT-C는 싱크홀이 OLRT-C의 계획된 작업 순서 결정을 대규모로 방해했다는 증거를 제공했으며, OLRT1 프로젝트 일정의 나머지 부분에 걸쳐 파급 효과를 미쳤다. 싱크홀은 선형의 중간에 있었으며, 그 위치는 중대한 물류 문제를 초래했다.

싱크홀 사고는 프로젝트에 도미노 효과(Domino Effect)를 미쳤다. 이와 같이 싱크홀은 OLRT1 프로젝트의 진행에도 영향을 미치고 있던 다른 공기 지연원과는 성격이 달랐다. 싱크홀이 적시에 보수되었지만 프로젝트 진행에 연쇄적인 영향을 미쳤다. 시의 관점에서, RTG는 싱크홀에 집중하기 위해 OLRT1 프로젝트의 다른 곳으로부터 자원과 인력을 전용했고, 이러한 전용이 공기지연의 원인이 되었다. RTG는 싱크홀이 OLRT1 프로젝트에 약 6개월에서 8개월의 공기지연을 초래했다고 제시했다. 아마도 가장 중요한 것은 싱크홀이 테스트 및 시운전에 필요한 인프라를 제공하는 OLRT-C의 능력을 지연시켰을 것이다. 여기에는 열차제어시스템의 테스트 및 시운전뿐만 아니라 운영시스템의 테스트 및 시운전이 포함되었다. OLRT-C는 리도 지하정거장이 완료될 때까지 모든 시스템 및 하위 시스템의 테스트를 완료할 수 없었다. 터널이 지연됨에 따라 선로의 연결이 지연되고, 테스트 및 시운전이 지연되었다. OLRT-C는 필요한 경우 프로젝트가 상당한 지연을 방지하기 위해 프로젝트의 시종점 모두에서 테스트 및 시운전 작업을 수행할 수 있었지만, 이러한 테스트가 계획된 시점에서 전체 시스템을 따라 테스트를 수행할 수 없었다.

탈레스(Thales)와 알스톰(Alstom)은 유효성 검사 및 통합 테스트를 완료하기 위해 트랙의 전체 길이에 대한 액세스를 요구했다. 그러나 적어도 부분적으로 싱크홀 때문에 2018년 9월까지는 전체 트랙을 이용할 수 없었다. OLRT-C의 Jacques Bergeron은 2018년 5월 24일의 준공기한을 지키지 못한 주된 이유는 트랙을 사용할 수 없어 열차 제어시스템의 테스트 및 시운전이 지연되었기 때문이라는 증거를 제시했다. 즉 터널에 액세스할 수 없기 때문에 공기지연의 일부를 싱크홀 탓으로 돌렸다.

특히 차량과 정거장에 영향을 동시에 미치는 지연이 발생한 것은 사실이다. 그러나 2018년 5월 24일 34대의 LRV를 모두 준공기한에 맞춰 완료할 수 없더라도 LRV 제조의 별도 지연으로 인해 준비된 LRV는 아직 트랙을 사용할 수 없기 때문에 전체 트랙을 따라 테스트를 시작할 수 없었다. 선로를 이용할 수 없다는 사실은 시험단계에서 상당한 차이를 만들었고, 시험 및 시스템을 시운전하는 데 걸리는 시간을 단축하는 데 기여했다. RTG가 모든 정거장을 제 시간에 완료할 수 있는 위치에 있지 않더라도, 완전하게 연결된 선로를 갖는 것은 OLRT1 프로젝트의 다른 부분이 발생한 것보다 전체 프로젝트에 더 유익한 방식으로 진행할 수 있게 했을 것이다.

5.3 싱크홀 사고의 공사비 및 계약 영향

본 싱크홀 사고의 또 다른 영향은 공사비였다. 이는 이번 사고가 RTG가 부담하는 시공 리스크로 발생했기 때문에 OLRT-C가 주로 감당해야 하는 것이었다. OLRT-C는 싱크홀의 결과로 OLRT1 프로젝트에 4억에서 5억 달러를 추가로 지출해야 했다. 이러한 비용은 OLRT1에 대한 공사 지연, 일정에 대한 영향, 공급망 문제 및 전문업체의 비용 증가를 줄이기 위해 OLRT-C가 수행한 노력과 관련이 있다. 그러나 OLRT-C의 증거는 이러한 추가 비용이 OLRT1 프로젝트의 전체 조달에 영향을 미치지 않았으며 OLRT-C가 프로젝트를 완료하기 위해 필요한 모든 자원을 조달했다는 것이다. 그러나 비용은 명백한 재정적 영향을 미쳤다. 직접적인 공사비 영향 외에도 싱크홀 사고는 OLRT1 프로젝트를 가능한 한 빨리 완료하라는 재정적 압박을 초래했다.

RTG는 프로젝트 계약에 명시된 지반리스크 이전에 대한 제한된 예외에 따라 공기 연장 및 추가 공사비 보상을 위해 프로젝트 계약에 따른 구제를 요청했다. 그러나 당사자들은 싱크홀과 관련된 구제를 요청하거나 청구하기 위한 일정을 중단하고 싱크홀의 계약적 의미에 대해 소송 또는 분쟁 해결 절차를 시작하지 않기로 합의했다.

그럼에도 불구하고 RTG는 싱크홀의 즉각적인 여파로 시에 싱크홀이 프로젝트 계약에 정의된 대로 구제 이벤트 및 지연 이벤트라고 주장하고자 한다고 통보했다. 또한 싱크홀의 근본 원인에 대한 조사 결과에 따라 싱크홀도 프로젝트 계약에 정의된 대로 잠재 결함(Latent Defect)을 구성할 수 있다고 했다. 싱크홀이 잠재 결함이었다면, 싱크홀 사고를 시의 책임으로 만들 것이다. 시는 RTG의 입장에 동의하지 않았다.

그리고 그 분쟁들은 교착 상태의 협정이 있는 동안 해결되지 않은 채로 남겨졌다. 그러나 이러한 해결되지 않은 분쟁들은 RTG가 통지들을 제공하기 시작한 후에 당사자들 사이의 긴장을 증가시켰다. 시는 준공기일이 달성될 가능성이 매우 희박해 보였지만, 준공기일을 달성될 것인지에 대해 의견을 모았다. 시는 RTG의 터널링 활동에 책임이 있다고 생각했기 때문에 싱크홀의 영향에 대해 RTG와 타협할 필요가 없다고 생각했다. 이로 인해 관계에 더 큰 부담이 생겼다.

위원회는 싱크홀이 OLRT1 프로젝트에 상당한 지장을 주었다고 판단했으며, 그것은 시공 작업, 테스트 및 시운전 작업에 영향을 미쳤고 RTG와 시의 관계를 해쳤다. 싱크홀의 결과에 대해 어느 당사자가 계약상 책임을 지든 간에 당사자들은 2016년에 발생한 싱크홀 사고의 중요한 배경이다. [표 3.1]에는 Ottwa LRT 터널 싱크롤 사고의 주요 타임라인이 나타나 있다.

[표 3.1] Ottawa LRT 터널 싱크홀 사고 타임라인

타임라인	주요 내용
2012년 12월 5일	계약 체결 : 오타와시와 RTG
2013년 4월 19일	착공
2013년 10월	도심지 터널공사 시작
2014년 2월 21일	1차 싱크홀 발생 – 윌러스트리트
2016년 6월 8일	2차 싱크홀 사고 발생 – 리도 스트리트/사고조사 실시
2017년 5월	싱크홀 관련 호텔 측에서 소송(10만 달러) – 오타와시와 RTG 상대
2018년 5월 24일	1차 준공기한 연기
2018년 6월 6일	여러 업체가 싱크홀 관련 소송 제기
2018년 11월 2일	2차 준공기한 연기 – 벌금 100만 달러
2019년 3월 31일	3차 준공기한 연기 – 벌금 100만 달러
2019년 7월 27일	실질적인 완공 발표
2019년 8월 23일	테스트 완료(456일 지연) 및 싱크홀 관련하여 업체들 추가 소송
2019년 9월 14일	컨페더레이션 라인 개통

>>> 요점 정리

본 장에서는 캐나다 Ottawa LRT 터널공사에서의 발생한 터널 붕괴 및 싱크홀 사고 사례를 중심으로 사고의 발생 원인과 교훈에 대하여 고찰하였다. 본 사고는 도심지 구간에서의 NATM 터널의 본선터널 공사 중 발생한 붕괴사고로서, 본 사고 이후 NATM 터널공사에서의 터널 붕괴 및 싱크홀 사고를 방지하기 위한 설계 및 시공상의 다양한 개선 노력이 진행되어 터널 리스크관리 방법이 발전하는 계기가 되었다. 본 도심지 NATM 터널 붕락 및 싱크홀 사고를 통하여 얻은 주요 요점을 정리하면 다음과 같다.

☞ NATM 터널 복합지반에서의 지반 리스크

NATM 터널구간은 석회암층에 발달한 빙적토 계곡(Glacial Valley)구간으로 조사 및 설계당시부터 지반 리스크(Geo-Risk)를 확인하고 이에 대한 대책을 반영하여 파이프 루프(Pipe Roof) 보강 등을 적용하여 시공하였다. 본 사고가 발생한 구간은 비교적 양호한 석회암에서 연약토사층인 빙적토층으로 변화하는 지질 변화 구간으로 터널 굴착에 따른 지반이완이 진행됨에 따라 천단부 보강 파이프 사이로 지하수가 터널 내부로 급격하게 침투되고, 상부 토사층이 급격히 약화되고 지반이완이 확대되어 지상도로에 이르러 싱크홀이 발생한 것으로 분석되었다. 따라서 지질 변화 구간에서 천단부 파이프 루프공법 적용시의 품질관리가 무엇보다 중요하므로 지반 상태를 면밀히 관찰하고 이에 대하여 보다 적극적으로 대응하여야만 한다.

☞ NATM 터널 사고에서의 지반 리스크의 분담과 책임

본 터널 사고는 사고 발생 직후 도로하부에 있는 400mm 상수도관이 파열되어 도로가 완전히 침수되는 상황으로 발전하였다. 이에 상수도관의 커플링에서의 누수가 싱크홀 사고의 주요한 원인이 되었다는 주장과 연약토사구간에서의 터널 시공관리의 부실로 인한 것이라는 주장이 대립되었고, 이는 발주처와 시공자간의 주요 소송쟁점이 되었다. 이후 사고조사위원회의 면밀한 조사와 검토를 통하여 싱크홀 사고 원인은 터널 공사와 관련이 있음을 확인하였다. 본 NATM 터널 싱크홀 사고는 조사/설계단계에 확인된 지반 리스크에 대하여 시공 중에 발생한 사고 시 과연 누구에게 리스크 전이(Risk Transfer)하고 책임을 질 것인가 하는 문제로 발주처와 시공자간의 주요 이슈가 된 사례라 할 수 있다. 결론적으로 터널공사 시 지반 불확실성에 의한 지반 리스크를 보다 체계적으로 관리해야만 한다.

☞ NATM 터널 싱크홀 사고 원인 조사와 복구 방안 수립

본 사고가 발생한 직후 발주처에서는 사고조사위원회를 구성하여 설계 및 시공에 대한 철저한 조사를 통하여 사고 원인을 규명하고 재굴착 방안을 제시하였다. 사고 원인은 연약토사층 구간의 본선터널 천단부 파이프 루프보강구간으로 지하수가 급격히 물과 토사가 터널내로 급격히 유입되고 주변 지반이 유실됨에 따라 지상도로 함몰에 이르게 되어 싱크홀이 발생한 것으로 파악되었다. 복구 방안으로는 싱크홀 구간은 콘크리트 채움을 실시하고, 이후 지상보강 그라우팅으로 터널 붕락구간 및 주변 지반을 보강하는 방안을 채택하였다. 또한 리도 정거장 터널로부터 본선터널을 굴착하여 관통하여 재굴착 공사를 무사히 진행하게 되었다. 이후 라이닝공사 및 궤도 설치 그리고 신호시스템 공사를 성공적으로 마치고 당초 개통 예정인 2018년 5월보다 약 1년 이상이 지연되어 마침내 2019년 9월 14일에 개통되었다.

☞ NATM 터널 싱크홀 사고와 교훈

본 사고는 복합지반의 암반구간과 토사지반의 경계부 NATM 터널에서 파이프 루프공법의 시공관리, 본선터널과 정거장 터널의 관통부 시공관리, 터널 상부의 상수도관등에 대한 지장물관리 상의 문제점 등을 확인할 수 있었고, 특히 NATM 터널공사에서의 지질 및 지반 리스크 대응 절차 및 시공관리방법 등과 같은 터널공사의 제반 문제점을 확인할 수 있는 계기가 되었다. 특히 발주처 및 사고조사위원회 등을 중심으로 철저한 조사와 검토를 진행하였고, 터널 싱크홀 사고에서의 사고 원인 규명과 복구방안 대책 등을 수립하여 캐나다 터널공사 안전관리 및 리스크 관리시스템을 근본적으로 개선시키게 되었다.

캐나다 Ottawa LRT 터널 붕락 및 싱크홀 사고는 캐나다 도심지 터널공사의 지반(지질) 리스크 문제에 대한 관리시스템을 전환하는 의미있는 사고였다. 캐나다는 도심지에서의 지하인프라 건설의 급격한 증가로 인하여 공기 준수이라는 목적을 달성하기 위하여 체계적인 터널 리스크 관리가 제대로 운영되지 못한 상태였다. 오타와 도심지에서의 터널 붕락 및 대규모 싱크홀 사고는 시공자뿐만 아니라 시당국에게도 상당한 부담을 준 사고로 매스컴을 통하여 대대적으로 보도되었고, 터널 사고와 리스크 책임과 손해 보상과 공기지연에 대한 법적 분쟁 지속되면서, 터널공사의 지반 리스크 이슈에 대하여 더욱 생각하는 계기가 되었다. 또한 터널 사고 복구 공사로 LRT 개통이 상당히 지연되어 경제적 손실을 끼쳤던 대표적인 도심지 NATM 터널 싱크홀 사고 사례라 할 수 있다.

또한 본 도심지 NATM 터널 싱크홀 사고는 지반 리스크가 있는 도심지 구간에서 발생한 사고로 복합지반구간에서 NATM 공법으로 굴착하게 되는 지질 리스크, 품질관리 및 시공관리의 중요성을 확인하는 중요한 계기가 되었다. 따라서 도심지 복합지반 구간에 시공되는 보강공법의 품질관리 및 NATM 터널에서의 안전여부를 검증하는 리스크 관리(Risk Management)가 무엇보다 중요하므로 세심한 주의와 관리가 무엇보다 요구된다 할 수 있다. 또한 도심지 복합지반에서 지질 및 시공리스크를 최소화하거나 극복할 수 있는 기술이 더욱 신중하게 검토되고 적용되어야 할 것이다.

상파울루 메트로 NATM 터널 붕락사고와 교훈
Case Review of NATM Tunnel Collapse at Sao Paulo Metro

2007년 1월 12일 오후 2시경 [그림 4.1]에서 보는 바와 같이 브라질 상파울루 메트로 공사 중 터널이 붕괴되어 7명의 사망자가 발생하는 대형사고가 발생하였다. 본 사고는 브라질 상파울루 도심지 터널공사 공사에 적용되어 왔던 NATM 터널공사에 심각한 영향을 미쳤다. 본 사고를 통해 NATM 터널공사에서 굴착 및 보강방법과 지질 및 지반 리스크(Geo-Risk) 관리상에 여러 가지 문제점이 확인되었다. 특히 도심지 구간을 통과하는 NATM 터널에서의 터널 및 수직구 붕괴사고는 조사, 설계 및 시공상의 기술적 문제점을 제기하는 계기가 되었으며, 도심지 NATM 터널구간에서 터널 붕괴사고 원인 및 발생 메커니즘을 규명하기 위하여 사고조사위원회를 구성하여 철저한 조사를 진행하게 되었다.

본 장에서는 브라질 상파울루 메트로 4호선 프로젝트의 NATM 터널구간에서의 터널 붕락 사고 사례로부터, 도심지구간 NATM 터널 공사 시 차별 풍화암반에의 터널보강, 엽리가 발달한 층상암반에서의 터널 굴착 및 지질 리스크 대응 등 시공관리상의 문제점을 종합적으로 분석하고 검토하였다. 이를 통하여 본 NATM 터널 사고로부터 얻은 중요한 교훈을 검토하고 공유함으로써 지반 및 터널 기술자들에게 기술적으로 실제적인 도움이 되고자 하였다.

[그림 4.1] 상파울루 메트로 NATM 터널 붕락사고(브라질 상파울루, 2007)

1. 상파울루 메트로 4호선 프로젝트

1.1 프로젝트 개요

상파울루 메트로 4호선은 상파울루 지하철을 구성하는 6개 노선 중 하나이며 상파울루 메트로폴리탄 철도 교통망을 구성하는 13개 노선 중 하나로서 빌라 소니아(Vila Sônia)에서 루즈(Luz)역까지 12.8km 길이로 운행되고 있으며, 2021년에 최종 완공되었다. 상파울루 메트로 4호선(엘로우 노선)은 총 연장 12.5km로 도심지의 루즈역과 서부 지역 그리고 빌라 소니아까지 연결되는 프로젝트이다. [그림 4.2]에서 보는 바와 같이 4개의 환승역(1호선과 CPTM 교외 열차가 있는 러즈, 3호선이 있는 리퍼블리카(Republica), 2호선이 있는 파울리스타(Paulista), CPTM Line C가 있는 핀헤이로스(Pinheiros)가 있다.

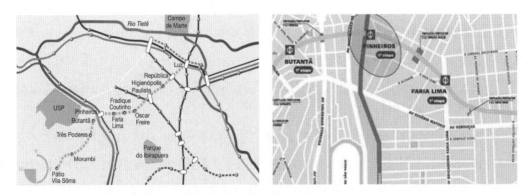

[그림 4.2] 상파울루 메트로 라인 4(엘로우 라인)과 핀헤이로스 정거장 구간

상파울루 메트로 4호선 건설은 3개 공구로 구분되어 시공되었다. 1공구는 EPB TBM 터널공법으로 2공구는 NATM 터널공법으로, 3공구는 개착공법으로 설계되고 시공되었으며, 정거장은 개착공법과 NATM 공법으로 시공되었다. [그림 4.3]에는 상파울루 메트로 4호선 선형에 따른 1공구와 2공구의 국지적인 지질 조건이 나타나 있다.

그림에서 보는 바와 같이 1공구는 실트질 모래층과 점토질 모래층의 토사층으로 형성되었으며, 2공구는 편마암을 기반암으로 상부에 기반암이 깊게 풍화되어 발달한 풍화암층인 Saprolite 층이 발달되어 있음을 볼 수 있다. 이러한 지반특성으로 1공구는 TBM 공법이, 2공구는 NATM 공법이 적용되었다.

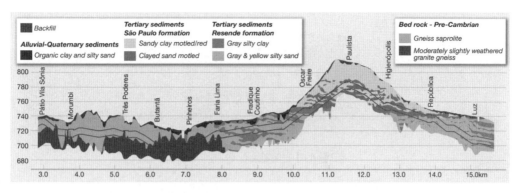

[그림 4.3] 상파울루 메트로 라인 4 – 지질 종단면도

2. 핀헤이로스 정거장 터널 프로젝트

2.1 수직구 및 정거장 터널

핀헤이로스 정거장은 NATM 공법에 의해 시공되었으며 대구경 수직구(직경 40m × 깊이 36m), 정거장(플랫폼) 터널 2개(폭 18.6m × 높이 14.2m × 길이 46m) 및 CPTM 역(C선)으로의 연결 터널 2개가 포함되어 있다. 핀헤이로스역은 중앙 복선터널(직경 9.6m)이 있는 측면 플랫폼(Side Platform)의 구조로 대단면 터널로 계획되었다.

[그림 4.4]에는 핀헤이로스 정거장 계획이 나타나 있으며, [그림 4.5]에는 Pinheiros 정거장의 수직구 모습과 정거장 터널의 상세가 나타나 있다. 그림에서 보는 바와 같이 수직구(NATM)와 정거장 터널(NATM) 그리고 본선터널(NATM)로 계획되었다.

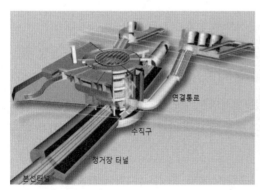

[그림 4.4] 핀헤이로스 정거장 계획(계속)

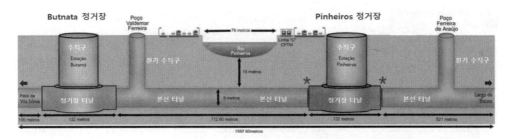

[그림 4.4] 핀헤이로스 정거장 계획

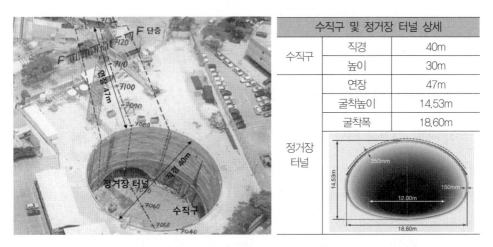

수직구 및 정거장 터널 상세		
수직구	직경	40m
	높이	30m
	연장	47m
	굴착높이	14.53m
	굴착폭	18.60m
정거장 터널		

[그림 4.5] 핀헤이로스 정거장 – 수직구 및 정거장 터널

2.2 지질 및 지반 특성

본 지역의 지질 조건은 [그림 4.6]에 나타난 바와 같다. 그림에서 보는 바와 같이 주요 암종은 흑운모 편마암(Biotite Gnesis)이다. 흑운모 편마암은 중-고온에서 변성을 받아 편암보다 변성정도가 높고 편마구조가 발달해있으며, 특징적으로 흑운모가 호상(Banded) 구조를 보인다. 본 지역의 지질 구조는 [그림 4.7]에 나타내었다. 본 암반은 엽리(Foliation)가 흑운모 편마암으로 전단대(Shearing Zone)와 일치하는 N75-85A 방향의 경면(Slickenside)이 발달되었으며, 이는 NW와 SE의 거의 수직경사를 가진다. 본 현장에서 암반은 이러한 구조들에 의해 기하구조를 형성하였고 이 구조들은 반대 방향으로 경사져 정거장 터널 폭에 잠재적인 쐐기를 형성했다.

붕락사고 이후 현장조사 결과에서 확인된 터널구간의 지질 특성은 [그림 4.7]에서 보는 바와 같다. 먼저 엽리가 발달한 흑운모편마암의 차별풍화로 터널상부의 기반암선의 볼록한 형태(좌우로는 풍화심도 깊음)를 보이며, 막장에서의 암반평가결과 암반등급 IV와 암반등급 III으로 특징지어지는 두 가지 유형의 암반이 교호하여 나타나며, 수직절리 형태의 엽리면이 터널 주변에 상당히 발달하고 있음을 볼 수 있다.

또한 수직절리의 엽리면이 상부까지 도달하여 지하수에 의한 영향을 받아 열화될 수 있으며, 특히 편마암 내에 존재하는 흑운모층(Biotite)은 물에 의해 열화 변질이 매우 쉽게 발생하기 때문에 터널 굴착에 의한 주요 지질 리스크 요인이 되는 경우가 많으며, 미끄러짐을 유발하는 파괴면(Failure Plane)을 형성하게 된다.

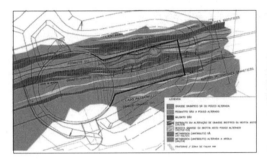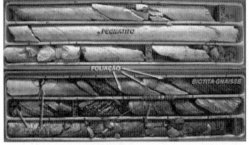

[그림 4.6] 정거장 터널구간 지질 현황(흑운모 편마암)

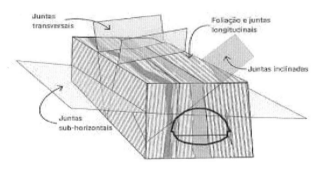

[그림 4.7] 정거장 터널구간에 대한 불연속면(엽리/수직절리) 특성

2.3 정거장 터널

본 프로젝트의 정거장 터널은 도심지 구간을 통과하는 대단면 터널로 가장 리스크가 큰 시공 이슈라 할 수 있다. [그림 4.8]에서 보는 바와 같이 먼저 수직구를 굴착한 후 동서(동측터널과 서측터널)로 정거장 터널을 상반(Top Heading), 하반(Bench) 그리고 인버트(Invert)로 분할 굴착하였으며, 다음과 같은 시공 프로세스로 계획되었다.

i) 첫 번째 굴착심도(상반 엘리베이션)까지 Capri 수직구로 굴착
ii) Butanta 방향(BT)과 Faria Lima 방향(FL)의 두 개의 정거장 터널을 동시에 굴착
iii) 정거장 터널 벤치 굴착 및 인버트 굴착

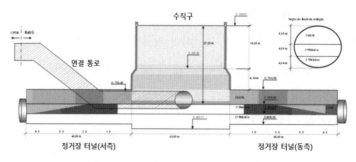

[그림 4.8] 수직구 및 정거장 터널 굴착 현황

[그림 4.9]에 나타난 바와 같이 정거장 터널의 지보는 상반은 830mm 간격의 격자지보와 두께 350mm 숏크리트를 포함하고 하반은 두께 150mm의 강섬유 보강 숏크리트를, 인버트에는 70mm의 숏크리트를 적용하였다. 필요한 경우 하반굴착 중에 록볼트를 적용하였다. 천단부에 파이프 루프공법을 적용하였고 측벽하부에 엘리펀트풋을 반영하였다. 사고 당시에는 [그림 4.10]에서 보는 바와 같이 상반 굴착 완료하고 하반 굴착 중이었다.

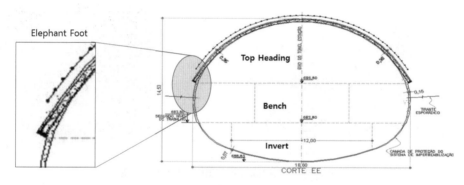

[그림 4.9] 정거장 터널 굴착 및 보강 단면

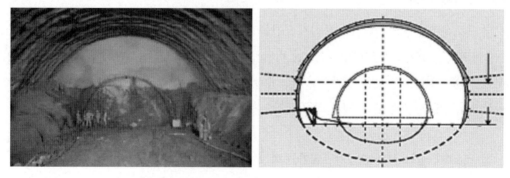

[그림 4.10] 사고 당시 정거장 터널 굴착 상황

3. 터널 붕락사고 현황

3.1 터널 시공 현황

핀헤이로스 정거장 터널은 기본적으로 두 개의 터널, 즉 동쪽 터널(Faria Lima)과 서쪽 터널(Butantã)로 구성되어 있으며 Capri 연결 통로로 분리되어 있다. 2007년 초에는 시공현장의 작업이 정상적으로 진행되었으며, 2007년 1월 12일 금요일에 시공팀은 앵커 볼트에 대한 추가 처리작업을 수행하였다. 전날 수행된 터널계측은 해당 날짜까지 계측 조치에 포함된 제반 사항을 일상적으로 준수하였다.

서측 터널에서 공사팀은 굴착계획에 규정된 대로 일상적으로 발파하면서 약 2.0m 전진하여 하반을 굴착하고 있었다. 천공은 작업 바닥 위 1.0m, 2.75m 및 3.75m의 세 가지 레벨에 설치되도록 설계되었다. 첫 번째 라인은 설치 높이에 도달하기 위해 리프팅 장비가 필요하지 않았으며 하룻밤 사이에 완료되었고, 다음 라인을 실행하기 위해 리프팅 장비를 배치할 접근 경사로를 만들기 위해 터널 중앙에 더 작은 발파가 준비되었다.

3.2 터널 붕락사고 개요

핀헤이로스 정거장 터널 사고는 2007년 1월 12일 동측 터널에서 굴착 작업이 거의 완료되었을 때(Capri 수직구 근처) 정거장 터널의 굴착 끝지점에서 수직구 방향으로 벤치 굴착 작업을 수행하는 동안 발생했다. 첫 번째 붕괴 징후는 약 14시 30분에 터널 내부에서 발생했으며, 14시 54분에 터널 붕락은 Capri 거리에 큰 지반 함몰 형태로 확대되었다[그림 4.11]. 본 사고로 인하여 건설 현장과 시설, 인근 주민과 공공 기반 시설에 막대한 물질적 피해를 입혔을 뿐만 아니라 이 사건의 직접적인 결과로 7명이 사망했다.

핀헤이로스 정거장 터널 사고는 브라질 메트로 역사상 가장 심각한 건설사고로, 많은 사망자가 발생해 국제적으로도 보도됐다. 이러한 모든 이유로 인해 사건의 원인을 명확히 하고 향후 작업에 대한 권장 사항을 통해 교훈을 확인하기 위해 독립적인 조사를 수행하는 것이 가장 중요했다. 사고 발생 며칠 후 상파울루주 정부, 상파울루주 검찰, 관련 당사자(발주처인 상파울루 메트로 및 시공자 컨소시엄인 CVA)간의 합의에 따라 경찰은 수사를 진행하고, IPT는 기술조사를 수행하고 최종 보고서를 발행하도록 위임받았다.

[그림 4.12]에는 핀헤이로스 정거장 터널 사고 전후의 모습이 나타나 있으며, [그림 4.13]에는 붕락사고의 현장사진들이다.

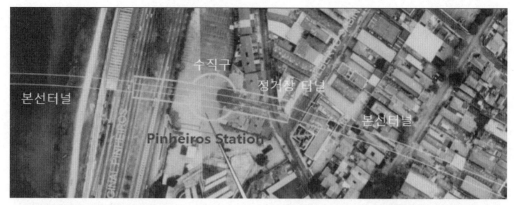

[그림 4.11] 핀헤이로스 정거장 터널 붕괴사고 모습

사고 발생 전

사고 발생 후

[그림 4.12] 핀헤이로스 정거장 터널 붕괴사고 전후

[그림 4.13] 핀헤이로스 정거장 터널 붕괴 사진

3.3 터널 붕락사고 현황 분석

[그림 4.14]에는 핀헤이로스 정거장 터널 붕락사고에 대한 사고현황이 나타나 있다. 그림에서 보는 바와 같이 사고구간은 정거장 터널구간의 동측 터널 끝부분으로 1차적으로 동측 터널의 터널이 붕락되고 상부 지반과 도로가 함몰되었고, 2차적으로 터널붕락이 더욱 진행되면서 Capri 수직구의 동측 부분이 붕괴되었다.

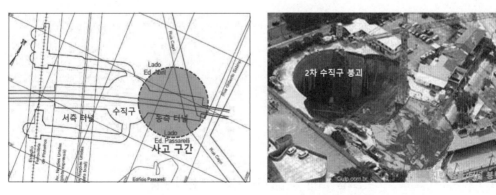

[그림 4.14] 핀헤이로스 정거장 터널 붕괴사고 현황

[그림 4.15]에는 핀헤이로스 정거장 터널 붕락사고에 대한 분석 결과가 터널 주변 암반조건과 특성을 반영하여 나타나 있다. 그림에서 보는 바와 같이 사고 발생구간(Sta. 7+105)은 기반암의 차별풍화에 의한 지층 굴곡구간으로 터널 주변에 발달한 엽리(수직절리) 및 단층대를 따라 터널 천반부에서 붕락이 발생한 것으로 분석되었다.

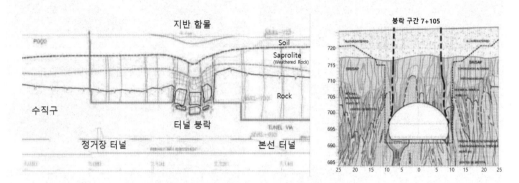

[그림 4.15] 정거장 터널 붕락사고 분석

[그림 4.16]은 Pinheiros 정거장 터널 붕락사고에 대한 분석 결과로, 사고 후 상세지반조사 결과를 반영한 지질 특성을 고려하여 표시하였다. 그림에서 보는 바와 같이 사고 발생구간(Sta. 7+105)은 기반암의 풍화대 Saprplite층이 깊게 발달해 있으며, 터널 구간에서 암반층 오목하게 능선을 형성하고 터널 천단 양쪽으로 깊어지는 구조가 만들어졌음을 확인하였다. 이러한 특이한 지질구조가 본 사고를 유발하게 되는 중요한 기하구조를 형성하게 되었고, 터널 굴착에 의한 아칭효과가 제대로 작용하지 않아 붕락이 발생한 것으로 평가되었다.

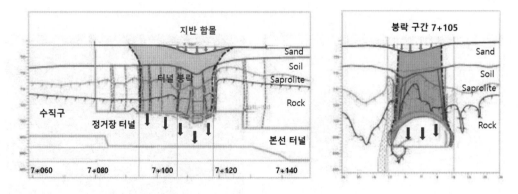

[그림 4.16] 정거장 터널 붕락사고 분석 현황

3.4 사고 후 지반조사 결과

핀헤이로스 정거장 터널은 대단면 터널에 비해 비교적 작은 약 18m 토피고를 가지고 있으며 Saprolite과 같은 깊은 풍화대에 위치하고 있다. 또한 본 사고구간은 차별풍화에 의해 종단 및 횡단방향 모두 볼록 부분(Rock Ridge)에 위치한 지질구조의 교차점으로, 이는 터널 굴착 시 지하수의 유동성을 야기하여 불안정성을 유발할 수 있다.

(a) 붕락구간 터널 주변 지질구조　　　　　(b) 열화 변질의 흑운모층(❹)

[그림 4.17] 붕락 사고 구간에 대한 지질 특성 분석

터널 폭 18m의 정거장 터널을 최종 설계하고 시공하기 전에 수많은 보어홀이 지층조건을 확인하기 위하여 풍화대인 Saprolite와 기반암인 편마암에 시추되었으며, Capri 수직구와 동측 정거장 터널에는 총 11개의 시추공이 조사되었다. 정거장 터널의 거의 중앙에 위치한 시추공은 깊게 풍화된 암반의 흑운모 편마암으로 조사되었으며, 엽리(Foliation)는 대부분 수직으로 가파르게 발달하였다. 핀헤이로스 정거장 터널의 아치부는 평균 엘리베이션 703m상에 있었으며, 정거장 터널 중앙 근처에 시추된 시추공 8704는 (부분적인) 암반 심도의 엘리베이션이 706m임을 정확하게 나타냈다. 이것은 가장 가까운 네 개의 시추공에서 조사된 암반 심도와 정확히 일치했다.

추가 지반조사 결과에 의한 정거장 터널 주변 지반조건을 보면, 가장 가까운 보어홀은 엘리베이션 723~724m의 지표면에서 시추되었고, 대부분의 경우 엘리베이션 706~707m 사이에 암반이 확인되었으며, 평균 토피고는 약 18m였다. 그러나 실제 지반조건은 정거장 터널 중앙의 붕괴된 암반의 대부분은 704~707m의 최고 엘리베이션까지, 즉 원래의 정거장 터널 아치의 1~4m 위에 남아 있었다. [그림 4.18]과 [그림 4.19]에서 보는 바와 같이 지반조사 단계에서 확인할 수 없었던 터널 상부에 존재하는 암반의 능선(Rock Ridge)이 사고 후 지반조사를 통하여 확인되었으며, 예상 지반조건과 실제 지반조건 사이의 완전한 차이는 붕괴된 토사와 암반을 약 1년 동안 조사하여 확인되었다.

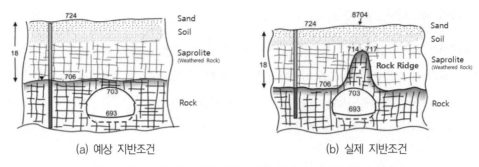

(a) 예상 지반조건   (b) 실제 지반조건

[그림 4.18] 붕락 구간의 예상 지반조건과 실제 지반조건의 비교(횡단)

(a) 지질 종단 특성   (b) 엽리가 발달한 편마구조

[그림 4.19] 붕락 구간의 지질 종단 특성

측면이 경사진 덜 풍화된 암반의 중심부 두 능선은 잠재적인 붕괴(Potential Failure)에 대한 기하형태를 제공했다. 그러나 최종 붕괴는 균열이 생긴 파이프에서 발생한 누수에 의한 영향으로 터널 측벽의 열화 변질된 흑운모층에 의해 촉발된 것으로 추정되었다.

동측 정거장 터널 시공 중 막장관찰 결과, 정거장 터널 중앙에서 Rua Capri 방향으로 보통 암반등급 III(RMR=44~48)으로 증가하는 것으로 조사되었다. 암반등급 III의 중앙부는 양쪽 모두 더 낮은 등급의 불량 암반등급 IV(RMR=34~36)으로 둘러싸여 A/B/A 구조를 나타냈다. [그림 4.20]에는 굴착된 정거장 터널의 종단면도와 정거장 터널 단면의 암반 상태가 나타나 있다. 그림에서 보는 바와 같이 터널단면성에서 중심(B)와 주변 암반(B)의 RMR 암반 등급값이 나타나 있다. Rua Capri 하부에서 정거장 터널 동측 끝으로 갈수록 암반등급이 양호해지면서 천단보강용 그라우트 주입량이 감소하여 그라우트 주입(Enfilagens)이 중단되었다.

더 좋은 암반등급의 암반 코어(Core)가 터널의 안정성에 위협이 될 수 있다는 것은 상상하지 못했는데, 붕괴 후에 뒤늦게 발견하게 되었다. 이는 이전의 시추공 증거와는 달리 높은 암반 능선이 나타났기 때문으로 차별 풍화(Differential Weathering)의 가능성이 고려되었다.

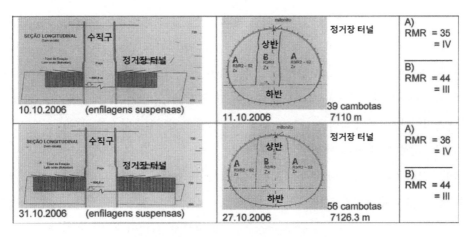

[그림 4.20] 정거장 터널단면에서의 A/B/A 구조

3.5 정거장 터널 지보

일반적으로 아칭의 과정은 암반이 양호함에 따라 암반 하중의 작은 부분만을 견딜 수 있는 설계 지보만을 필요로 하게 된다. 터널 아치가 굴착됨에 따라 안정성을 유지하기 위해 전통적인 주지보(primary support)가 사용되었다. 간격은 85cm로 설치된 격자지보는 강섬유보강 숏크리트 최소 두께 35cm에 매립되었다. 정거장 터널의 끝 부근에 설치된 지보의 모습이 [그림 4.21]에 나타나 있다.

(a) 격자지보 및 숏크리트 타설   (b) 정거장 터널과 본선 터널

[그림 4.21] 정거장 터널의 지보 설치 및 굴착

정거장 터널 양측면의 암반이 약하기 때문에 상반을 지보하는 격자지보의 기초 밑면 아래의 암반의 기초 강도와 강성에 대한 보수적인 가정이 이루어졌다. 구조적 아치를 지지하는 이른바 '엘리펀트 풋(Elephant Foot)'은 정거장 터널 양사이드 하부에 설치되었다. 발파 이후 연속적인 구조 지보요소를 막장면까지 진행한 후 숏크리트를 타설하였다. 정거장 터널 상부 암반의 아칭

효과가 감소될 것으로 예상되어 기본 설계 시 격자지보의 간격 1.25m는 0.85m로 변경되었다.

더 가볍고 경제적인 정거장 터널의 지보 대안으로 암반 아치의 록볼트 보강으로 구성되어 있으며, 숏크리트 두께는 현저히 얇게 타설하는 것으로 고려되었으나 가장 가까운 5개의 시추공이 암반아치 천단부로부터 단지 3m 위에 있는 평균 암반 엘리베이션 706m로 조사되었기 때문에 변경되었다. 여기의 암반은 다양한 위치에서 깊게 풍화되었으며 암반강도는 5~10MPa 범위, 때로는 이보다 더 낮은 범위로 예상되었다.

정거장 터널구조의 최종 지보는 철근 콘크리트 라이닝으로 설계되었다. 그러나 붕괴 당시에는 정거장 터널과 수직구의 철근 라이닝 콘크리트는 시공되지 않은 상태였다. 붕괴 전 마지막 3일 동안 가속 변형이 일어나기 전에 처음으로 4m 높이의 상반이 완성되었다.

3.6 계측결과 분석

터널 붕괴 전후의 계측결과는 매우 중요한 의미를 가지는데, 본 정거장 터널에 대한 계측계획이 [그림 4.22]에 나타나 있다. 그림에서 보는 바와 같이 종방향으로 3개의 지점에서 계측이 수행되었으며, 정거정 터널 거동은 천단침하 및 내공변위 계측을 통하여 확인하였다.

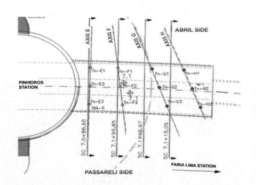
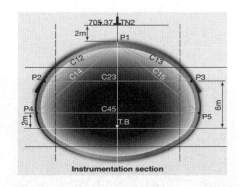

Instrument	Position	예측값	계측값	계측/예측
Extensometer	Axis	-0.7	-11	17
	Lateral wall	-0.7	-12	19
Convergence Pins (Settlement)	Axis	-0.7	-7	10
	Upper	-0.9	-20	22
	Lower	-0.5	-7	13
Convergence	ΔP2–P3	-0.2	-21	95

[그림 4.22] 정거장 터널의 계측계획 및 계측결과

계측결과는 [그림 4.22]에서처럼 사고 전후 급격히 증가하는 것을 볼 수 있으며, 계측치는 설계 예측치를 크게 오버하는 것을 볼 수 있다. 하지만 시공팀은 계측결과에 대한 피드백(역해석 및 추가 지보보강)을 수행하지 않은 것으로 확인되었다.

4. 터널 붕괴 사고 조사 및 원인 분석

브라질 토목공사사고에 대한 가장 심층적인 기술조사를 수행하도록 위임받은 IPT는 전문가 팀(지질, 지반, 구조 및 시공 엔지니어링, 시공 및 리스크 관리 등)으로 IPT 위원회(IPT Commission)라는 구성했다. IPT 위원회는 입찰 과정부터 최종 설계 및 시공 보고서와 도면, 데이터 및 작업 후속 보고서에 이르기까지 잠재적으로 사고와 관련될 수 있는 모든 문서를 수집하고 분석했다.

4.1 현장 조사

사고조사의 또 다른 중요한 부분은 붕괴 잔해(Collapse Debris)의 발굴이었다. 전문가(지질학자, 엔지니어, 지형학팀)로 구성된 풀타임 팀이 연중무휴 24시간 발굴 작업을 기록하도록 설정되었다. 작업이 진행되는 동안 약 30명이 이 작업에 참여했으며, 그 범위는 다음과 같다.

- 붕괴 지역 및 잔존 구조물에 대한 지질 매핑(Geological Mapping)
- 붕괴 잔해의 '고고학적(Archaeological)' 발굴에 대한 매핑 및 사진 촬영
- 지리적(Geographical) 위치 결정
- 재료 테스트

[그림 4.23]에는 현장조사 및 발굴과정에 대한 사진들과 매핑 결과가 나타나 있다. 붕괴 발굴 과정에서 모든 관련 당사자, 특히 시공컨소시엄 CVA로부터 긍정적이고 전문적인 협력을 받았음에도 불구하고 붕괴 메커니즘 지표와 인과 단서를 찾는 IPT 조사단과 안전, 공기, 공사비를 담당하는 시공자의 이해관계 사이에는 본질적인 이해상충이 존재했다.

4.2 붕락 메커니즘

붕괴 잔해를 굴착하는 동안 가장 그럴듯한 메커니즘과 트리거를 설정하기 위해 모든 유형의 메커니즘 지표(Indicator)가 고려되었다. 메커니즘 지표는 현장 사진, 매핑, 모니터링 데이터 및 터널 지보 잔해의 위치를 통해 조사되었다. 이후 위의 모든 정보와 해석을 요약하여 다음

메커니즘이 확립되었다.

① 단계 : 붕괴를 일으킨 힘(Driving Force)은 거의 완전한 상재 하중의 작용, 이는 대구경 수직구 굴착으로 인한 지반 압축력 감소(Decompression), 두 개의 수직방향의 불연속면 존재 그리고 얕은 토피고로 인해 아치 효과 억제 등으로 형성

② 단계 : 수직 방향의 불연속면(엽리)이 다수 존재함에 따라 엽리면을 따라 암반블록이 미끄러지면서 왼쪽 측벽부 기초(엘리펀트풋)가 압축

③ 단계 : 하반을 굴착하는 동안 굴착면이 하반 측벽부 뒤에 일련의 불연속성이 있는 특정 단면에 도달했을 때 터널 거동이 갑작스럽게 시작

④ 단계 : 갑작스러운 터널 거동으로 인한 과도한 하중의 균형을 맞추기 위해 응력 재분배 과정이 터널 굴착 중에 지속적으로 진행

⑤ 단계 : 굴착면이 하반 측벽 바로 뒤에 또 다른 불연속면 세트가 있는 두 번째 단면에 도달하면 불균형 하중이 터널 지보(기초 부족)나 굴착면(3D 효과)을 따라 재분배될 수 없게 됨에 따라 계속적으로 붕괴가 진행

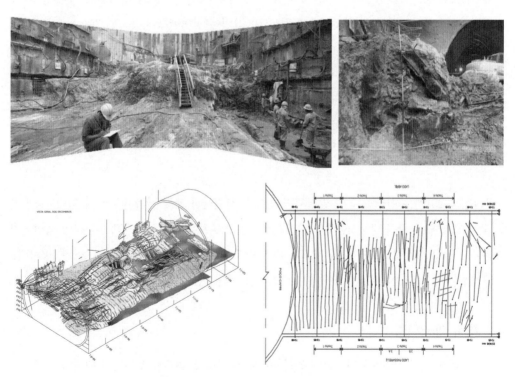

[그림 4.23] 붕락구간에 대한 상세 현장조사

[그림 4.24]에는 터널 주변 암반구조와 관련된 측벽부 파괴에 대한 모식도가 나타나 있다. 그림에서 보는 바와 같이 터널 좌측 측벽부에 존재하는 수직의 층상암반에서 열화 변질된 흑운모 층이 터널굴착에 의한 지하수의 유동에 따라 열화 변질되면서 측벽부 엘리펀트풋 지점에서 지보능력을 상실하게 됨에 따라 숏크리트 라이닝이 파괴된 것으로 추정되었다.

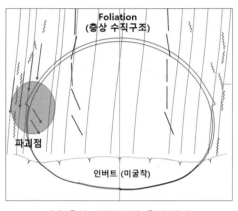
(a) 층상 수직구조와 측벽 파괴

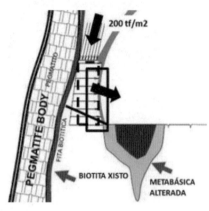
(b) 측벽 흑운모 변질대

[그림 4.24] 붕락 구간 터널 주변 암반 특성

[그림 4.25]에는 암반구조를 모델링하여 발생가능한 파괴 메커니즘에 대한 해석결과이다. 그림에서 보는 바와 수직절리가 발달한 구조에서 측벽부에서 전단파괴가 발생하고 터널 중앙부를 중심으로 붕락이 발생하는 것을 명확히 볼 수 있다.

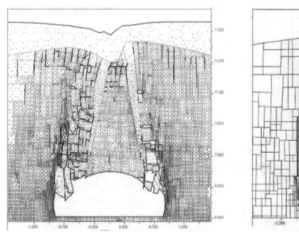
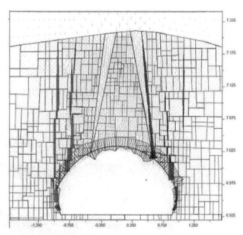

[그림 4.25] 정거장 터널의 파괴 메커니즘 해석

[그림 4.26]은 숏크리트 라이닝의 붕괴 메커니즘을 나타낸 것이다. 그림에서 보는 바와 같이 터널 좌측 벽부 숏크리트 라이닝이 먼저 파괴되고, 그 다음 천단부 숏크리트 라이닝이 파괴되었고, 최종적으로 우측 숏크리트 라이닝이 파괴됨에 따라 완전히 터널이 붕락되었음을 보여준다.

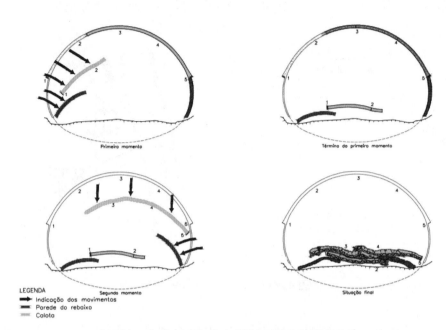

[그림 4.26] 터널 붕락 메커니즘(숏크리트 라이닝 파괴)

[그림 4.27]은 종단면상에서의 단층대가 나타나 있다. 그림에서 보는 바와 같이 지상까지 연결된 단층대가 확인되었고 이는 붕락지점과 정확히 일치하고 있음을 추가조사결과 확인하였다. [그림 4.28]은 정거장 터널의 붕락 원인으로 생각되는 개념도를 나타낸 것이다. 그림에서 보는 바와 같이 횡방향으로는 차별 풍화작용에 의해 연결되고 다양한 풍화작용을 받은 암반 능선(Rock Ridge) 구조 그리고 종방향으로는 이러한 암반 능선구조에 단층(Fault)이 끊어주는 역할을 하는 구조가 붕락의 주 원인으로 파악되었다.

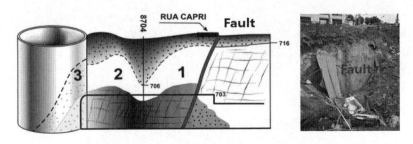

[그림 4.27] 붕락구간 종단면에서의 단층 확인

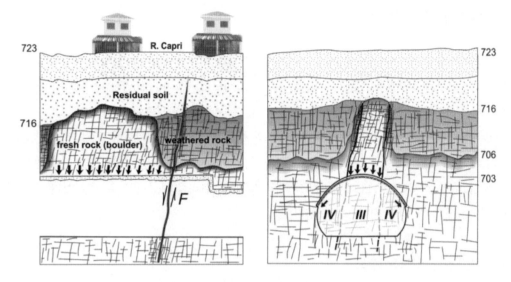

[그림 4.28] 차별적 풍화 작용에 대한 지질 모델

　이러한 지질구조는 갑작스럽게 붕락되면서 터널 아치지보에 특별한 펀치 하중으로 상당히 높은 수준의 파괴하중으로 작용한 것으로 보이며, 이에 대한 광범위한 증거로서 [그림 4.29]에서 보는 바와 같이 굴착장비가 완전히 뭉개지고, 격자지보의 강재도 인장으로 파손된 것을 볼 수 있다.

(a) 부서진 굴착기

(b) 격자 지보 강재의 인장 파괴

[그림 4.29] 펀치 하중에 대한 증거

5. 사고조사 보고서

2007년 1월 12일 상파울루 지하철 4호선 핀헤이로스 정거장 건설 중 발생한 비극적인 사고 직후, 주 정부와 상파울루 검찰은 기술연구소(Instituto de Pesquisas Tecnológicas, IPT)에 원인을 조사하고 사고 교훈에 기초한 추천사항을 제공할 것을 의뢰했다.

17개월간의 집중적인 작업 끝에 IPT는 사고의 주요 원인으로 엔지니어링 프로세스의 단점과 여러 위험 요소를 지적하는 보고서를 발표했다. 사고보고서는 또한 본질적인 계약 문제점에 대해 논의한 후, 향후 프로젝트에서 리스크 관리 및 품질 관리를 향상시킬 수 있는 보다 적합한 계약 방식에 대한 권장 사항을 논의했다.

5.1 사고조사 위원회 구성

IPT는 사고 검증과 위원회 보호라는 2가지 기본 기능을 수행하는 국내 및 국제 컨설턴트 그룹을 보유하는 것이 매우 중요하다고 제안했다. 이러한 유형의 위원회는 항상 비판의 대상이 되는데, 특히 국내 전문가만 모을 경우는 더욱 그렇기 때문에 국제 인물들의 경험과 신뢰성에 의존하는 것이 필수적이다. 이에 캐나다 출신의 아이젠슈타인(Eisenstein) 교수와 히드로 공항에서 발생한 유사한 사고 조사에 참여한 것으로 알려진 영국기술자 데이비드 파월(David Powell)이 컨설턴트로 선정되었다. 본 위원회에는 관리 코디네이터로 윌슨 이요마사(Wilson Iyomasa), 기술 코디네이터로 호세 마리아 바로스(José Maria Barros) 등 2명의 IPT 엔지니어가 주요 코디네이터로 있었다. 하부에는 토목 공학, 토질 역학, 암석 역학, 지질학, 콘크리트 등 중요 주제에 초점을 맞춘 각 코디네이터와 함께 10개의 그룹으로 구성되었고, 2명의 코디네이터와 10명의 그룹 코디네이터가 위원회 코어(Commission Core)를 구성했으며, 총 30명 정도의 전문가들이 참여했다.

Contents	
Chapters 1–3	Introduction, Objectives & Scope
Chapter 4	Urban Tunnelling
Chapter 5	Trends in Contractual Practices
Chapter 6	Pre-bidding knowledge
Chapter 7	Contractual Aspects of Line 4
Chapter 8	Design and Construction
Chapter 9	Collapse
Chapter 10	Mechanism and Causes
Chapter 11	Conclusion and Lessons
Appendix	Reference and Law data

[그림 4.30] 사고조사 보고서와 위원회

5.2 사고조사 보고서

IPT는 약 18개월 동안의 각종 자료조사, 현장 발굴조사 및 관련 기술자들과의 인터뷰 등을 바탕으로 보고서와 부록으로 구성된 사고조사 보고서를 2008년 6월에 최종적으로 발표하였다. 본 보고서는 총 11장 384페이지로 구성되었으며, 부록은 46개의 첨부파일로 2,500페이지에 구성된 구조를 완성했다. 본 보고서에서는 2007년 1월 7명의 사망자를 낸 상파울루 터널 붕괴사고는 설계, 시공, 위험 관리의 시스템 실패(Systemic Failure)에 의한 것이라고 결론지었다. 사고조사 보고서에 대한 내용은 다음과 같다.

1) 보고서 1장에서 3장 도입/과업 목적 및 범위

처음 세 장은 소개로서 IPT와 주정부 사이의 계약을 다루고, 목표의 개요를 설명하며, 무엇보다도 팀 구성 방법을 기술하였다.

2) 보고서 4장 도심지 터널링

메트로 4호선의 노선 이슈에 대한 검토 내용으로 도심지 터널링에서의 정거장이나 터널의 위치는 지질 리스크로 결정하는 것은 아니고, 세계적으로 도심지 터널링에서의 이번 사고와 유사한 사고가 많음을 기술하였다.

3) 보고서 5장 계약 방식 검토

대규모 지하공사에서의 계약방식에 대한 것으로 시공 중 불확실성에 의한 리스크를 누가 책임질 것인가 하는 이슈를 검토하였으며, 본 공사와 같은 턴키 계약이 지하공사에 적합하지 않으며 리스크를 발주자와 시공자가 공유해야 함을 기술하였다.

4) 보고서 6장 입찰 전 단계 지질조사 및 정보제공

IPT는 1992년부터 상파울루 지역에 대한 지질조사를 수행하였으며, 입찰단계에서 입찰자에서 공정한 방식으로 경쟁에 참여할 수 있도록 필요하고 충분한 품질을 갖추고 있었으며, 지질모델에 대한 기본 정보를 제공하였음을 기술하였다.

5) 보고서 7장 계약상의 문제

발주처 상파울루 메트로는 시공자 CVA(Consórcio Via Amarela)와 공사계약 체결하였지만 공사구간 사유지 보상지연, 새로운 정거장 추가 및 공사 범위 변경에 대한 발주자와 시공자 간의 책임을 명확히 하지 않고 공사가 수행되었음을 기술하였다.

6) 보고서 8장 설계 및 시공 검토

사고 당일까지의 정거장 터널의 설계 및 시공 측면에서 일어난 모든 것을 파악하기 위하여 당초설계, 설계변경 및 해석결과, 시공 과정을 조사하고 분석하였으며, 이 분석과 함께 위험요소를 식별하고 분석하였다.

7) 보고서 9장 붕괴 현황 분석

사고 발생 과정을 정리하여 지보시스템의 파괴, 붕락 발생 및 대피 등을 시간순으로 모니터링하였다. 또한 사고의 기술적인 부분인 터널 붕괴와 사고로 인한 피해와 대응으로 구분하여 대형사고가 발생하게 된 주요 문제점을 기술하였다.

8) 보고서 10장 사고 조사 및 원인 분석

붕괴 메커니즘을 검토하여 기술적으로 붕괴가 어떻게 발생하였는지를 파악하여 붕괴 자체 및 붕괴로 인한 결과(영향)을 분석하였다. 또한 붕괴와 직접적으로 관련된 엔지니어링 프로세스, 설계 및 시공 결함, 품질 및 시공관리상의 문제점을 기술하였다.

9) 보고서 효과와 의미

세계적으로 도심지 터널공사에서의 터널 사고가 발생하고 있기 때문에, 본 사고는 브라질 건설만의 문제는 아니며, 사고조사 보고서를 영문으로도 발간하여 이번 사고로 인한 교훈을 관련 기술자들이 공유하도록 하였다.

10) 부록 첨부파일

부록에는 질문이나 문의에 답변자료뿐만 아니라 계약 이전의 연구와 정보가 포함되어 있다. 전체적으로 약 2,500페이지에 달하는 46개의 부록으로 구성되어 있으며, 설계 및 시공자료 그리고 사고 현장 조사 및 해석에 대한 기본 자료가 수록되어 있다.

11) 동영상 제작

사고조사 보고서와 사고 원인에 대한 즉각적인 접근을 원하는 다양한 측면을 고려하여 동영상을 제작하여 공개하였다. 동영상의 기본 목적은 언론과 사회와의 대화를 촉진하는 것으로 사고 당시의 시공 현황을 포함하여 사고 원인에 대한 붕괴 메커니즘이 설명되었다.

보다 공정하고 객관적인 IPT 사고조사 보고서를 통해 브라질 엔지니어링은 실패를 정면으로 직면하고 이를 교훈과 학습으로 전환하려고 노력한다는 높은 수준의 증거를 제공하였다. IPT 보고서는 현재의 실패를 미래를 위한 학습으로 전환하고자 하는 것으로서 가능한 잘못된 부분이나 오류를 정확히 기술하였다. 사고조사 보고서의 전체 강조점은 실패가 어디에서 이루어졌는지, 그리고 거기에서 무엇을 배울 수 있는지를 보여주는 것이었다.

5.3 IPT 보고서 주요 결과

핀헤이로스 정거장의 설계 및 건설과 관련된 모든 엔지니어링 프로세스를 분석한 결과 사고 요인(Contributor) 또는 위험 요소(Risk Factor)라고 불리는 일련의 누락과 오류가 드러났으며, 이러한 요인들의 조합이 사고의 원인을 구성하였다. 단순화를 위해 핀헤이로스 터널 붕락사고를 두 가지 이벤트로 나누어보면 다음과 같다.

• 정거장 터널의 구조적 붕괴(Structural Collapse)
• 구조적 붕괴로 인해 발생한 핀헤이로스 정거장 사고(Accident)

엔지니어링 프로세스의 일련의 단점으로 인해 정거장 터널이 붕괴되었다. 이러한 붕괴는 비상 계획(Emergency Plan)의 결함, 근로자 및 인근 주민을 위한 적절한 대피 계획(Evacuation Plan)의 부재 그리고 대중교통 폐쇄 부재로 인하여 추가적으로 치명적인 사망사고로 이어졌다 [그림 4.31].

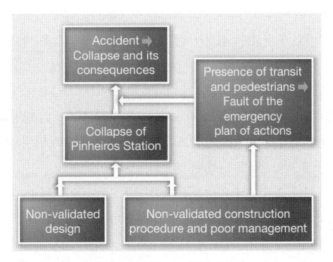

[그림 4.31] 리스크 요인과 원인

정거장 터널의 구조적 붕괴 원인에 대해서 두 가지 인과관계, 즉 설계와 공사프로세스가 확인되었다. 설계와 관련된 주요 리스크 요인은 다음과 같다.

- 터널 거동과 안정성에 중요한 역할을 할 수 있는 지질 구조(불연속성)를 무시한 지나치게 단순화된 지반역학 모델(Geomechanical Model)의 적용
- 지나치게 단순화된 지반역학 모델을 기반으로 NATM 지보시스템(상반 아치 및 하반굴착)을 사용하는 터널의 구조 개념이 제안되었는데, 이는 이러한 종류의 암반에 부적절
- 해석 모델링과 가정은 실제 조건과 차이가 컸고, 상반 아치바닥(중반 측벽)에 파괴영역이 발생한 것으로 보아 터널 설계의 구조 개념이 터널에 적합하지 않았으며, 또한 터널 거동 평가에 필요한 계측 임계값(경고 및 비상) 정의 부족
- 위의 요인으로 인해 심각한 결함이 있는 취약한 설계(내부 확인이나 외부 검증이 없음)
- NATM 공법의 원칙은 시공 중 관찰과 모니터링을 통해 설계를 검증하는 것으로, 실제 현장에서 계측팀(ATO)이 수행한 계측 보고서와 지질 매핑은 세부적으로 불량했으며, 하반 굴착 중 계측 모니터링 데이터에서는 매우 불안정한 값과 매우 특이한 패턴을 보였지만 역해석이나 비상조치(Contingency Action)에 대한 증거는 없었음
- 시공 중 설계자의 참여가 부족했다는 또 다른 점은 설계자(ICE)의 동의에 따라 수행된 설계 변경이 이를 뒷받침할 보고나 계산 없이 수행되었다는 것
- 취약한 설계와 시공의 심각한 결함(시공 중 불량한 작업조치와 계측결과에 대한 검증절차 부재)의 조합은 설계 측면에서 핀헤이로스 정거장의 구조적 붕괴의 원인이 되었음

시공 과정에서 여러 사고 요인과 리스크 요소가 추가됐는데, 그중 일부는 너무 심각해 시공 프로세스상에서 주요인이 되었다. 설계와 관련된 주요 리스크 요인은 다음과 같다.

- 벤치굴착 중 상당한 수준의 설계변경이 수행되었으며, 이는 그 중요성으로 인해 설계 기준 위반(설계에 지정된 보다 안전한 방식에서 보다 불리한 방식으로 굴착 방향의 변경 및 굴진장의 증가, 벤치 높이 변경, 상반 아치의 기초가 되는 벤치 벽에 남아 있는 암반의 품질을 보존하지 않는 방식으로 발파순서를 변경)에 해당되는 사항이었다.
- 시공 컨소시엄이 시공 중 수행한 품질 관리(자체 인증 Self-certification) 방법은 이러한 유형의 도심지 지하공사 프로젝트에서 수행했던 방식과 차이가 컸으며, 시험 횟수/장소/절차에 대한 명확한 정책이나 부정적인 결과가 나올 경우 그에 따른 시정 조치가 없었다. 한 가지 예가 가장 중용한 지보재인 숏크리트의 품질문제로서 숏크리트의 초기 강도와 강섬유 함유량

및 단기 및 장기적인 특성 등에 대한 관리가 상당히 부족했다.

• 이와 같은 시나리오(검증되지 않은 취약한 설계, 설계 위반, 열악한 품질 관리 및 계측관리 등)에 2007년 1월 굴착률은 이전 달보다 훨씬 높았다. 이는 굴착률이 설계에 명시된 것보다 낮았는가 높았는가 하는 문제가 아니라 계측 데이터에서 터널 변위가 가속되고 불일치하는 것으로 나타났을 때 왜 굴착률이 증가했는가에 대한 질문이다.

• 위의 요소 외에도 록볼트 미설치와 공사의 진행 여부 결정 등과 같은 문제를 만든 당사자간 의사소통 불량과 공사관리 부실도 중요한 요인으로 확인되었다.

이상과 같이 설계 위반, 품질 관리 불량, 높은 굴착률, 계측 모니터링 자료 무시 등의 의 시공측면의 리스크 요인이 확인되었다. 추가적인 사고 요인으로 폭우, 지진 및 파이프 누수 등에 대한 검토가 수행되었지만 이에 대한 가능성이 없는 상대적으로 낮은 것으로 평가되었다.

[표 4.1]에는 앞서 설명한 설계 및 시공상 리스크 요인과 사고 원인을 정리하여 나타내었다. 최종적으로 설계 및 시공상의 여러 가지 원인이 합쳐져 핀헤이로스 정거장 터널의 구조적 붕괴가 발생한 것으로 결론지었다.

[표 4.1] 설계 및 시공상의 리스크 요인과 원인

Non-Validated Design	Non-Construction Procedure
• Oversimplified Geomechanical Model	• Change of Excavation Direction
• Structural Tunnel Model	• Increase of Bench Height
• Assumptions and Completeness of Calculation and Simulations	• Change of Blasting Scheme
• No Definition of Threshold Values for Monitoring	• Deficient Quality Control
• Deficient GG Mapping	• Increase of Excavation Rate
• Deficient Analysis and Interpretation of Monitoring Data	• Deficient Construction Management(Lack Rock Bolts)
• No Evidence of Back-analysis and Design Validation	• No Decision to Stop Works
	• Deficient Plans of Contingency and Emergency Actions

5.4 교훈 및 권장 사항

핀헤이로스 정거장 터널 사고는 설계, 시공 및 관리와 관련된 엔지니어링 프로세스의 일련의 결함, 누락 또는 일반 오류로 인해 발생했다. 이번 사고는 비상계획 미비로 근로자와 인근

주민 대피 실패, 인근 도로 폐쇄 등으로 7명이 사망하는 등 피해가 컸다.

입찰 시 이용 가능한 지질 모델은 입찰 후 CVA 연구와 붕괴 후 상세 지질조사를 통해 변경 수정되었다. 이는 입찰단계에서의 제한된 지반조사로 모든 지반 특성을 완전히 파악할 수 없다는 점을 의미한다. 하지만 핀헤이로스 정거장 구간의 복잡한 지질 조건에도 불구하고 시공 중이나 붕괴 이후에 새로운 관련 정보가 공개되지 않았는데, 이는 지질 모델에서 이미 예측한 것과 다른 것으로 간주될 수 있기 때문이었다. 따라서 예상치 못한 지질 조건이 이번 사고의 원인으로 간주되어서는 결코 안 된다는 점을 강조하였다.

IPT 보고서에서는 이번 사고에서 배울 수 있는 교훈에 대한 몇 가지 권장 사항을 강조했는데, 대부분 엔지니어링 프로세스에서 확인된 문제점과 관련이 있지만 도심지에서 향후 지하 공사를 위한 계약 문제와 관련된 권장사항도 제시되었다. 계약과 대한 주요 권장사항은 다음과 같다.

i) 발주자는 설계 및 시공 측면에서 프로젝트의 모든 단계에서 적극적인 역할을 해야 한다.
ii) 계약서는 품질, 공기 및 공사비 간의 공정한 균형을 이루기 위해 성능에 대한 시방기준 외에도 일련의 기술 시방기준을 명확하게 지정해야 한다.
iii) 적절한 품질 관리, 결과의 완전한 공개 및 독립적인 감사를 보장하기 위해 일련의 수단과 프로세스가 지정되어야 한다.
iv) 리스크 평가 및 관리는 물론 리스크 공유(분담)에 대한 명확한 정책도 포함되어야 한다.

[표 4.2] 결론 및 이후 계약 권장사항

	Remarks
Conclusion	지질 모델이 복잡하지만 완전히 오픈되어 중대한 변경이 없었음 → 다른 지반조건(Differing Ground Condition)을 이유로 클레임은 안 됨
	사고 원인은 엔지니어링 프로세스(설계 및 시공)상의 잘못과 관련 → 시스템 사고 프로세스(Systemic Failure Process)
	엔지니어링 계약 시스템에 대한 교훈과 권장사항 제안
Lesson Learned	품질, 공기 및 공사비간의 공정한 밸런스 유지
	품질 관리에 대한 기술적 및 성능 시방 마련과 철저한 관리 프로세스의 조합
	관리요소에 대한 독립적인 감사와 완전한 공개 → 발주자는 관리 책임 유지
	발주자와 시공자간의 리스크 관리와 리스크 분담(공유)

6. 복구 공사 및 법적 이슈

본 사고구간에 대한 복구 방안은 붕괴된 정거장 터널구간을 완전히 걷어내고, 개착터널로 결정되었다. 복구 공사는 사고조사 과정에 병행해서 진행되었으며, 완전한 사고 원인 조사를 위한 사고조사가 상당히 길어짐에 따라 복구 공사가 지연되었다. [그림 4.32]에는 복구 공사 모습을 시간별로 나타내었다. 2007년 1월 사고가 발생한 지 17개월 만인 2008년 6월에 사고조사 결과가 발표되었고, 이후 복구 공사를 꾸준히 진행하여 2011년 5월에 상파울루 메트로가 개통되었다.

| 2007년 9월 | 2008년 2월 | 2008년 4월 |

[그림 4.32] 붕락구간 복구 공사 사진

6.1 사고 이후의 변화

본 사고로 메트로 측은 이후 4호선 25개 건설 현장의 상당한 변화를 가져오게 되었다. 이는 시공현장 및 자료 공개에 대한 IPT 요구사항의 결과로서 모든 공사현장에서 요구되는 주요 사항은 국제 수준의 리스크 관리를 위한 비상 표준의 설치였다. 터널 붕괴 사고 이후 도심지 지하공사현장에 대한 안전 및 리스크 관리가 보다 적극적으로 요구되었으며, 확실히 크게 개선되었다.

도심지 지하공사의 안전 리스크 관리 조치 중에는 하루에 굴착할 수 있는 굴착량을 제한하는 것이 포함되어 있다. 사고 이전에는 예상된 최대치가 없었다. 또한, 시공 상태에 대한 온라인 모니터링도 도입되어, 터널에서 움직임이 감지되면 IPT와 발주자에게 즉각적으로 알리도록 하였다. 또한 현장 기술자들이 작업 현장의 주요 안전사항에 대한 일일 점검 목록을 반드시 수행해야 하며, 관련 데이터는 엔지니어와 설계자가 온라인으로 사용할 수 있도록 하였다.

6.2 보상 및 법적 책임

시공 컨소시엄 CVA는 사고 피해자 및 주변 건물 피해에 대한 보상을 진행했다. 2009년에 사고로 사망한 7명의 모든 가족이 사고 후 90일 이내에 보상을 받았으며 처음에 집을 떠나 해당 지역의 호텔에 정착한 주민들에게도 보상을 완료했다. CVA 사고 직후 피해자 가족들에게 필요한 모든 지원을 제공했을 뿐만 아니라 이미 적절한 보상금 지급을 추진했다.

메트로는 핀헤이로스 정거장의 시공작업이 완전히 보험에 가입되어 2007년에 발생한 사고로 인한 모든 손실을 보장하고 작업 책임이 있는 계약자 컨소시엄에 의해 피해를 입은 모든 사람과 회사에 대한 보상이 가능하다고 보고했다.

터널 붕락사고 후 10년이 지난 2017년 11월, 상파울루 법원 산하 제7형사법원 판사들은 2대 1로 붕락사고에 연루된 12명에게 무죄를 선고했다. 피고인은 이미 1심에서 무죄 판결을 받은 상파울루 메트로와 건설사의 엔지니어와 직원들이다. 7명의 사망자가 발생한 엄청난 사고임에도 불구하고 누구도 책임을 지지 않게 됨에 따라 유가족들과 노동조합의 반발이 있었다. [표 4.3]에는 상파울루 메트로 4호선에서 발생한 정거장 터널 붕락사고에 대한 타임라인을 정리하여 나타내었다.

[표 4.3] 상파울루 메트로 4호선 Pinheiros 정거장 터널 붕락사고 타임라인

타임라인	주요 내용
2004년 9월	상파울루 메트로 4호선 공사 시작
2007년 1월 12일	핀헤이로스 정거장 터널 붕괴 사고 발생(지반 함몰 및 수직구 붕괴)
2007년 1월 6일	사고 조사위원회 구성(IPT)
2008년 5년 9일	상파울루 메트로 개통 2010년으로 연장 발표
2008년 6월 6일	사고 조사위원회 조사결과 발표
2011년 5월 16일	상파울루 메트로 4호선 개통
2017년 11월	최종 법원 판결 – 무죄

>>> 요점 정리

본 장에서는 브라질 상파울루 메트로 NATM 터널공사에서의 발생한 터널 붕락 및 수직구 붕괴 사례를 중심으로 사고의 발생 원인과 교훈에 대하여 고찰하였다. 본 사고는 도심지 구간에서의 NATM 터널의 대단면의 정거장 터널 공사 중 발생한 붕괴사고로서, 본 사고 이후 NATM 터널 공사에서의 터널 붕락 및 수직구 붕괴사고를 방지하기 위한 설계 및 시공상의 다양한 개선노력 이 진행되어 터널공사 계약 및 리스크 관리방법이 발전하는 계기가 되었다. 본 도심지 NATM 터널 붕락사고를 통하여 얻은 주요 요점을 정리하면 다음과 같다.

☞ NATM 터널 층상/풍화암반에서의 지질 리스크

NATM 터널구간은 엽리(Foliation)이 발달한 층상구조의 흑운모 편마암층으로 차별풍화에 의 한 풍화대(Saporite)가 능선-계곡(오목-볼록)의 형태로 발달한 구간으로 조사 및 설계당시부 터 이러한 지질 리스크(Geo-Risk)를 충분히 파악하지 못하였다. 사고 구간은 대단면의 정거장 터널구간으로 천단부는 파이프 루프로 보강하고 상반/하반/인버트의 분할 굴착을 적용하여 시 공하였다. 사고 원인은 엽리와 차별풍화가 발달한 흑운모 편마암구간에서 정거장 터널 굴착 중 측벽의 연약층이 파괴되면서 천단부의 암반 능선(Rock Ridge)이 붕락되면서 지상도로 함몰에 이르게 되고 수직구까지 붕괴된 것으로 파악되었다. 따라서 지질변화구간에서 막장뿐만 아니라 주변 터널의 암반 상태를 확인하는 것이 무엇보다 중요하므로 지질상태를 면밀히 관찰하고 이 에 대해 보다 적극적으로 대응하여야만 한다.

☞ NATM 터널 사고에서의 계약 방식과 리스크의 책임

본 터널 사고는 지질 및 암반조건이 매우 복잡한 구간에서 발생한 붕락사고로 7명의 사망자가 발생하였고, 주변 도로가 함몰되고 건물이 손상되는 상황으로 발전하였다. 이에 설계 당시에 충분한 지반조사가 이루어지 못하고, 시공 시 이에 대한 관리를 확실히 못해서 발생했다는 주장 과 시공 시 미처 예상치 못한 지질 특성으로 발생한 사고라는 주장이 대립되었고, 이는 발주처 와 시공자(설계자) 간의 주요 소송 쟁점이 되었다. 이후 사고조사위원회의 면밀한 조사와 검토 를 통하여 설계 및 시공의 총체적인 시스템의 문제점이 확인되었지만 주요 사고 원인은 지질 리스크로 결론지었다. 이러한 사고조사위원회의 결론을 바탕으로 10년간의 소송 끝에 발주처 및 시공사는 무죄 판결을 받았다. 이후 브라질 터널공사에서 지질 리스크 책임문제를 어떻게 할 것인가에 대한 계약방식의 개선을 통하여 지하터널공사에서의 턴키(Turn-Key) 방식의 발 주를 지양하게 되었다.

☞ NATM 터널 붕락사고 원인 조사와 복구 방안 수립

본 사고가 발생한 직후 상파울루주 당국에서는 기술연구소인 IPT를 중심으로 사고조사위원회를 구성하여 설계 및 시공에 대한 철저한 조사를 통하여 사고 원인을 규명하고 재굴착 방안을 제시하였다. 사고 원인은 설계 당시 확인하지 못한 지질특성(차별풍화의 암반능선 구조, 측벽 뒤의 열화된 흑운모층 등)으로 시공 중 측벽의 연약층이 파괴되면서 천단부의 암반 능선이 붕락되면서 지상도로 함몰에 이르게 되고 수직구까지 붕괴된 것으로 파악되었다. 복구 방안으로는 붕괴구간에 가시설 공법을 적용하여 단계별로 재굴착하고, 개착 박스 구조물을 설치하는 방안을 채택하였다. 또한 핀헤이로스 정거장 구간에서 본선터널을 굴착하여 관통하여 재굴착 공사를 무사히 진행하게 되었다. 이후 라이닝 공사 및 궤도 설치 그리고 신호시스템 공사를 성공적으로 마치고 당초 개통 예정보다 약 2년 이상이 지연되어 마침내 2011년 5월 16일에 개통되었다.

☞ NATM 터널 붕락사고와 교훈

본 사고는 층상구조의 암반특성과 차별풍화가 발달한 암반능선 구조 그리고 암반 내 열화 변질대의 존재 등이 복합적으로 작용한 것으로 터널 공사에서 지질 리스크 관리가 얼마나 중요한지를 보여주는 대표적인 붕괴 사례라 할 수 있다. 일상적으로 수행하는 터널페이스 매핑 및 계측관리로부터 이에 대한 대처가 과연 가능할 것인가가 중요한 숙제로 남았다고 할 수 있다. 다만 사고를 예방할 수는 없었지만 사고 발생 이후 적극적인 대처 및 긴급 대책방안 수행 등에 심각한 문제가 확인되었고 사고 이후 부적절한 대응으로 인하여 대형 인명사고로 이어졌다는 점이다. 특히 당국과 사고조사위원회 등을 중심으로 철저한 조사결과를 바탕으로 사고 발생 시 대응 시나리오 등에 대한 긴급구난계획(Contingency Plan) 등과 같은 안전관리가 대폭 강화되는 계기가 되었으며, 브라질 지하터널공사에서의 안전관리 및 리스크 관리시스템을 근본적으로 개선시키게 되었다.

브라질 상파울루 메트로 4호선 터널 붕락 사고는 브라질 도심지 터널공사의 지반(지질)리스크 문제에 대한 관리시스템을 전환하는 의미있는 사고였다. 브라질은 NATM 공법을 적용하여 도심지 터널공사를 지속적으로 수행하고 있었지만, 이번 사고에서 보듯이 노선(선형)상의 이유로 충분한 암반 심도 확보가 부족한 상태에서 대단면 정거장 터널공사를 수행하면서 충분한 시공 관리와 리스크 관리가 제대로 운영되지 못한 상태였다. 상파울루 도심지에서의 터널 붕락 및 수직구 붕괴사고는 시공자뿐만 아니라 시당국에게도 상당한 부담을 준 사고로 매스컴을 통하여 대대적으로 보도되었고, 터널 사고에 대한 원인, 손해 보상과 공기지연에 대한 책임, 사망자 및 주민에 대한 보상 문제 등에 대한 법적 분쟁이 지속되면서, 터널공사의 지질 리스크 이슈

에 대하여 더욱 고민하는 계기가 되었다. 또한 사고 원인조사와 복구 공사로 메트로 개통이 상당히 지연되어 경제적 손실을 끼쳤던 대표적인 도심지 NATM 터널 붕락사고 사례라 할 수 있다.

또한 본 도심지 NATM 터널 붕락 사고는 지질 리스크가 있는 도심지 구간에서 발생한 사고로 층상/풍화의 복합 암반구간에서 NATM 공법으로 굴착하게 되는 지질 리스크, 품질관리 및 시공관리의 중요성을 확인하는 중요한 계기가 되었다. 따라서 도심지 NATM 터널공사에서 막장에서의 페이스 매핑 및 계측 관리, NATM 터널에서의 지질 리스크 관리 그리고 사고 발생 시의 적극적인 대처방안 수행 등이 무엇보다 중요하므로 세심한 주의와 철저한 관리가 무엇보다 요구된다 할 수 있다. 또한 도심지 NATM 터널에서 지질 및 시공 리스크를 최소화하거나 대응할 수 있는 보다 체계적인 관리시스템이 더욱 신중하게 검토되고 적용되어야 할 것이다.

싱가포르 MRT 니콜 하이웨이 붕락사고와 교훈
Case Review of Nicolle Highway Collapse at Singapore MRT

2004년 4월 20일 오후 3시 30분경 [그림 5.1]에서 보는 바와 같이 싱가포르 MRT 공사 중 니콜 하이웨이(Nicoll Highway)가 붕괴되는 사고가 발생했다. 본 붕괴 사고로 4명이 사망하고 3명이 부상당했으며, 프로젝트 몇몇 당사자들이 법정에서 기소되었고, 프로젝트 완료는 지연되었다. 이 사고를 통해 깊은 굴착 공사를 할 수 있는 자격을 갖춘 지반 기술자를 임명하고 임시공사에 대한 승인 권한 제출을 요구하는 등 많은 규제가 강화되었고, 싱가포르 건설 산업에도 깊은 영향을 미쳤다.

여러 레벨의 스트럿이 있는 지하연속벽(Diaphragm Wall)은 종종 견고한 흙막이 지보 시스템으로 생각되었다. 어떻게 이러한 시스템이 붕괴했을까?

본 장에서는 싱가포르 MRT 공사의 개착터널 공사 중 발생한 흙막이 가시설 붕괴사고 사례로부터 지반 해석방법의 오류, 연약지반에서의 흙막이 가시설 설계의 잘못, 계측 모니터링을 포함한 시공관리상의 제반 문제점 그리고 지하굴착공사에 대한 공사관리시스템상의 문제점을 종합적으로 분석하고 검토하였다. 이를 통하여 본 붕괴사고로부터 얻은 중요한 교훈을 검토하고 공유함으로써 지반 및 터널 기술자들에게 기술적으로 실제적인 도움이 되고자 하였다.

[그림 5.1] 니콜 하이웨이 붕락사고(싱가포르, 2004)

1. 싱가포르 MRT - C824 프로젝트 공사 개요

1.1 Circle Line(CCL)과 C824 프로젝트 개요

싱가포르의 육상교통국(LTA)은 싱가포르의 교외지역과 도심지역의 중심 업무지역을 연결하는 CCL(Circle Line) MRT 노선을 건설하고자 했다. 이 중 붕괴가 발생한 공사구간은 CCL 1단계 구간 중 C824 프로젝트이다. [그림 5.2]에서 보는 바와 같이 C824 프로젝트는 두 개의 정거장(니콜하이웨이역과 BLV역)과 개착터널(Cut & Cuver Tunnel) 및 TBM 터널(Bored Tunnel)로 구성되어 있다. 이 중 붕괴사고가 발생한 구간은 [그림 5.3]에 나타난 바와 같이 TBM 장비가 도달하는 수직구(TSA Shaft-Temporary Staging Area, 직경 34m)에서 개착터널공사를 위한 흙막이 가시설 공사 구간이다.

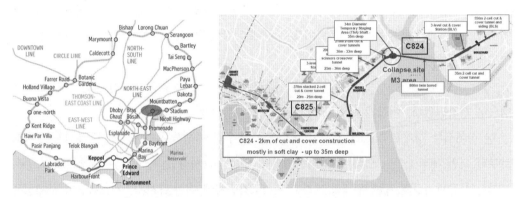

[그림 5.2] 싱가포르 MRT Circle Line(CCL)과 C824 프로젝트

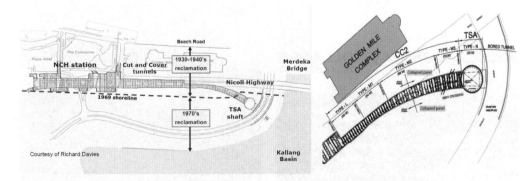

[그림 5.3] 공사구간 주변 현황과 개착터널(CC2)과 수직구(TSA) 공사

1.2 붕괴구간 공사 개요

붕괴구간의 공사현황은 [그림 5.4]에 나타난 바와 같이 개착터널을 위한 지반 굴착 작업이
진행 중이었고, 붕괴가 일어났을 때 굴착 바닥까지 거의 도달한 상태였다. 폭 20m 개착터널은
지하 33m까지 굴착하여 건설 중이었다. 지반은 매우 낮은 전단강도(20~40kPa)를 가진 연약한
해성 점토의 깊은 층으로 구성되었으며, 일반적으로 깊이에 따라 선형적으로 증가했다. 두께
800mm의 철근 콘크리트 지하연속벽(D-wall)을 흙막이 구조물로 사용했으며, 10단계의 강재
스트럿으로 지지하고 있으며, 수직 방향으로 약 3~3.5m 간격을 두고 설치되었다. 굴착 바닥
부근의 2열의 제트그라우트 파일(Jet Grout Pile, JGP)은 굴착 과정에서 연약지반에 강도와
안정성을 제공하기 위해 시공되었다. 불리한 지반조건에서 이러한 깊은 굴착은 일반적으로 약
1,500mm의 벽 두께를 필요로 한다는 점에 주목할 필요가 있으며, 그 두께는 C824에 사용된
벽의 두 배 크기이다.

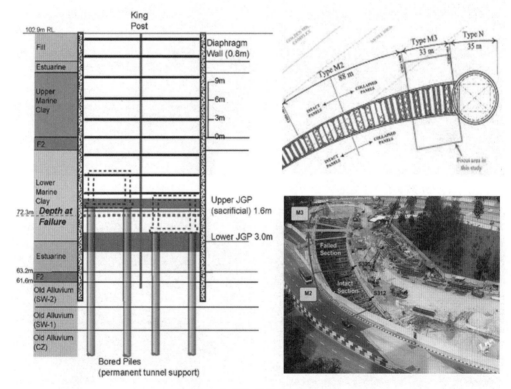

[그림 5.4] 개착터널구간 공사현황

2. 니콜 하이웨이 붕괴사고

2004년 4월 20일 오후 3시 30분쯤 싱가포르에서 니콜 하이웨이 MRT 굴착 작업이 진행 과정에서 붕괴사고가 발생하였다. 굴착폭은 20.1m였고 11단계로 건설될 예정이었다. 최종 굴착 깊이는 33.3m였으나, [그림 5.5]와 같이 지표면(10단계)에서 −30.6m에 이르자 지보시스템이 붕괴되었다. 부서진 벽이 굴착존 안쪽으로 떨어지면서 강재 스트럿인 지보시스템이 붕괴되었다. 무너진 길이는 약 30.5m였다.

사고조사위원회 보고서에 따르면, 이 사건으로 인해 4명의 사상자와 3명의 부상자가 발생했다. 이러한 굴착 붕괴는 그 지역의 약 15,000명의 주민들에게 수도, 전기, 그리고 가스라인의 문제를 야기시켰다. 더욱이 지반 붕괴로 인해 근처의 교량 두 구간이 철거되고 재설치되어야만 했다.

(a) 붕괴 전(4월 20일)   (b) 붕괴 후(4월 20일)

(c) 니콜 하이웨이 붕괴(도로, 가시설 및 수직구 주변)

[그림 5.5] 니콜 하이웨이 붕락사고 모습

굴착은 두께 0.8m, 길이 44.3m의 지하연속벽(D-wall)으로 둘러싸여 있다. 또한, 지보 시스템을 위해 수평 간격이 4m인 9개의 강재 스트럿과 2개의 제트 그라우트 파일층이 계획되었다. 제트 그라우트 파일의 첫 번째 층은 1.5m 두께로 임시적이었고 제트기둥 말뚝의 두 번째 층은 2.5m 두께로 터널의 기초를 형성했다. 제트 그라우트 말뚝층의 목적은 터널이 굴착되는 동안 지하연속벽의 거동을 최소화하기 위한 것이었다. 굴착이 진행됨에 따라 스트럿을 시공하고 스크럿 10단 시공에 앞서 제트 그라우트 말뚝의 임시층을 제거하였다. 다행스럽게도 이 프로젝트는 지반과 벽체 거동을 모니터링하기 위한 침하판, 경사계, 피에조미터, 변형률 게이지 및 로드셀 등을 포함한 지반공학적 계측이 충분히 설치되었다. 붕괴가 발생한 부분에 설치된 계측기는 붕괴 원인을 파악하여 데이터를 제공했다. 더욱이 지반 조건은 주로 해성 점토층으로 구성된 점토질 및 사질토질 지반으로 이루어져 있다.

사고조사위원회 보고서에 따르면, 붕괴는 갑자기 진행된 것이 아니었다. 붕괴가 임박했다는 경고가 많았지만, 대부분의 경고는 심각하게 받아들여지지 않거나 무시되었다. 붕괴 전에 발생한 사건 중 일부는 임시 가시설 시스템의 지하연속벽 설계를 위해 유효응력 접근법(비배수 A)을 사용하는 설계 방법론의 중요한 오류를 밝혀냈다.

주 붕괴가 발생하기 전에 400mm 정도의 과도한 지표침하 현상이 감지되었으며, 다이어 프램 벽체 패널의 수직 균열도 분명하게 관찰되었다. 이 균열은 지하연속벽(D-wall)이 최대 용량에 도달했음을 나타내는 지표 중 하나였다. 이러한 이유로 제트 그라우트 말뚝은 벽의 변형을 제한하기 위해 시공되었다. 본 사고가 발생한 날, 현장에 있던 근로자들은 오전 8시쯤 다단계 스트럿 시스템으로부터 소리를 들었으며, 시공사의 시니어 엔지니어들에 의해 조사되었고, 불행하게도 그들은 많은 월러-스트럿 연결부들이 항복했다는 것을 발견했다. 그 후 즉각적인 조치가 실행되어 모든 시공 근로자들을 대피시켰다. 오후에는 발주자 측 기술자들이 현장에 와서 시공사 기술자들과 함께 굴착 안정화를 위해 스트럿 9단에 콘크리트를 타설하기로 결정했다. 하지만, 오후 3시 30분에 가시설 시스템이 붕괴되었고 4명의 사상자와 3명의 부상자가 발생했다. 본 붕괴에 대한 공식적인 원인은 싱가포르 노동부 사고조사위원회가 보고하고 있다. 첫째는 지하연속벽(D-wall) 설계를 위한 방법 A(유효응력 방법)의 적용은 비배수 전단강도를 과대평가하는 결과를 가져왔으며, 그 결과 지하연속벽의 벤딩 모멘트 및 변형은 약 50%로 과소평가되었다. 둘째는 월러-스트럿 연결부의 과소설계였다.

3. 니콜 하이웨이 붕괴 원인 및 메커니즘

3.1 연약점토의 비배수 거동에 대한 모델링 오류

다단계 지반굴착 설계 시 해석을 통하여 지반의 거동을 평가하게 된다. 많은 경우에 지반의 배수 거동은 unloading으로 인해 굴착 작업에 매우 중요하지만, 비배수 거동은 여전히 투과성이 매우 낮은 해성 점토와 같은 토질에 적절하다.

니콜 하이웨이의 개착터널 설계 시 사용된 소프트웨어는 Plaxis였다. 지반의 비배수 거동을 고려할 때 관련 강도 파라미터는 지반의 총응력 파라미터이다. 강도 설계의 경우 비배수되지 않은 전단강도(C_u)이다. 설계자는 때때로 특정 지반의 비배수 전단강도 값을 소프트웨어에 직접 입력하도록 선택할 수 있다. 그러나 Plaxis에서 소프트웨어를 사용하면 설계자가 효과적인 응력 파라미터(즉, 점착력 c' 및 마찰각 θ')를 사용하여 비배수 거동을 모델링할 수 있다. 이것의 장점은 압밀로 인한 전단강도 증가를 설계에 사용할 수 있고 결과적으로 경제적인 설계를 얻을 수 있다. 설계자는 이를 활용하여 Plaxis의 유효응력 파라미터를 사용하여 비배수 조건을 모델링했다[그림 5.6].

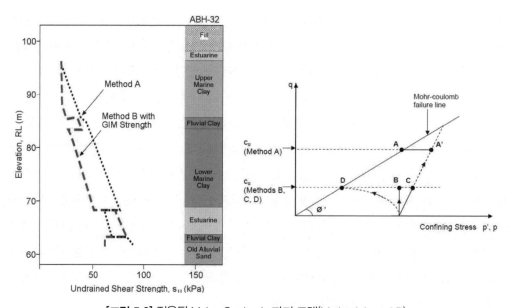

[그림 5.6] 적용된 Mohr-Coulomb 파괴 모델(Method A and B)

그러나 C824 프로젝트 설계자는 특히 연약점토의 경우 전단강도 증가가 정량적으로 잘못될 수 있다는 사실을 인식하지 못했다. p-q 그림에서는 모어-쿨롱(Mohr-Coulomb) 모델(MC 모델)을 사용한 비배수 재하에서 응력경로가 수직 위로 이동하는 것을 시각화할 수 있다. 즉, 모어 원의 중심(p-좌표)은 동일하게 유지되지만 원의 반지름(q-좌표)은 증가한다. 또한 p와 q는 각각 평균 응력과 편차응력이다. 비배수 제하의 경우, 하중은 토질에 있는 물에 의해 완전히 흡수되므로 토질의 유효응력에는 변화가 없다. 하중이 증가할수록 모어 원이 커짐에 따라 편차응력(q-좌표)만 증가하게 된다. 실제로 비배수 제하 시(즉, 물에 가해지는 압력) 양의 과잉 간극수압이 증가하면, 응력경로가 왼쪽으로 변하며, '총응력=유효응력+간극수압'으로 인해 평균 유효응력(p-좌표)이 감소하게 된다. 물이 모든 방향으로 압력을 가하기 때문에, 물에서의 수직 응력이 증가하면 수평으로 작용하는 응력과 같은 결과가 된다는 것을 이해하는 것이 중요하다.

유효응력 파라미터를 사용한 토질의 전단강도의 과대 예측은 심각한 과소설계 결과를 초래했다. 흙막이 가시설 벽체의 힘과 모멘트는 심각하게 과소평가되었고, 예측된 변경은 너무 낙관적이었다. 이로 인해 흙막이 가시설의 지보 시스템의 크기가 부적절하게 조정되었다. C824 다이어프램 벽체에 대한 역해석 결과, 휨 모멘트 및 굴절은 50% 정도 과소평가된 것으로 나타났다.

3.2 곡선형 지하연속벽과 지장물 횡단

지하철 노선의 곡선 선형은 흙막이 가시설이 이 곡률을 따라야 한다는 것을 의미한다. 곡선형 지하연속벽(D-wall)은 설계 및 시공에 많은 난제를 제기한다는 점에 유의해야 한다. 첫째, 단면 설계에 채택된 일반적인 2차원 평면 변형률 해석은 평면 바깥방향으로 실행되는 곡률의 효과를 반영하지 못한다. 흙막이 가시설 벽체의 힘과 모멘트, 스트럿 힘 및 벽체 굴절은 곡률로 인해 증가하거나 감소할 수 있다. 시공 시 벽체의 곡률로 인해 연속적으로 윌러를 시공하기가 쉽지 않았다. C824에서 일부 위치의 불연속적인 윌러로 인해 인접한 지하연속벽 패널 간의 약화가 발생했다. D-벽체가 개별 패널로 구성됨에 따라 측압으로 인해 벽체 접합부가 약한 위치에서 노출되었다. 설계자들이 간과했던 벽체 접합부의 오픈 방지를 위한 타잉 효과(Tying Effect)를 제공하기 위해 견고하고 지속적인 타잉 윌러를 제작해야 했다.

기존 지하 유틸리티는 굴착 시 손상으로부터 보호해야 한다. 때로는 공사가 시작되기 전에 유틸리티가 굴착 구역에서 다른 곳으로 옮겨질 수도 있지만, 항상 가능한 것은 아니다. 프로젝트 당사자가 굴착공사의 일환으로 기존 유틸리티를 관리해야만 한다. C824에서는 중요한 전기 케이블(66kV)이 지하연속벽을 가로막고 있었다[그림 5.7]. 4m의 유틸리티 갭이 지하연속벽의 연속성을 방해해 지하연속벽에 연약구간을 만들었으며, 연약지반에서 적절히 연결되지 않는 유틸리티 갭을 통해 누출되는 토사로 인해 지반 손실이 발생했다. 또한 시공자도 지속적인 스트럿을 설치하는 데 어려움을 겪었다. C824의 경우 제트그라우트 말뚝(JGP)이 지장물의 손상 우려 때문에 유틸리티 구역 근처에서 제대로 수행되지 않은 것으로 파악했고, 이는 굴착 기초에 안정성을 제공하는 JGP의 효과를 심각하게 손상시킬 수 있었다.

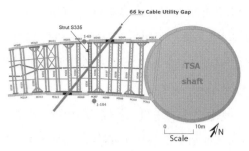
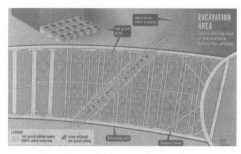

|(a) 곡선형 지하연속벽과 Cable Utility|(b) JGP 시공|

[그림 5.7] 지하연속벽과 JGP 시공상의 문제점

3.3 스트럿 시스템의 시공 불량

C824의 스트럿 시스템 설계에는 많은 미흡한 점이 있었다. 설계-시공 일괄입찰의 계약 특성상 시공자는 경제적인 설계를 원했지만 곡선형 지하연속벽(D-wall)과 스트럿의 좁은 수직간격은 시공성을 저해하는 주요 요소였다. C824에서 일부 월러는 불연속적인 것으로 확인되었고, 일부 스트럿은 스플레이(Splay) 없이 설치되었다[그림 5.8]. 또한 월러(Waler) 없이 스트럿이 D-wall 패널에 직접 부착되는 경우도 있었다. 월러의 기본 목적은 하중을 재분배할 수 있도록 벽체에 지속적인 라인 지지를 제공하는 것이며 편심의 영향을 완화할 수 있어, 이를 생략했을 때 스트럿 지보시스템의 효과가 다소 저하되었다.

[그림 5.8] 흙막이 가시설 지보 시스템

시공 중에 스트럿 및 월러 연결부용 플레이트 보강재 일부에서의 좌굴이 확인되었다. 이러한 현상이 스트럿의 플랜지를 통해 더 많은 하중이 전달되어 플레이트 보강재가 부적절하게 되었기 때문이다. 강철 보강판의 부적합은 월러의 강성 지지 길이를 과대평가한 보강재의 과소설계 때문으로 확인되었다. 시공자는 더 큰 C-채널 단면이 보강재로서 더 나은 성능을 발휘할 것이라고 생각하면서 강철판을 C-채널로 교체했다[그림 5.9]. 이것은 스트럿 시스템의 부적합을 초래하는 주요 요인 중 하나였기 때문에 비용이 많이 드는 실수임이 입증되었다. 시공자는 보강재 역할을 하는 C-채널이 오픈 보강시스템을 가져왔다는 것을 깨닫지 못했다. 이것은 오픈 보강시스템이 측방 붕괴의 내재적인 약점을 가지고 있었다는 것을 의미한다. [그림 5.10]에서 보는 바와 같이 측방 파괴모드는 피크 이후의 취성반응으로 인해 위험하다. 시스템이 용량을 초과하여 과부하되면 갑자기 파괴가 발생하고 하중전이용량이 급격히 감소한다.

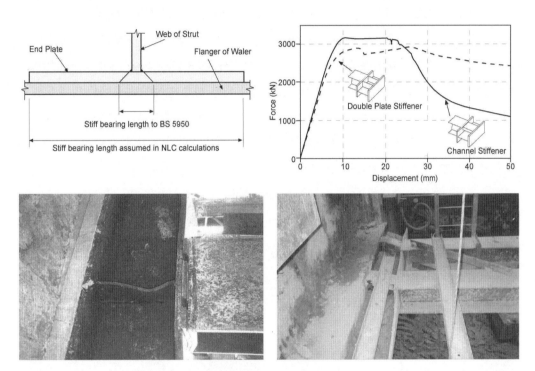

[그림 5.9] 설계하중 이하의 월러 연결부

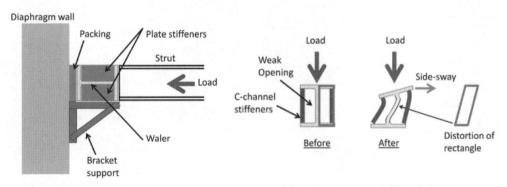

(a) C-Channel Stiffness 교체 시공   (b) Open Stiffness의 측방 파괴모드

[그림 5.10] C-Channel의 측방 파괴

3.4 위험 신호의 무시

C824와 같은 대규모 인프라 프로젝트는 필연적으로 설계 및 공사 중 현장 작업을 위해 대규모 프로젝트 인력팀이 필요했다. PM엔지니어, 감리자, 발주처 담당자 및 시공자로 구성된 대규모팀이 현장에 참석했음에도 불구하고, 프로젝트 관계자 중 누구도 붕괴가 임박했다는 비정상적인 위험 신호를 인지하지 못했다. 붕괴 전에 벽체의 변형은 400mm 이상이었는데, 이것은 프로젝트 관계자들에게는 경각심을 주지 않는 것처럼 보였다. 또한 보강판의 좌굴과 킹 포스트의 변형과 같은 스트럿 시스템의 이상이 있다는 징후가 있었다. 프로젝트 관계자들이 변형되고 좌굴된 구조 부재와 벽체의 변형 그리고 지반 거동으로부터 위험성을 인지했다면 니콜 하이웨이 붕괴사고의 비극은 피할 수 있었을 것이다. C824에서 공사비와 공기에 대한 엄청난 압박은 시공자가 불필요한 위험을 감수하도록 했고, 심지어 위험 신호 앞에서도 공사를 멈추지 않을 정도로 상황이 반전되고 안정되기를 희망했다. 공사를 서둘러 굴착과 백필공사를 완료하려는 이러한 마음가짐은 위험한 것이다. 더 안전한 방법은 공사를 중단하고 안전 및 안정성을 보장하기 위해 취약한 영역을 강화하는 것이다.

3.5 붕괴 메커니즘

본 사고의 붕괴 메커니즘은 다양한 상세 조사와 검토를 거쳐 규명되었다. [그림 5.11]에서 보는 바와 같이 9단 스트럿의 파단으로부터 시작하여 지하연속벽의 벽형과 항복(Yielding)이 발생하고, 이후 [그림 5.12]에 나타난 바와 같이 흙막이 가시설 시스템 전체가 붕괴에 이르게

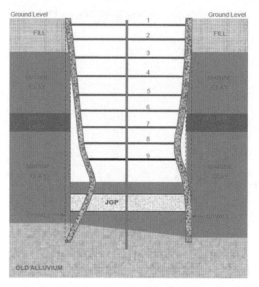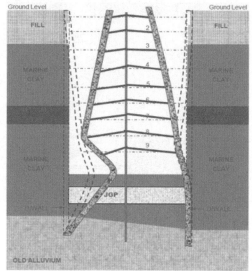

[그림 5.11] Yielding of Diaphragm Wall

된 것으로 조사되었다. 또한 흙막이 가시설의 붕괴로 인하여 주변 도로, 지장물 등이 동시에 붕괴되어 재산상 및 인명상의 막대한 피해를 가져오게 되었다.

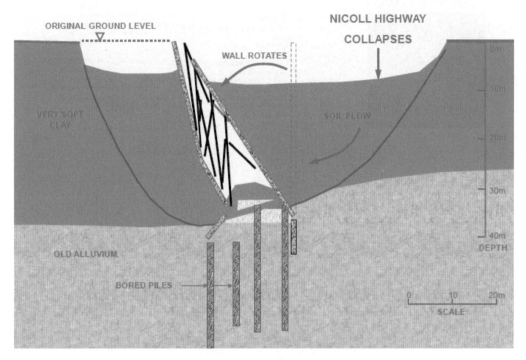

[그림 5.12] Collapse of Earth Retaining System

4. 사고조사 보고서 검토

싱가포르의 새로운 Circle Line(1단계 C824공구)을 위한 개착 터널을 굴착하는 동안 니콜 하이웨이의 붕괴는 사고조사위원회 보고서(COI, 2005)에 광범위하게 기록되었다. 많은 국내 및 국제 전문가들이 사고조사 보고서에 참여했으며 이후 붕괴에 대한 상세한 분석 결과를 발표했다(예: Yong 외, 2006; Endicott, 2006; Davies 외, 2006).

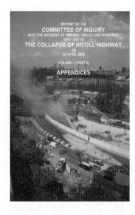

VOLUME 1	VOLUME 2
Part I: *Condolences* *Executive Summary* *Chapter 1 Introduction* *Chapter 2 Project Review : Ground Condition and Design Concepts* *Chapter 3 Events leading up to the Collapse* *Chapter 4 The Collapse* *Chapter 5 Causes and Findings of the Collapse* *Chapter 6 Criminal Liability* *Chapter 7 Safety* *Chapter 8 Lessons, Recommendations and Observations* *Annex A The Committee of Inquiry* *Annex B The Regulatory Framework* *Annex C The Contractual and Tendering Process* *Annex D Jet Grout Piles (JGP)* *Acknowledgements*	*Reports of the Experts submitted to the Committee of Inquiry* *Part I Expert Reports of the State* *Part II Expert Reports of the Land Transport Authority (LTA)* *Part III Expert Reports of the Nishimatsu-Lum Chang JV (NLCJV)* *Part IV Expert Reports of Maunsell Consultants (S) Pte Ltd (Maunsell)* *Part V Expert Reports of L&M Geotechnic Pte Ltd* *Part VI Expert Reports of Aviva Ltd*

[그림 5.13] 니콜 하이웨이 붕락 사고조사 보고서(2004)

4.1 붕괴 원인 분석

C824 프로젝트에서 니콜 하이웨이 붕괴는 두 가지 중요한 설계 오류에서 비롯되었다.

- Method A를 사용한 지하연속벽(D-wall)의 과소설계(Under Design)
- 스트럿 시스템의 월러 연결부의 과소설계(Under Design)

이러한 설계 오류로 인해 9단 스트럿 월러 연결부가 파괴되었고, 9단 스트럿이 파괴되면서 전체 흙막이 가시설 벽체 시스템이 재분배 하중을 견딜 수 없게 되었다. 그러고 나서 재앙적인 붕괴가 점차적으로 이어진 것으로 붕괴가 갑자기 진행된 것은 아니다. 다음과 같은 몇 가지 기술적 및 관리적 요인이 붕괴의 원인이 되었다.

- 초기 단계부터 최종 붕괴까지 요구되는 관리수준을 입증하지 못함
- 심각한 인적 오류
- 초기 단계부터 다가올 붕괴에 대한 경고는 심각하게 받아들여지지 않음
- 시공자는 초기의 경고 사인을 제대로 다루지 못함
- 다양한 사고로 인해 시공자와 전문업체에 의해 사용하는 설계, 시공, 계측, 관리 및 조직 시스템의 마비로 이어짐
- 방어 시스템의 파괴
- 적절하고 적정한 설계 검토의 부족
- 불충분한 비상시의 대책

- 붕괴가 일어난 M3 타입에서의 역해석의 남용
- 규칙적인 면밀하면서 효과적인 계측 모니터링 체제를 구축하지 못함
- 지반공학적으로 문제를 가지는 M3 타입에서의 두 개의 중요한 역해석 오류
- M3 타입에서 2차 역해석에 기초하여, 계측 검토 수준의 반복적인 위반

4.2 붕괴의 징후와 원인

재앙적인 붕괴에 앞서 다음과 같은 여러 징후들이 나타났다.

- 과도한 벽체 굴절 발생 증가
- 경사계 수치 증가
- 윌러 빔 좌굴
- 보강판 좌굴
- 지반 침하
- 다이어프램 벽체의 틈을 통해 물과 토사 유입
- 콘크리트 코벨 파괴
- 윌터 빔의 소리
- 보강 브래킷의 파괴
- 스트레인 게이지 계측치의 급락
- 2004년 4월 20일 스트럿 시스템의 중심부에서 6시간 동안 '쿵' 하는 소리

본 붕괴의 책임은 이러한 징후들에 대하여 적절히 대처하지 못한 시공사에 있다고 할 수 있다.

- 지하연속벽(D-wall)의 주요 위치의 경사계는 중요한 기간 동안 매일 모니터링되지 않았으며, 이상징후를 파악할 기회를 놓침
- 계측 데이터의 해석은 형식적이었음
- 과거 경험에 대한 의존도가 사고에 적절하게 적응하지 못했고, '표준'이지만 차별화되지 않은 대책들은 효과적이지 않음
- 지반 불확실성에 대한 관리 부족
- 안전하지 않은 많은 작업이 있었고, 안전 리스크는 관리되지 않았으며, 안전 문화는 불충분
- 현장 사고 대처하는 데 필요한 긴급 계획 및 비상조치 절차가 부적절
- 시공자의 전반적인 기업 역량 부족

이러한 붕괴사고로부터 필수적으로 다음과 같은 필요성을 찾게 되었다.

- 확실한 설계
- 리스크 기반 설계 및 관리
- 목적이 있는 역해석
- 효과적인 계측 모니터링 및 계측결과 분석 체계
- 시공 중의 품질관리
- 시공사의 역량과 안전관리
- 입찰 절차의 검토

4.3 안전 관리

프로젝트의 안전 및 안전 문화는 미흡했다. 이번 사고조사에서는 공공기관, 발주자, 시공자의 깊은 굴착 작업에 대한 안전의 필요성이 대두되었다. 진정한 문제는 안전이 우리에게 어떤 대가를 치르게 하느냐가 아니라, 안전이 무엇을 절감하느냐 하는 것이다.

2003년 3월부터 2004년 4월 20일 붕괴 당일까지 많은 안전상의 실수와 오류가 있었다. 안전 오류와 조직상의 실패의 역사가 있었다. 이러한 조직상의 실패는 프로젝트 수행에 있어 안전 문화의 결여를 보여주었다. 의심할 여지없이 인간의 실수는 있었지만 이것들은 단지 예견할 수 있는 조직상의 실패의 결과일 뿐이다.

니콜 하이웨이 붕괴 사고의 주요 원인은 다음과 같다.

- 리스크 식별, 리스크 회피 및 감소를 적절하게 처리하지 않은 방어 시스템의 잔류 리스크 관리의 실패
- 시공자와 전문업체들의 안전 민감성 부족과 안전문화 부재
- 중대한 안전 실패는 불안전 공사, 불안전 조건 및 태도에 직면하여 공사 중지명령이 내려지지 않았다는 것으로 공사 중지명령은 실행 가능하고 현실적인 옵션이어야 하며, 지휘 계통과 비효율적인 의사소통에서 명확성의 결여

기본 원칙은 위험 요소를 피하고 리스크를 최소화하며 건설 현장에서 일하는 사람들뿐만 아니라 건설 활동에 의해 영향을 받을 수 있는 다른 사람들의 건강과 안전을 보호하는 것이다. 비규범적인 권장 사항은 다음과 같다.

1) 효과적인 리스크 관리

니콜 하이웨이 붕괴와 같은 주요 사고는 확률이 낮은 사건들에서 발생할 수 있다. 이러한 사고는 효과적인 리스크 관리를 통해 예방되어야 한다. 이는 상당한 운영자가 리스크 평가의 가정을 매일 준수하도록 모든 리스크를 모니터링하는 기능을 수행하는 데 관리상에 상당한 정도로 영향을 주어야 한다.

"리스크를 만드는 사람은 이를 줄일 책임이 있다"라고 했다. 시공 프로세스 또는 설계상의 결함(본 사고와 같이)으로 인한 대형 사고의 가능성을 인식하고 신속하게 통제해야 한다. 발주자는 현장에서 건강, 안전 및 복지를 보장해야 한다.

리스크 통제를 전적으로 시공자에게 맡기는 것은 부적절하다. 리스크는 합리적으로 실행 가능한 한 낮은 수준(As Low as Reasonably Practical, ALARP)으로 감소되어야 하며, 이것은 본질적으로 기술적인 문제로 프로젝트의 계약 금액으로 결정할 수 없다.

리스크 평가는 또한 공공에 대한 위험요소를 고려해야 하며 단순히 작업 중인 개인에 대한 위해성을 고려해야 하는 것은 아니다. 확인된 리스크는 리스크 등록부를 통해 다른 사람에게 전달해야 한다.

인적 오류는 운영자에게만 국한되지 않고 조직 전체에서 발생할 수 있다는 점을 인식해야 한다. 본 프로젝트와 같이 설계, 역해석, C-채널 사용 및 모니터링 데이터 해석에서 높은 수준의 오류는 다른 부분에 오류를 만들 수 있는 상황을 만들기 때문에 중요한 역할을 할 수 있다.

기업 역량의 최소 기준을 수립하고 유지해야 한다. 이와 유사한 굴착 프로젝트에서는 적절한 역량이 만들어져야 한다. 새로운 기술이나 익숙하지 않은 기술은 특별한 검토가 필요하며, 작업자나 대중에게 상당한 피해를 줄 가능성이 있는 주요 프로젝트도 마찬가지이다.

2) 불확실성과 품질 관리

불확실성의 존재를 인식하고 책임을 분담하고 실수를 빨리 배우고 갈등을 잘 관리하는 생산적인 문화를 육성할 필요가 있으며, 역할과 책임을 명확히 정립해야 한다. 발주자와 시공자는 공기 및 공사비 압력과 품질 및 안전 목표 사이의 균형이 이루어져야 한다. 효과적인 관리는 고위 관리자로부터의 효과적인 책무를 보여주어야 하며, 안전관리 담당자를 포함한 모든 직원이 참여해야 한다.

중요한 결정은 적절한 시기에 적절한 수준에서 이루어져야 한다. 발주자와 시공자, QP(전문기술자)와 PE(책임기술자), 그리고 발주자와 시공사의 설계자 간의 솔직하고 정기적인 협의가 있어야 하며, 사고를 예방하기 위해 방어 체계에서 당사자들의 각각의 역할과 책임을 상호 확인하고 이해할 수 있는 기회를 제공해야 한다.

3) 지반공학적 계측관리 및 모니터링

계측 모니터링은 깊은 굴착 작업에 필수적이며, 적절한 기기를 배치해야 한다. 또한 수집된 계측자료는 적절하게 사용 및 관리되어야 한다. 모니터링 시스템은 모든 설계 및 시공 요구사항을 충족하기에 충분한 질적 및 양적 데이터를 수집해야 한다. 특히 시공 중 모니터링은 안전을 고려하여 신중하게 수행되어야 한다.

4) 설계의 안전성

설계의 안전성은 리스크를 식별하고 제안된 설계가 리스크를 적절하게 해결할 수 있는지 확인함으로써 제공된다. 또한 설계에는 특정 요소의 파괴 시 치명적인 붕괴를 방지할 수 있는 충분한 안전성과 중복성이 있어야 한다. 설계에는 자재 부족 및 시공 결함을 해결하기 위한 안전장치가 포함되어 있어야 한다.

5) 설계 검토 및 독립적 체크

구조적 문제가 확인되거나 계측기 측정값이 편차 또는 이상을 나타내는 경우 설계 검토를 수행해야 한다. 이를 위해서는 프로젝트 시작 시 계획된 프로그램이 필요하다. 영구 공사에서 수행되는 것과 마찬가지로 지하굴착을 위한 모든 임시 공사에는 독립적인 체크가 수행되어야 한다. 임시 공사의 구조 안전은 영구 공사의 구조 안전만큼이나 중요하며 확립된 법규에 따라 설계되고 유자격자에 의해 점검되어야 한다.

6) 지반공학적 설계에서의 수치해석

일반적으로 수치해석 또는 모델링은 건전한 엔지니어링 관행과 판단에 대한 대체수단이 아닌 보완하는 용도로만 사용해야 한다. 또한 지반공학적 원리에 대한 기초 지식을 갖추고 수치 모델링과 그 한계를 명확하게 이해하고 있는 유능한 기술자가 지반공학적 수치 해석을 잘 수행해야 한다.

니콜 하이웨이 붕괴사고 이후 싱가포르 정부는 향후 공공 조달 과정에서 안전에 프리미엄을 붙일 것이며, 공공 기관은 또한 성공적인 입찰자의 우수한 안전 수행에 대한 인센티브를 제공할 것임을 발표했다.

4.4 법적 책임

사고조사위원회는 직무 수행에 실패한 자에 의한 과실 범위 또는 책임 범위가 있을 수 있음을 확인하였다. 이것은 의도적인 행동, 무모한 무관심, 의식하지 못한 부주의, 그리고 안전에 대한 불량한 태도까지 다양할 수 있다. 정의와 공공 이익의 목적은 결코 법의 모든 위반에 대한 무분별한 처벌만으로써 달성되는 것이 아니라, 항상 모든 관련 요소에 대한 공정하고 공평한 고려에 의해 완화된다. 각 사건의 정황은 형사소추가 적절한지 약한 제재로 충분할지를 따져봐야 한다.

법의 완전한 제재에 따라 책임 상위권에 있는 사람들은 단호하고 엄중하게 다뤄져야 한다는 것에는 의심의 여지가 없지만, 형사기소가 보장되지 않을 수 있는 하위권에 있는 사람들이 있을 것이다. 조사보고서에서는 형사기소에서 경고와 상담에 이르기까지 단계적인 책임 범위를 권고하고 있으며, 증거에 따라 관련 회사는 공장법 제104장 제33(1)조 및 제33(3)조를 위반한 것으로서, 공사 현장은 건전하고 적절하게 유지되어야 하는데 C824 프로젝트를 실행하는 데 있어 이를 제대로 제공하지 않았다. 즉 공사현장을 안전하게 만들고 유지하기 위해 합리적으로 실행 가능한 모든 조치를 취하지 못했다.

또한 회사의 두 임원은 공장법 제88(13)조 또는 형법 제224장 제304A조에 따라 책임을 지게 되었고, QP(ST-전문기술사)는 건설공사 수행 허가조건 8을 위반하여 건설관리법 제29장 제19(1)조에 따라 책임을 지게 되었다. 또한 회사 직원 3명, 이사회의 선임엔지니어 1명, 두 명의 전문업체 직원 2명, 그리고 2명의 하도업체 직원 2명은 공장법 제81조, 공장법 제88조 13항 또는 형법 336조의 위반으로 경고처분을 받았다.

이사회 직원 두 명과 회사의 등록된 현장 안전담당자는 본 사고와 관련하여 안전에 대한 태도가 좋지 않아 노동부로부터 상담을 받아야 했다. 이들에 대한 형사범죄에 대한 구체적인 증거는 없었지만, 이사회팀과 엔지니어는 중요한 시점에 공사를 중지하지 못한 것에 대해 일차적으로 책임을 져야 하고, 프로젝트 수행 시 안전에 대한 이사회의 태도는 문제가 많았으며, 안전에 대한 현장 안전 담당자의 접근은 사전 예방적이지 않았다.

5. 복구 공사 및 노선 변경

5.1 긴급 복구 공사

붕괴된 구간에 대한 복구 공사는 먼저 붕괴된 구간을 재굴착하는 방안과 선형을 변경하는 신설하는 방안이 검토되었다. 복구 방안의 중점사항은 니콜 하이웨이 구간을 우선적으로 개통하여 도심 교통을 원활하게 하는 것으로 [그림 5.14]에서 보는 바와 같이 붕괴된 사고 구간에 대한 복구계획을 수립하였다. 복구 공사는 붕괴구간을 폼콘크리트와 매스 콘크리트 그리고 되메움토로 채운 후 니콜 하이웨이를 재시공하도록 계획하였다.

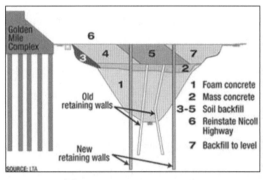

(a) Recovery of Tunnel Site

(b) 긴급 복구 공사

[그림 5.14] 붕괴 구간 복구계획 및 복구 공사

단계별 복구 공사에 대한 개요도는 [그림 5.15]에서 보는 바와 같다. 복구 공사의 1단계는 붕괴지점에 저강도 저점도의 폼콘크리트를 채우는 것이었다. 이런 종류의 콘크리트는 파편(Debris) 사이에 작은 공극 속으로 흘러들어가고 굴착 내부의 지하수를 대체하기 위한 것으로서, 이는 공극을 안정시키고 더 이상의 지반 거동과 주변 지반의 침하를 막기 위한 것이다. 콘크리트 믹스의 강도가 낮기 때문에 나중에 복구 과정에 따라 굴착이 재개될 때 제거할 수 있다.

2단계에서는 더 높은 매스 콘크리트의 층으로 덮어 대략적으로 편평한 면을 형성했다. 이런 종류의 콘크리트는 파편 사이의 작은 틈으로 흘러들어와 굴착으로 흘러드는 물을 대체할 수 있다. 3단계에서는 붕괴된 경사면의 외부 영역을 안정화시키기 위해 매스 콘크리트의 국부적인 충전 또는 토사층의 백필을 수행하였다. 4단계에서는 상부(매스 콘크리트 플랫폼)로부터 제거 가능한 모든 파편(강재 빔)을 제거하는 것이다.

5단계와 6단계에서는 니콜 하이웨이 하부와 사고 현장 위로 원지반 높이까지 토사로 채우는 것이다. 7단계에서는 니콜 하이웨이를 복구하는 것이다. 8단계와 마지막 단계에서는 다른 모든 함몰 부분을 원지반까지 다시 채우는 것이다. 위의 복구 프로세스가 완료된 후, 새로운 옹벽이 설치되어 굴착공사를 재개할 것이다.

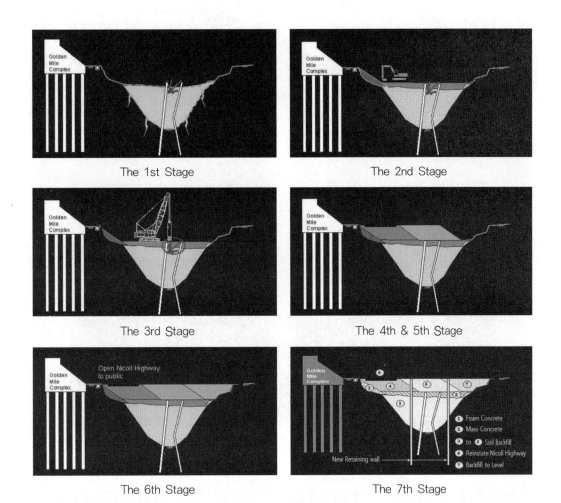

[그림 5.15] 단계별 복구 공사

5.2 새로운 선형 변경

붕괴된 구간의 긴급복구 공사와 함께 복구 방안이 논의되었다. 복구 방안으로는 붕괴구간에서 지반을 보강한 후 재굴착하는 방안과 선형을 변경하여 새로운 역과 터널을 신설하는 방안이 검토되었으며, 최종적으로는 [그림 5.16]에서 보는 바와 같이 선형을 변경하여 니콜 하이웨이역을 신설하고 기시공된 불바르(Bollevard)역을 새로운 터널 노선으로 연결하는 방안이 선정되어 복구 공사가 진행되었다. [그림 5.17]에는 복구 공사 이후에 신설된 니콜 하이웨이역을 보여주고 있다.

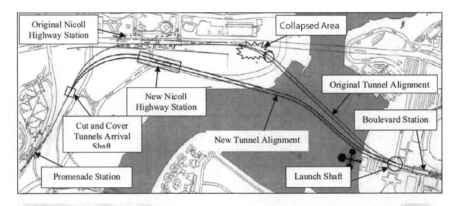

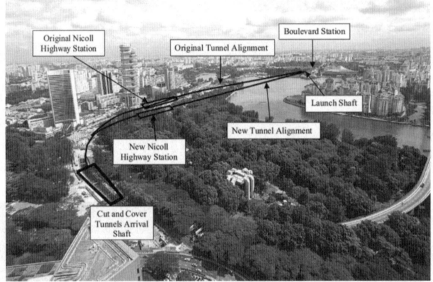

[그림 5.16] 신설 니콜 하이웨이역과 변경된 터널 선형

[그림 5.17] 신설 니콜 하이웨이역

6. 교훈(Lesson Learned)

니콜 하이웨이 붕락사고는 사고는 싱가포르에서 발생한 최악의 토목 재해 중 하나였다. 그것은 붕괴사고의 규모와 설계 및 시공의 중요성뿐만 아니라 프로젝트가 관리되는 방식에서도 마찬가지였다. 또한 글로벌 수준을 지향하는 싱가포르 토목건설분야에서 이번 붕괴사고는 여러 가지 면에서 변환점을 가져왔으며, 특히 지하건설공사(Underground Building Works)에 대한 보다 적극적이고 능동적인 공사관리가 재정비된 중요한 계기가 되었다. 이번 사고를 통하여 얻은 교훈은 다음 표에 정리한 바와 같다.

[표 5.1] 니콜 하이웨이 붕괴 사고로부터 얻는 교훈

	구분	교훈
1	조사	중점관리구간과 지층변화구간에서 보다 많은 시추
2	해석	연약점토의 비배수 조건에서 Method A를 적용하지 말 것
3	해석	중요구간 해석시 Full Mesh 적용
4	해석	굴착해석은 복잡한 과정으로 결과를 과신하지 말 것
5	해석	합리적인 지반정수 적용 및 시공단계를 반영한 적절한 역해석 필요
6	계측	계측은 반드시 계측계획에 따라 수행
7	계측	계측자료 분석을 위한 전문인력 투입
8	계측	계측자료의 유효성 확인
9	계측	변위속도를 또 다른 기준으로 사용
10	계측	관찰적 접근법(Observational Method) 적극적으로 수행
11	시공관리	설계대로 시공하는지 확인하고 엄격한 설계 변경절차
12	시공관리	검증되지 않은 시공법 적용 시 주의
13	시공관리	현장에 전문가가 시공자와 독립적으로 수행
14	시공관리	현장자료는 즉각적으로 현장에 관련된 모든 당사자에서 전달/공유
15	시공관리	적절히 교육되고 훈련된 현장기술자(Site Engineer) 필요
16	시공관리	즉시적으로 실행준비가 되어 있는 비상계획(Contingency Pplan)
17	시공관리	자격이 있는(Qualified) 지반기술자를 연관시키도록 할 것
18	발주체계	지반공사의 안전성 확보를 위한 적정 공사비와 합리적인 공기

임시 공사의 안전은 때때로 뒷전으로 밀릴 수 있다. 왜냐하면 임시 공사는 영구 공사의 편의를 위해 상대적으로 짧은 기간 동안만 건설되기 때문이다. 공사 당사자들은 때때로 임시 공사에 더 낮은 안전 기준을 채택하고 싶어한다. 그러나 이는 C824 붕괴사고에서 볼 수 있듯이, 특히 복잡한 현장 조건을 수반하는 대규모 프로젝트의 경우 많은 비용이 요구되는 중대한 잘못이 될 수 있다.

싱가포르에서는 C824 붕괴사고의 결과로, 임시 공사는 영구 공사와 동일한 안전 요소를 요구하며, 현장에서 공사를 시작하기 전에 설계 승인을 안전 보고서를 당국에 제출해야 한다. 복잡한 지반공학적 공사에 참여하는 설계자는 적절한 소프트웨어 사용을 위해 지반 거동을 이해하고 소프트웨어의 가정과 모델 및 분석 결과의 한계를 포함하여 해석 구조를 올바르게 유지할 수 있는 능력을 갖추도록 해야 한다. 또한 현장기반의 공학적 문제를 식별하고 잠재적인 위험을 방지하기 위해서는 이론적 지식 외에도 경험이 매우 중요하다.

사고조사위원회의 노력으로 니콜 하이웨이 붕괴사고의 발생 경위에 대해 많은 것이 파악되었다. 여기에는 88일간의 청문회 동난 173명의 증인과 20명의 전문가가 포함된다(LTA Academy, 2013). 사고위원회의 조사로부터 이번 붕괴를 야기한 원인을 주로 지반굴착에 사용된 흙막이 가시설 지보시스템의 설계와 시공에 관련된 일련의 잘못으로 볼 수 있다.

1) 과소설계를 이끈 지반 분석의 오류

이 모든 것은 가시설 시스템 설계 초기의 지반 분석에서 시작되었다. 설계 프로세스의 일부로 지반거동에 대한 탄성-완전 소성 모델을 사용한 지반-구조 상호작용의 유한요소해석분석을 채택했다. 이 방법은 매우 잘못되었고, 결과적으로 흙막이 가시설에서 과소설계로 이어졌다. 설계자는 해석방법의 단점을 알고 있었지만 사용을 고집하고 변경을 거부했다. 지반 거동의 Mohr-Columb(MC) 모델로도 알려진 이 방법은 해당 지역에 대한 지반 전단강도를 비배수 전단강도로 나타낸다. MC 모델은 천층 지반의 거동을 평가하는 데 적합하지만, 실제로 굴착 깊이를 고려할 때, 모델은 여전히 잘못된 분석의 잘못된 선택이었다. 이로 인해 흙막이 지보시스템에 작용하는 힘이 과소평가되었고, 이는 결국 부적절한 변형의 지하연속벽(D-wall)와 잘못된 두께의 JGP 슬래브로 이어졌다.

2) 나쁜 엔지니어링 결정을 만든 공사비 절감

지하연속벽(D-wall)을 지지하기 위해 브레이싱 시스템에 연결된 수평 강재 스트럿과 띠장 빔을 포함했다. 스트럿과 띠장사이의 연결부는 벽체를 둘러싸고 있는 연약 점토가 가하는 하중을 어느 정도 견딜 수 있도록 되어 있었고, 부적절한 지반분석으로 인해 이미 설계가 미흡한 상태였다. 그러나 이 문제는 하중 분산형 스플레이라고 하는 중요한 구성 요소를 생략함으로써 악화되었다. 이러한 스플레이가 없을 경우 벽체에서 띠장 빔에 가해지는 하중은 생각했던 것보다 훨씬 크게 된다. 이후 변형으로 인해 좌굴된 스트럿-월러 연결부를 보강하기 위해 C-채널 강재부를 C-채널 보강재로 대체했다. 보강재에서 확인된 좌굴에 비추어 설계에서 이를 재평가해야 할 필요성을 보여주는 리스크 분석결과를 무시하고, 적절한 강철단면 대신 부족한 보강재를 사용하여 공사비를 낮추기로 선택했다.

시공사는 공기에 대한 발주처(LTA)의 압력뿐만 아니라 예정보다 늦은 공기에 대한 클레임으로 인해 2,500만 싱가포르 달러의 비용을 절감하려는 동기가 있었을 것으로 생각되었다. 다른 현장에서도 비슷한 스트럿이 문제되었지만, 설계가 여전히 유효하다고 주장했다. 또한 시공자는 대체재의 설계에서 빌딩 코드 BS5950에 개략적으로 설명된 요구사항을 잘못 해석했으며, LTA가 공사 중단을 위해 계약상의 권한을 행사하는 것을 방지하기 위해 중요한 정보제공을 보류했다. 붕괴 후 수행된 실험실 테스트에 따르면, 4,000kN 이상의 힘이 2,551kN만 견딜 수 있는 연결부를 통해 전달되고 있었다. 붕괴는 결국 전체 브레이싱 시스템의 10개 레벨 중 9번째 레벨에 가해지는 하중이 스트럿-월러 연결부의 용량을 초과하여 강제된 이동 파괴(Foreced Sway Failure, 붕괴를 가속시킨 연결부의 급격하고 빠른 변형)라고 불리는 현상을 일으켰을 때 발생했다. 나머지 브레이싱 레벨은 증가된 하중을 견디지 못했고, 그 다음으로 붕괴되었다.

3) 잘못 수행된 불량한 계측 모니터링 시스템

C824의 조건에 따라, 굴착구역 내의 이상 활동에 대한 조기 경고를 제공하는 계측 모니터링 시스템이 필요했다. 이것은 특히 개착터널 건설을 어렵게 만드는 특성을 가진 비교적 부드러운 토질인 Marine Clay 안에 위치해 있었기 때문에 더욱 그렇다. 현장에서 사용된 계측기에는 지반의 움직임을 나타내는 침하계, 다양한 지층의 간극수압을 측정하는 간극수압계, 벽체와 바로 인접한 지반에서의 움직임을 측정하는 다이어프램 벽체의 경사계, 지보 하중을 자동으로 측정하는 로드셀 등이 포함되었다. 시공자는 사고 발생 몇 달 전에 전문계측업체에 계측관리업무를 위임했다. 불행하게도, 대부분의 계측 담당자들은 계측기 사용에 익숙하지 않았고, 자격도 없었다. 계측기에 대한 잘못된 이해는 잘못된 데이터로 이어졌고, 많은 로드셀에 결함이 있다는 것을 인식하지 못했다.

사고 발생 몇 달 전에 일부 계측기는 이미 과도하고 위험한 데이터, 지반 및 벽체로부터의 과도한 거동 징후 및 스트럿 하중 용량의 큰 변화를 나타냈다. 계측자료를 모니터링하는 인력의 무능으로 인해 비정상적인 경향을 알지 못했다. 적절한 기술인력이 계측 모니터링했다면 이러한 재앙을 피할 수 있었을 것이다.

4) 근본 원인 - 공사비와 공기 압박

사고조사를 통해 수집된 모든 증거를 검토한 결과, 아마도 가장 우선적인 잘못은 공사비를 절감하려는 시공자의 노력이었을 것이다. 여기서는 붕괴와 직접적으로 명확한 관련이 없는 몇 가지 사고 요소를 나타내었다.

당시 LTA는 '품질 및 공사비 측면에서 최고의 제안'으로 계약을 체결했으며, 입찰단계에서 입찰자의 안전기록을 중요하게 고려하지는 않았는데, 이는 공식화되지 않았기 때문이다. 또한 안전 및 기타 요소에 대한 시공자의 가치를 판단하는 방법이 인정되지 않았다.

C824는 2억 7,570만 달러의 입찰을 제출한 시공자에 낙찰되었다. 이들의 입찰은 다음 입찰 자보다 6,770만 달러, 최고 입찰자보다 1억 7,210만 달러 낮았다. 이와 같이 공사비 차이가 큰 것으로 보아 공사비가 비현실적일 수 있다. 이들이 계약을 따낸 것은 LTA가 평가한 그들의 이 전 경험과 능력 때문이다. 실패한 굴착을 괴롭히는 문제로서 공사비 절감에 대한 두 가지 주요 이유는 다음과 같다.

첫째, 시공자가 강재를 사용하여 스트럿-월러 연결부를 보강하기 위한 보강재를 제조하기로 한 것(결과적으로는 실패한)은 공사비 문제를 분명히 보여주는 지표이지만, 이 경우 공기 내로 진행되어야 한다는 압력이 그러한 잘못된 선택을 하게 된 동기가 될 수 있다. 브레이싱 시스템 의 설계 프로세스 중에 공사비 절감을 염두에 두었으므로 리스크 분석을 무시하는 심각한 잘못 된 결정이 초래될 수 있었다.

둘째, 시공자가 프로젝트에 대해 가지고 있는 관리상의 문제에서 볼 수 있으며, 이는 시공자가 그들 자신이 제출한 7,000만 달러의 제한 내에서 운영할 수 없다는 신호로 받아들여질 수 있다. 첫째, 입찰과정의 일부는 흙막이 지보시스템을 분석하고 모니터링하기 위해 Plaxis(2차원 해석 소프트웨어) 사용에 대한 LTA와 시공자 사이의 합의를 포함했다. 이것은 아마도 입찰을 LTA에 게 더 매력적으로 만들기 위한 전략이었을 것이다. 그러나 양 당사자 사이에 그 사용법을 아는 사람은 아무도 없었고, 시공자는 Plaxis에서 자신을 전문가가 아닌 사용자로만 본 토목엔지니어 의 서비스를 이용했다. 프로그램 사용에 능숙한 제한된 기술인력으로 인해 발생할 수 있는 잠재 적 문제가 있으며, 시공자가 다른 곳에서 전문가를 고용할 수 있다는 점을 감안할 때, 이는 시공 자가 프로젝트의 중요한 측면에 대해 얼마나 심각한 책임을 지고 있었는지를 보여주는 것으로 간주될 수 있다. 둘째, 사고 전에 예정보다 공기가 늦어지고, 준공기일이 늦어질 경우 2,500만 달러의 추가비용이 발생하는 것은 즉 본질적으로 비용적인 문제일 수 있다는 것을 의미할 수 있 다. 이러한 우려되는 상황에서 계약서에서 제안한 예산 범위 내에서 운영하는 데 문제가 있음을 인식하여 표준 미달 협력업체와 계측 모니터링하는 것과 같은 C824의 운영을 지속하기 위해 만 족스럽지 못한 결정을 내려야 할 수 있다. 비록 잘못된 지반분석이 나쁜 엔지니어링 설계로 이어 지는 붕괴의 직접적이고 중요한 원인으로 볼 수 있지만, 만약 지반 분석의 더 나은 방법을 사용 하여 지반을 재분석하고 현장을 감시하는 적절하고 기능적인 시스템을 구현했다면 붕괴는 예방 될 수 있었다. 그러나 시공자가 재정적으로 비현실적인 계약 입찰에 입찰하기로 한 것은 돌이키 기가 쉽지 않은 결정이며, 궁극적으로 프로젝트에서 저지른 많은 문제의 근본 원인이었다.

5) 건설시스템의 총체적 변화 요구

니콜 하이웨이 붕괴사고 이후 건설당국의 동향에 몇 가지 변화가 일어났으며, 주로 사고조사위원회의 조사와 권고 사항을 따랐다. 이는 흙막이 가시설 지보 시스템의 설계에 직접적인 영향을 미쳤을 뿐만아니라 건설산업 전반을 지배하는 정책과 법률에 몇 가지 변화를 가져오게 되었다. 가시설 공사는 영구 공사와 동일한 빌딩 법규 및 점검을 적용받아, 해당 조건을 견딜 수 있는 신뢰할 수 있는 설계를 수행할 필요가 있었다. 이번 사고 사례에서 볼 수 있듯이 흙막이 가시설 지보시스템은 C824 계약 조건의 일부로 요약된 제한 사항을 준수하지 않았으며 설계를 위해 수치 모델링에 지나치게 의존했다. 수치모델링 및 분석은 건전한 엔지니어링 관행과 판단을 보완하고 대체하지 않으며 반드시 자격이 있는 전문가가 수행해야 한다. 향후 유사한 복잡성을 가진 프로젝트의 설계 및 시공에 있어, 프로젝트에 관련된 당사자 간의 책임은 잘 정의되어야 할 뿐만 아니라, 문제 해결을 위한 문제의 소유권(Ownership), 건전하고 시기적절한 엔지니어링 판단(Judgement)이 있어야 한다. 계측기를 운영하는 전문업체는 '계측기반 수행 모니터링 시스템이 효과적이고, 적절히 리소스화되고, 유지되어야 한다'는 권고사항의 일환으로 보다 엄격한 정밀 조사와 품질 관리를 받았다. 가장 크고 광범위한 변화는 공사장 및 건설 현장 내 안전이 수년 동안 대대적인 혁신을 거쳤는지에 대한 것이다. 안전문화를 개선하기 위한 보다 명확하고 공식화된 법률인 공사장 안전보건법(Workplace Safety and Health Act)가 도입되었다.

(a) 설계 안전성(DfS) 지침   (b) 시공 안전 핸드북   (c) 프로젝트안전관리(PSR)

[그림 5.18] 니콜 하이웨이 붕락사고 이후 안전관리 지침

⟫⟫⟫ 요점 정리

본 장에서는 싱가포르 MRT C824프로젝트 개착터널공사에서의 발생한 니콜 하이웨이 붕락사고 사례를 중심으로 사고의 발생 원인과 그 교훈에 대하여 고찰하였다. 본 사고는 싱가포르 토목역사상 가장 재난스러운 사고로서 사고 이후 지하공사에 대한 사고를 방지하기 위한 다양한 개선노력이 진행되어 토목기술이 발전하는 계기가 되었다. 본 붕괴사고를 통하여 얻은 주요 요점을 정리하면 다음과 같다.

☞ 지반공학에서 해석오류와 설계

연약지반 중에 구축되는 흙막이 가시설 설계에서 연약 점토에 대한 합리적인 지반물성 산정과 평가는 매우 중요한 것으로, 해석상에 잘못된 평가나 오류는 과소설계를 가져오게 되어 결과적으로 붕괴사고에 대한 기본적인 원인을 제공한 사례이다. 특히 지반기술자는 지반설계 시 해석결과에 대한 지나친 과신을 가져서는 안 되고, 지반물성 적용 및 해석프로세스 및 해석결과 분석에 상당한 주의를 가져야 한다.

☞ 계측 모니터링과 시공관리의 중요성

본 붕괴사고의 경우 시공 중 다양한 계측데이터로부터 과도한 지반거동, 심각한 벽체변형 등을 감지할 수 있었으며, 이에 대한 합리적인 역해석 등을 통하여 설계 및 시공상의 문제점을 확인하여 붕괴사고에 방지할 수 있었을 것이다. 하지만 시공자의 공사비 및 공기를 우선시하는 관행과 지반관련 전문가가 현장에 없어 지반공학적 문제에 대한 부실평가 그리고 자격이 없는 계측담당자에 의해 수행된 계측결과의 무시 등으로부터 붕괴사고까지 이르게 되었다. 따라서 지하공사에서의 계측 모니터링 및 시공관리가 얼마나 중요한지를 보여주는 사고 사례이다.

☞ 사고방지에 대한 해결책

본 붕괴사고가 발생한 직후 발주처에서는 사고조사위원회를 구성하여 입찰, 설계 및 시공에 대한 전 과정에 대한 철저한 조사로 주요 사고 원인을 규명하고, 재발 방지 대책을 제시하였다. 기술적으로 붕괴구간을 되메워 완전 복구하여 고속도로가 가능한 빨리 운행토록 하고, MRT를 변경하여 신설하는 방안을 수립하였다. 또한 건설시스템으로는 공사비/공기 위주에서 품질과 안전을 중심으로 공사목표로 조정하고, 관련 제도와 정책을 정비하여 모든 지하공사에서의 안전 리스크 관리를 의무화하고, 설계변경 절차를 엄격히 제한하도록 하였으며, 시공 중 전문가가 현장에 상주하여 공사를 관리하도록 하는 등 싱가포르 건설공사관리시스템을 총체적으로 개선하였다.

☞ 붕괴 사고와 교훈

본 붕괴 사고는 그 당시 싱가포르에서 진행되어 왔던 발주자 및 시공자와의 계약관계, 프로젝트 관리방식 및 발주시스템에 대한 제반 문제점을 확인할 수 있는 확실한 계기가 되었다. 특히 싱가포르 사고조사위원회(COE) 및 육상교통부(LTA) 및 노동부(MOM) 등을 중심으로 심도 깊은 논의와 연구를 진행하여 "건설공사에서의 통합안전관리시스템(Total Safety Management System, TSMS)" 및 "PSR 프로세스(Project Safety Review)", "DfS 제도(Design for Safety)" 등을 제정하여 지하공사에서의 공사관리시스템을 혁신적으로 개선시키고 발전시키게 되었다.

싱가포르 니콜 하이웨이 붕괴사고는 싱가포르 건설 역사에서 획기적인 전환점 또는 변곡점이 되었던 사고였다. 당시 싱가포르 정부는 이 사고를 있을 수 없는 사고로 인식하고, 총체적인 건설공사의 제도 개혁을 추진하여 현재는 세계에서 가장 안전한 건설시스템을 구현하는 계기가 되었던 사고 사례라 할 수 있다.

개인적으로는 붕괴사고가 일어났던 2004년 그 당시에 ITA-WTC 참가차 싱가포르를 방문했었고, 이후 2013년에 싱가포르 PB(Parsons Brinckerhoff)에 근무하게 되었는데 바로 PB건물이 니콜 하이웨이 MRT역에 근처에 있는 Concourse 빌딩이라서 감회가 새롭기도 하였다. 무엇보다 쓰라린 건설 역사가 있었던 사실을 보다 깊이 인식하게 되었고, 이러한 사고로부터 지반공학의 중요성을 더욱더 실감하게 되었다.

LECTURE 09

국내 도심지 NATM 터널 사고 사례와 교훈

Case Review of NATM Tunnel Collapse Accidents at Urban Tunnelling

국내 도심지 NATM 터널공사에서 크고 작은 사고가 발생하고 있다. 가장 대표적인 사례로서 [그림 6.1]에서 보는 바와 같이 2020년 8월 26일 별내선 지하철 터널공사 중 아파트 주변 도로에 대규모 땅꺼짐과 지반 함몰 사고가 발생하여 사회적으로 큰 이슈가 되었다. 본 사고는 국내 도심지 NATM 지하공사에 시공 및 안전관리 등에 대한 중대한 영향을 미쳤다. 또한 NATM 터널 시공상의 기술적 문제점을 제기하는 계기가 되었으며, 도심지 NATM 터널구간에서 터널 붕괴사고 원인 및 발생 메커니즘을 규명하기 위하여 사고조사위원회를 구성하여 철저한 조사를 진행하게 되었다.

본 장에서는 국내에서 발생한 대표적인 NATM 터널 사고 사례로부터 도심지 NATM 터널공사에서의 주요사고 원인과 대책 그리고 시공관리상의 문제점을 종합적으로 분석하였다. 특히 NATM 터널에서의 주요 리스크를 분석하고, 사고방지를 위한 공사관리 및 지하공사의 안전관리 제도의 개선 등을 검토하였다. 이를 통하여 국내 NATM 터널 사고로부터 얻은 중요한 교훈을 검토하고 공유함으로써 지반 및 터널 기술자들에게 기술적으로 실제적인 도움이 되고자 하였다.

NATM 터널 싱크홀 사고(2014)

NATM 터널 땅꺼짐 사고(2020)

[그림 6.1] 국내 도심지 터널에서의 대표적인 사고

1. 도심지 NATM 터널 사고 사례와 교훈

1.1 지하철 NATM 터널에서의 도로 함몰(싱크홀) 사고

1) 지하철 NATM 터널 도로 함몰 사고 현황

　　2012년 2월 18일 오후 3시 15분쯤 인천시 서구 왕길동 검단사거리 인근 아파트 앞 6차선 도로가 지하철 터널 공사 중 갑자기 붕괴돼 폭 12m, 길이 14m, 깊이 25m 규모의 거대한 싱크홀 사고가 발생하였다[그림 6.2]. 사고 직전 터널 현장에서 일하던 인부 20여 명은 터널공사를 하다가 갑자기 먼지가 날리고 흙이 떨어지는 등 붕괴 징후가 나타나 서둘러 공사장에서 빠져나와서 인명 사고는 발생하지 않았다. 이들이 빠져나온 직후에 막장이 붕괴되고 이어 상부 도로가 함몰되어 싱크홀이 발생하였다.

[그림 6.2] 지하철 NATM 터널 도로 함몰(싱크홀) 사고

　　그러나 이후 통행인과 도로 인근 주민들을 위한 후속 안전조치가 바로 취해지지 않았고, 이는 인명 사고로 이어졌다. 도로함몰 4분 만인 오후 3시 19분 시공업체로부터 신고를 받은 후 경찰 관계자는 신고 접수 3~4분 후 현장에 도착했는데, 그 사이에 오토바이 운전자가 떨어진 것이다. 그때만 해도 안전펜스나 접근 통제장치가 제대로 설치되지 않고 있었다. 공사 관계자들이 사고 현장을 일부 통제하고 있었지만, 이를 무시하고 도로 역주행 방향으로 계속 오토바이를 몰고 가다가 2차 인명 사고가 발생했다[그림 6.3].

[그림 6.3] 지하철 NATM 터널 도로 함몰(싱크홀)과 2차 인명 사고

2) 지하철 NATM 터널 도로 함몰 사고 원인 분석

본 도로 함몰(싱크홀) 사고는 지하철 터널 공사 중 토사지반의 터널 굴진으로 인한 지하수 배출로 지반 함몰이 발생한 것으로 조사되었다. 본 사고는 도심지 터널 굴착에 의한 지하수위 저하의 위험성을 보여주었고, 터널 상부의 상하수도관 파열에 의한 토사 유출에 의한 가능성도 조사되었다.

1.2 도심지 터널에서의 지반 함몰(싱크홀) 사고

1) 도심지 NATM 터널에서의 지반 함몰(싱크홀) 사고 현황

2020년 8월 26일 오후 3시 30분 교문동의 한 아파트 단지 앞 왕복 4차로 도로 횡단보도 아파트 단지 앞 왕복 4차로 도로 횡단보도에 대형 싱크홀이 발생했다[그림 6.4].

[그림 6.4] 도심지 NATM 터널에서의 지반 함몰(땅꺼짐) 사고 후 긴급 복구

이 사고로 인명 피해는 없었으나 한때 전기, 가스, 상수도 공급이 끊기고 인근 아파트 입주민의 대피를 유도하는 안전 안내 문자와 대피 방송이 발송됐다. 싱크홀의 크기는 사고 발생 초기 지름 10~15m, 깊이 4~6m 정도로 점점 더 커져서 20m까지 확대되었다. 싱크홀 발생 지역은 지하철 8호선 연장 노선인 별내선 공사구간으로, 지하 30m 지점에서 공사가 진행 중이었으며 싱크홀 발생 지점 직전까지 터널 굴착이 진행 중이었다.

2) 도심지 NATM 터널 설계 및 시공 현황

별내선(암사~별내) 복선전철 3공구 건설공사는 [그림 6.5]에서 보는 바와 같이 2.38km 구간으로 정거장 1개소(125m), 환기구 3개소(86.8m)구간과 본설터널 구간(2168.2m, 터널 1구간, 2구간, 3구간)으로 구성되었다. 본 구간의 터널 굴착 방법으로 NATM이 적용되었으며, 터널 형식은 시공 실적이 풍부하고 경제적인 설계가 가능한 배수형 터널로 계획하였고 공사 중 일시적인 지하수위 저하가 우려되는 구간은 차수공법을 적용하였다. 경기도는 사업기간 단축과 설계 시 공간의 연계성 확보, 고품질 지하철 건설을 위해 설계·시공 일괄입찰 방식(Turn-key)으로 3공구 공사로 추진하였다.

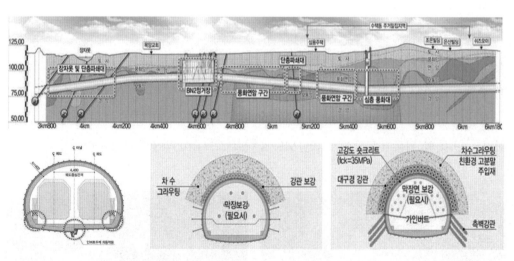

[그림 6.5] 도심지 NATM 터널 종단면도 및 터널 설계 현황

땅꺼짐 사고가 발생한 구간은 터널 2구간으로 NATM 공법으로 굴착되는 구간이다. [그림 6.6]에는 본선터널 구간에서의 굴착 과정이 나타나 있다. 사고구간에서는 추가적인 붕락을 방지하기 위하여 되메움 성토를 실시하고 숏크리트를 타설하여 막장 안정성을 확보하였으며, 이후 추가적인 변상 등을 확인하기 위하여 계측기를 추가로 설치하여 관찰하도록 하였다.

[그림 6.6] 도심지 NATM 터널 시공 및 막장 조치 현황

3) 사고 조사 및 원인 분석(중앙사고조사보고서, 2022)

국토교통부는 중앙사고조사위원회를 터널 토질 수리 법률 등 분야별 전문가 8명으로 구성했으며, 공정한 사고조사 활동을 위해 독립적으로 운영되고 있는 가운데 당초 조사기간 2개월을 4개월로 연장해 지반조사, 매설관로 CCTV 조사, 터널의 안정성 해석 등을 수행하고, 11차례 본회의를 개최해 논의했다.

사고조사위원회는 현장조사, 관계자 청문을 통해 사고 당시 직경 16m, 깊이 21m 규모의 대형 땅꺼짐이 발생했고, 상수도관이 파열되어 다량의 용수가 흘러나왔던 상황을 고려하여, 노후 상수도관의 영향과 사고지점 하부 별내선 복선전철 터널공사의 영향 등 2가지 측면에서 사고 원인을 검토했다.

먼저 상수도관 영향을 조사한 결과, 땅꺼짐이 발생되고, 약 5분 정도 경과 후 상수도관이 파손되면서 누수된 것으로 확인되어 상수도관 파손은 땅꺼짐 원인이 아닌 것으로 판단했다. 또한, 사고 현장 내 오수관 2개소, 우수관 2개소에 대한 CCTV 조사 결과 중대한 결함은 없어 오우수관 노후로 인한 영향도 없었던 것으로 조사됐다.

사고 인근 별내선 터널공사의 영향을 검토한 결과 시공사가 취약지반 확인 등 시공상 위험성을 예측할 수 있었음에도 지반보강 대책 등의 적절한 조치를 실시하지 않는 등 시공 관리가 일부 미흡하여 땅꺼짐이 발생했다고 판단했다. 시공사는 시공단계에서 타사의 지반조사, 굴착면 전방의 지반조건을 확인하기 위한 선진 수평시추조사를 통해 사고위치 배후면에서 취약지반 존재를 확인했음에도 적절한 조치가 없었다는 것이다. 또한, 8월 13일 사고 위치 후방 12m 지점을 굴착할 때, 평상시보다 과도한 유출수가 터널 내부로 유입되는 등 전조 현상이 있었음에도 차수그라우팅 등 국부적인 조치만을 취하고, 사고위치 굴착면의 전반에 대한 추가 지반조사와 보강도 없이 기존 설계대로 굴착한 것으로 조사됐다.

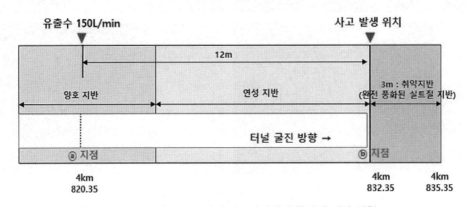

[그림 6.7] 도심지 NATM 터널 시공단계에서 확인된 지반 상황

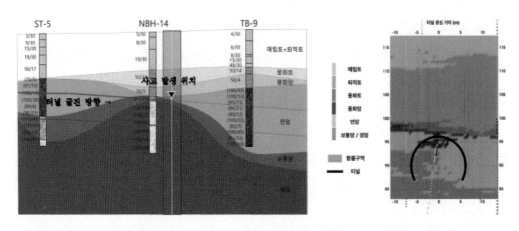

[그림 6.8] 도심지 NATM 터널 사고 발생 지점 지반조건

4) 사고 재발 방지 방안(중앙사고조사보고서, 2022)

사고 원인 조사 결과를 바탕으로 재발 방지 방안에 대해 현재는 터널 공사 설계단계에서 100~200m 간격으로 시추조사를 실시하고 있어 국부적인 위험지반까지 완벽히 파악하기 어려운 상황이다. 따라서 취약구간에 대해선 시추조사 간격을 50m당 최소 1개소 이상 실시하거나 확보해 설계단계부터 안전한 노선, 시공공법을 선정하도록 하였다.

또한 현재는 시공사가 입찰단계에서 직접 실시한 지반조사만을 설계에 반영하므로 계획단계에서 지반 취약성을 확인하기 어려웠다. 앞으로 경쟁사 지질자료, 15종 지하정보를 수집·관리하는 지하정보 통합체계 등 취득 가능한 모든 정보를 확인하고, 발주처는 이를 실시설계에 반영했는지 여부를 확인하도록 하였다.

한편 안전한 터널을 시공하기 위해 가장 중요한 굴착면 지반 상태를 최종 확인하고, 보강방법을 결정하는 기술자는 현재 현장에서 비상주로 근무 중이다. 앞으로 지반 터널 분야 기술 인력이 현장에 상주해 터널 굴착면 확인, 보강대책 수립, 계측관리 등 지하 안전 업무를 총괄하도록 하도록 하였다.

현장에서 시공 중 지반 문제가 발생하는 경우, 공사 관계자 내부 검토를 통해 공사비, 공사기간 영향을 최소화하기 위한 소극적인 조치 방안을 수립하게 된다. 이를 개선해 취약구간에서는 반드시 외부 전문가 자문을 실시하고, 필요한 안전대책을 마련하여 발주처에 보고하도록 한다. 현재 일부 취약구간을 제외한 대부분의 굴착구간에 적용 중인 수동 계측관리(주 2~3회 계측)는 실시간 사고 감지가 불가능한 상황이다. 도심지 터널의 경우에는 자동계측 시스템을 적용해 공사 관계자 간 계측데이터를 실시간 공유하고, 문제 발생 시 즉시 대처할 수 있도록 하였다.

본 사고는 중앙지하사고조사위원회가 운영된 첫 사례로, 위원회가 제안한 재발 방지 방안을 현장에 적극 반영해 국민이 안심할 수 있는 지하공간을 조성하고, 유사한 사고가 다시는 발생하지 않도록 개선해 나갈 예정이다. 시공관리 소홀로 지반침하 사고를 유발한 시공 감리업체에 대해서는 발주처, 인허가 기관, 지방국토관리청 등 처분기관과 협의해 관련규정에 따라 행정처분하도록 하였다. 지금까지 분석된 조사 결과와 재발 방지 방안을 정리한 최종 보고서는 국토교통부 누리집과 국토안전관리원에서 운영하는 지하안전정보시스템(https://www.jis.go.kr)을 통해 국민에게 공개하고, 현재 운영 중인 전국 5개 권역별 건설안전협의회, 건설현장 안전교육을 통해 사고 사례를 전파하고, 일선 현장까지 안전의식을 제고하도록 하였다.

구분	현행	개선
계획·설계 단계	• 100~200m 간격으로 시추조사, 국부적인 위험지반 확인 불가능 • 시공사가 직접 실시한 시추조사 결과만 활용	• 50m당 최소 1개소 이상 확보, 안전한 노선, 시공공법 선정 • 경쟁사 지질자료 포함 다양한 지반정보를 설계에 반영
시공단계	• 토질 분야 기술지원 기술재(감리) 비상주 • 지반 문제 발생 시 내부 검토를 통해 조치방안 수립 • 수동계측, 긴급대처 불가능	• 터널 굴착면 확인 등 안전업무를 총괄하는 전문 기술자 상주 • 취약 구간은 외부 전문가 자문, 발주처 보고 의무화 • 도심지 터널 자동 계측, 실시간 관리 가능

[그림 6.9] 재발 방지 시행 전과 안전관리 비교(중앙사고조사위원회, 2022)

1.3 대심도 지하도로 NATM 터널 토사 유출 사고

1) 대심도 지하도로 NATM 터널 사고 현황

2023년 2월 25일 0시 40분쯤 부산 북구 만덕동과 해운대구 재송동 센텀시티를 잇는 대심도 터널 공사구간에서 토사 유출 사고가 발생했다. 지하 60m 깊이의 터널 천장에서 750m³ 규모의 토사가 흘러내리면서 작업이 중단됐다. 쏟아진 흙과 돌은 약 1,000t 정도로 25t 덤프트럭 수십 대가 옮길 수 있는 양이다[그림 6.10]. 굴착 중 예기치 않은 토사지반의 출현으로 굴착 중인 터널에 붕락이 발생하여 지반보강과 복구 공사에 한 달 이상의 공사기간이 소요되었으며 보강 작업 이후 계속되는 토사지반의 분포로 굴착과 보강으로 인한 공사기간도 상당히 지연되었다.

[그림 6.10] 대심도 지하도로 NATM 터널 사고 발생 현황

붕락 발생 직후 숏크리트 폐합과 공동부 그라우팅 채움 등의 응급조치와 대구경 강관보강그라우팅의 갱내 보강, 지상으로 부터의 고압 제트 그라투팅 공법을 적용한 원지반 보강을 통해 붕락 구간 복구작업을 완료할 수 있었다.

이후 공사기간 만회를 위한 대책으로 대인용 터널 연결횡갱을 작업 차량이 이용할 수 있도록 설계 변경하여 잔여구간에 대하여 굴착공사를 진행하고, 효율적인 장비 조합 운용, 라이닝 콘크리트 타설 공종 조기투입 등으로 붕락과 연약지반으로 인해 지연된 공기를 만회할 수 있었다.

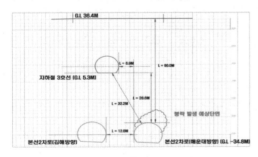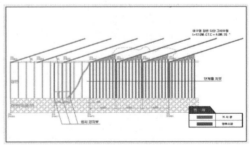

[그림 6.11] 대심도 지하도로 NATM 터널 발생구간 갱내 보강

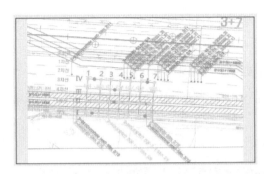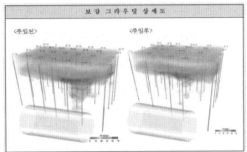

[그림 6.12] 대심도 지하도로 NATM 터널 발생구간 지상보강

2) 대심도 지하도로 NATM 터널 설계 및 시공 현황

부산에서는 길이 9.62km 규모의 만덕~센텀 대심도 터널 공사에 이어 남해고속도로 제2지선과 동해고속도로 간 22.8km 사상~해운대 고속도로 건설(대부분 대심도로) 사업이 추진되고 있다. [그림 6.13]에는 대심도 지하도로 NATM 터널의 설계 및 시공 현황이 나타나 있다.

[그림 6.13] 대심도 지하도로 NATM 터널 설계 및 시공 현황

3) 대심도 지하도로 NATM 터널 사고 원인(부산시)

토사 유출 사고 현장 주변 지상 구간 4곳에 설치된 침하계 수치를 분석한 결과, 사고 후 지반이 0.001~0.003mm 침하한 것으로 나타났으며 이는 허용기준인 25mm에 크게 미치지 않는다. 또 인근 도시철도 3호선 노선에 있는 2곳에서도 지반이 최대 0.007mm 침하했으나 이는 허용기준인 ±7mm 범위를 벗어나지 않은 수준이었다.

이번 붕괴 사고의 가장 큰 원인으로 공사 중 발견된 연약지반이라 할 수 있다. 공사 설계 과정에서 이뤄지는 사전 조사에서 미처 파악하지 못한 연약지반이 현장에서 발견됐고, 연약지 반을 충분히 검토하지 않고 공사를 진행한 탓에 토사가 무너져 내렸다는 분석이다. 본래 아주 견고한 지반으로 생각하고 공사를 진행했지만 갑작스럽게 한 부분에서 취약한 토사가 발견돼 흘러나온 것으로 추정되었다.

[그림 6.14] 대심도 지하도로 NATM 터널 붕락구간 응급조치 및 영구대책

대심도 공사와 같이 시내에서 대규모 공사를 진행할 때 지반 사전조사가 미흡했다는 점도 확인되었다. 일반적인 공사에서는 토질분석을 위한 사전 조사가 50~60m 간격으로 이뤄지지만 시내에서 이뤄지는 대심도 공사의 경우 이보다 넓은 약 100m 간격으로 사전 조사가 이뤄졌다고 평가했다. 이렇듯 조사 간격이 넓다 보니 사전 조사가 이뤄지지 않은 부분에서 연약한 지반 조건이 확인됐다.

터널 굴착 작업을 할 때는 지하수가 나오기도 하고 갑작스러운 지층 변화가 많기 때문에 사전 조사에서 지층 변화를 파악해야 하며, 대심도 터널공사의 경우 위에 건물도 있고, 도로도 있어 함부로 다 조사를 못 하는 경우가 많았다. 이번 경우는 그런 부분을 피해서 하다 보니 조사가 이뤄지지 않은 곳에서 특별한 지층이 나온 것으로 조사되었다. 터널공사 중 안전사고를 예방하기 위해 선진시추와 같은 기술을 적극적으로 활용해야 한다고 조언하였다.

[표 6.1] 대심도 지하도로 NATM 터널 사고 일지(부산시, 2023)

일자	추진 상황
2023.02.02.	• 0시 40분 만덕~센텀 터널공사 현장서 토사 유출 사고 • 토사 유출 지점 터널 천장 시멘트 그라우팅 시공
2023.02.27.	• 부산시, 부산교통공사에 사고 통보 • 오후 6시경부터 토사 유출 지점 전번 800m 지점 서행 운행 조치
2023.02.28.	• 토목학회 현장자문 및 유관기관 대책회의
2023.03.01.	• 행정부시장 주재 토사 유출 대책회의 개최 • 사고 TF팀 구성 및 터널공사 매뉴얼 정비
2023.03.02.	• 대심도 터널공사 토사 유출에 대한 토목학회 현장자문 결과 설명

4) 대심도 지하도로 NATM 터널 사고 이후 안전 대책

토사가 유출된 터널 천장을 보강하는 강관의 직경을 60mm에서 114mm로 키우고, 강관을 2겹에서 3겹으로 늘려 안정성을 확보하도록 하였다. 또한 토사가 750m³가 유출돼 생긴 공간을 모두 콘크리트로 채우는 작업을 통하여 신속한 복구 공사를 수행하였다.

사고 현장과 도시철도 노선 사이에 경사계 3개와 침하계 9개를 설치해 지형 변화가 있는지 추가로 확인하였으며, 인근 아파트의 지반 침하 여부를 곧바로 확인할 수 있는 계측기도 설치하였다.

2. 국내 도심지 NATM 터널 사고 사례와 교훈

본 장에서는 국내 도심지 NATM 터널공사에서의 발생한 지반침하, 싱크홀 및 터널 붕락사례를 중심으로 사고의 발생 원인과 교훈에 대하여 고찰하였다. 국내에서 발생한 NATM 터널 사고는 도심지 구간에서의 NATM 터널 공사 중 발생한 다양한 사고로서, 본 사고 이후 국내 NATM 터널공사에서의 사고 방지를 위한 설계 및 시공상의 다양한 개선노력이 진행되었다. 국내 NATM 터널 붕락사고 사례 분석을 통하여 얻은 주요 요점을 정리하면 다음과 같다.

☞ 국내 도심지 NATM 터널에서의 주요 Key 리스크

NATM 터널에서의 가장 중요한 리스크는 지질변화가 심한 지질 리스크이다. 조사 설계상의 한계로 정확한 지질상태 및 암반조건을 시공 중 사전에 파악하는 것은 현실적으로 어렵기 때문에 시공 중 지질 변화에 적극적으로 대응하는 것이 무엇보다 중요하며, 이러한 이유로 시공 중 페이스 매핑(Face Mapping)을 전문성을 가진 기술자에 의해 체계적으로 수행되어야 이러한 지질 리스크를 최소화할 수 있다.

☞ 국내 도심지 NATM 터널 사고에서의 사고 책임과 분쟁

국내 터널 사고 사례로부터 사고 발생 이후 사고 원인에 대한 결과에 따른 책임소재가 주요한 분쟁이슈가 되어왔다. 단순히 설계 및 시공상의 기술적 오류인지, 아니면 지반의 불확실성에 기인하여 기술적 문제를 넘어선 예상치 못한 지질 리스크로 인한 것이냐에 따라 발주처와 시공자, 컨소시엄으로 참여하는 시공자 그리고 시공자와 설계자 간의 책임공방은 상당히 오랜시간 지속되며, 결국에는 법원 소송으로 가게 된다는 것이다.

특히 설계·시공 일괄입찰 방식의 턴키공사의 경우 지질 리스크 책임문제를 어떻게 할 것인가가 가장 뜨거운 핵심이며, 공사비와 공기지연 등과 함께 공기지연에 따른 여러 가지 부작용에 대한 손해배상문제도 매우 어려운 문제가 된다. 향후 지하터널공사에서의 지오 리스크 책임과 리스크 분담에 대한 논의를 통하여 발주방식이 개선되어야 한다.

☞ 국내 도심지 NATM 터널 사고에서의 사고 조사와 복구 대책 수립

국내 터널공사에서의 사고가 발생하는 경우 사고조사는 보다 객관이고 독립성을 유지하기 위하여 중앙사고조사위원회 또는 전문학회에서 수행하고 있다. 사고조사위원회는 분야별 전문가를 중심으로 구성되며 다양한 조사활동을 통하여 사고 원인 분석에 대한 조사보고서를 제출한다. 또한 사고에 따라 사고 원인에 대한 이견과 다툼이 발생한 경우도 있다.

또한 복구 방안의 사고 원인 분석에 따라 가장 안전하고 확실한 방법으로 대책을 수립하며, 상당한 공사비용과 공사기간이 소요된다. 터널 붕락사고 시의 대책방안은 지상보강방안과 갱내보강 방안을 복합적으로 적용하며, 특별한 경우 붕락구간을 완전 재시공하거나 노선 변경 등에 대한 검토가 수행되는 경우도 있다. 사고 구간에 대한 복구공사는 공기와 공사비 문제뿐만 아니라 향후 법적책임에 따른 비용분담 등을 충분히 고려해야만 하며, 민원문제 및 안전문제 등도 충분히 반영되어야 한다.

☞ 국내 도심지 NATM 터널 사고와 교훈

국내 도심지 NATM 터널 사고로 인한 기술적 개선이 꾸준히 진행되고 있다. 특히 NATM 터널 공사로 인한 별내선 지반침하 및 도로함몰 사고는 도심지 지하 굴착공사 및 터널공사에 대한 위험성을 알리는 계기가 되었으며, 지하터널공사 시 지하안전영향평가를 더욱 강화하는 중요한 계기가 되었다.

불확실성이 많은 지질, 지반 및 암반을 대상으로 하는 NATM 터널공사는 가장 어려운 공사임에는 틀림없다. 막장마다 변화하는 조건에 가장 적절하게 대응하는 것만이 가장 안전하고 확실한 방법임을 명심하고, 가장 기본이 되는 시공프로세스 준수, 페이스 매핑 수행, 계측관리, 품질관리 과정 등을 철저히 지키도록 해야만 한다. 또한 지질 및 암반 문제 등에 대해서도 남의 분야가 아닌 터널 분야라는 인식하에 전문성을 가지고 수행되도록 노력해야 할 것이다. 그리고 선진국에서 수행되고 있는 터널현장 중심 의사결정과 정량적 리스크 안전관리를 의무적으로 반영하여 지하터널공사의 선진화를 달성하도록 해야 한다.

TBM Tunnel Collapse Accidents and Lessons

PART III

TBM 터널 사고와 교훈

LECTURE 10

타이완 가오슝 MRT TBM 터널 붕락사고와 교훈
Case Review of TBM Tunnel Collapse at Kaohsiung MRT

2005년 12월 4일 오후 3시 30분경 [그림 1.1]에서 보는 바와 같이 가오슝 MRT 공사 중 TBM 터널이 붕괴되는 사고가 발생했다. 본 사고는 타이완에서 도심지역에 적용되어 왔던 지하공사 (Underground Construction)에 깊은 영향을 미쳤다. 본 사고를 통해 지하공사에서 입찰단계 에서부터 자격을 갖춘 지반전문기술자가 조사, 설계 및 시공에 관여하도록 하는 등 많은 규제가 강화되었다. 또한 TBM 터널공사에서의 대규모 터널 붕괴사고는 상당한 기술적 문제점을 제기 하는 계기가 되었으며, 대규모 복구 공사로 인하여 MRT 개통을 지연시키는 막대한 피해를 발 생시켰다. 일반적으로 TBM 터널은 안전하고 견고한 지하터널공사시스템으로 생각되었다. 어 떻게 이러한 시스템이 붕괴했을까?

본 장에서는 타이완 가오슝 MRT 공사의 TBM 터널 공사 중 발생한 붕괴사고 사례로부터, TBM 터널공사 시 횡갱시공의 문제점, 연약지반에서의 파이핑 발생, 계측을 포함한 시공관리상 의 문제점 그리고 지하터널공사에 대한 공사관리시스템상의 문제점을 종합적으로 분석하고 검 토하였다. 이를 통하여 본 붕괴사고로부터 얻은 중요한 교훈을 검토하고 공유함으로써 지반 및 터널 기술자들에게 기술적으로 실제적인 도움이 되고자 하였다.

[그림 1.1] 가오슝 MRT 터널 붕락사고(타이완, 2004)

1. 터널 붕괴구간 프로젝트 개요

1.1 타이완 가오슝 MRT 프로젝트

타이완 남부에 위치한 가오슝은 1990년대부터 새로운 교통시스템으로 두 개의 MRT(Red Line과 Orange Line)를 계획하고 2002년 가오슝의 동부지역과 업무지역인 서부지역을 연결하는 오렌지 라인(Orange Line) MRT 시공을 시작하였다. 총 15개 정거장은 개착공법으로, 정거장을 연결하는 구간은 TBM 공법을 적용하여 상하행 두 개의 병렬터널로 계획하였다. 이 중 붕괴가 발생한 공사구간은 [그림 1.2]에서 보는 바와 같이 O7 정거장과 O8 정거장 사이의 TBM 터널구간이다.

본 구간은 길이 837m, 폭 6.1m의 2개의 병설터널 LUO09가 쉴드 터널 방식으로 굴진되었다. 직경 6.24m 직경의 EPB 쉴드는 터널굴진작업을 담당했다. 본 구간은 가오슝 지하철의 O7 정거장역과 O8 정거장역으로 연결되어 있으며, 안전을 위해 32.6m 깊이의 중간 섬프 피트(Sump Ppit)가 있는 피난연결통로(횡갱, Cross Passage)가 계획되었다.

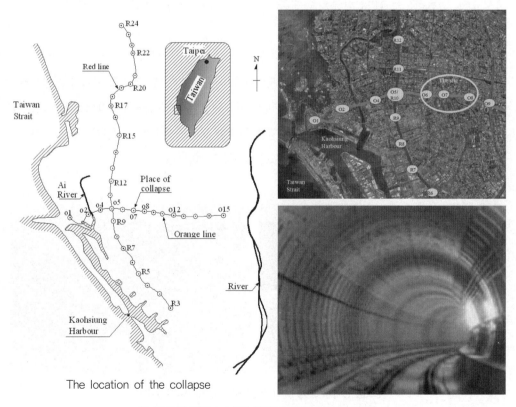

[그림 1.2] 가오슝 MRT 오렌지 라인과 TBM 터널

1.2 LUO09 TBM 터널 공사

지하철역 O7과 O8 사이에 위치한 터널 LUO09는 길이가 1665.6m이며, 약 15m 하부에 지하차도가 위치하고 있다. [그림 1.3]은 터널 LUO09의 종방향 프로파일로 상하행 병설터널의 모습을 보여주고 있으며, 두 터널은 동일한 깊이에서 평행하게 운행한다. [그림 1.3]에서 보는 바와 같이 LUO09 터널선형은 정거장 O7의 지표면 레벨 아래 약 16m에 위치하고 교차로 및 섬프 위치(지표면 레벨 아래 약 26m)를 향해 점차 깊이가 증가하며 정거장 O8 방향으로 다시 증가함을 보여준다. [그림 1.4]에는 보다 상세한 LUO09 터널종단면도가 나타나 있다.

LUO09 터널을 시공하기 위해 두 개의 EPB 쉴드가 사용되었다. EPB 쉴드머신은 제어된 압력으로 챔버 내 굴착토를 유지하여 챔버를 통한 즉각적인 지반 손실을 방지함으로써 커팅 헤드의 바깥면과 챔버 내부의 토압을 균등하게 유지하게 된다. [그림 1.5]에는 본 터널에 사용된 EPB 쉴드 장비의 제원과 모습을 나타낸 것이다.

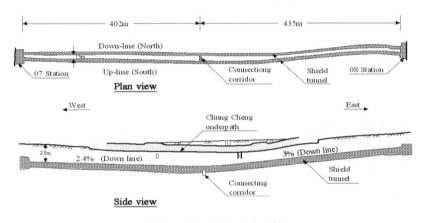

[그림 1.3] LUO09 터널 선형

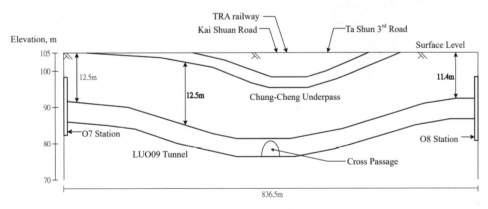

[그림 1.4] LUO09 터널 종단면도

Number of machine	30 (for LUO09)	31 (for LUO08)
Type of TBM	Earth pressure balance	Earth pressure balance
Outer diameter of machine	6240 mm	6230 mm
Cutter head configuration	Close type	Close type
Hydraulic jacking-maximum thrust	34320 kN	33000 kN
Hydraulic jacking speed	5.0 cm/min	7.0 cm/min
Maximum torque of cutter head	4932 kN·m	4228 kN·m

[그림 1.5] EPB Shield 장비 제원

1.3 지반 특성

가오슝시는 타이완 남부에 위치하고 있으며 지질층은 제3기 후반이나 제4기 시대에 형성되었다. [그림 1.6]의 가오슝시 지질도에서 보는 바와 같이 북쪽의 디엔파오강, 중앙의 러브강, 남쪽의 첸젠강 등 세 개의 강이 합류하는 지점에 위치해 있으며, 그 결과 가오슝의 지반조건이 갖추어졌다. 주로 모래와 진흙으로 이루어져 있으며, 지반 특성을 [그림 1.6]에 나타내었다.

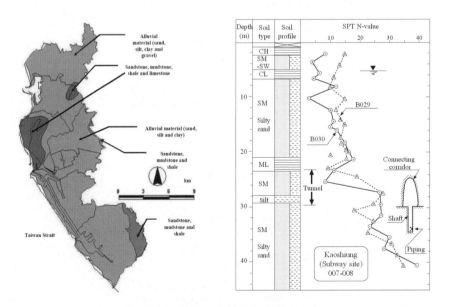

[그림 1.6] 공사구간의 지질 및 지반특성

본 현장은 가오슝시의 중심에 위치해 있으며, 지반의 물리적 특성과 강도를 확인하기 위해 몇 가지 현장 조사가 수행되었다. 현장 지반조사결과, 주로 실트질 모래와 때때로 낮은 소성의 실트질 점토 퇴적물이 확인되었다. 현장에서 회수된 토질 샘플을 선별하여 실험실에서 테스트

했다. 시험 프로그램에는 기본적인 토질특성시험, 직접전단시험, 3축 압밀 비배수/배수 시험 등이 포함되었다. 토질 샘플에 대해 수행된 직접전단시험과 3축 비배수 및 배수 시험으로부터 측정된 유효 마찰각은 모래는 31~32°, 점토는 31~32° 범위에 있었다. 지하수 수위는 지표면하부 2.6m에서 4.8m까지 다양했다.

2. TBM 터널 붕괴사고 및 임시 대책

2.1 사고 개요

2005년 12월 4일 오후 3시 30분 [그림 1.7]에서 보는 바와 같이 가오슝 MRT에서 병설터널 간 피난연결통로 공사로 인한 대규모 붕괴사고가 발생하였다. 섬프를 설치하기 위한 횡갱바닥에서 굴착 작업이 진행되면서 물이 뿜어져 나오기 시작했고 엄청난 수압으로 인해 지하수 유입은 통제 불능이 되었다. 횡갱의 중심은 지표면 아래 약 26m 깊이에 위치하고 있으며, 굴착은 33m 깊이까지 내려가게 되어 있었으며, 외경이 3.9m인 섬프 굴착 작업은 7단계로 진행되었으며, 각각 깊이는 0.5m이다. 섬프 측벽은 임시 라이닝으로 숏크리트에 의해 보강되었다. 사고가 발생 당시 굴착은 마지막 단계로 절반은 이미 완료되었다. 피난연락갱과 섬프를 둘러싼 지반은 터널 굴진 이전에 SJM(Superjet Midi) 그라우팅 방법을 사용하여 처리되었다.

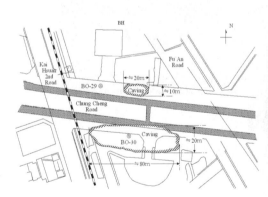

[그림 1.7] 터널 붕락 발생 현황 및 모습

지반 그라우팅의 품질은 터널방향과 평행하게 놓여있는 지하차도의 존재로 인해 주로 경사공에서 지표면으로부터 그라우팅이 수행되어야 한다는 사실에 의해 영향을 받았을 수 있다. 지반 그라우팅 효과를 확인하기 위해 수밀 검사를 실시했다. 지하수가 새어 나올 때마다 수로를 차단하기 위해 추가 그라우팅이 수행되었다. 그러나 이것이 실패의 발생을 막지는 못했다.

300mm 상수도관과 600mm 상수도관이 파열되는 등 상황이 악화돼 현장 침수가 이어졌다. 두 개의 터널과 터널위의 지하차도는 그 결과 약 100m 길이까지 완전히 손상되었다. 터널과 지하차도는 나중에 개착 공법으로 재건되었으며, 다이어프램 벽은 60m가 넘는 깊이로 확장되었다. 파손 구간 양단에 지반동결 공법을 적용해 다이어프램 벽과 터널 미손상 구간 틈새를 밀폐하고, 터널내 슬러지를 플러그로 굳혀 굴착이 가능하도록 했다. 마지막으로, 이 플러그들은 제거되었고 손상된 부분들은 교체되었다.

경제적 손실은 가오슝 MRT 건설에서 가장 큰 손실로 간주되는 5,000만 달러를 넘을 것으로 추정되었으며, 지하차도 이외에는 싱크홀이 공원에 위치해 있고, 근처에 건물이 없어 제3자의 피해가 적었다. 지하차도는 2007년 말까지 폐쇄되었지만, 다행히 영향을 줄이기 위해 교통 일부를 우회시킬 수 있는 공간이 있었다.

[그림 1.8]에서 보는 바와 같이 붕괴사고로 인한 세그먼트 라이닝에 심각한 손상과 오프셋이 발생하였다. 총 36개의 세그먼트 라이닝이 손상되었으며, 이를 새로 교체해야 했다. 지하수의 흐름을 막기 위해 지반을 동결하는 지반 동결 방법을 채택한 후 교체하였다.

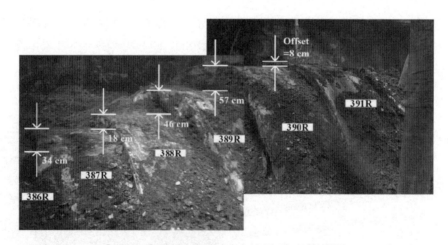

[그림 1.8] 세그먼트 라이닝 손상 및 어그러짐 확인

2.2 사고 진행과 임시 대책

지상부의 붕락 규모는 남쪽방향이 폭 20m×길이 80m, 북쪽방향이 폭 10m×길이 20m로 확인되었다. MRT 터널 바로 위에 있는 지하통로 또한 손상되어 다시 시공되어야 했다. 본 붕괴사고의 경우 굴착으로 인한 지반 교란으로 인하여 지반강도의 연약화와 같은 예상하지 못한 (Unforeseen) 지반 특성이 사고의 주요 원인인 것으로 확인됐다. 사고 직후 긴급 구조 조치가 취해졌으며, 전체 프로젝트의 공사 재개는 사고 후 약 6개월 후에 시작되었다.

섬프 피트 바닥 근처까지 굴착하는 동안 진흙탕물(Mud Water)의 분출이 발생하였다. 시공사는 즉시 모래주머니와 속결 시멘트를 버리는 등 용출수(Water Ingress) 발생에 대응했지만 허사였다. 근로자들은 곧 남쪽 터널의 세그먼트 라이닝 조인트에서 끊어지는 소리를 들었고, 찢어진 세그먼트 라이닝 조인트에서 물이 터널로 새어 들어갔다. 물은 미세한 입자들을 운반했고, 이 때문에 터널 주변에 공동이 발생하였고 종방향으로 단계적인 지표침하로 이어졌다. 원뿔 모양의 침하가 위로 확장되는 동안 더 많은 토사가 지하차도의 수직 벽을 따라 미끄러져 벌어진 세그먼트 라이닝 틈을 통해 터널 안으로 떨어졌다. 심각한 지반 손실뿐만 아니라 2개의 손상된 수도관도 지반을 더 유동성 있는 파편으로 이동시켜 남쪽의 지반 함몰에 이르는 큰 피해를 입혔다.

요약하자면, 지표 함몰을 메우기 위해 버려지는 흙과 급결 시멘트의 양은 12,000m³에 달하는 것으로 추정되었다. 반면 두 개의 손상된 수도관으로부터 발생하는 물의 유입은 약 2,000m³이었다. 그 후 교통 재개를 위해 2년간의 복구 공사를 실시하였다.

1) 지반 안정화 대책

즉각적인 임시복구 작업의 첫 단계는 주로 싱크홀을 다시 메우는 데 초점이 맞춰져 있다. 총 부피 9,000m³의 모래, 콘크리트, 골재들이 지표면에서 지하함몰부에 채워졌다. 지하 구조물을 안정시키고 손상된 지반을 더 제한하기 위해 백필 외에도 지하차도의 남북 양측에서 복구 그라우팅과 커튼 그라우팅이 적용되었다.

[그림 1.9]는 즉각적인 임시복구 작업을 위한 그라우팅의 레이아웃과 총 주입량을 나타낸 것이다. 그라우팅 작업 동안 이중 콘크리트 벽체가 파손된 터널 내부에 잔해를 유지하기 위해 시공됐다. 지반안정대책은 지반침하 진행속도를 효과적으로 늦출 수 있는 것으로 나타났다.

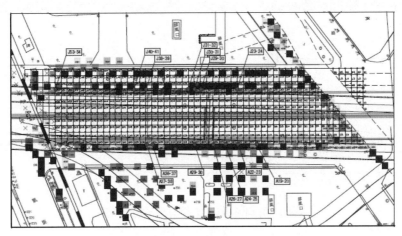

[그림 1.9] 지상보강그라우팅 레이아웃 및 총볼륨

2) 정수압상태 유지

앞에서 설명한 것처럼 상수도관 2개가 파손되어 손상된 지반으로 다량의 물이 유출됐다. 액상화된 지반을 안정화시키기 위하여 막장면에 차단벽이 만들어진 이후 터널에 물을 재주입하였다[그림 1.10]. 주입된 물은 손상된 터널의 깊이에 안정적인 지하수위를 유지하기 위한 것으로 주입공정은 목표 지하수위에 도달하기 전까지 약 7일간 운영됐다. 이 정수기 유지방안은 지반 침하를 효과적으로 제어하고 추가 개보수를 위한 안정적인 접근을 제공할 수 있는 것으로 확인되었다.

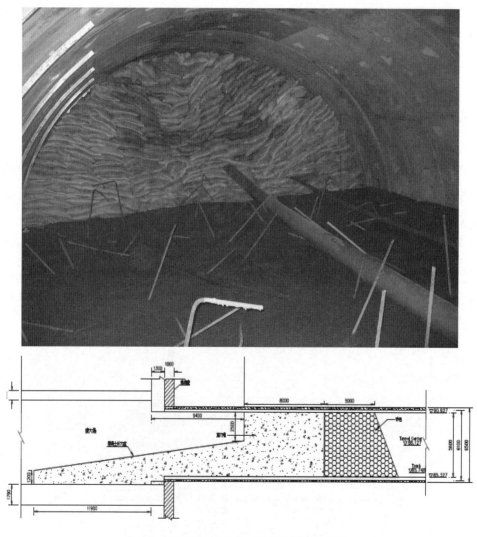

[그림 1.10] 터널 갱내 물 주입 및 정수압 유지

3. TBM 터널 붕괴 원인 및 메커니즘

3.1 파이핑과 트리거링 메커니즘

2005년 12월 4일 오후 3시 30분에 섬프 굴착의 마지막 단계에서 발생했다. 지표면에서 35m 깊이에 위치한 섬프의 굴착 바닥 남쪽 벽에서 실트질 모래 블록이 분리되었다. 섬프 굴착 하단의 이 시점에서의 상황은 [그림 1.11]에 자세히 설명되어 있다.

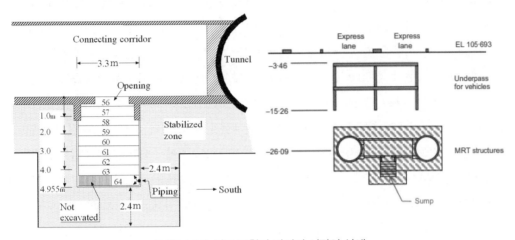

[그림 1.11] 섬프 굴착과 파이핑 시작의 상세

파이핑 현상은 현장관계자들의 증언을 참고하여 붕괴사고를 사고를 일으킨 원인이었다. 그럼에도 불구하고 파이핑의 시작은 다양하게 생각되었다. 기존 차량 지하도로는 제트그라우트 기둥을 정확히 수직에 설치하는 데 어려움이 있었다. 따라서 제트 그라우트 기둥의 중첩은 설계 값인 60cm 미만일 것으로 추정되었으며, 이에 따라 일부 침투되기 쉬운 취약존이 형성되었다. 반면 지하수위가 지표면 아래 5~6m 깊이에 있어 파이핑이 시작된 지하수위와 34m 깊이의 수두 차이는 29m였다. 지하수 침투를 위한 최단 경로의 길이는 제트 그라우트체 바닥에서 용출지점까지 2.4m이다. 여기서 수두구배 I는 약 12.1(i=29m/2.4m=12.1m)로 계산되었다. 모래-자갈 혼합물 내에서 파이핑을 트리거하기 위한 임계 수두구배 I_{cr} 은 깨끗한 모래에 대한 I_{cr}=0.9~1.0과 비교하여 0.2~0.3까지 낮을 수 있다. 입자 크기 범위가 더 미세한 가오슝 토질의 경우, 토질 입자는 12.1의 높은 수두구배에 따라 쉽게 분리되거나 씻겨 내려갈 수 있어, 침투하기 쉬운 취약존이 지하수 유입을 허용한 것은 분명하였다. 그리고 이러한 높은 수두구배로 인해 지하수 유입이 더욱 커지게 되었다. 즉 높은 수두구배와 침투하기 쉬운 취약존의 존재의 복합적인 영향이 붕괴사고의 주요 원인으로 생각되었다.

3.2 붕락 메커니즘

지반 손실은 또한 세그먼트 라이닝의 오프셋을 동반하여 북측 터널을 가라앉게 했다. 토사는 주로 터널과 횡갱 사이의 교차점에 있는 세그먼트 라이닝 오프셋에서 터널로 떨어져 다른 지반 함몰로 이어졌다.

발생 가능성이 있는 파이핑이 트리거한 후 일련의 붕락 메커니즘은 [그림 1.12]의 단면에 설명되어 있다. 검은색 진흙탕물(mud water)은 부피가 커지면서 계속 흘러나왔다. 섬프에서 일하고 있는 두 명의 작업자가 모래주머니를 덤핑하여 구멍을 막으려고 노력했지만, 약 1시간 후 모래주머니가 [그림 1.12(a)]에서 보는 바와 같이 섬프 안 주위로 움직이는 것이 목격되었다. 이 단계에서 작업자들은 강철 뚜껑과 지지용 바를 설치하여 섬프의 입구를 닫았다.

진흙탕물은 직경이 약 30cm인 단일 구멍을 통해 바닥에서 섬프 내부로 흘러들어온 것으로 보인다. 이 가정은 제트 그라우팅에 의해 안정화된 그라우팅존이 수평 방향으로 쉽게 분해될 수 없고 수직 파이프의 형태로 취약한 구역이 존재했을 수도 있다는 사실과도 잘 부합된다.

2시간 후, 현장에 있던 기술자들이 남측 터널의 세그먼트 조인트에서 삐걱거리는 파열음과 함께 천장에 있는 세그먼트의 벌어진 조인트에서 흘러내리는 진흙물이 동반되는 것을 확인했다. 바닥 부분에서 파이핑이 지속적으로 진행됨에 따라 그라우팅 존이 터널 본체와 함께 침하되어 종방향으로 단계적 침하가 발생한 것으로, 이 단계에서 파손(breakage) 가능한 특징은 [그림 1.12(b)]에 설명되어 있다.

오후 10시 20분경 천장 위 지반손실이 위로 확산되었고 지하차도 구조물 수직벽을 따라 미끄러지면서 토사 덩어리가 터널 안으로 떨어졌다. 이는 남쪽 지표면에 커다란 지표함몰을 만드는 결과를 가져왔고 이때 수도공급을 위한 2개의 상수도관(지름 60m, 30m)이 파손되어 많은 양의 물이 장기간 방출되었다. 매설된 상수도관의 파손은 붕괴된 토사체를 더 유동적인 상태로 만든 것으로 보인다.

위와 같은 붕괴 전파의 특징은 종방향으로 발생했을 수 있는 사건의 순서를 시각화함으로써 보다 생생하게 이해할 수 있는데, 이러한 특징은 [그림 1.13]에 설명되어 있다. [그림 1.13(a)]는 2005년 12월 4일 오후 3시 30분부터 5시 30분까지 붕괴의 진행 상황을 보여준다. [그림 1.13(b)]는 터널 천장에 세그먼트 벌어짐으로부터 토사가 유입됨에 따라 터널 세그먼트가 파손되는 것을 나타낸다. [그림 1.13(c)]와 같이 북측 터널 본체의 파괴가 발생하여 그라우트체의 큰 블록과 함께 터널이 침하되었다. 이로 인해 북측 터널의 세그먼트 조인트가 파손되었고, 주로 파손된 개구부를 통해 진흙탕물이 엄청난 규모로 순간적으로 흘러들어온 것으로 보인다. [그림 1.13(c)]와 같이 전체 종단면상에 터널 붕괴가 발생한 터널연장은 종방향으로 130m, 횡방향으로 80m에 달했으며, 결과적으로 북측에서 또 다른 함몰이 발생했다. 지반 함몰을 메우기 위해 버린 흙과 콘크리트의 양은 12,000m^2, 이튿날 오후 11시 50분까지 약 18시간 동안 지속된 지름 60cm의 수도 본관에서 유입된 물의 양은 약 2,000m^{2}이다. 따라서 총 잔해는 14,000m^{3}에 달했다.

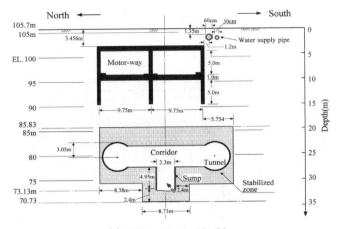

(a) 2005. 12. 4. 15 : 30

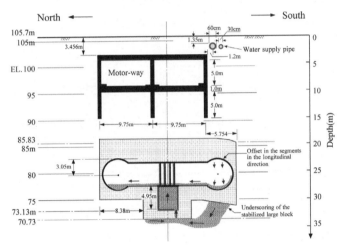

(b) 2005. 12. 4. 17 : 30

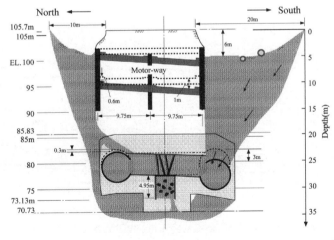

(c) 2005. 12. 5. 13 : 00

[그림 1.12] 파이핑 파괴로 진행되는 붕락 메커니즘(횡방향)

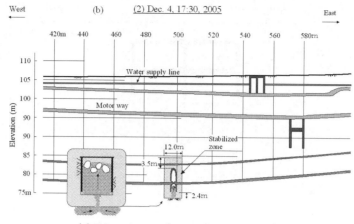

(a) Water Ingress(Dec 4. 17 : 30 2004)

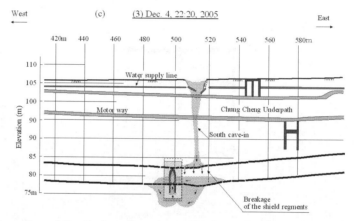

(b) Formation of the Surface Cave-in on the South Side(Dec 4. 22 : 20 2004)

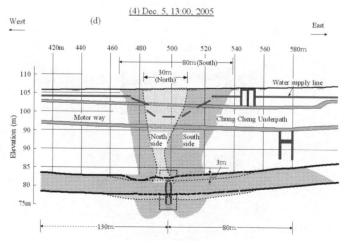

(c) Formation of the Surface Cave-in on the North Side(Dec 5. 13 : 30 2004)

[그림 1.13] 파이핑 파괴로 진행되는 붕락 메커니즘(종방향)

4. 붕락 원인 조사

본 사고 이후 가오슝 교통당국은 사고조사위원회를 구성하여 사고구간에 대한 종합적인 복구 대책을 수립하기 위한 사고 원인을 체계적으로 조사하고 규명하고자 하였다. 이를 위하여 사고구간 주변 안전상 확인을 위한 계측 모니터링을 실시하고, 상세한 지반조사 및 시험을 수행하였다. 또한 도심지 지하터널공사에서의 이와 같은 붕락사고 재발방지를 위하여 여러 가지 대책을 제한하였다.

4.1 붕락구간 계측 모니터링

붕락구간의 심각한 지반 손실로 인해 남쪽과 북쪽에서 각각 두 개의 지표 함몰(cave-in)이 발생하였으며, 터널 주변 지반 공동의 발생으로 인하여 남쪽 터널과 지하차도는 각각 2.7m와 1m로 크게 내려앉았다. 북쪽 터널은 0.16m로 비교적 작은 침하를 보였다. 또한 인접한 철도는 침하와 궤도의 상대변위를 측정하였다.

앞서 설명한 바와 같이, 동결된 다이어프램 월과 소일콘크리트 블록은 복구 공사 중에 지반이 차수효과를 확보할 수 있도록 하였다. 파손된 지하차도 철거와 터널 세그먼트 라이닝 신설, 지하차도 신설 등 복구 작업은 양수정을 이용하여 벽체 내부의 물을 배수하면서 그리고 내부 토사를 제거하면서 수행하였다.

따라서 [그림 1.14]에 나타난 바와 같이 제안된 계측 계획은 복구 공사 중에 지하수위 및 지표침하 변화를 측정하는 것뿐만 아니라 관련된 환경 영향을 평가하기 위한 것이다. 복구 공사를 진행하기 전에 다이어프램 벽체 내부에 설치된 8개의 펌핑웰을 사용하여 그룹 웰 펌핑시험을 수행하였다. [그림 1.15]는 그룹 웰 펌핑시험 동안 열린 펌핑웰의 수와 지하수위의 변화를 보여주고 있다. 그룹 웰 펌핑시험은 펌핑 단계와 회수 단계로 구성되었으며, 각 단계는 약 7일 연속 지속되었다.

또한 지반 동결이 완전히 완료되었음을 확인하기 위해 온도계가 현장에 설치되었다. 대부분의 온도계는 지표면 아래 12.0에서 20.8m까지 설치되었지만, 일부는 터널의 천단부나 터널 구간의 구멍을 통해 터널 안쪽으로 더 깊이 설치되었다. 총 40개의 온도계가 설치되었고 두 개의 온도계 사이의 간격은 1.8m에서 4.0m 사이이다. 이러한 측정은 지반 동결 및 터널 세그먼트 교체 단계에서 유용한 자료를 제공했다.

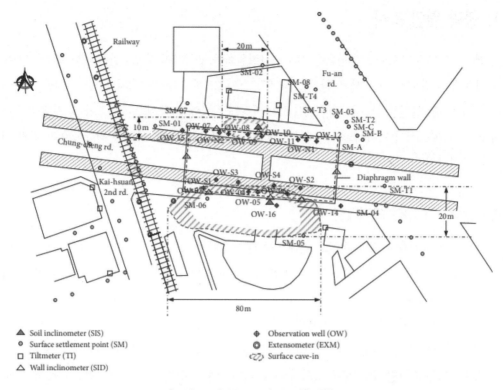

[그림 1.14] 복구 공사 중 계측계획

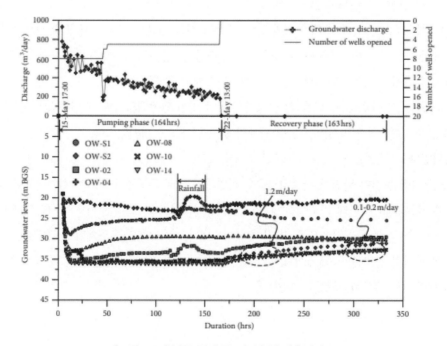

[그림 1.15] 복구 공사 중 지하수위 계측결과

[그림 1.16]은 복구 공사가 진행되는 동안 지표침하의 변화를 나타낸 것이다.

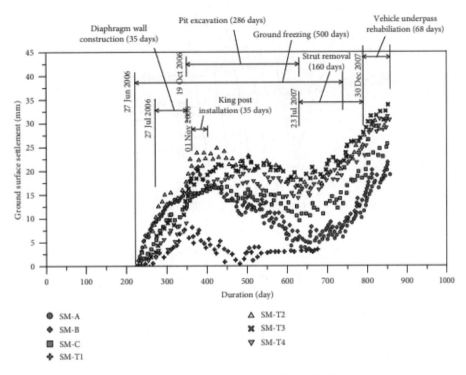

[그림 1.16] 복구 공사 중의 지표침하 계측결과

4.2 상세 조사

1) 전기비저항 조사(RIP)

본 조사에서는 지표면 2D RIP(Resistivity Profile Imagine) 조사를 실시하여 지반 상태를 조사하고 사고후 지반 그라우팅 효과를 확인하였다. [그림 1.17]은 2D RIP 조사의 레이아웃을 나타낸 것이다. 그림에서 보는 바와 같이, 남북 방향으로 6개의 측선과 동서 방향으로 1개의 측선을 설치하여 붕괴 지역의 지반 및 지하구조물 상태를 확인하였다. 앞서 설명한 바와 같이 횡갱은 굴착 전에 지반을 안정시키기 위해 시행한 그라우트체로 둘러싸여 있었다. 사고 후 교란된 지반을 안정시키기 위해 많은 양의 모래주머니와 되메움토가 채워졌다. 2D RIP 조사가 실시되었을 때 지반 조건은 상당히 복잡했다.

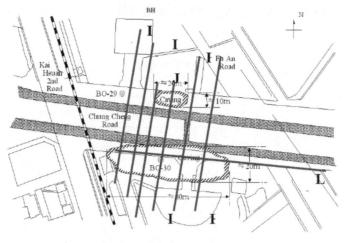

[그림 1.17] RIP 조사 레이아웃

[그림 1.18]의 단면 프로파일의 2D RIP 결과를 보여준다. 그림에서 녹색에서 짙은 파란색에 이르는 색상은 지하수 함량이 큰 교란 지반으로서 낮은 저항성 물질을 나타낸다. 반대로, 노란 색에서 빨간색과 갈색까지 따뜻한 색상은 그라우트 재료나 시멘트질 백필과 같은 높은 저항성 재료를 나타낸다. [그림 1.18]에서 보는 바와 같이 지하차도와 횡갱 사이의 구역은 심각하게 교 란된 상태로 확인되었다. 파손된 횡갱의 지반개량블록의 동·서 경계인 L2선과 E선의 위치에서 파이프 파괴로 터널 및 지반이 심하게 교란된 것으로 나타났다. 이러한 결과는 그라우트체 밖에 있는 터널이 침하되고 세그먼트 라이닝의 위치가 어긋날 수 있음을 의미했다. 또한 즉각적인 보강그라우팅 대책이 횡갱 양쪽에 효과적으로 도달했음을 나타낸다. 2D RIP 결과를 해석함으 로써 붕괴 원인을 추정할 수 있다. 손상된 터널 부분의 규모를 확인하기 위해 2D RIP 조사를 수행함과 동시에 시추공 탐사도 수행되었다.

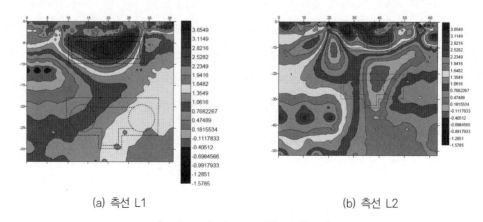

(a) 측선 L1   (b) 측선 L2

[그림 1.18] 2D-RIP 시험 결과(계속)

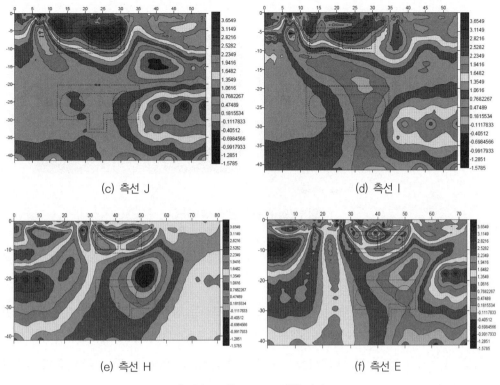

(c) 측선 J   (d) 측선 I

(e) 측선 H   (f) 측선 E

[그림 1.18] 2D-RIP 시험 결과

2) 내부 침식에 대한 핀홀 시험

누수사고의 주요 원인을 조사하기 위하여 핀홀 시험(pinhole test)을 수행하였다. 핀홀 테스트는 가오슝 토사의 비소성 특성뿐만 아니라 파이핑 또는 내부 침식에 대한 취약성도 파악하기 위해 수행되었다.

[그림 1.19]에서 보는 바와 같이 핀홀 시험은 압축된 점토 시험편에 천공된 1mm 직경의 구멍을 통해 물을 흐르게 하여 분산된 점토에서 나오는 물이 콜로이드 입자의 현탁액을 운반하게 하는 시험이다. 핀홀 시험은 ASTM 표준 [D4647-93]에 명시된 점토의 분산성 또는 그에 따른 침식성에 대한 직접 정성적 측정데이터를 제공하였다. 본 시험에서는 직경 33mm, 높이 25mm 의 7개의 시험편이 핀홀 시험을 실시하였다. [그림 1.20]에는 핀홀 시험을 통하여 얻는 토자입자크기에 따른 침식과 침투 불안정성을 나타낸 것이다. [그림 1.21]에는 가오슝 토사에 대한 핀홀 시험을 보여준다.

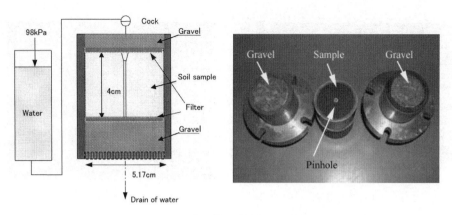

[그림 1.19] 핀홀 시험의 레이아웃

핀홀 시험 결과, 가오슝 실트의 비소성 특성뿐만 아니라 파이핑 또는 큰 수두 구배하에서의 내부 침식에 대한 취약성을 확인할 수 있었다.

가오슝 지하철 공사의 경험에서 이 지역의 실트질 모래는 침투로 인해 침식되기 쉬운 특이한 특성을 가진 것으로 알려져 있다. 비록 실트질 모래가 비소성(Non-plastic)으로 알려져 있지만, 실트의 특성을 보다 자세히 조사하기 위하여 핀홀 테스트(Pinhole Test)라고 불리는 것과 특정 표면적 테스트가 수행되었다.

시험 결과 가오슝의 토사가 침식성이 더 높고 표면적의 값이 작다는 것을 보여주었다. 이 사실은 가오슝 토사가 다른 토사에 비해 침식되기 쉬운 경향을 보여준다.

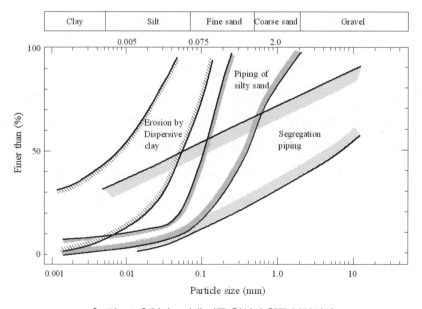

[그림 1.20] 입자크기에 따른 침식과 침투 불안정성

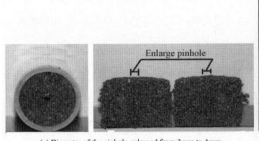
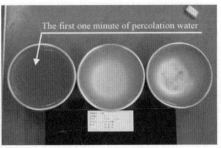

(a) Diameter of the pinhole enlarged from 3mm to 4mm

(b) In the first one minute percolation, water was seen becoming muddy in the left bowl

[그림 1.21] 가오슝 불교란 시험편에 대한 핀홀 시험

4.3 붕괴 원인

붕괴 후 조사위원회는 가오슝 교통당국을 중심으로 타이베이의 국립 타이완 건설연구소에 의뢰하여 조직되었다. 종합적인 연구와 토론을 거친 후에도 입증된 증거로 결정적인 원인을 찾아내는 것은 어려워 보였다. 그러나 다음과 같이 요약할 수 있는 몇 가지 요점이 위원회에 의해 합의되었다.

i) 파이핑 현상이 붕괴를 촉발한 원인이라는 것은 작업 중인 두 사람의 증언을 통해 분명했다.

ii) 파이핑이 시작된 이유는 여러 가지로 생각되었다. 그중 하나는 제트 그라우팅에 의해 생성된 그라우트 기둥의 배열이 불완전하게 중첩되어 있어 침투되기 쉬운 취약 구역의 존재였다. 실제로 지반에 지장물이 있어 제트 그라우트 기둥 중 일부를 수직 방향으로 정확히 타설하기가 어려웠고 파이핑 위치에서 인접한 기둥의 중첩은 60cm 이하로 추정됐다.

iii) 파이핑이 시작된 34m 깊이에서의 정수압은 약 300kPa로 추정되었으며, 침투가 가능한 최단 경로의 길이는 안정화 구역의 하부 레벨로부터 계산하여 2.4m로 측정되었다. 따라서 파이핑 발생 시의 수두구배는 i=30m/2.4m=12.5로 상당히 높았다.

iv) 따라서 불안정한 침투에 대한 임계 수두구배는 약 12.5로 평가되었지만, 하지만 이것이 일어난 명확한 원인은 규명되지 않았다(Unidentified). 또한 가오슝 지역의 실트질 모래가 다른 지역의 퇴적토에 비해 내부 침식(Internal Erosion)을 일으키기 쉬운 특징을 가지고 있어, 일단 파이핑이 발달하면 퇴적토가 자가 치유되지 않고 쉽게 불안정해지는 경향이 있는 것으로 평가되었다.

파이핑은 용출수(Water Ingress) 사고를 일으킨 기본적인 원인이라 할 수 있다. 모래주머니와 초급경 시멘트로 막으려했으나 용출수를 완화하지 못했다. 진흙탕물은 지반의 미세한 토립자들을 운반했고 함께 찢어진 라이너 조인트를 통해 터널로 흘러들어 심각한 지반 손실로 이어졌다. 그러한 지반 손실은 2개의 표면 함몰을 야기했으며, 지표 함몰은 교통을 방해할뿐만 아니라 인근 건물에도 손상을 입혔다.

지하수 침투지점의 수압은 약 300kPa로 추정되었다. 지하수 침투의 최단 경로 길이는 지반 그라우트 개량체 바닥에서 침투지점까지, 즉 2.4m로, 12.1의 수두 구배도에 해당했다.

기존 차량 지하도는 제트 그라우트 기둥을 정확히 수직에 설치하는 데 어려움이 있었고, 따라서 침출되기 쉬운 취약 구역이 형성되었다. 침투하기 쉬운 취약한 구역은 지하수가 제트 그라우팅기둥을 통해 섬프 피트 안으로 흘러들게 했고, 이렇게 높은 수두 구배는 지하수의 유입을 더욱 크게 만들었다. 복합적인 영향이 출수 사고를 일으키는 주요 원인으로 평가되었다.

핀홀 테스트의 결과는 가오슝 실트의 비소성 특성뿐만 아니라 파이핑 또는 큰 수두구배하에서의 내부 침식에 대한 취약성을 확인해 주었다. 두 개의 손상된 수도관으로부터 나온 물과 가오슝 토사의 비소성 성질은 붕괴를 더욱 악화시킨 것으로 판단되었다.

5. 복구 공사 및 대책

5.1 터널 복구 대책

터널 중앙부는 [그림 1.22]와 같이 개착방식으로 시공하였으며, 두께 1.5m, 깊이 60m의 보강 다이어프램 벽을 설치하였다. 굴착 작업은 11단계로 진행되었으며, 최대 굴착 깊이는 30.2m이다. 최종 굴착 단계에 도달한 후, 프리캐스트 철근 콘크리트 세그먼트 조립하여 터널을 시공하고, 두 터널 사이의 피난연결통로를 완성하였다. 되메움(Backfill)은 터널 외부를 채우기 위하여 최종 굴착 레벨에서부터 지하차도의 기초슬래브의 바닥까지 저강도 재료(CLSM)를 이용하여 수행되었으며, 이후 지하차도를 재시공하였다. 복구 공사의 주요 내용을 정리하면 다음과 같으며, 상세 도면은 [그림 1.23]과 [그림 1.24]에 나타나 있다.

i) 물이 침투하는 지점에서 약간 떨어진 터널 내에 있는 두 개의 방수 플러그를 설치하여 추가적인 제트 그라우트 블록으로 차수 효과를 확보

ii) 주변 지반내의 간극수는 지반 동결법으로 동결

iii) 굴착에 의한 횡하중을 유지하기 위해 1.5m 두께의 다이어프램 월을 60m 깊이까지 시공

iv) 굴진면의 건조를 확보하기 위해 터널 하부에 차폐된 디워터링 월을 설치

v) 파손된 지하차도의 제거는 지역 'II' 굴착이 완료되었을 때 수행

vi) 지역 'I' 굴착 완료 후 새로운 터널 세그먼트 라이닝 시공

vii) 제어된 저강도 재료(CLSM)가 새로운 지하차도 바닥까지 다시 채워짐

viii) CLSM이 지표면까지 다시 채워짐

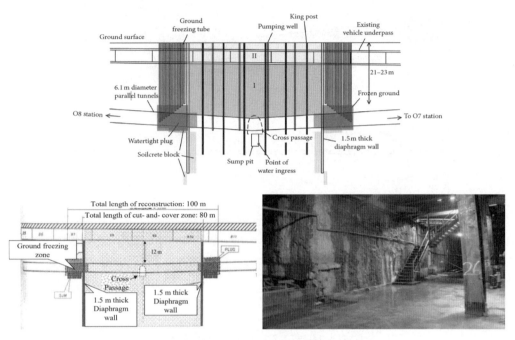

[그림 1.22] 복구 공사의 개요도

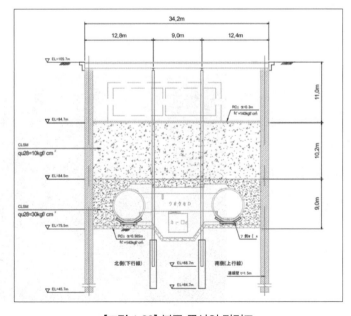

[그림 1.23] 복구 공사의 단면도

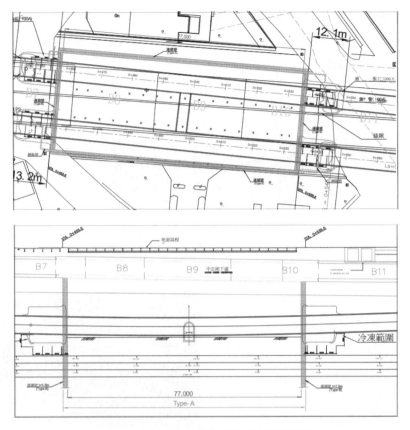

[그림 1.24] 복구 공사의 평면도 및 종단면도

5.2 주변 건물 대책

붕괴사고로 인하여 총 5개의 건물이 심하게 손상되어, 당국에 의해 불안전 건물로 판정을

받아 1달 안에 철거하였다. 또한 6
개 빌딩이 완전 손실(Total Loss)
로, 8개 건물이 보수가 필요하다고
확인되었다. 본 붕락사고로 인해
영향을 받은 도로와 건물의 사진이
[그림 1.25]에 나타나 있다.

[그림 1.25] 도로 함몰 및 건물 손상

6. 교훈(Lesson Learned)

앞서 설명한 바와 같이 가오슝 지하철 공사에서의 파이핑 붕괴(Piping Failure)는 잘 조사되지 않은 지역 토질의 독특한 특성의 결과로 간주되었다. 본 붕괴사고는 지반공학 분야의 새로운 도전 이슈를 나타내는 대표적인 사례로 평가된다.

지하철 건설의 실패는 설명되거나 발표되지 않는 경우가 꽤 많은데, 이것은 큰 사상자와 경제적 손실로 이후에 같은 실수를 저지르는 것이다. 엔지니어가 무엇을 해야 하거나 피해야 하는지를 나타내는 몇 가지 주요 내용을 다음과 같이 요약하였다.

1) 그라우팅에 대한 품질 관리(Quality Control for Grouting)

상하수도관 및 전기관과 같은 지장물은 제트 그라우팅 기둥을 정확히 수직에 설치하는 데 어려움을 겪을 수 있으므로 설계 그라우팅 매개변수를 확인하기 위해 본 그라우팅 전에 시험그라우팅을 수행하도록 하여야 한다.

2) 침투수 취약존(Seepage-Prone Weak Zone)에 추가 대책

시험 그라우팅 이외에, 화학적 그라우팅에 의한 추가적인 제트 그라우트 기둥을 설계 단계 중에 고려하고 제트 그라우팅 기둥 옆에 건설하여 지하수 침투 경로의 길이를 증가시킬 뿐만 아니라 침투수 취약지대의 형성을 방지하도록 하여야 한다.

3) 지역 토질특성(Local Soil Nature)의 정밀 조사

모래에 포함된 가오슝 토질이 높은 분산성 또는 낮은 강도로 조사되었으며, 지반의 역학적 특성과는 다른 특이한 거동을 보이는 것으로 확인되었다. 따라서 이러한 유사지역에서의 도심지 터널공사를 진행하는 경우, 지역적 지반 특성을 고려한 지반조사계획을 수립하고 지반의 공학적 특성을 정확히 조사하도록 하여야 한다.

최종적으로 사고조사위원회는 가오슝 MRT의 터널 붕괴사고의 상세한 원인조사 내용과 복구대책 등을 정리한 사고조사보고서[그림 1.26]를 발간하여 향후 이와 같은 사고의 재발 방지를 위하여 관련 터널 기술자들이 공유하도록 하였다.

Damage Control
and Restoration of
Tunnel Collapses of
Kaohsiung MRT
Project

Chang, Po Shou; Lo, Wei

[그림 1.26] 사고 원인 및 복구 보고서

>>> 요점 정리

본 장에서는 타이완 가오슝 MRT 프로젝트 LUO09 터널공사에서의 발생한 터널붕괴 사고 사례를 중심으로 사고의 발생 원인과 교훈에 대하여 고찰하였다. 본 사고는 도심지 개발을 위한 지하철 공사 중 발생한 붕괴사고로서, 본 사고 이후 도심지 지하공사에 대한 사고를 방지하기 위한 다양한 개선노력이 진행되어 도심지 터널 기술이 발전하는 계기가 되었다. 본 붕괴사고를 통하여 얻은 주요 요점을 정리하면 다음과 같다.

☞ TBM 터널에서의 횡갱(NATM)공사의 문제

일반적으로 도심지 지하철과 같은 터널공사에서는 상하행의 병렬터널을 굴진한 후, 두 개의 터널을 연결하는 방재목적의 피난연결통로(횡갱, Cross Passage)를 설치하게 된다. 특히 지반이 연약한 경우에는 본선터널은 TBM 공법을 이용하지만, 피난연락갱의 경우 어쩔 수 없이 NATM 공법을 이용하여 굴착을 수행하게 된다. 특히 횡갱굴착 공사 시 굴착에 앞서 주변 지반의 차수 성능을 철저히 확인하여 지하수 유입을 제어하도록 해야 한다. 연약지반상의 NATM 공사는 상당한 리스크를 가지므로 시공 중 엄청난 주의를 기울여 관리해야만 한다.

☞ 연약지반의 지반공학적 특성 규명 및 지반기술자 중요성

본 붕괴사고의 경우 피난연락갱 하부 섬프공사 중 갑작스러운 파이핑(Piping) 현상으로 발생한 것으로, 연약지반에 대한 그라우팅 품질관리, 즉 횡갱하부에 대한 지반그라우트 개량체에 대한 그라우트 성능 확인이 매우 중요함을 할 수 있다. 또한 공사지역의 지반의 고유한 특성과 공학적 거동 특성을 설계 단계에서 파악하도록 해야 하며, 시공 중에 이를 확인하도록 해야 한다. 이를 위해서는 자격을 갖춘 경험있는 지반 전문가가 설계 및 시공에 관여하도록 해야 한다. 본 붕락사고는 연약지반에 구축되는 도심지 터널공사에서 지반기술자의 중요성을 보여주는 사고 사례이다.

☞ 사고 원인 조사와 복구대책 수립

붕괴사고가 발생한 직후 발주처에서는 타이완 건설연구소를 중심으로 사고조사위원회를 구성하여 설계 및 시공에 대한 철저한 조사로 주요 사고 원인을 규명하고, 복구대책을 제시하였다. 주요 복구대책으로는 사고 구간에 대한 다이어프램 월을 설치하고, 연결구간에는 지반동결공법을 적용하여 지반을 보강한 후 붕락구간의 토사와 손상된 세그먼트를 제거하고, 개착공법으로 세그먼트 라이닝을 조립한 후 되메워 최종적으로 복구 공사를 무사히 마칠 수 있었다. 또한 사고 원인으로부터 도심지 지하철공사에서의 시공 리스크를 관리할 수 있는 지반전문가를 현장에 상주하여 공사를 관리하도록 하는 등 도심지 지하공사관리시스템을 개선하였다.

☞ 붕괴 사고와 교훈

본 붕괴사고는 타이완에서 진행되어 왔던 도심지 지하공사에서의 시공관리 문제, TBM 터널공사에서의 횡갱 시공에 대한 제반 문제점을 확인할 수 있는 계기가 되었다. 특히 가오슝 당국 및 사고조사위원회 등을 중심으로 심도 깊은 논의와 검토를 진행하여 본 붕괴사고에서의 사고 원인 규명과 재발방지 대책 등을 수립하여 타이페이 도심지 지하공사에서의 공사관리시스템을 개선시키게 되었다.

타이완 가오슝 MRT TBM 터널 붕괴사고는 타이완 건설 역사에 있어 중요한 전환점이 되었던 사고였다. 도심지 공사에서의 상당한 붕락규모에도 불구하고, 다행스럽게도 터널 내 인명사고가 발생하지 않았고, 지상에 건물이 적어 큰 피해가 발생하지 않았다. 하지만 기존 지하차도의 붕괴로 인하여 우회도로 신설과 2년 여의 복구 공사로 상당한 경제적 손실을 끼쳤던 도심지 터널공사 붕괴 사고 사례라 할 수 있다.

또한 본 터널붕괴 사고 사례는 일반적으로 안전하다고 알려진 TBM 터널공사에서 발생한 대형사고로 TBM 터널공사에서 NATM 공법으로 굴착하게 되는 횡갱공사의 리스크를 인식하게 되는 중요한 계기가 되었다고 할 수 있다. 따라서 연약지반 중에 시공되는 TBM 터널공사에서의 횡갱굴착공사의 안전 및 시공관리는 아무리 강조해도 지나치지 않으며, 세심한 주의와 관리가 무엇보다 요구된다 할 수 있다. 또한 이러한 리스크를 최소화하거나 회피할 수 있는 시공기술이 개발되고 활성화되어야 할 것이다.

도쿄 외곽순환도로 TBM 터널 싱크홀 사고와 교훈
Case Review of Sinkhole Accident at TBM Tunnel Tokyo Ring Road

2020년 10월 18일 오전 9시 30분경 [그림 2.1]에서 보는 바와 같이 도쿄 외곽순환도로 TBM 터널공사 중 지반 함몰(Sinkhole) 사고가 발생하였고, 각종 매스컴에 대대적으로 보도되어 일본에서 굉장한 이슈가 되었다. 본 사고는 일본 도심지역에 적용되어 상대적으로 안전하다고 믿어왔던 대심도 터널공사(Deep Tunnelling)에 대한 안전성뿐만 아니라 도심지 지하터널건설공사에 대한 신뢰성에 상당한 영향을 미쳤다. 도심지 대심도 터널공사에서의 지반 함몰 사고는 TBM 시공관리기술의 문제점을 제기하는 계기가 되었으며, 지반보강공사와 주변주택에 대한 보상 등으로 인한 민원으로 터널공사에 심각한 지장을 초래하게 되었다. 일반적으로 도심지에서 대심도 지하터널은 안전한 공사시스템으로 생각되었지만, 어떻게 이와 같은 터널상부 도로 구간에서 지반 함몰과 공동이 발생할 수 있을까?

　본 장에서는 도쿄 외곽순환도로공사의 TBM 터널 공사 중 발생한 지반 함몰 사례로부터, TBM 터널공사 중의 TBM 시공데이터 분석, 굴착토 처리 그리고 시공관리시스템상의 문제점을 종합적으로 분석하고 검토하였다. 이를 통하여 본 사고로부터 얻은 교훈을 검토하고 공유함으로써 지반 및 터널 기술자들에게 기술적으로 실제적인 도움이 되고자 하였다.

[그림 2.1] 도쿄 외곽순환도로 TBM 터널 공사 중 지반 함몰 사고(도쿄, 2020)

1. 도쿄 외곽순환도로 및 현장 개요

1.1 도쿄 외곽순환도로 프로젝트 개요

도쿄 외곽순환도로는 도심에서 약 16km를 환상으로 연락하는 전체 길이 약 85km의 고규격 간선도로이다. [그림 2.2]에서 보는 바와 같이 도쿄외곽순환도로는 수도권에서의 고속도로 계획 3순환 9방사 중 하나이며, 수도고속중앙순환선, 수도권중앙연락자동차도와 합쳐 수도권 3순환도로로 총칭되는 도쿄 도심 외곽의 환상도로(Tokyo Ring Road)이다.

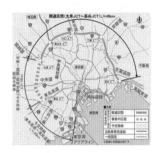

[그림 2.2] 도쿄 외곽순환도로 노선 현황

지반 함몰 및 공동사고가 발생한 현장은 도쿄 외곽순환도로 중 본선터널(남행) 공사로 도메이 수직구에서 발진해 이노카시라 거리까지 남행터널을 구축하는 공사구간으로 [그림 2.3]에서 보는 바와 같이 3개의 JCT와 3개의 출입구로 구성되어 있다. 또한 지하도로구간은 [그림 2.4]에서 보는 지하 40m 이하의 대심도 터널로 계획하였으며, 일본 최대 직경 16.1m의 대단면 쉴드 TBM이 적용되었다.

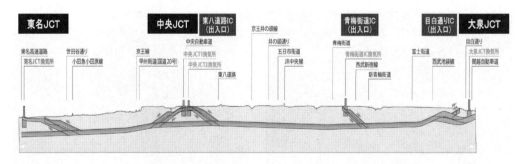

[그림 2.3] 도쿄 외환고속도로 종단면도와 대단면 쉴드 TBM 터널

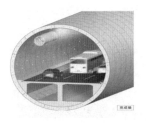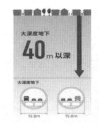

[그림 2.4] 대심도 대단면 쉴드 TBM 터널

1.2 지반 함몰 및 공동 발생 사고 개요

2020년 10월 18일 본선 쉴드(남행) 공사장인 쉴드 터널 직상 지표부에서 5×3m 정도, 지중 부에서 6×5m 정도, 깊이는 약 5m 정도로 추정되는 지표면 함몰이 발생했다. 또 그 후의 함몰 장소 주변의 조사에서 11월 3일에 공동①(지표면으로부터 공동깊이 약 5m, 폭 약 4m×길이 약 30m, 두께 약 3m), 11월 21일에 공동②(지표면으로부터 깊이 약4m, 폭 약3m×길이 약27m, 두께 약 4m 정도), 2021년 1월 14일에 공동③(지표면으로부터 깊이 약 16m, 폭 약4m×길이 약 10m, 두께 약 4m 정도)이 확인되었다. 이들 함몰 발생이나 공동 발견에 대한 상세한 상황이 [그림 2.5]에 나타나 있다.

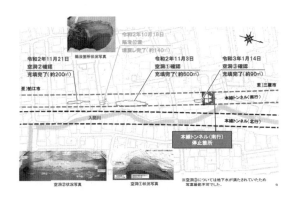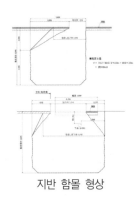

[그림 2.5] 지반 함몰 및 공동 발생 현황

함몰 부위는 발생한 10월 18일 당일 모래 140m³로 되메움이 진행되었으며 다음날 10월 19일 완료되었다. 또한 공동①에 대해서는 11월 7일부터 유동화 처리토 및 고유동재료(600m³)로 충진이 진행되어 11월 24일에 완료되었으며, 공동②에 대해서는 11월 23일부터 유동화 처리토 및 고유동 재료로 충진(200m³)이 이루어져 12월 3일에 완료되었고, 공동③에 대해서는 1월 18일부터 고유동 재료로 충진(90m³)이 이루어져 1월 22일에 완료되었다. [그림 2.6]은 지반 함몰 구간에 시행된 응급복구 장면이다.

[그림 2.6] 지반 함몰 구간에 대한 응급복구 상황

2. 지반 함몰 및 공동 발생 상황과 지반조사

2.1 지반 함몰 및 공동 발생 현황

　[그림 2.7]에서 보는 바와 같이 주택지를 통과하는 도로가 폭 3m, 길이 1.5m, 깊이 5m에 걸쳐서 함몰된 것은 2020년 10월 18일이다. 함몰 크기는 폭 6m, 길이 5m로 확대돼 일부는 주택지 아래까지 달했다. 함몰 지점 47m 아래에 있는 대심도 지하에서는 도쿄 외곽순환도로의 남행 본선터널공사가 진행돼 있었다. 동일본고속도로회사가 발주하고 가지마·마에다건설공업·미쯔이스미토모건설·텟겐건설·세이부건설JV가 시공을 맡고 있다. 함몰의 약 1개월 전 외경 16.1m인 슬러리 쉴드 TBM이 남쪽에서 북쪽으로 통과한 직후였다. 함몰이 생긴 시점에서 쉴드 TBM은 현장에서 북쪽으로 132m 정도 전진하고 있었다.

[그림 2.7] 지반 함몰 사고 발생 위치와 복구

도로에 발생한 함몰규모는 140m^3 정도로, 다음날 새벽까지 모래로 되메우기 하여 응급복구
했다. 사고 후 주변지역에서 시추조사 등을 실시하여 함몰 지점의 남복 2개소에서 토피 5m 정
도의 깊이에서 길이 27~30m, 폭 3~4m, 높이 3~4m 정도의 길쭉한 공동이 있는 것을 2020년
11월에 발견했다. 북쪽에서 발견된 공동의 규모는 약 600m^3, 남쪽의 공동은 약 200m^{3}로 모두
쉴드 TBM이 굴진한 거의 직상에 위치하고 있다. 공동은 유동화 처리토 등으로 되메우기 했으
며, 함몰 사고 후에 정지하고 있던 쉴드머신 근처에서 2021년 1월 14일 3번째 새로운 공동도
발견되었다.

2.2 지반 함몰 및 공동 특성 조사

함몰이나 공동이 발견된 지점은 주택지 근처로 1개월 전에 남행 본선터널의 쉴드 TBM이 통
과한 데의 거의 직상에 위치한다. 북행 본선터널의 쉴드 TBM은 아직 통과하지 않았다.

주변 지반은 지표면에서 깊이 5m 정도까지 롬층이 주체가 된 성토로 되어 있다. 함몰 지점
의 바로 동쪽에는 하천이 북쪽에서 남쪽으로 흐르고 있다. [그림 2.8]에서 보는 바와 같이 1947
년의 항공사진에 이번 함몰이나 공동이 발견된 지점을 겹쳐 보면, 하천 주변에는 논이 펼쳐져
있었다. 국토지리원의 색별표고도에 이번 함몰이나 공동이 발견된 지점을 겹쳐 보면 함몰 지점
은 단구면 주변의 완사면에서의 소규모 집수역의 최하류부에 해당한다.

 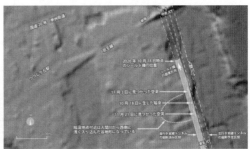

(a) 1947년 항공사진   (b) 컬러 고도사진(국토지리원)

[그림 2.8] 지반 함몰 사고 구간 광역조사

함몰 사고 후 주변에서는 [그림 2.9]에서 보는 바와 같이 지반 함몰의 크기 및 지반분표 특성
을 파악하기 위하여 시추조사가 수행되었다. 롬층 아래에는 두께 5m 정도의 사력층이 분포하
고, 사력층 아래에는 N치가 50 이상인 견고하게 굳혀진 모래층이나 사력층이 분포한다. 함몰이
나 공동은 지표면에 가까운 롬층에서 사력층에 걸쳐서 생겼다. 지하수위는 사력층 상부면 부근
에 있었다.

[그림 2.9] 지반 함몰 및 공동 발생 구간 주변 시추조사

사고 이후 조사로 2개의 변상이 밝혀졌다. 하나는 터널 최상부에서 함몰장소나 공동장소까지 종방향으로 굴뚝 모양의 길쭉한 이완영역이 발견된 것이다. 예를 들어 함몰 지점에서 깊이 46m를 초과하는 시추조사를 실시한 결과, 지반의 N치는 3~22에 그쳤다. 공동이 발견된 2개 지점에서도 비슷한 경향이 보였다. 또한 이러한 이완영역은 터널의 최상부에서 위쪽으로 향해 발생한 것도 밝혀졌다. 예를 들어 공동이 생기지 않은 지점에서 실시한 시추조사의 결과는 터널 상부에서 상방향 약 22m의 범위에만 이완영역이 발견되었다.

[그림 2.10]에서 보는 바와 같이 함몰 지점과 시추조사 위치가 나타나 있다. 오른쪽의 공동 ①은 2020년 11월 3일, 왼쪽의 공동②는 11월 21일에 각각 발견된 공동이다. 그림에서 'Bor'는 시추조사의 천공범위를 나타낸다. 지점 'Bor 1'이나 공동이 생긴 지점 'Bor 5', 'Bor 8-A'에서 N치 저하가 보인다. 공동 등이 발견되지 않았던 남쪽 'Bor 4'에서도 터널 상부에서 위쪽 방향 약 22m의 범위에 이완영역이 확인되었다.

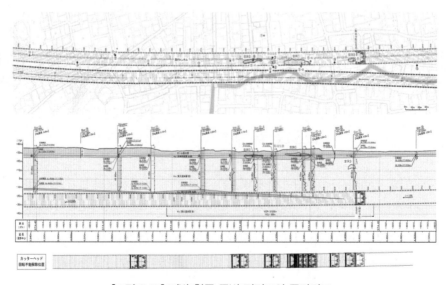

[그림 2.10] 지반 함몰 주변 평면도와 종단면도

한편 터널 직상부 이외의 지반에는 이완영역은 보이지 않았다. [그림 2.11]에 나타난 함몰지점의 터널 횡단면도를 보면 터널에서 동쪽이나 서쪽으로 10~20m 정도 떨어진 지점에서 실시한 시추조사에서는 사력층의 N치는 대체로 50 이상이였다. 터널에서 동쪽으로 떨어진 'Bor 6'이나 서쪽으로 떨어진 'Bor 7'의 N치는 대체로 50 이상이였다. 북행 본선터널의 쉴드머신은 아직 통과하지 않았다.

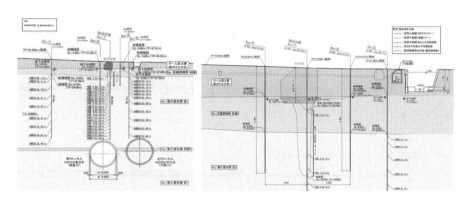

[그림 2.11] 함몰 지점 부근 터널 횡단면도

사고 후 조사에서 발견된 또 하나의 변상은 함몰이나 공동이 생긴 지점에서 단단한 사력층의 상부면이 국소적으로 함락하고 있던 것이다. 예를 들어 함몰 지점에서 실시한 시추조사 등으로 사력층의 상부면이 최대 6.2m 함락하고 있는 것이 밝혀졌다.

한편 이 시추지점에서 횡단방향으로 5~6m 정도 떨어진 2지점에서 실시한 다른 시추조사에서는 사력층의 상부면에는 함락은 보이지 않았다. 일련의 지반조사 결과 함몰 지점에서 사력층 상부면의 함락 범위는 터널횡단방향 폭 2~4m 정도로 한정되어 있었다. 함몰 지점에서 실시한 'Bor 1'에서 동쪽으로 6.4m 떨어진 'Bor 2'나 서쪽으로 5.1m 떨어진 'Bor 3'에서는 사력층 상부면에는 함락한 흔적은 보이지 않았다.

이러한 지반조사 결과 등으로부터 지하공동이 세월을 거쳐 형성되어 종전부터 있었던 가능성은 부정할 수 없다고 했지만, 지반 함몰이나 공동이 생긴 지점의 하부가 터널방향으로 국소적으로 빨려 들어가고 있는 현상을 확인할 수 있었다. 결론적으로 쉴드 TBM 터널시공이 함몰 장소를 포함한 공동발생 요인의 하나일 가능성이 높은 것으로 판단되었다.

함몰 지점 부근의 지표면 경사각은 쉴드 TBM이 통과한 것을 경계로 증가하고 있었다. [그림 2.12]에서 보는 바와 같이 쉴드 TBM 통과 전에서 0.0001라디안 정도였던 반면에 쉴드 TBM이 직하를 통과한 이후에 증가하여 0.0006라디안 정도로 되어 있었다. 함몰 지점 부근의 지표면 침하량은 쉴드 TBM 통과 전과 통과 후의 비교로 최대 19mm가 발생하였다.

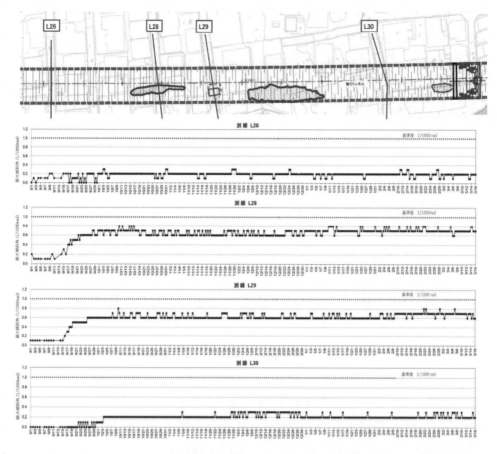

[그림 2.12] 함몰 지점 부근의 지표면 경사각의 경시변화

3. 쉴드 TBM 터널공사 자료 분석

지반 함몰이나 공동이 발생한 지점 바로 직하에 있던 지반은 어떤 메커니즘으로 터널방향으로 빨려 들어간 것일까? 사고조사위원회는 TBM 시공데이터 분석에 착수했다.

본 터널공사의 이토압식 쉴드머신은 발진용 수직갱에서 북쪽으로 굴착해 중앙자동차도를 지나 약 9.2km를 굴진한다. 쉴드머신이 사력층 굴진을 시작한 것은 2020년 3월로 발진용 수직갱부터 폭 1.6m의 세그먼트 1870번 링을 조립한 지점이다. 월 200m 정도의 굴진속도로 굴진해 함몰 지점 직하인 2766번 링은 2020년 9월 14일에 시공했다.

[그림 2.13]에는 쉴드머신의 굴진데이터를 나타내었다. 그림에 나타난 바와 같이 2587번 링 이후 커터토크의 변동폭이 심해짐을 볼 수 있다. 배토량은 폭 1.6m의 1링마다 환산했다.

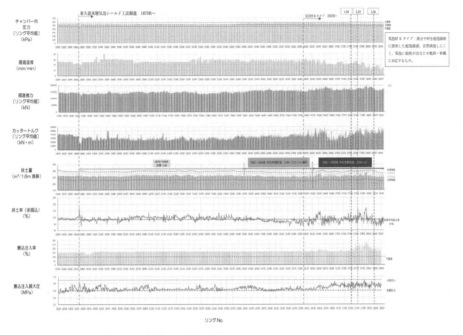

[그림 2.13] 쉴드 TBM의 굴진데이터

[그림 2.14]에는 실제 사용된 쉴드 TBM과 구조이다. 굴진은 먼저 쉴드 TBM 전면에서 회전하는 커터로 지반을 깎아내어 커터 배면에 설치된 챔버에 굴착토를 충만시킨다. 그다음에 챔버 내의 토사를 스크류컨베이어로 배출한다. 챔버 내에 채워진 굴착토의 압력으로 막장면이 무너지지 않도록 지탱해 굴진하는 구조이다.

굴착토의 소성 유동성을 확보하기 위해 기포제와 물, 공기를 혼합해서 만든 셰이빙크림 상태인 미세한 기포를 쉴드 TBM 내에서 막장 전면 지반에 주입하면서 시공한다. 챔버 내에는 공기를 혼합하지 않는 기포용액을 주입했다. 소성 유동성은 가압한 굴착토가 자유롭게 변형, 이동할 수 있는 성질이다. 기포의 채택은 사력층의 토질특성 등에 의거해 결정했다.

2587번 링은 시공사가 기포용액에 점성이 있는 고분자재를 첨가하기 시작한 타이밍과 겹친다. 이토화하기 어려워진 챔버 내의 토사의 소성 유동성을 높일 필요가 있었기 때문이다.

[그림 2.14] 본 현장에 적용된 이토압식 쉴드 TBM

[그림 2.15]는 지반의 입도분포를 나타낸 것이다. 그림에서 보는 바와 같이 사력층 굴진을 시작한 1870번 링 부근에서는 24%이던 원지반에 세립분 함유율이 2587번 링 부근에서는 9% 정도로 저하하고 지반 함몰 지점 직하인 2766번 링 부근에서는 더 적은 4.9%밖에 없었다. 함몰 지점 부근은 자갈분이 늘어나는 한편 점토나 실트의 세립분이 극단적으로 감소하고 있었다.

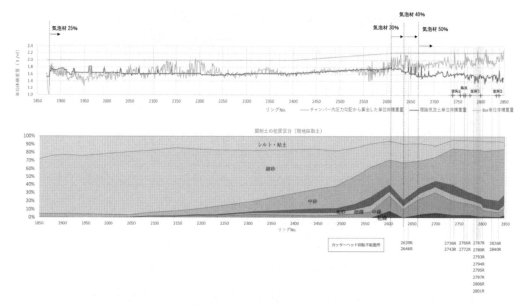

[그림 2.15] 굴진된 지반의 입도 분포

세립분이 적으면 굴착토의 소성 유동성은 저하한다. 자갈 등 입경이 큰 흙입자끼리 맞물려서 굴진추력이나 커터 토크 증대로 이어진 것으로 보인다. 2607번 링 굴진 중에는 쉴드머신의 커터가 고부하로 인해 정지하는 사태도 발생했다. 또한 고분자재 첨가와 함께 기포를 순차적으로 증량했다. 사력층을 굴진하기 시작한 시점에서 굴착토의 체적 대비 주입하는 기포체적의 비율을 나타내는 기포주입률은 25%였다. 그 후 지반 세립분 함유율 저하에 따라 함몰 지점 부근에서는 50%로 대폭 증가하고 있었다.

지반 함몰 발생은 점토나 실트 같은 세립분이 적은 지반을 쉴드 TBM이 굴진한 것과 더불어 다른 요인도 중층적으로 더해진 가능성이 있는 것으로 판단된다. 2667번 링을 시공한 2020년 8월 26일 이후 쉴드 TBM의 굴진시간을 오전 8시부터 오후 8시까지로 한정한 것과 더불어 굴진 속도를 억제했다. 주민으로부터 공사로 인한 진동에 대한 민원이 잇따랐기 때문이었다. 굴진 중 지반 함몰 지점 부근 터널 내에서 계측한 진동은 최대 55dB이다. 같은 시각 터널에서 47m 위인 지표면에서 계측한 진동은 최대 52dB로 불과 3dB밖에 감쇠하지 않았다. 세립분이 적은데다 점토층 등이 포함되지 않는 단일 모래층이 지표층 근처까지 이어져 있기 때문에 진동이 전파하지 쉬웠던 것으로 보인다.

또 다른 요인은 굴진시간 제한에 인한 쉴드 TBM의 야간정지이다. 사고 후 지반 함몰 지점 부근과 같은 세립분 함유율 4.9%에 조정한 시료토에 기포를 섞어 쉴드머신 챔버 내에 쌓인 굴착토를 재현하는 시험을 실시했다. 그 결과 기포를 섞은 직후의 토사는 소성 유동성이 있었지만 시간 경과에 따라 기포가 상승하고 흙입자가 침강하여 분리되었다. 정지 후에 챔버 내의 토사는 소성 유동성이나 지수성이 함께 악화되어 있었을 것이다.

[그림 2.16]은 기포를 섞은 챔버 내의 토사를 재현한 시험으로 왼쪽은 히가시쿠루메층에서 굴진을 시작한 1870번 링 부근과 같은 세립분 함유율 23.6%, 자갈 함유율 0.2%인 시료토이며, 오른쪽은 함몰지점 부근과 같은 세립분 함유율 4.9%, 자갈 함유율 21.9%인 시료토이다. 함몰 지점 직하 2766번 링을 시공할 당시 바로 이 상태가 현장에서 발생했을 가능성이 있었다고 보고 있다.

재료 분리 및 침강이 생기기 어려운 토사	재료 분리 및 침강이 발생하기 쉬운 토사 (실제 시공 시 상정)	
		기포재가 분리되어 토사에 뭉침이 없다 정지 시에 기포재가 상승하여 토립자가 침강하여 기포재의 분리가 진행

[그림 2.16] 기포를 섞은 챔버 내의 토사를 재현한 시험

2020년 9월 14일 오전 8시 야간 정지 후 2766번 링의 굴진을 시작하려고 했을 때, 커터가 회전하지 않아 기동할 수 없었다. 야간 정지 중 챔버 내에서 흙입자와 기포가 분리하여 침강한 토사가 챔버 바닥에서 굳어졌다. 토사의 일부를 배토하면서 커터를 조금씩 회전시키는 소폭 운전을 반복하는 복구 작업을 시도한 것이다. 그 결과 커터는 오전 10시에 정상적인 회전이 가능하게 되고 굴진을 재개했다. 복구작업의 과정에서 챔버 내의 토압과 원지반으로부터 압력의 균형이 깨져서 원지반의 토사를 쉴드머신 내에 과잉하게 거둬들인 가능성이 있다고 분석했다. 토사를 과잉하게 거둬들임으로 지반에 이완영역이 발생하고 이완영역은 그 후 포화한 단일 모래층인 사력층 위 방향으로 진전해 갔다는 추측이다. [그림 2.17]은 쉴드 TBM 주변 과잉굴착 발생 메커니즘이 나타나 있다.

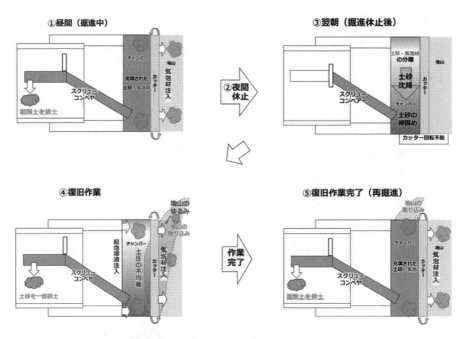

[그림 2.17] 쉴드 TBM 주변 과잉굴착 발생 메커니즘

쉴드 TBM의 굴진데이터도 이러한 추론을 뒷받침하고 있다. [그림 2.18]에서 보는 바와 같이
복구작업으로 챔버 내의 토사를 배토한 오전 9시를 넘어 챔버 아래쪽의 압력이 저하했다. 오전
9시 30분경에는 챔버 내 압력이나 커터토크가 심하게 상하동하고 있었다. 커터의 소폭 운전을
반복했으므로 챔버 바닥에서 굳어진 토사를 휘저었기 때문에다. 챔버 내의 압력균형이 깨졌다
고 생각된다.

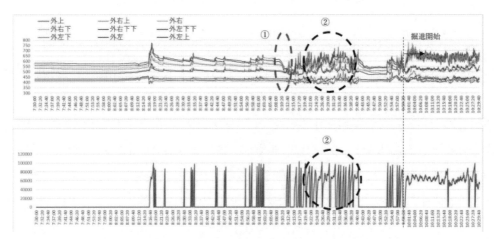

[그림 2.18] 쉴드머신이 함몰 지점 직하를 통과한 직후 굴진데이터

또한 [그림 2.19]에서 보는 바와 같이, 오전 10시에 정상적인 굴진이 시작한 직후부터 몇 분 동안 커터 등에 부착한 변형계의 값은 그다지 변화하지 않고 있었다. 커터 전면 지반에 이완이 발생하고 있던 가능성을 보여준다.

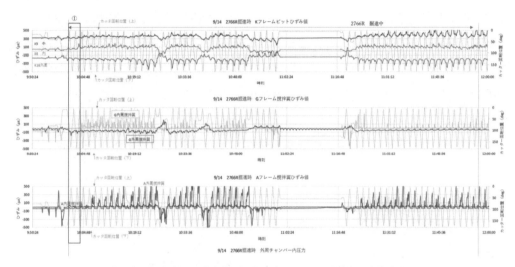

[그림 2.19] 복구 작업 후에 정상적인 굴진 이후의 굴진데이터

[그림 2.20]에서 보는 바와 같이 상단 그래프는 커터 중 'K프레임' 3개소에 부착한 커터비트의 변형계의 값이고, 중단과 하단은 'G프레임'과 'A프레임'의 교반날개에 각각 부착한 변형계의 값이다. 복구작업이 끝나고 정상적인 굴진을 시작한 직후 변형계 계측값의 변화가 작다. 하단 그래프에 있는 'A외주교반날개'의 계측값이 다른 교반날개의 값에 비해 심하게 변동하고 있지만, 원인은 특정하지 못하고 있다.

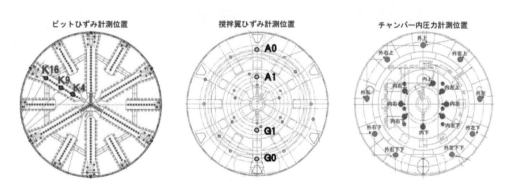

[그림 2.20] 프레임에 부착한 커터비트 변형계의 위치

4. 지반 함몰과 공동 발생에 대한 원인 분석과 문제점

4.1 지반 함몰 및 공동 발생 요인과 메커니즘

　상세 지질조사조사를 통해 함몰·동개소 주변지반은 굴착단면 상부의 단일 모래층은 굴뚝 모양으로 변상이 전달되기 쉽고 진동이 전달되기 쉬운 층임을 확인했다. [그림 2.21]에서 보는 바와 같이 굴착단면은 세립분이 적고 균등계수가 작기 때문에 자립성이 부족하며 자갈층이 많이 포함되어 있어 쉴드 TBM 터널 시공에 있어서 굴착토의 소성 유동성 확보에 유의해야 하는 지반이며, 굴착단면 상부는 단일 모래층인 유동화가 쉬운 층이 지표면 근처까지 연속되어 있으며, 표층부는 다른 구간과 비교하여 얇은 지반으로 평가되었다.

　이번에 발생한 함몰·공동 현상에 관해 상정되는 메커니즘을 종합적으로 검토하였다.

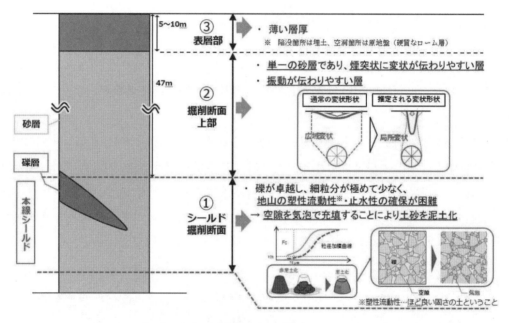

[그림 2.21] 지반 함몰 및 붕락구간 지반 특성

　함몰·공동 발생 요인과 메커니즘을 검토하였다. 이를 정리하여 [표 2.1]에 나타내었다. 표에서 보는 바와 같이 굴착 전 표층지반의 상황과 쉴드 TBM 시공의 영향으로 구분하였다.

[표 2.1] 지반 함몰 및 공동 발생 원인 및 메커니즘 분석

메커니즘			개요
I. 굴착 전 표층 지반	메커니즘 ①		**지하 매설물로부터의 누출·흡입** • 하수도 접속부 등의 누수 • 하수도 접속부 등의 흡입
	메커니즘 ②		**지하수류, 지하수 변동, 폭우로 인한 침식** • 자연 천층 지하수에 의한 침식
	메커니즘 ③		**인공물의 존재에 의한 영향이나 인공물의 환매부의 침식** • 우물, 배수, 지하방수로 등의 인공물에 의한 영향 • 과거에 존재했던 구조물의 매립모래 유출
II. 쉴드 TBM 시공 영향	메커니즘 ④		**폐색 및 폐색 해제 작업의 영향** • 세립분이 극히 적고, 또 자갈이 많은 특수한 지반에서의 굴착토의 소성 유동성·지수성이 저하되고, 야간 휴지시간에 토사분리·침강이 생기는 등으로 굴진 재개 시 커터가 회전불능이 되는 폐색 발생 • 폐색을 해제하기 위해 침강된 사력을 배토하면서 기포재를 주입하는 등의 특별한 작업을 실시함으로써 막장의 이완을 발생시키고, 단일 사층이 굴착단면 상부에 두껍게 퇴적되는 특수한 지반에 있어 굴뚝 모양으로 느슨한 영역이 상방향으로 확대
	메커니즘 ⑤		**굴진 시의 영향** • 챔버 내의 소성 유동성의 부족으로 인해 천단 및 막장압의 불안정성 • 굴착 토사의 과다한 매입
	메커니즘 ⑥		**굴진 후 보이드에 의한 영향** • 보이드 천단의 무너짐
	메커니즘 ⑦		**공기 덩어리의 상승에 의한 영향** • 기포에 의한 현저한 부력 상승 • 공기 상승에 의한 느슨함 확대
	메커니즘 ⑧		**터널 굴착의 진동에 의한 다짐·국소 액상화에 의한 영향** • 커터 부근의 진동에 의한 다짐·국소적 액상화
	메커니즘 ⑨		**쉴드 시공 시 굴착토 배토 등에 의한 영향** • 쉴드기 테일 스크류 컨베이어에 의한 배토 • 세그먼트 이음부으로부터 출수 • 세그먼트의 손상

지하 매설물이나 지하수에 의한 영향으로 공동이 미리 있었을 가능성은 낮다. 또한 함몰·공동개소의 하부가 터널 방향으로 국소적으로 인입되어 있는 현상이 조사에 의해 확인되었으며, 특수한 지반 조건하에서 커터가 회전 불능이 되는 폐색을 해제하기 위해 실시한 특별한 작업에 기인하는 쉴드 터널 시공이 함몰·공동사상의 요인으로 추정된다. 또한 함몰·공동 형성의 요인이 된 메커니즘에 대해서는 [표 2.2]와 같이 추정된다.

[표 2.2] 지반 함몰 및 공동 발생 메커니즘 분석

구분		주요 특성
1단계	주간 (굴진 중)	• 챔버 내 토압과 지산으로부터의 압력의 균형이 잡혀 있는 상태 • 세립분·세사분 감소, 자갈이 개재되는 가운데 기포재의 종별 변경 및 첨가량 조정, 굴진 속도를 조절하면서 굴진 실시
2단계	야간 정지	
3단계	다음날 아침	• 챔버 내 ① 토사·기포재가 분리 ② 토사침강 및 ③ 토사 덩어리가 발생 ⇒ ④ 커터 회전 불능(폐색) 발생
4단계	폐색 해제작업	• 커터를 재회전하기 위해 ① 챔버 내 다져진 토사를 일부 배출 • 배출에 의한 챔버 내 압력 저하를 방지하기 위해 ② 즉시 배출 토사분의 기포 용액과 대체 필요 ⇒ 이때 ③ 토압의 균형이 잡히지 않아 ④ 지반에서 토사가 챔버 내로 유입됨으로써 결과적으로 ⑤ 지반에 이완이 발생하고 ⑥ 굴뚝 모양으로 위쪽으로 확대
5단계	굴진 재개 후	• 특수한 지반하에서 소성 유동성을 유지하기 위해 평소보다 많은 기포재를 지반에 주입하고 굴진 재개 후 ① 기포재가 느슨해진 지반에 과도하게 침투 ⇒ 소성 유동성·지수성이 저하되고 느슨해진 지반에 대한 막장압 불균형 ⇒ 일부 기포재는 회수하지 못하고 굴착한 지반중량을 과소평가하여 ② 토사 배토가 예상보다 과다하게 발생 ⇒ 반복된 폐색 해제작업으로 생긴 지반의 이완을 굴진 시 더욱 조장하고, ③ 지반의 이완이 확대되며, 지표면 부근에 경질의 롬을 아치로 하는 공동이 지하에 형성됨 ⇒ 경질 롬이 결여된 곳에서 지반 함몰에 이름

4.2 대단면 TBM 터널에서의 스케일 디메리트와 배토관리

본 현장의 이토압식 쉴드는 야간 정지 중에 커터를 회전 못해 복구작업이 필요하게 되었다. 복구작업의 과정에서 원지반의 토사를 과잉하게 거둬들이고 있었다. 시공사는 그 이상 상황을 찾을 수 없었던 것일까. 만일 과잉하게 거둬들이고 있던 것이 분명했더라면 어떻게든 대응책을 강구하고 있었을 것이다. 사공상 어려운 조건이 겹쳤던 것은 사실이다.

쉴드터널 시공에 있어서 쉴드머신이 거둬들인 토사의 체적인 배토량 관리는 매우 중요하다. 터널 굴착 단면 체적보다 배토량이 많으면 쉴드머신이 토사를 과잉하게 굴착한 가능성이 높아 원지반의 이완이나 지표의 함몰 등에 직결하기 쉽기 때문이다.

하지만 배토량 산정은 쉽지 않다. 쉴드머신으로 굴착하기 전의 원지반과 커터로 굴착한 토사는 상태가 크게 다르기 때문이다. 무엇을 계측하여 어떻게 보정하는가? 정확한 배토량을 추정하기 위한 기법은 상당한 노하우가 필요한 과정이다.

시공사는 배토량을 다음과 같은 방법으로 계산했다. 우선 사전에 실시한 시추조사 결과를 토대로 원지반에 단위체적질량을 정한다. 쉴드머신이 사력층의 굴착을 시작한 직후의 1870번 링부터 2400번 링까지는 $1m^3$당 2t으로 설정한다. 2401번 링에서 2620번 링까지는 2t에서 2.22t으로 서서히 늘려 2621번 링 이후는 함몰 지점 직하 2766번 링을 포함해 2.22t으로 정했다. 그 다음에 실제 굴착토의 질량을 계측한다. 계측에는 쉴드머신에서 발진 수직갱까지 굴착토를 반출하는 벨트컨베이어에 설치한 'Belt Scale'을 사용했다. 질량을 단위체적질량으로 나누면 배토량의 체적을 알 수 있는 장치이다.

시공사는 이렇게 계산한 배토량의 체적을 폭 1.6m인 링 1개마다 관리하고 있었다. 직전의 20링분 굴진실적의 평균치를 바탕으로 터널 굴착단면체적의 ±10%를 1차 관리치, ±20%를 2차 관리치로 규정하고 계산한 배토량이 관리치를 초과하지 않도록 확인하면서 굴진했다.

하지만 그 배토량 관리에는 3개의 문제점이 있었다.

첫 번째 문제점은 사전 시추조사에 의거한 원지반의 단위체적질량과 실제로 굴착한 지반의 단위체적질량이 상이한 경우이다. 사고 후 조사결과나 분석내용을 정리해보면 단위체적질량을 $1m^3$당 2.22t으로 설정한 구간에 있어서 실제 배토를 다져서 계측한 단위체적질량은 2.06t였다. 실제 지반의 단위체적질량이 2.22t보다 작으면 배토량의 정확한 체적은 계산치보다 컸을 가능성이 있다.

두 번째 문제점은 쉴드머신의 커터 배면에 있는 챔버 내에 주입한 기포용액의 행방이다. 시공사는 기포용액 전량이 굴착토와 함께 챔버 내에서 회수된다고 상정해서 'Belt Scale'로 계측한 질량에서 기포용액 전량을 제해서 굴착토의 질량으로 정하고 있었다. 그러나 기포용액의 일부는 원지반에 유실하고 있었던 가능성이 있다. 이 경우 정확한 굴착토의 질량이나 배토량의 체적은 계산지보다 커진다.

세 번째 문제점은 굴진을 계속할 것인가 여부를 판단하는 배토량의 관리치를 터널 굴착단면 체적의 ±10%으로 설정한 것이다. 본 터널공사에서는 일본 최대인 외경 16.1m의 쉴드머신을 채택했다. 1링당 터널 굴착단면체적은 약 320m³으로 그 10%라도 32m³에 달한다.

2020년 11월 3일에 발견된 공동의 길이는 터널의 약 20링분에 상당한다. 20링간을 굴진하는 터널굴착 단면체적의 10%는 640m³임으로 공동의 용적인 약 600m³를 상회한다. 만약에 쉴드머신이 20링에 걸쳐서 공동의 용적에 해당하는 토사를 과잉하게 거둬들이고 있었다고 해도 배토량은 관리치 내에 들어간다.

이번 공사에서는 스케일 디메리트를 고려하지 않았다는 점이다. 쉴드머신의 외경이 큰 만큼 관리치의 폭을 좁혀 놓았으면 이상을 눈치챌 가능성이 있었다. 향후 배토량의 추정 방법과 관리치의 폭을 어떻게 설정할 것인지 고민해야 한다.

터널공사에서는 종래 배토량을 ±10%의 범위로 관리하고 있으면 문제가 없어 경험칙으로 해왔지만, 앞으로는 굴진데이터 등을 세밀하게 분석하여 배토량을 정밀도를 높여서 추정하거나 쉴드머신의 외경에 따라 관리치의 폭을 좁히는 등 대책을 검토해야만 한다.

사전 시추조사에도 과제가 떠올랐다. 주변은 주택지이므로 터널 통과지점을 저스트 포인트로 조사하지 못했다. 도시지역의 일반적인 터널은 도로 등 공공용지 아래를 통과하기 때문에 시추조사를 실시하는 지점을 비교적 자유롭게 선택할 수 있다. 한편 깊이 40m 이하의 대심도 지하를 굴진하는 터널은 지상의 지권자에 대한 용지 협상이나 보상이 불필요하다. 주택지 등의 아래에 터널을 통과시키기 쉬운 반면, 사전 시추조사를 할 수 있는 지점은 한정된다.

4.3 추가적인 원인 가능성과 문제점

쉴드머신이 토피 47m인 대심도 지하에서 토사를 과잉하게 거둬들인 메커니즘이 밝혀졌지만, 반면에 해명되지 않는 현상이 있다. 쉴드머신이 토사를 과잉하게 거둬들임으로 포화된 단일 모래층인 사력층의 원지반에 이완영역이 발생하고 이완영역은 그 후 사력층 위쪽으로 굴뚝 형태로 확대해 갔다고 보인다. 원지반은 모래층이기 때문에 이완영역은 단시간 내에 진전한 가능성이 높다.

함몰이 생긴 지점이나 공동이 생긴 지점에서 N치의 저하가 보인다. 공동 등이 발견되지 않았던 남쪽에서도 터널상부에서 위쪽 방향 약 22m의 범위에 이완영역이 퍼지고 있었다.

쉴드머신이 함몰 지점 직하를 굴진한 것은 2020년 9월 14일이다. 함몰은 약 1달 후인 10월 18일에 일어났다. 사고 후 조사로 잇따라 발견된 공동을 포함해 함몰이나 공동은 지표에 가까운 롬층에서 사력층에 걸쳐 생겼다. 지하수위는 사력층 상면 부근에 있었다.

쉴드머신이 통과하는 약 2개월 전에 촬영한 함몰 지점의 사진을 검증했다. [그림 2.22]에 나타난 바와 같이 함몰하기 직전에 촬영한 사진과 비교한 결과 약 2개월 전 시점에서 이미 지표 침하가 생기고 있었던 가능성이 있다.

(a) 부등침하(쉴드머신 통과 2개월 전)   (b) 지반 함몰 3시간 전

[그림 2.22] 주택가 부등침하 및 지반 함몰 발생

또한 함몰 지점은 1981년에 부설한 직경 25cm의 하수도관이 통과하고 있었으며, 직경 10cm 의 파손된 하수배관도 있었다. 도심지에서 도로가 함몰하고나 공동이 발견되는 경우, 지중에 매설한 하수도관이 원인이 되는 경우가 많다. 관에 생긴 균열이나 접속부의 틈으로 토사가 빨려 나가거나 관에서 하수가 누출해 토사가 유출하거나 하기 때문이다. 그러나 본 사고는 하수도관이 함몰이나 공동의 원인일 가능성은 낮다고 보고 있다. 함몰된 구멍이나 사고 후 조사로 발견된 공동 내의 지하수를 조사한 결과, 하수 성분은 검출되지 않았기 때문이다.

다음은 지하수에 인한 침식이다. 함몰한 구멍의 내벽을 보면 위 반절은 거친 반면에 아래 반절은 결이 미세하고 매끄럽게 되어 있었다. 물로 씻겨나간 결과로 단면이 매끄럽게 된 가능성 이 높다. 함몰 지점의 남북에서 각각 발견된 공동 내부에도 세립분이 부착하지 않고 물로 씻겨 나간 면이 있었다. 함몰 지점의 주변은 완만한 집수지형으로 되어 있었다. 강우 시는 지하수의 유속이 민감하게 변화하고 있는 것으로 밝혀졌으며, 청천 시보다 유속이 증가하고 있었다. 지하 수 흐름에 의해 이미 공동이 생겨나 있던 가능성은 있으며 반대로 공동이 생겼기 때문에 지하수 가 흘렀을 수도 있다.

5. 지반 함몰 및 공동 구간 보강 대책

5.1 지반보강공법 선정

사고 발생 직후부터 즉시 전문가 위원회를 구성해 사고 원인을 파악한 결과 쉴드 터널 시공에 과제가 있었던 것으로 확인되었다. 지반 함몰 및 공동구간을 포함한 느슨해진 지반을 보수하기 위해 지반의 보수범위와 지반보수공사의 시공방법 등을 검토하였다. 또한 주택 점검조사를 실시하여 보수 공사를 실시하는 등 필요한 보상·보수의 대응을 강구하였다.

지반보강공사는 주변 생활환경에 미치는 영향이 작은 고압분사 교반공법을 기본으로 진행하였다. 본 공법은 지반 내에 공기와 고화 재료(시멘트 슬러리)를 고압으로 분사시키고 흙과 혼합 교반하여 원기둥 모양의 개량체를 조성하는 공법으로 정치식 시공 설비가 필요하며, 대형 중장비를 이용하지 않고 땅속에서 고압분사에 의한 개량을 실시하기 때문에 중장비에 의한 진동이 작은 공법이다. 시공 과정은 [그림 2.23]에 나타내었다.

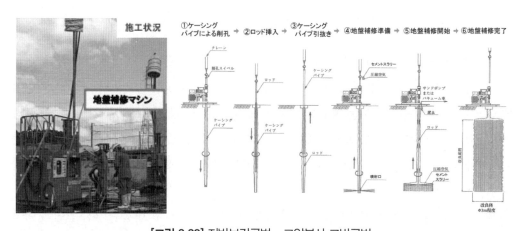

[그림 2.23] 지반보강공법 – 고압분사 교반공법

5.2 지반보강 범위 산정

공동 ①, ②, ③개소는 시추조사에서 지표면에 경질롬층의 존재가 확인되었으며, 공동 상황·크기로 인해 즉시 지표면에 변상을 미치는 것이 아니라 긴급한 대응은 필요 없지만 공동 조기 충진을 실시하여 항구적인 대응으로 유동화 처리토 등을 이용한 충진을 완료하였다. 장기적인 지반의 안정 확보를 위해 이번 사상에서 발생한 지반의 이완에 대한 보수를 실시해 나갈 필요가 있으며, 확인된 조사 결과 시공 데이터의 결과 및 함몰·공동의 추정 메커니즘에 근거해 지반의 이완이 발생하고 있다고 추정되는 범위는 다음 중 하나에 해당한다. [그림 2.24]는 함몰과 붕락 구간 주변의 지반보강 범위를 나타낸 것이다.

i) 폐색해제를 위해 특별한 작업을 실시한 범위

ii) 시추 조사에 의해 N값의 저하가 확인된 범위

iii) 물리탐사에 의해 불규칙한 속도 저하가 확인된 범위

지반보강은 터널 갱내의 조사에 의해 지반의 이완이 확인된 범위에 대해 터널 바로 위까지를 대상으로 실시하였다. 지금까지의 조사를 통해 터널 바로 위의 인접지에서 지반의 이완은 발생하지 않았다고 생각하나, 지반보강 시에 지반의 상황을 조사하고, 새롭게 인접지에 지반의 이완이 확인된 경우는 적절히 대응하도록 하였다.

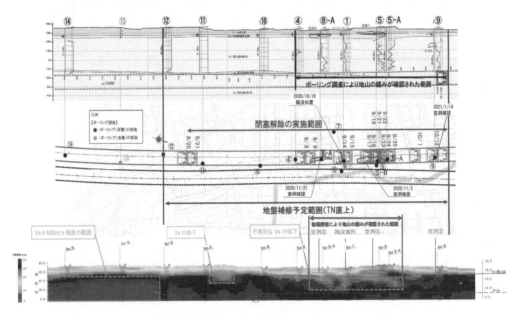

[그림 2.24] 지반 함몰 및 붕락구간 주변 지반보강 범위

지반보강공사를 실시한 후의 식생 환경에 대해서는 공사를 실시하기 전의 현상 상태를 확보해야 한다. 지반 보강은 토사층을 기본으로 검토를 진행하고 있으며 식물 생육에 필요한 지반의 최소 두께 1.5m 이상은 현재 토양에서 변하지 않기 때문에 식생 환경에 미치는 영향은 없는 것으로 확인되었다.

본 지역의 지하수위는 약 2m 정도의 범위에서 변동하고 있다. 지반보강공사에 따른 지하수위변동은 지하수위 상면 부근에서 10cm 미만과 최근의 강우 영향 등에 의한 수위변동과 비교해도 작아 지반보수공사가 미치는 영향은 극히 작다고 판단되었으며, 또한 공사 중 인근 관측정에서 계속적으로 지하수위를 관측하도록 하였다.

추가조사에 이어 함몰·공동 장소 주변에 주민들의 의견을 토대로 하여 전문가에게도 상담 후 필요한 조사를 실시했다. 조사결과는 추가조사 결과와 동일하며 터널 굴진에 따른 진동에 의해 지반을 느슨하게 했다는 사실은 없는 것으로 확인하였으며, 표층지반의 환산 N값은 대략 5 이하로 터널 바로 위 이외에서의 상단 레벨의 지반침하는 확인되지 않았다. 또한 주변 건물 및 주택에 대한 상세조사를 실시하여 [그림 2.25]에 나타난 바와 같이 보상대상지역을 산정하였다.

함몰·공동 사고 발생 후, 주변 지역의 지표침하 계측과 점검원에 의한 감시를 계속해 왔다. 지표침하 계측결과 2020년 10월 31일 이후 함몰·공동개소 주변에서 실시하고 있는 수준측량 결과나 순회에서 큰 변위 등은 확인되지 않았지만 1회/일 수준 측량이나 순회를 통한 감시는 계속하도록 하였으며, 이를 게시판 등을 통해 공지하도록 하였다. [그림 2.26]은 지표면 변위 계측결과이다.

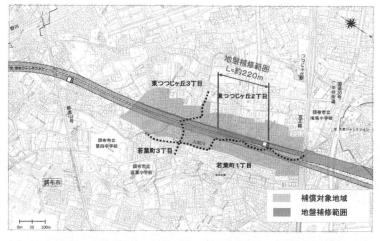

[그림 2.25] 지반보강 범위 및 보상 대상 구간

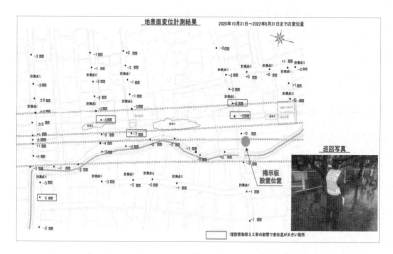

[그림 2.26] 지표면 변위 계측결과 및 모니터링

6. 재발 방지대책

함몰·공동 추정 메커니즘을 바탕으로 쉴드 TBM 터널시공을 안전하게 실시하기 위한 재발 방지 대책은 다음과 같다. 공동·함몰 발생으로 쉴드 터널 공사에 기인한 함몰 등에 대한 우려나 진동·소음 등에 대한 불안의 목소리 등이 많이 접수됨에 따라 지반변상 감시 강화나 진동 계측 장소 추가, 진동·소음 대책 강화 등 '지역의 안전과 안심을 높이는 대처'를 더해 재발 방지 대책으로 실시하기로 하였다.

6.1 함몰·공동 발생 메커니즘에 의한 재발 방지대책

1) 쉴드 굴진지반의 재확인

함몰·공동개소 주변 이외에도 세립분이 적거나 자갈을 포함하는 경우는 쉴드 터널 시공에서의 굴착토의 소성 유동성·높은 지수성 확보에도 유의할 필요가 있다. 향후 굴진구간에서 굴착단면의 세립분 함유율이 10% 이하이면서 토층의 균등계수가 5 이하인 지반은 5개소 확인하였으며, 안전을 위해 이들 장소 등에서 향후 필요에 따라 추가시추를 실시하여 지반을 재확인하도록 한다.

추가 시추 등에서 얻을 수 있는 토질조사 결과를 토대로 사전 배합시험을 실시하고, 지반에 적합한 배합을 재확인한다. 굴착토사가 소성 유동성·지수성을 가진 양호한 이토가 되기 위해서는 세립분이 필요하며, 이를 점토·벤토나이트 등을 주재료로 보급하는 것이 광물계 첨가재이다. 따라서 세립분(점토 실트) 비율이 10% 이하인 지반에 대해서는 벤토나이트 용액을 포함한 광물계 첨가재의 사용에 대해서도 충분히 검토할 필요가 있다.

2) 소성 유동성의 모니터링과 대응

지금까지의 소성 유동성의 확인항목 외에 새롭게 챔버 내의 압력구배, 미니 슬럼프, 입도분포에서의 확인을 실시하도록 한다. 소성 유동성의 모니터링을 하면서 첨가재 주입량이나 첨가재의 종류를 적절히 조정하여 소성 유동성과 지수성을 확보하도록 하며, 또한 소성 유동성의 확보가 곤란해지는 징후가 확인되었을 경우는 원인의 해명과 대책을 검토하여야 한다.

3) 배토관리

배토관리로서 지금까지의 실적을 바탕으로 종래의 1차 관리치보다 엄격한 ±7.5%를 새로운 1차 관리치로 한다. 또한 벨트 스케일 중량에 의한 굴착토량 관리에 더해 배토율(지산굴착토량과 설계지산굴착토량의 비율)에 따른 관리를 추가한다. 배토관리에서 1차 관리치(±7.5%), 2차 관리치(±15%)를 설정하고 관리하도록 한다.

4) 커터 회전 불능(폐색) 시의 대응

상기 1)~3)에 따라 챔버 내 토사의 소성 유동성을 개선시킴으로써 커터 회전 불능을 발생시키지 않도록 대책을 강구하되, 만일 폐색 현상이 발생한 경우에는 공사를 일시 중단하고 원인 규명과 지표면에 영향을 주지 않는 대책을 충분히 검토하도록 한다. 또한 폐색 해제 후의 지반 상황을 확인하기 위해 필요한 시추 조사 등을 실시한다.

6.2 쉴드 TBM 터널공사 안전관리 대책

진동·소음 대책이나 지반변상 확인, 지역주민에 대한 정보제공, 긴급상황 시 운용 재검토에 대해 쉴드 TBM 터널 공사에 따른 지역의 안전과 안심을 높이기 위한 노력으로서 사업자가 함몰 지역에서 실시한 설명회나 상담창구 등에서 받은 의견, 관할관청에서 받은 요청서 등을 참고로 계속해서 주민의 문의 등에 대해 적절히 대응하는 동시에 불안을 제거하는 데 힘써 나갈 필요가 있다.

1) 진동·소음 대책

쉴드 TBM의 굴진에 의한 진동·소음은 최대 55dB 정도로 레벨 1 지진동 200~300gal의 1/100 이하이기 때문에 지반에 유해한 변형을 발생시킬 정도의 가압력은 없으며 지반에 이완이나 지반재해를 발생시키는 수준은 아니다. 진동·소음은 규제기준인 55dB를 초과하지 않았지만 이번 함몰·공동 발생 장소 주변은 진동·소음이 감쇠되지 않아 지상으로 전파되기 쉬운 지반이었다고 생각되어 진동·소음이나 저주파에 대한 문의를 많이 받았다. 향후의 굴진에서는 진동·소음 대책을 지역의 안전·안심을 높이는 노력의 일부로 실시한다.

2) 지표 변상 확인

공공도로상에서 수준측량을 통해 공사 전후의 지표면 변위를 확인하고 최대 지표면 경사각과 연직변위를 정기적으로 공지하도록 한다. 또한 굴진 후 대략 1개월 정도, 24시간 체제로 매시 1회 빈도로 감시원이 도보로 순회 실시하고, 1개월 경과 이후에도 굴진 완료 전 구간에 대해 매일 1회 빈도로 감시원이 차량 등에 의한 순회를 실시하도록 한다.

3) 지역주민에게 정보 제공

쉴드 통과 전후에 공동 탐사차의 주행을 실시하여 노면의 공동 조사를 실시하고, 게시판이나 홈페이지, 알림전단 등을 활용해 쉴드 공사 굴진 현황과 모니터링 정보를 알려준다.

4) 쉴드머신 정지에 따른 보전조치

챔버 내의 토사 분리를 방지하고 챔버 내의 압력을 적절히 유지하기 위해 정기적으로 커터를 회전시켜 토사를 교반한다. 또한 장기간 정지할 경우 수준 측량 및 순시에 의해 지표면 변위의 감시를 강화한다.

5) 터널공사의 안전확보 대책 재검토

터널 공사의 안전확보 대책에 대해 함몰·공동현상 발생 시의 대응이나 진동·소음 대책 등 공사 지역의 안전을 높이는 대책을 추가해 설명회 등을 통해 주지함과 동시에 확실하게 실시한다.

최종적으로 사고조사위원회는 도쿄 외환도로의 대심도 TBM 터널구간에서의 지반 함몰 사고의 상세한 원인조사 내용과 복구대책 등을 정리한 사고조사 보고서가([그림 2.27])가 여러 차례 보고되었고, 향후 이와 같은 사고의 재발 방지를 위하여 관련 터널 기술자들이 공유하도록 하였다.

[그림 2.27] 사고조사위원회 보고서(2020~2021년)

>>> 요점 정리

본 장에서는 도쿄 외곽순환도로 대심도 대구경 TBM 터널공사에서 발생한 지반 함몰 및 공동 사고 사례를 중심으로 사고의 발생 원인과 재발 방지 대책에 대하여 고찰하였다. 본 사고는 도심지 교통개선을 위한 대심도 TBM 터널 공사 중 발생한 지반 함몰 사고로서, 본 사고 이후 도심지 대심도 TBM 터널공사에서의 지반 함몰 사고 및 안전사고를 재발방지하기 위한 다양한 개선노력이 진행되어 도심지 공사에서의 TBM 시공관리 및 안전관리 기술을 점검하는 계기가 되었다. 본 TBM 터널공사 지반 함몰 사고를 통하여 얻은 주요 내용을 정리하면 다음과 같다.

☞ 대심도 TBM 터널에서의 지반 함몰 및 지반 공동 발생 문제

쉴드 TBM 터널공사에서는 지반을 굴진하면서 발생되는 다양한 굴진데이터로부터 시공관리를 진행하게 되며, 일정 구간을 굴진한 후 커터헤드 교환 및 수리를 위한 정지(Cutterhead Intervention, CHI)를 반복하게 된다. 특히 대단면 쉴드 TBM의 경우 굴진데이터 및 배토량 관리에 대한 경험치가 부족하여 과굴착에 대한 이상 여부를 관리하기가 어렵고, 정지구간에서의 장비와 지표면에서의 안정 여부(침하 및 함몰 발생)를 지속적으로 확인하도록 해야 한다. 특히 도심지 구간에서의 쉴드 TBM 터널공사는 상당한 시공리스크를 가지므로 철저한 시공관리를 통하여 상당한 주의를 기울여야만 한다.

☞ TBM 터널공사에서의 굴진관리 및 시공관리의 중요성

본 지반 함몰 사고는 쉴드 TBM 굴진 시 지층특성이 변화하는 구간에서 야간 정지 후 쉴드 장비의 재굴진 중에 과굴착으로 인한 주변 지반의 이완과 굴뚝모양으로 확대되어 지표면에 함몰과 공동이 발생한 것으로, 쉴드 TBM 터널시공 시에 굴진데이터 관리, 배토량 관리 및 TBM 정지구간에서의 안전관리 등에 중요성을 확인할 수 있다. 또한 공사구간에 대한 지반의 분포 특성과 거동 특성을 상세하고 정확히 파악하도록 해야 하며, TBM 굴진 시 이를 반영하여 품질관리에 활용하도록 해야 한다. 이를 위해서는 자격을 갖춘 경험있는 TBM 터널 전문가가 TBM 터널 시공관리에 관여하도록 해야 한다. 본 지반 함몰 사고는 도심지에 시공되는 TBM 터널공사에서 지반조사와 터널 기술자의 중요성을 보여주는 사고 사례이다.

☞ 철저한 사고 원인 조사와 재발 방지 대책 수립

본 지반 함몰 사고가 발생한 직후 국토교통성을 중심으로 사고조사위원회를 구성하여 지반조사 및 TBM 시공자료 분석을 통한 주요 사고 원인과 발생 메커니즘을 규명하고, 지반보강 및 재발 방지대책을 제시하였다. 지반보강대책으로는 지반구간과 주변 영향 구간에 대하여 고압분사 교반공법을 적용을 적용하여 지반을 보강하고, 주변 영향구간에 대한 상세조사를 통하여 보상대책구역을 선정하여 보상을 실시하고, TBM 터널공사에서의 재발방지대책 및 안전관리대책을 수립하고 이를 지역 주민들에게 공지하고 공유하도록 함으로써 도심지 터널공사관리시스템을 개선하였다.

☞ TBM 터널공사 지반 함몰 사고와 교훈

본 지반 함몰 및 공동 발생 사고는 일본에서의 도심지 터널공사에서의 안전관리, TBM 터널공사에서의 굴진 및 배토관리 등 도심지 터널공사에 대한 제반 문제점을 확인할 수 있는 계기가 되었다. 특히 국토교통성 사고조사위원회 등을 중심으로 1년 이상의 시간에 걸쳐 심도 깊은 논의와 분석을 진행하여 본 사고에서의 사고 원인 규명과 재발방지대책 등을 수립하였다. 또한 일본 도심지 TBM 터널공사에서의 시공관리 및 안전관리시스템을 재확인하는 계기가 되었으며, 이후 쉴드 TBM 터널공사에서의 안전관리대책이 강화되었다.

일본 도쿄 외곽순환고속도로 TBM 터널공사에서의 지반 함몰 사고는 일본 터널 역사에 있어 중요한 전환점이 되었던 사고라 할 수 있다. 특히 심도 40m가 대심도 구간에서의 터널링에 의해 지표 함몰과 공동이 발생하였다는 사실은 큰 충격이 아닐 수 없었다. 다행스럽게도 지반 함몰이 비교적 일찍 감지되었고 주택가 도로에서 발생하였기 때문에, 인명사고 등이 발생하지 않았고, 지상건물이 피해가 크지 않았다. 하지만 TBM 터널공사의 재개 시까지 지반보강공사 및 주변 건물 보상대책으로 상당한 손실을 끼쳤으며, 지속적으로 주민들로부터 안전민원이 발생하여 이에 대한 대응마련으로 문제가 되었던 사고 사례라 할 수 있다.

또한 본 사고 사례는 도심지 구간에서 안전하다고 알려진 쉴드 TBM 터널공사에서 발생한 지반 함몰 사고로 TBM 터널공사에서 굴착토의 쉴드 장비의 굴진관리 및 배토관리의 리스크를 확인하게 되는 중요한 계기가 되었다고 할 수 있다. 따라서 도심지 구간에서 시공되는 TBM 터널공사에서의 안전 및 시공관리는 아무리 강조해도 지나치지 않으며, 세심한 주의와 관리가 무엇보다 요구된다 할 수 있다. 또한 이러한 리스크를 최소화하거나 회피할 수 있는 시공관리방안이 수립되고, 시공 중에 이를 반드시 반영해야 할 것이다.

LECTURE 12

상하이 메트로 TBM 터널 붕락사고와 교훈

Case Review of TBM Tunnel Collapse at Shanghi Metro

2003년 7월 1일 오전 4시경 [그림 3.1]에서 보는 바와 같이 상하이 메트로 공사 중 TBM 터널이 붕괴되고 상부 도로와 건물이 붕괴되는 사고가 발생했다. 본 사고는 중국 메트로 공사에 적용되어 왔던 TBM 터널공사에 상당한 영향을 미쳤다. 본 사고를 통해 TBM 터널공사에서 인공동결 공법의 시공관리와 피난연락갱(Cross Passage) 시공상에 많은 문제점이 확인되었다. 특히 하저구간을 통과하는 TBM 터널에서의 대규모 붕락사고는 조사, 설계 및 시공상의 기술적 문제점을 제기하는 계기가 되었으며, 하저구간에서 대규모 붕락사고 원인 및 발생메커니즘을 규명하기 위하여 철저한 조사를 진행하게 되었다.

본 장에서는 상하이 메트로 4호선 공사의 하저구간에서의 TBM 터널 붕괴사고 사례로부터, 하저구간 TBM 터널공사시 지질 및 지하수 리스크, 연약지반에서의 동결공법 적용, 피난연락갱 시공 등 시공관리상의 문제점을 종합적으로 분석하고 검토하였다. 이를 통하여 본 TBM 터널 붕괴사고로부터 얻은 중요한 교훈을 검토하고 공유함으로써 지반 및 터널 기술자들에게 기술적으로 실제적인 도움이 되고자 하였다.

[그림 3.1] 상하이 메트로 TBM 터널 붕락사고(중국 상하이, 2003)

1. 터널 붕락사고의 개요

2003년 상하이 지하철 4호선 사고는 중국 지하철 역사상 가장 눈에 띄는 사고 중 하나였다. 이는 인공지반 동결공법에 의해 굴착된 피난연락갱의 일차적인 파괴를 포함하고, 이후에 대규모의 물과 토사의 침투, 엄청난 지반침하, 기존 구조물의 급속한 침하, 황푸강을 따라 인접한 제방의 붕괴, 부지의 홍수, 그리고 건물과 지하철의 붕괴를 포함한다. 터널 사고는 모래층 내에서 피난연락갱의 파괴가 직접적인 원인이었다. 처음에는 침투수가 동결지반을 무너뜨리고 나서 물과 토사가 피난연락갱과 터널 내로 쏟아져 들어왔다. 대규모 지반붕괴의 결과로 지표면은 4m 정도까지 침하했고 기존 구조물들은 손상되었다. 본 사고는 전형적인 프로젝트 관리 실패로, 수많은 절차적, 윤리적 실수와 관련이 있었다. 본 장에서는 붕괴사례를 분석하기 위해 지질 조건과 함께 피난연락갱의 설계와 시공을 개략적으로 설명하였다. 또한 붕괴가 발생하는 선행 사건들과 붕괴 현장을 설명하고, 붕괴후 비상대응 및 재해 복구대책방안을 소개하였다. 마지막으로 실패로 이어지는 기술적, 절차적, 윤리적 요인을 요약하였다.

1.1 사고 개요

본 사고현장은 상하이 메트로 4호선 공사 중 남푸퉁로드역과 난푸대교역 사이에 약 2km의 단선병렬 TBM 터널공사구간이다. 본선터널은 황푸강 하부 440m 구간을 포함해 성공적으로 시공되었으며, 2003년 7월 1일 인공동결공법(Artificial ground freezing)으로 피난연락갱(cross passage)을 시공하는 과정에서 막장면으로 지반이 과도하게 유실되는 사고가 발생하였고, 이로 인해 터널의 상당 부분(약 274m)이 손상되었고, 인접한 건물들도 심각한 영향을 받았다. 붕괴 후 하중 불균형으로 인한 터널의 다른 부분의 피해를 제한하기 위한 즉각적인 조치로 터널은 물로 채워졌으며, 붕괴 후 그라우트와 콘크리트를 이용한 공동충전도 피해관리 대책의 일환으로 실시되었다. 본 사고는 본선터널을 상·하행선으로 연결하는 피난연락갱 시공 시 대량의 물과 토사 유입으로 터널 손상 및 주변 지역 지반침하로 직접적인 경제적 손실 1억 5,000만 위안을 초래했다.

[그림 3.2]에는 상하이 메트로 4호선 중 사고 발생구간과 개략적인 위치가 나타나 있다. 그림에서 보는 바와 같이 사고 발생 구간은 황푸강 하부를 통하는 터널구간으로 터널노선의 최저점부로 해당 구간에 수직구와 피난연락갱이 계획되어 있으며, 피난연락갱 하부에는 집수정이 계획되어있다. [그림 3.3]에는 터널붕락으로 인한 도로 및 주변 건물의 직적접인 피해상황이 나타나 있다.

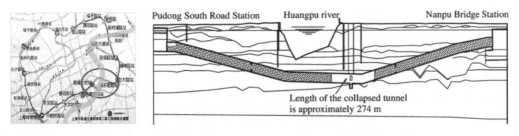

[그림 3.2] 상하이 메트로 4호선 터널붕락 구간과 사고 발생 위치

[그림 3.3] 도로 함몰 및 건물 붕락 발생 현황

1.2 사고 전후 현장상황

■ 2003년 3월 : 인공동결공법을 시공하기 위하여 냉동 파이프라인 및 냉동 장비를 설치

■ 2003년 6월 24일 : 피난연락갱 굴착공사 시작

■ 2003년 6월 28일 오전 8시 30분쯤 : 소형냉동기 1대가 고장난 것을 발견해 오후 4시쯤 복구하고 7시간 30분간 냉동중단했으며 이 기간 동안 다른 장비는 냉동을 하지 않았다. 이때 XT1 온도측정홀에서의 측정된 지반온도는 3°C였다.

■ 2003년 6월 28일 오후 2시 : 하행선에 설치된 수문관측공에서 압력수가 새는 것을 발견하고 즉시 워터밸브를 설치해 물을 막고 수압을 측정했다.

■ 2003년 6월 28일 오후 8시 30분쯤 : 즉각적으로 피난연락갱의 굴착을 중단하기로 결정하고 공사 관계자들이 판자 등으로 굴진면을 막았다.

■ 2003년 6월 29일 오전 3시경 : 워터밸브에서 측정한 수압은 2.3kg/cm^2로 7지층 압력 수압에 가까웠고, 지반온도는 8.7°C였다.

- 2003년 6월 30일 : 지반온도는 7.4°C였으며, 드라이아이스로 동결을 강화하기로 결정하고 오후 3시 30분쯤 150kg의 드라이아이스로 하행선 터널하부에 동결작업을 진행하였으며, 저녁 8시쯤 검사 시 강관파이프에 서리를 발견했다.

- 2003년 7월 1일 0시쯤 : 굴진면의 일부를 제거하고 0.2m의 구멍을 뚫어 콘크리트 이송관을 설치했다. 약 1시간 후 구멍은 하행선 터널 강관플레이트로 관통되었다.

- 2003년 7월 1일 오전 4시쯤 : 물이 구멍 아래로 흐르는 것을 발견하고 즉시 시멘트로 막았다. 10분 정도 지나도 누수가 계속되자 신속히 보고했다. 곧 굴진면의 오른쪽 하단 모서리에서 물이 나오기 시작하여 점점 더 커졌고 현장에 있던 근로자들은 면이불, 흙주머니, 시멘트 포장 및 기타 재료로 밀봉했다.

- 2003년 7월 1일 오전 6시경 : 터널에서 이상한 소리가 나면서 상황이 위험해져 공사 관계자들이 대피했다. 이어 많은 양의 물과 모래가 밀려들어 터널 손상 및 주변 지역 지반 침하로 인해 건물 3동이 심하게 기울었고 제방은 균열 및 침하에서 붕괴로, 터널 구간은 유입수로 침수되고 구조 손상으로 발전했으며 지상부도 균열, 침하, 용출 등의 위험 상황이 발생했다.

1.3 사고 발생 경과 및 응급조치

- 2003년 7월 1일 오전 4시경 : 인공동결공법을 이용하여 상·하행 터널의 피난연락갱 공사를 진행하던 중 갑자기 출수가 발생하여 터널 내의 시공자들이 긴급히 대피하였고, 이후 대량의 토사가 터널로 유입되어 내외압의 불균형으로 터널 일부가 함몰되고 지반도 깔때기형 침하가 발생하였다.

- 2003년 7월 1일 오전 6시 : 8층 건물이 눈에 띄게 변형돼 벽면이 갈라지고 기울기 시작했으며, 9시쯤 일부 붕괴가 일어났고, 건물이 계속 기울면서 벽면이 갈라지고, 15시 바닥 침하가 가속화되면서 점차 침하 깔때기가 형성됐다. 붕괴 범위는 둥자두루로, 중산남로, 외마로, 제방으로 확대되었으나 제때 신고되어 인명피해는 없었다.

- 2003년 7월 2일 : 30m의 제방이 지반침하의 영향으로 오전 4시 45분쯤 국지적으로 함몰되자 모래주머니를 쌓는 등 누수방지 조치를 취했으나 결국 7월 3일 0시쯤 무너졌다. 사고현장과 가까운 20여 층의 빌딩도 침하돼 때 고층빌딩이 1시간에 7mm 이상 침하되고 최대 누적침하량이 15.6mm에 이르렀다. 또한 황푸강 수위가 빠르게 시간당 약 15m씩 상승하며 최고위가 4.6m에 이르자 황푸강 15m 길이의 제방 외벽이 붕락되는 곳에 길이 160m, 2m가 넘는 'U'자형 제방을 쌓아 위험상황을 통제했다. 강바닥이 심하게 교란, 침하, 미끄러져 약 30m의 제방이 무너지고 약 70m의 제방 구조가 심각하게 파괴되었으며 황푸 강물이 도로로 들어오고 도로에서 지하터널로 들어가 위험한 상황이 악화되었다.

1.4 구조 및 긴급복구 작업

[표 3.1]은 사고 당시의 구조 및 긴급 복구 작업 현황을 나타낸 것이다. 사고 발생 이후 최대한 빠른 시간 내에 적극적인 구조작업과 복구작업으로 인명사고를 방지할 수 있었다. [그림 3.4]에는 황푸강 제방 붕락구간에서의 제방붕괴를 막기 위한 여러 가지 응급복구대책을 보여주고 있으며, 쉬트파일에 의한 코퍼댐 시공모습을 볼 수 있다.

[표 3.1] 구조 및 긴급 복구 작업 현황

시간	구조 및 긴급 복구 작업
7월 1일 새벽	구조 연락을 받은지 15분 만에 군장병 300명이 현장에 신속히 도착해 구조작업을 벌임
7월 2일 오전 9시	터널붕괴로 인한 4호선 전체구간의 위협을 방지하고, 토사의 유동을 최소화하기 위한 슬러리 주입 등 기술적 수단을 동원했으며, 건물 3개 동의 철거에 들어감
7월 2일 새벽	관계자는 사고 현장을 찾아 가옥 붕괴, 홍수 방지벽 위험 등 사고 상황을 현지 조사·상세히 묻고, 현장 지휘부에 관련 부서 지도자와 전문가를 소집해 사고 원인을 분석하고 응급처치 대책을 강구
7월 3일 정오	노면지반을 보강하고 빌딩 지하에 그라우트를 주입
7월 3일 오후 1시 30분	방호제가 갑자기 무너져, 구조작업에 참가한 군장병 10여 명이 물속으로 휩쓸려 들어감
7월 4일	위험비상상황이 안정되기 시작했고, 전문가 그룹은 4호선 건설 현장의 긴급구조작업을 지도
7월 8일	상하행 터널을 차단하고, 8개의 콘크리트 차단벽 구축

[그림 3.4] 사고구간에서의 응급 복구

[그림 3.5]에는 터널구간에 대한 긴급 복구대책이 나타나 있다. 그림에서 보는 바와 같이 1단계로는 시추공을 이용하여 손상 터널 내 모래와 콘크리트 쏟아 부었고, 붕락구간에서 이격한 거리에서 시멘트 포대로 실링벽체를 형성하였다. 또한 2단계로는 터널 양쪽 끝단부에 보강 콘크리트 실링벽체를 구축하였고, 3단계로는 정거장과 터널 연결부에 보강 콘크리트 실링벽체를 구축하였다.

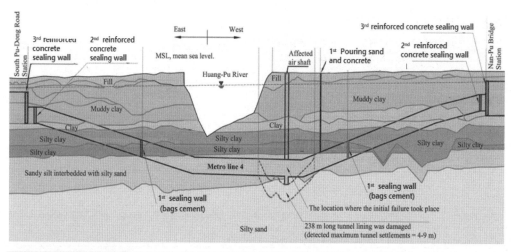

긴급 보강 대책	1차	시추공을 이용하여 손상 터널 내 모래와 콘크리트 쏟아 부음
		붕락구간에서 이격한 거리에서 시멘트포대로 실링벽체 형성
	2차	터널 양쪽 끝단부에 보강 콘크리트 실링벽체 구축
	3차	정거장과 터널 연결부에 보강 콘크리트 실링벽체 구축

[그림 3.5] 터널붕락구간에 대한 긴급 보강 대책

[그림 3.6]에는 지상부에서의 긴급 복구대책이 나타나 있다. 그림에서 보는 바와 심각한 지반침하가 발생한 구간은 모래와 콘크리트로 먼저 채웠다. 또한 침하경계부와 건물 주변부에는 10m 깊이의 그라우팅을 수행하였고, 터널 해당 구간에는 25m 깊이의 그라우팅을 실시하였다. 또한 무너진 제방을 중심으로 쉬트파일과 샌드백으로 코퍼댐(Cofferdam)과 임시 제방을 구축하였다.

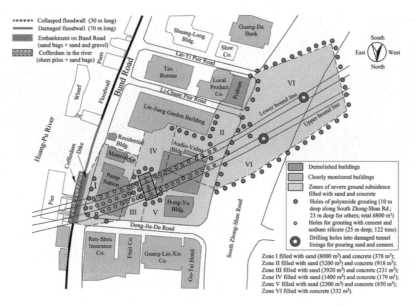

[그림 3.6] 붕락구간 주변 구간에 대한 응급 조치 현황

2. 터널 현장 개요 및 공사현황

2.1 현장 개요

사고 터널은 상하이 지하철 4호선 푸둥난루역에서 난푸차오역 구간의 터널로 상행선 길이 2,001m, 하행선 길이 1,987m로 이 중 하저터널구간은 440m이다. 붕락구간 터널 상단의 최대 심도는 37.7m이고 지반은 모래질 실트이다. 본선터널은 모래질 실트층에 위치하고 있으며 이 층은 상하이에서 가장 활발한 대수층이며 최고 지하수위는 지표면 아래 7.58m, 최고 수두는 21.7m이다. 터널 중심선의 수평 거리는 10.984m, 터널의 최대 경사는 3.2%이다. 환기용 수직 구(Air Shaft)는 개착공법으로 시공되어 사고 발생 시 완료되었다.

본선 터널구간은 쉴드공법으로 시공되었으며, 쉴드는 푸둥에서 포서방향으로 추진되며, 황푸강을 건넌 뒤 제방 등을 지나 중산남로에 진입한 뒤 터널 상하행선은 점차 수평방향에서 상향으로 바뀌어 포서남포대교까지 이어진다. 사고 발생 지점은 피난연락갱에 위치하며 피난연락갱은 인공동결공법으로 시공되었다. 사고현장 주변 주요 도로의 상·하부에는 상수, 전기, 가스, 통신, 케이블, 우수 등 각종 배관이 설치돼 있다.

[그림 3.7]에는 상하이 메트로 4노선 본선 터널구간에서의 쉴드 TBM 시공 장면을 보여주고 있다. 공을 이용하여 손상 터널 내 모래와 콘크리트를 쏟아 부었고, 붕락구간에서 이격한 거리에서 시멘트 포대로 실링벽체를 형성하였다.

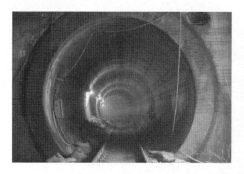

[그림 3.7] 상하이 메트로 TBM 터널

[그림 3.8]에는 붕락사고구간에 대한 시공 단면도가 나타나 있다. 그림에서 보는 바와 같이 본선터널을 연결하는 피난연락갱과 피난연락갱 상부에 환기용 수직구가 설치되어 있음을 알 수 있다. 피난연락갱을 시공하기 위하여 주변 지반을 동결공법을 이용하여 동결한 후 피난연락갱을 굴착하는 것으로 계획하였다. 하지만 그림에서 보는 바와 같이 설계 동결심도는 −40.25m였으나, 실제 시공은 −31.25m로 본선터널 하부 주변지반이 충분히 동결되지 않았음을 볼 수 있다.

피난연락갱은 상행선에서 하행선 방향으로 NATM 공법으로 굴착되었으며, 굴착순서(1→2→3→4)는 그림에서 보는 바와 같다. 맨처음 누수와 출수가 발생한 곳은 2번 굴착지점 하부구간으로 실트질 모래층에서의 파이핑 현상이 직접적인 원인으로 파악되었다.

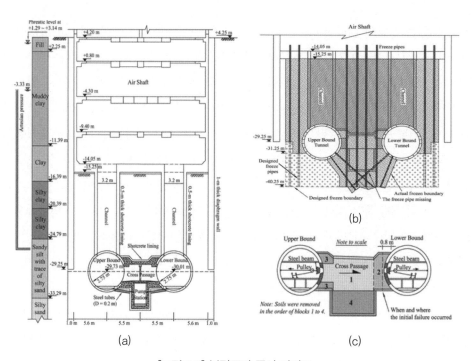

[그림 3.8] 붕락구간 공사 단면도

본 현장의 지층은 [그림 3.9]에서 보는 바와 같이 ① Fill ② Muddy 점토 ⑤₁ 점토 ⑤₂ 실트질 점토(Silty Clay) ⑥ 실트질 점토 ⑦₁ 실트질 모래를 포함한 모래질 실트(Sandy Silt) ⑦₂ 실트질 모래(Silty Sand)로 구성되어 있다. 본 사고가 발생한 터널은 구간은 ⑦₁ 모래질 실트구간이다.

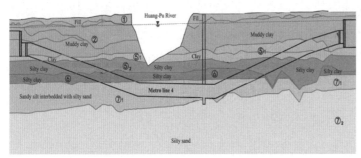

[그림 3.9] 지질 종단면도 및 지층 구성

본선터널과 피난연락갱이 굴착된 지층은 ⑦₁ 실트질 모래를 포함한 모래질 실트와 ⑦₂ 실트질 모래층이다. [그림 3.10]에 나타나 바와 같이 입도분포곡선에서의 ⑦₁과 ⑦₂ 지층은 가장 액상화가 발생하기 쉬운(Most Liquefiable)층과 잠재적으로 액상화가 발생할 수 있는(Potentially Liquefiable)층의 특성을 보이는 것으로 분석되었다. 이는 피난연락갱 굴착 시 모래질 실트층 또는 실트질 모래층에서 불충분한 동결조건하에서의 주변 지하수 과다유입으로 인한 파이프 현상을 설명하는 중요한 자료이다.

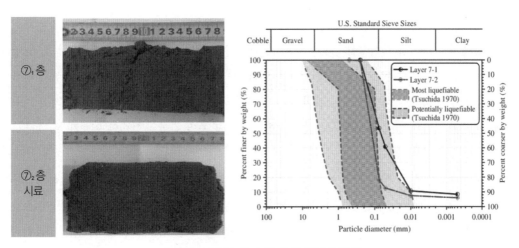

[그림 3.10] ⑦₁층과 ⑦₂층의 공학적 특성

3. 터널 붕락사고 원인 및 발생 메커니즘

　　본 사고를 조사하기 위하여 관련 규정에 따라 상하이시 당국이 기술전문가를 포함한 사고조사팀을 구성해 조사, 증거수집, 기술감정, 종합분석 등을 수행하였다. 2003년 9월 20일 상하이시 정부는 상하이 지하철 4호선 공사 사고의 원인, 성격, 경제적 손실에 대한 최종 조사 결론을 발표하고 사고를 중대한 경제적 손실을 초래한 공사 책임사고로 규정했다. 조사결론은 관련 규정에 따라 상하이시 정부가 기술전문가를 포함한 사고조사팀을 구성해 조사, 증거수집, 기술감정, 종합분석 등을 거쳐 확인했다고 말했다.

3.1 사고 원인 분석

　　2003년 6월 말 상하이 메트로 4호선 상·하행 터널 상부에 큰 수직구 1개가 굴착됐고, 큰 수직갱구 바닥 하부에서 4~5m 떨어진 곳에 작은 수직구 2개가 더 굴착돼야 터널과 통할 수 있다. 시공 관례에 따르면 먼저 피난연락갱을 구축한 후 작은 수직구를 굴착해야 한다. 하지만 시공사가 굴착순서를 바꿔 붕괴가 쉽게 일어날 수 있도록 했다. 사고 당시 작은 수직구 중 하나는 이미 굴착해 놓은 상태였고, 다른 하나는 2m가량 굴착해 놓은 상태였다. 시공사가 규정된 절차에 따라 시공계획을 조정하지 않았고 조정된 시공계획이 미흡한 것으로 조사되었다.

　　2003년 6월 28일 공사에 사용된 냉각설비가 단전으로 고장나 온도가 상승하기 시작했고, 온도가 2℃ 넘게 상승하자 상황을 상부에 보고했지만 공사를 계속하라고 지시받았다. 6월 30일 공사를 계속하고 굴착하면서 동결파이프 위로 유수가 발생하였고, 수압이 마침내 한계치를 돌파하면서 7월 1일 위험한 상황이 발생했다.

　　[그림 3.11]은 본 사고 원인에 대한 개념도를 나타낸 것이다. 가장 직접적인 원인으로는 모래층 지반에서의 파이핑 현상으로, 이는 본선터널과 피난연락갱 주변의 불충분한 동결품질과 냉각장치 이상으로 동결온도가 상승하면서 피난연락갱 하행선 하부구간에서의 유로 형성과 지하수 유입이 급격히 증가하면서 터널 주변 지반이 유실되고 이로 인하여 라이닝의 구조적 파괴와 주변 지반의 함몰과 함께 최종적으로 상부 지반, 도로 및 주변 건물의 붕락에 이르게 된 것으로 조사되었다.

　　상하이 4호선 사고 이후 사고 원인을 다각도로 분석하였다. 사고조사팀의 관련 전문가들은 사고의 세 가지 기술적 원인을 밝혔다. 사고구간은 터널구간 중 황푸강에서 260m 떨어진 두 터널 사이의 피난연락갱 구간이었다. 당시 수직구과 바이패스 통로의 굴착 순서 오류, 냉동설비 고장으로 인한 온도 상승 및 지하 침투수로 인한 파이핑 등 3가지 악재가 겹치면서 발생했다.

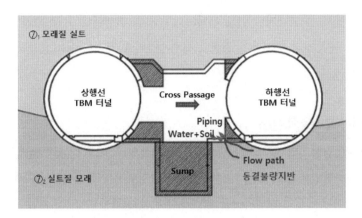

[그림 3.11] 사고 원인 분석

[표 3.1] 사고 원인 분석

지반	실트질 모래(Liquefiable Soil)
공법	인공동결공법
굴착	Cross Passage(NATM 굴착)
시공	설계 지반공동결심도 부족시공
	냉동장치 고장으로 지반온도상승
원인	동결지반 불량 : 지반보강 효과 감소
	지반 내 유로(Flow Path) 형성
	하부에서 파이핑(Piping) 발생
	물+토사 유출 발생 및 급격히 증가
	지반유실과 라이닝 파괴 발생

1) 굴착 순서의 변경

6월 말 상·하행 터널 옆 통로 위쪽에 환기수직구가 뚫려 있고, 환기수직구 바닥하부 터널에서 4~5m 떨어진 곳에 작은 수직구 2개를 더 파야 터널과 연결할 수 있다. 시공 관례에 따르면 먼저 피난연락갱을 파고, 그 다음에 수직구를 굴착해야 하지만 시공사가 굴착 순서를 바꿔 붕괴가 쉽게 일어날 수 있도록 했다. 사고 당시 작은 수직구 중 하나는 이미 굴착한 상태였고, 다른 하나는 2m가량 굴착한 상태였다.

2) 냉동설비 고장으로 온도상승

터널시공에 적용되는 인공동결공법은 프레온, 염수 및 기타 냉각제를 사용하여 순환 냉각하고 토질층을 영하 10°C까지 냉각해야 굴착할 수 있다. 사고 전 동결 온도는 이미 필요한 온도에 도달했지만 6월 28일 냉동설비가 고장나 온도가 서서히 상승해 대략 2°C 이상 상승했을 때 기술자는 이러한 상황을 보고했지만 이를 무시하고 공사를 진행했다. 6월 30일 공사를 계속하고 굴착을 진행했기 때문에 침투수가 발생했고 침투수압이 한계치를 돌파했고 7월 1일에 위험한 상황이 발생했다.

3) 침투수로 인한 모래층의 분출

상하이 지층은 전형적인 연약지반으로 황푸강 양쪽의 모래가 비교적 넓게 분포하고 있다. 상하이에서의 지하작업은 모래 유출, 침하 및 기타 상황에 직면하기 쉽기 때문에 인공동결공법 시공은 연약한 대수층에서의 터널공사를 해결하기 위한 신뢰할 수 있는 기술이다. 하지만 지반 동결이 제대로 수행되지 않는다면 큰 문제가 생길 수 있다. 터널구간 지층은 모래층으로 모래 함량이 높고 모래 속에 물이 들어 있으며, 물의 공급원이 강과 연결되어 있기 때문에 물의 압력 은 조수에 따라 수시로 변하기 때문에 모래층에 유로가 형성되어 물이 흐르게 되면 많은 양의 모래가 계속 분출된다. 6월 30일 밤 현장에서 모래가 흘러내리자 건설업체는 드라이아이스로 비상냉동 조치를 취했지만 당시 조치가 미흡했던 것으로 판단된다. 이번 사고 발생은 누적된 과정으로 한두 시간의 잘못된 조치로 발생한 것이 아니다.

3.2 사고 발생 메커니즘

[그림 3.12]에는 본 붕락사고에 대한 발생 메커니즘이 나타나 있다. 이를 정리하면 [표 3.2] 와 같다.

[표 3.2] 사고 발생 및 붕락 메커니즘

단계	내용
1단계	동결 불량지반 내 결함(Defect)으로 유로(Flow Path) 형성
2단계	침투수압으로 피난연락갱 바닥하부에서 파이핑(Piping) 발생
3단계	모래와 침투수(Sand + Water)의 급격한 증가로 다량의 출수(Water Inrush)
4단계	다량의 출수로 인한 터널 주변 지반유실(Ground Loss)
5단계	지반유실로 인한 라이닝 손상 및 파괴(Lining Failure)
6단계	라이닝 내부로 지반/물 유입으로 상부 수직구 파괴(Shaft Failure)
7단계	터널 붕락 및 지표면/도로 침하 및 함몰(Ground and Road Sinkhole)
8단계	제방 및 주변 건물 붕괴 및 손상(Floodwall & Building Collapse and Damage)

본 사고는 피난연락갱 공사 중 동결공 누수 발생, 피압수 혼합사토 유입, 본선터널 진입 후 본선터널 구조대 변형 및 파손 그리고 터널이 붕괴되기에 이르렀다. 또한 터널의 다량의 용수와

함께 지표면 바닥이 함몰되고 건물 3동의 건물이 심하게 기울어지며 홍수 방지벽이 부분적으로
함몰되기에 이르렀다.

그림에서 보는 바와 같이 지반 함몰 깊이는 약 1~4m, 터널붕락 깊이는 4.5~6m로 확인되었
으며, 세그먼트 라이닝은 붕락지점에서 좌우로 점차적으로 파괴되었다. 최종적으로 터널이 붕
락되어 환기용 수직구 붕괴와 도로 및 주변 건물의 붕괴로 이어졌다.

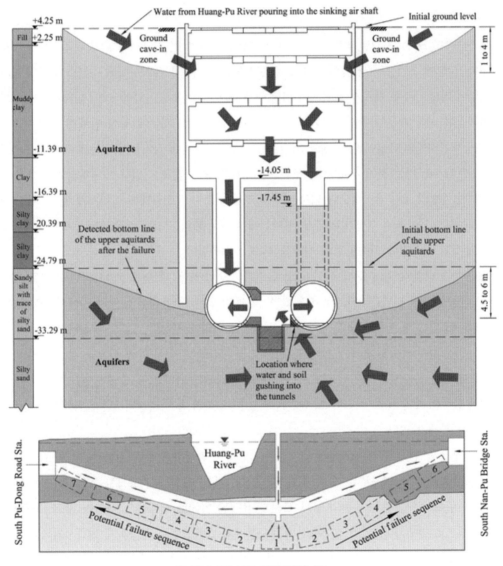

[그림 3.12] 사고 발생 메커니즘

3.3 라이닝 파괴 메커니즘 추정

쉴드 TBM 터널 라이닝구조가 연속적으로 파괴될 경우 구조반응은 4단계로 나눌 수 있다. 파괴과정에서 라이닝구조와 지반의 상호작용으로 라이닝구조가 연속적으로 파괴될 경우 지반의 반응과 구조반응의 상관관계를 종합적으로 분석하고 검토할 필요가 있다. 사고 사례 분석에 근거해 쉴드 TBM 터널 연속적 파괴 시 라이닝구조 파괴과정과 지반의 유실률과의 관계를 [그림 3.13]과 같이 나타낼 수 있다.

- 제1단계 : 쉴드 TBM 터널 라이닝 구조의 연속성 파괴는 어떤 취약점의 초기 파괴로부터 시작된다. 터널에 초기 누수가 발생할 때 토사유입을 유발하는 통로가 형성되고 터널 주변의 물과 지반이 터널 내부로 빠르게 유입되며 터널 구조파괴는 1단계에 진입한다. 이 단계에서는 초기 파괴점이 작기 때문에 주변의 물과 지반의 유실률이 낮기 때문에 침식 단계에 있다.

- 제2단계 : 지반의 유실이 어느 정도 되면 터널구조는 2단계에 접어들게 되는데 이때 세그먼트 조인트가 어긋나는 것이 뚜렷하다. 조인트는 방수가 되지 않고 터널구조 내부의 누수점이 증가하여 주변의 토사 유실속도가 더욱 심화되고 주변 토사 유실단계에 들어서게 된다. 이 단계에서는 라이닝구조 누수점이 확대 및 증가함에 따라 주위의 지반 유실속도가 증가하여 터널구조 변형과 상호결합 가속발전의 경향을 더욱 가속화한다.

- 제3단계 : 터널 주위의 토사 유실이 일정 단계까지 증가할 때 쉴드 TBM 터널 조인트 내에 응답 쉴드 TBM 터널은 3단계로 진입한다. 이때 누수는 터널 내부의 여러 곳에서 나타나며, 터널 구조의 변형은 주변의 토사 유실이 심화됨에 따라 발전한다. 쉴드 TBM 터널 구조의 파괴는 끊임없이 가속된다. 특기할 만한 것은 터널 구조가 연속적 파괴 사고를 겪은 후의 파손 정도에 대한 통계적 분석에서 터널 구조는 연속적 파괴가 나타난 후 종종 중등도 파괴로 집중되어 심각한 파괴 사례가 적다. 그 원인은 터널 구조 파괴 발전 과정의 3단계 역학 메커니즘과 밀접한 관계가 있다.

- 제4단계 : 제3단계 터널 구조에서 세그먼트 불안정이 발생하면 주변 지반과 터널구조가 완전히 균형을 잃고 터널구조는 제4단계로 진입한다. 제1단계 터널구조에서 불안정하게 무너진 라이닝링이 나타나면서 주변의 물과 토사가 유실된 형태로 터널에 들어가지 않고 대규모로 돌발적으로 발생하며, 인접 라이닝링의 하중분포와 경계조건을 신속하게 변화시켜 인접링도 붕괴사고를 일으킨다. 이 과정은 계속 발전하여 터널구조는 종방향에서 도미노처럼 연속적으로 무너진다.

요약하면, 터널 구조의 연속성 파괴 문제는 터널 구조와 주변 지반의 상호 영향, 결합 작용, 상호가속 발전과정이다. 연속성 파괴 과정에서 주변 토사는 침식, 유실, 돌기 등의 과정을 거쳤다. 구조 변형은 탄성 변형, 안정적인 탄성 변형, 불안정성, 붕괴 등의 단계를 거쳤다. 전체 과정은 복잡한 재료 비선형성, 접촉 비선형성, 기하학적 비선형성 및 동역학 효과를 수반하며 점진적 변화에서 급작스런운 변화로 진화한 특징을 가지고 있어 지하수유동 결합 동역학의 문제이다.

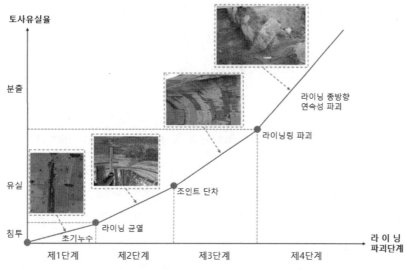

[그림 3.13] 세그먼트 라이닝 파괴 메커니즘

3.4 사고 조사결과 보고

사고 후 상하이시는 철저한 조사를 매우 중시하여 7월 6일 건설, 공안, 감독 및 기타 부서로 구성된 사고 조사팀을 구성했으며 조사결과는 시정부 집행회의에서 승인되고 처리 의견을 제출한 후 건설부에 보고되었다. 건설부는 사고 원인 분석과 책임인정에 대한 사고책임기관의 의견을 청취하였고, '상하이 메트로 4호선 공사사고 조사 및 처리에 관한 의견'을 작성하였다. 상하이시 대변인은 상세 조사를 통해 냉동공사에 사용되는 냉동설비가 고장나거나 위험징후가 나타나거나 공사가 중단된 상황에서 시공사가 위험 상황을 제거하기 위한 효과적인 조치를 제때 취하지 않은 것이 사고 원인임을 밝혔다. 현장 관리자들이 규정을 어기고 공사를 지휘한 것이 이번 사고로 이어졌다고 말했다. 동시에 시공사가 규정된 절차에 따라 시공계획을 검토하지 않고 변경된 시공계획이 미흡한 점을 지적하였다. 또한 전체적으로 현장 관리가 통제 불능이고 감독 단위의 현장 감독이 직무를 소홀히 한 것으로 조사되었다.

본 사고로부터 깊은 교훈을 얻고 품질 및 안전 책임과 조치를 구현하기 위해 상하이 건설부서는 시정 작업, 건설 관리강화 및 장기 메커니즘 개선을 위한 구체적인 방안을 제시했으며, 내용은 3개월 동안 건설공사 품질 및 안전 특별 시정활동을 수행하는 등 건설 공사 참여 각 당사자의 품질 및 안전 책임제도를 엄격히 시행하고, 건설기업의 연간 점검제도를 전면 시행하며 건설공사 품질 및 안전 표준시스템을 신속하게 제정하고 개선하는 등 장기 조치를 마련했다.

사고조사 전문가그룹의 논의 끝에 동결공법 시공계획 변경에 문제가 있었고, 시공 중 동결지반의 일부 지역에 약한 결함이 있었으며, 이를 통하여 침투수와 토사가 갱내로 밀려들어온 것이 사고 발생의 직접적인 원인으로 분석되었다. 또한 초기 출수 발생 시 이를 무시하고 적극적인 대책을 수립하지 못한 점으로부터 위험인식 부족, 위험판단 부족, 위험대응 준비 부족이 이번 사고의 주요 원인이라 할 수 있다.

1) 기술적인 면

우선 피난연락갱 인공동결공법의 시공변경에 문제가 있다는 점이다. 엔지니어링 시험과 시범 프로젝트를 거쳐 동결공법 시공기술은 상하이의 많은 지하철 프로젝트 건설에서 성공을 거두었다. 2002년 6월 쉴드 터널공사에 대한 승인과 감리단의 심사를 통과하였다. 2003년 3월 시공사는 당초 설계를 변경하여 동결공법 시공계획을 공식화했지만, 발주처 및 감리사의 승인을 거치지 않았다.

첫째, 동결공법 변경에 미흡한 점이 있다. 조정된 방안은 동결지반의 평균 온도 요구사항을 낮추어 원래 방안의 $-10°C$에서 $-8°C$로 줄이고, 하행선에서 선택한 냉동장치는 하절기 냉량 손실계수를 고려하지 않아 냉동잔량이 부족하며, 피난연결갱의 수직동결관의 수가 감소하고 길이가 단축되어 원래 24개에서 22개로 줄었으며, 이 중 깊이 25m의 수직동결관 중 4개에서 14.25m, 3개에서 16m로 줄였다.

둘째, 동결조건이 충분하지 않은 상태에서 피난연락갱 굴착을 수행하였다. 시공방안에 따르면 동결 요구기간은 50일이며 상행선은 5월 11일부터 동결되었다. 피난연락갱은 6월 24일에 굴착되었으며 동결시간은 43일에 불과하여 시공계획의 동결시간 요구사항보다 낮다. 하행선의 동결은 굴착조건을 충족하기에 충분하지 않았다.

사고조사 전문가 그룹은 피난연락갱 동결공법의 시공에 결함이 있고 시공과정에서 동결지반 구조의 국부적 연결이 취약하며 출수가 터널공사에 미치는 피해를 무시하고 토사와 물이 갑자기 분출된 것이 사고의 직접적인 원인이라고 보고 있다.

2) 관리 측면

시공자는 위험 상황징후에 대해 효과적인 대응조치를 취하지 않았다. 6월 28일 오전 하행선 냉동장치가 고장나 7시간 30분 동안 냉동이 중단됐다. 오후 2시쯤 하행선 터널에 수문관측공을 설치한 시공사는 지하수가 계속 새는 것을 발견했다. 수압을 측정하기 위해 즉시 밸브를 설치하고 압력계를 설치했지만, 수압을 측정한 후 지반의 온도가 상승하면 일정한 조치를 취했지만 효과가 좋지 않았다. 6월 29일 새벽 약 3시에 이곳의 수압은 $2.3kg/cm^2$(7지층 압력수두에 근접)로 측정되었으며 비상배수 및 수압강하 조치는 취해지지 않았다. 위험 징후가 제때 제거되지 않았을 뿐만 아니라 감리/감독기관에 보고하지 않아 위험 상황이 점차 악화되었다.

위험징후가 나타났을 때 현장 관리직원은 규정을 심각하게 위반하고 허가없이 구멍을 뚫었다. 7월 1일 0시쯤 피난연락갱 지반동결조건에 심각한 문제가 있어 공사가 중단된 상태에서 굴진면의 일부 플레이트를 제거하였고, 피난연락갱에서 하행선 터널방향으로 직경 0.2m의 구멍을 뚫어 콘크리트 이송관을 설치하려 했다. 바로 이 구멍에서 물이 나오고 그 유출점이 점차 아래로 이동하면서 굴착면의 오른쪽 하단 모서리와 측벽 하단 모서리에서 물과 모래가 계속 쏟아져 나와 밀봉이 무효화되어 사고로 이어지게 되었다.

현장 감독관이 직무를 소홀히 하였다. 피난연락갱 시공기간 동안 현장에는 동결공법 시공에 대한 전문기술 감독자가 없었으며, 변경된 시공방안을 검토하지 않았다. 6월 24일 피난연락갱이 굴착된 후 7월 1일 사고까지 6월 25일과 30일 두 차례 점검했지만 위험 상황을 제때 감지하지 못하고 사고를 막지 못했다. 그러나 6월 29일과 30일의 감리일지에는 모든 업무가 정상이라고 기록되어 있으며 위험 징후와 관련된 기록은 없었다. 6월 24일부터 30일까지 피난연락갱 공사기간 동안 당직인원은 배치되지 않았으며 사고 발생 시 현장에는 감독자가 없었다. 또한 하도급 관리에 허점이 있었다. 전문시공사가 제시한 '동결공법 시공계획 변경'에 대한 보고가 누락되어 승인절차가 제대로 이루어지지 않았다. PM은 6월 24일부터 7월 1일까지 피난연락갱 공사기간 중 24일과 26일에만 공사현장을 점검했으며, 품질직원은 기술 및 품질 검사를 위해 한 번도 현장에 가지 않았다. 6월 28일부터 30일까지의 공사일지에는 위험 징후를 반영하지 않은 채 '모든 것이 정상'이라고 기재돼 있었다.

4. 사고 복구방안 검토 및 복구 공사

붕괴사고 이후 손상된 터널에 대한 실현가능한 개선방안을 평가하고 결정하기 위해 기술 위원회가 설립되었다. 구체적인 현장조사가 진행됐고 다양한 전문가들의 자문을 받아, 각 복구방안(솔루션)의 실현가능성을 논의하고 관련 리스크를 신중하게 평가했다. 검토된 복구방안에 대한 옵션은 크게 두 가지 범주로 분류할 수 있다.

- 1안 : 기존 노선을 유지하고 터널의 손상된 부분을 수리
- 2안 : 다른 노선으로의 선형변경(Re-alignment)

복구방안(솔루션)을 선택할 때 환경 영향, 리스크 및 시공문제점, 복구 기간 및 비용 효율성 등의 많은 요소를 고려했다. 세부적인 검토 끝에 기존 노선을 유지하는 1안을 채택하고 터널의 손상된 부분을 보수하기로 결정했다.

4.1 복구 방안

붕괴사고 이후 현지 지반이 심하게 교란돼 일부 장애물이 묻혀 있다. 장애물로는 지하 40m까지 매립된 지하 시설, 환기구 구조물, 지상 동결시설, 철도시설 등이 있으며, 붕괴 후 지반이 하부로 이동된 것이 확인되었다. 복구 작업은 [그림 3.14]에서 보는 바와 같이 세 부분으로 나눌 수 있다.

- 1부분 : 개착공법을 사용하여 손상된 터널을 들어내고 새로운 터널을 시공
- 2부분 : 물을 빼고 건전한 터널을 청소
- 3부분 : 보링 공법을 이용한 신규 터널과 기존 터널 연결

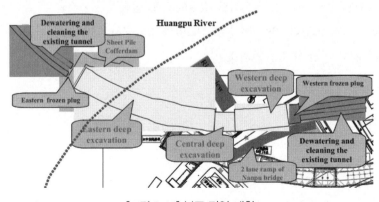

[그림 3.14] 복구 작업 계획

[그림 3.15]와 [그림 3.16]에 나타난 바와 같이 하천 하부 60여 미터의 손상된 터널이 건설된 동측에는 굴착 작업이 용이하도록 709개의 강재플랫폼을 쉬트파일 코퍼댐을 결합하여 구축하도록 하였다. 또한 개착구간은 동측구간과 중앙구간 그리고 서측구간으로 구분하여 Diaphragm Wall과 JSP그라우팅공법을 적용하도록 계획하였다.

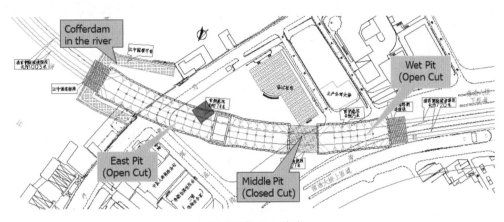

[그림 3.15] 복구 방안

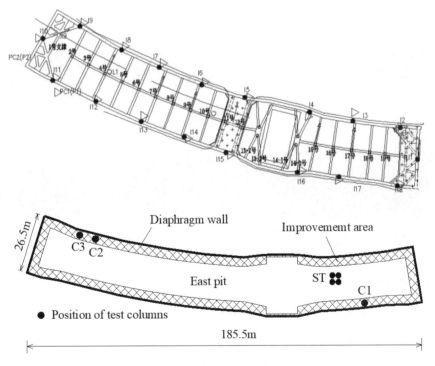

[그림 3.16] 복구방안 계측 계획 및 JSP 그라우팅 시험 구간

4.2 복구 공사

1) 장애물 제거

깊은 땅속에 많은 장애물이 존재하기 때문에, 심각한 문제는 깊은 다이어프램 벽체의 설치이다. 이 문제를 해결하기 위해 정확도가 높은 360° 회전 드릴링 및 절단 기계를 선택하여 이물질을 관리 가능한 크기로 절단하여 제거하도록 하였다. 붕괴로 인해 대규모 지반 침하가 발생했고 많은 인접한 건물들이 처분되어야 했다. 원래 있던 장소에서 개착공법방식으로 복구 공사를 실시하기로 했다. 복구 공사는 동부, 중부, 서부의 세 부분으로 구분되었다.

2) 기존 터널 보호

복구 공사를 완료하기 위해 손상된 터널을 다시 시공해 구조적으로 건전한 기존 터널과 연결하여야 한다. 따라서 손상된 터널과 건전한 터널 사이의 경계면에서의 처리는 복잡하고 중요하다. 360° 회전 드릴링 및 절단장비가 운영되는 동안 터널을 보호하기 위한 몇 가지 조치를 취해야 한다. 따라서 절단장비가 구멍을 뚫고 절단하기 전에, 손상된 터널과 건전한 터널 사이의 경계면이 다시 채워지고, 이어서 지반이 동결되고 건전한 터널을 보호하기 위한 터널 플러그가 형성될 것이다.

[그림 3.17] 드릴링 및 커팅머신   [그림 3.18] 회수된 세그먼트 라이닝

3) 신설 터널에 연결

신설 터널과 기존의 건전한 터널을 연결하는 것도 세심한 계획과 실행이 필요한 과제이다. 연결은 기존 건전한 터널의 청소가 완료되고, 신설 터널이 완성되는 대로 진행되며, 지반동결은 굴착 중 경계면에 물과 지반이 침투하는 문제를 해결하기 위해 채택되었다. 현장타설 라이닝으로 연결이 완료된다.

4) 터널 배수와 기존 터널의 제거

붕괴 이후 즉각적인 조치로 인해 터널은 물과 자재로 다시 채워졌다. 손상된 터널과 건전한 터널 사이의 작은 구간이 다시 채워져 동결된 후 기존 터널이 배수 및 소를 시작하면서 압축공기시설은 공사장 내 대기상태에 들어갔다.

5) 깊은 굴착

손상된 터널 등의 장애물이 깊이 파묻혀 있어 복구 작업은 개착공법 이용해 손상된 터널을 들어내고 신설 터널을 구축한다. 주변 환경에 따라 Pit 전체가 동측 Pit, 중앙 Pit, 서측 Pit의 세 부분으로 나뉘었다. 전체 굴착은 손상된 터널을 따라 길이 263m, 굴착 폭 23m, 깊이 38m로 두 경계 부근에서 굴착 깊이가 41.2m에 이른다. 다이어프램 벽체 설계는 방수성을 높이기 위해 패널 조인트에 JGP가 있는 1.2m 두께로 구성된다. 9단 철근 콘크리트 스트럿 시스템을 채택하여 벽체시스템의 강성을 높였다. 스트럿 레벨 아래 및 포메이션 레벨 아래의 희생 JGP층이 벽체 변형을 줄이고 바닥부 히빙에 대한 안전성을 향상시키기 위해 설치되었다. 수압을 낮추고 주변 구조물을 보호하기 위해 수많은 논의 끝에 작업은 마침내 배수시스템이 Pit 안에 설치되었다.

세 부분의 길이는 각각 174m, 62.5m, 28m로, 최대 굴착 깊이는 41m였다. 굴착은 깊이 65.5m의 1.2m 두께의 다이어프램 벽체로 유지되었다. 두 번째 모래층에 굴착된 다이어프램 벽체는 상하이에서 가장 깊은 벽이었다. 다이어프램 벽체이 극도로 깊었고 붕괴로 인한 장애물이 너무 많아 다이어프램 벽체의 시공은 큰 도전이었다. 다이어프램 벽체는 9단계의 RC 스트럿으로 지지되었다. 굴착 내외부의 붕괴된 지반의 특성을 개선하기 위해 최대 깊이 50m의 트리플렉스 파이프 제트 그라우팅을 채택하여 지반을 강화하였다. 배수는 피압수 히빙에 대한 안전 요건을 충족하기 위해 60m 깊이의 배수정에 의해 수행되었다. 복구 공사는 2004년 8월에 시작되었고 2007년 상반기에 완료되었다. [그림 3.19]는 시공 현장의 사진이다. 다이어프램 벽의 최대 횡방향 변위는 48mm였다.

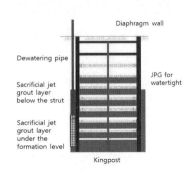

[그림 3.19] 복구 공사 평면 및 깊은 굴착 단면

상하이 메트로 4호선 사고 이후, 지하 기술자들은 붕괴로부터 매우 많은 교훈을 얻었다. 기술자들은 공사기간 동안 메트로 4호선의 복구 리스크를 관리하기 위해 몇 가지 효과적인 조치를 취했다. 복구 공사는 많은 리스크를 안고 있으며 큰 도전 과제로 가득 차 있다. 주요 리스크는 다음과 같으며, 깊은 굴착에 앞서 토압, 다이어프램 벽체의 경사 등을 계측하기 위한 모니터링 셀을 설치하였다.

- 깊은 장애물(손상된 터널 세그먼트 포함) 절단 및 제거
- 65.5m 깊이의 다이어프램 벽체 구축
- 황푸강 강제 플랫폼 및 코퍼댐 건설
- 복합조건하에서 깊이 50m의 제트그라우트의 기초보강
- 다량의 펌핑으로 고압수 감소
- 연약지반 깊이 41m의 지반굴착
- 지반동결 후 NATM 시공
- 혼잡한 현장조립 및 교통 관리

효과적인 리스크 관리를 통해 가장 위험한 절차 중 하나인 깊은 굴착이 성공적으로 완료되었으며, 깊은 굴착과 주변 건물들의 변형은 안전한 수준에서 관리되었다.

[그림 3.20] 깊은 굴착과 스트럿 시스템의 복구 공사

상하이 메트로 4호선의 복구 공사는 매몰된 장애물, 극심하게 교란된 지반, 깊은 굴착, 기존 건전한 터널 보호, 손상된 터널과 건전 터널 연결 등 다양한 과제에 직면해 있으며, 이 작업에는 쉬트파일댐, JPG 지반개량, 지반동결 및 배수 등 다양한 공법이 적용되었다. 복수 공사의 리스크 관리를 통해 많은 리스크를 파악하고 위험을 줄이기 위한 몇 가지 효과적인 조치를 취하여 성공적인 복구 공사가 수행되었으며, 리스크 관리가 대형 엔지니어링에 매우 중요하다는 것이

확인되었다.

사고조사위원회로부터 사고 원인 규명과 복구방안 수립에 대한 상세내용을 [그림 3.21]에서 보는 바와 같이 보고서로 만들어 관련 기술자들이 참고하도록 하였다. 사고구간에 대한 복구공사는 모든 기술자들의 노력 끝에 성공적으로 마무리되었으며, [표 3.3]에 정리한 바와 같이 여러 가지 기술적 난제들을 신기술 및 신공법을 개발하여 적용함으로써 해결하였다.

[표 3.3] 복구 공사에서의 적용된 신기술 신공법

구분	기술	내용
65m	초심도 지하연속벽 시공	이음매 형식, 반력탱크 발진 등 시공기술 개발
38m	초심도 지하장애물 제거	특수장비로 지하심부의 철근 콘크리트 등 제거
50m	회전식 분사말뚝 시공	초심 연약지반에서 2m 직경의 회전식 분사말뚝 시공
41m	초심도 연약지반 흙막이 굴착	14층 높이에 9~10개의 철근콘크리트 지지대 설치
43m	초심도 배수시스템 적용	24시간 자동수위 모니터링 및 배수시스템 시공
7.8m	터널단면 인공동결공법	이중배수방식으로 최적화로 연결구간에 성공적 시공
30m	상압방식의 양수방법	손상된 터널에서 안전하게 물을 펌핑

[그림 3.21] 상하이 메트로 4호선 사고 복구공정 보고서

복구 공사는 2004년 8월 28일 정식 공사를 시작하여 2007년 7월 9일 관련 당사자의 검수를 거쳐 대형 터널붕괴 사고의 현장 복구에 성공하였으며, 연약지반 하저터널공사 시공기술에서 큰 돌파구를 마련하였다. 마침내 붕괴사고가 발생한지 4년 6개월이 지난 2007년 12월 28일 개통되었다. 상하이 메트로 터널 붕락사고에 대한 사고일지는 [표 3.4]에 정리하여 나타내었다.

[표 3.4] 상하이 메트로 터널붕락 사고 일지

일시	경과	내용
2003년 7월 1일		붕락사고 발생
2004년 2월 26일	약 8개월	지반조사 실시
2004년 8월 28일	약 1년 2개월	복구 공사 시작
2007년 7월 9일	약 4년	복구 공사 완료
2007년 12월 28일	약 4년 6개월	개통

5. 사고 예방 대책 및 평가

본 사고는 중대한 경제적 손실과 사회적 파장을 초래한 책임 사고였다. 시공사의 현장 기술 관리가 취약하고 인공동결공법 시공계획 변경 절차가 미흡하고 승인이 엄격하지 않았으며, 사고 위험징후가 발견되었지만 발주감독부서에 보고되지 않았으며, 시공위험이 큰 공사에 대해 표준화된 비상계획이 없으며, 불법 시공으로 인해 사고가 발생했다. 따라서 관련 부서와 담당자는 본 사고에 대해 직접적인 책임을 지도록 하였다.

시공사는 원도급업체로서 원도급업체의 관리책임을 성실히 이행하지 않고 하도급업체에 대한 감독을 부실하게 하고, 하도급업체 방안에 따라 조정하지 않고, 해당 조정된 시공조직 설계를 재작성하며, 하도급업체의 시공 방안에 대한 조정조직승인을 하지 않고, 각종 기술, 품질 및 안전책임제도와 관리제도가 이행되지 않고, 현장관리자격이 요구에 부합하지 않고, 현장관리를 통제하지 못하고 있다. 시공사는 이번 사고에 대한 주요 책임을 져야 한다.

감리사는 감리 직무를 수행하지 않고, 변경된 시공방안에 대한 감리심사를 하지 않았으며, 감리인력의 자격이 국가규정의 요구에 부합하지 않고, 현장감리를 직무유기하고, 감리공사에 대한 효과적인 순시검점을 실시하지 않아 위험상황을 제때 발견하지 못하고 사고를 제지하지 못했다. 감리부서는 이번 사고에 대해 중요한 책임을 진다.

본 사고에서 모든 관련 단위가 직무를 성실히 수행하고 관련 기술 사양 및 기술 조치를 엄격하게 시행할 수 있다면 사고를 완전히 방지하거나 사고로 인한 손실을 줄일 수 있었다. 각 주체로부터 사고예방을 위한 조치를 정리하면 다음과 같다.

1) 안전사고 예방조치 강화

터널공사의 시공기술 측면에서 인공동결공법과 피난연락갱 시공방법을 더욱 개선하고 동결 지반구조의 국부적 취약점을 보완하며 연약지반 하저터널공사 시 침투수의 위험을 매우 중시하고 개선하여야 한다. 또한 공사 안전 책임시스템을 구축 및 개선하고 시공관리 직위별 관리 인력의 안전관리 책임을 명확히 하며 프로젝트 안전사고에 대한 비상 구조계획을 수립하고 사고 예방조치를 강화해야 한다.

2) 프로젝트 관리

전체 프로젝트 관리는 「건설법」의 관련 규정에 따라 전체 프로젝트의 안전책임을 엄격히 이행하고 관리 대행을 위해 책임과 무관심한 행위를 근절해야 한다. 또한 다양한 기술, 품질 및 안전 책임시스템 및 관리시스템을 성실하게 구현하고 일일 감독/관리 및 기술관리를 강화해야 한다.

3) 감리자의 조치

감리자는 감리단위의 직무를 성실히 수행하고, 시공계획 및 변경조정 후 계획에 대한 감리 심사를 엄격히 조직하고, 건설현장의 감리관리를 강화하고, 감리된 공사에 대한 효과적인 순시 점검를 실시하여 적시에 위험상황을 발견하고 사고를 방지해야 한다.

4) 신기술 관리 강화

인공동결공법 시공기술은 상하이의 여러 지하철 공사 건설에서 성공을 거두었으며 검증된 새로운 시공 기술이 되었다고 할 수 있다. 건설법에서는 선진 기술, 선진 장비, 선진 기술, 새로운 건축 자재 및 현대 관리 방법의 채택을 권장하고 있다. 그러나 신기술과 신공정의 활용에 대해서는 기술지도와 기술관리를 강화하고, 사용 전 신기술과 신공정에 대한 기술교육도 강화해야 한다.

5) 기술역량 강화

본 사고는 전체 공사의 현장 관리가 통제 불능이고 감독의 현장 감독이 직무 소홀로 발생하였다. 감독은 또한 새로운 건설 기술과 기술을 지속적으로 배우고 감독자의 기술 수준을 지속적으로 향상시켜야 한다. 공사현장 감리부에는 동결공법시공 전문기술감리원이 없어 감리가 특수 공사를 감리할 능력이 없어 위탁감리 과정에서 이미 중대한 숨겨진 위험이 도사리고 있다. 건설 과정에서 전체 계약 단위든 하청 단위든 감독 단위든 신기술과 새로운 공정을 사용할 수 있는 능력이 있어야 한다. 하도급이나 감리를 선택할 때는 먼저 기술력을 평가해야 한다.

>>> 요점 정리

본 장에서는 상하이 메트로 4호선 TBM 터널공사에서의 발생한 TBM 터널붕락 및 도로함몰 사고 사례를 중심으로 사고의 발생 원인과 교훈에 대하여 고찰하였다. 본 사고는 도심지 하저구간에서의 지하철 TBM 터널공사 중 발생한 붕괴사고로서 본 사고 이후 연약지반 TBM 터널공사에 대한 사고를 방지하기 위한 설계 및 시공상의 다양한 개선노력이 진행되어 연약지반 TBM 터널 기술이 발전하는 계기가 되었다. 본 TBM 터널 붕락사고를 통하여 얻은 주요 요점을 정리하면 다음과 같다.

☞ 연약지반에서의 동결공법과 리스크

본 현장에서는 연약지반의 하저구간으로 피난연락갱 시공 시 지반개량효과를 증진하기 위하여 인공동결공법을 적용하였다. 하지만 설계보다 작은 동결심도와 동결파이프 시공으로 피난연락갱 주변의 지반보강의 상태가 양호하지 않았으며, 특히 하절기에 냉동장치의 이상으로 여러 시간 동결지반의 온도가 상승하는 원인을 제공하게 되었다. 특히 사고가 발생한 지층은 실트질 모래층의 대수층으로 액상화가 발생하기 쉬운 지층으로서 동결지반의 결함으로 쉽게 지하수가 침투된 것으로 분석되었다. 따라서 연약지반구간에서의 인공동결공법 적용 시 동결지반의 유지 및 관리가 무엇보다 중요하므로 동결지반 상태를 면밀히 관찰하고 이에 대하여 보다 적극적으로 대응하여야만 한다.

☞ TBM 터널에서의 피난연락갱 시공 리스크

본 사고는 TBM 공법으로 시공된 상하행의 본선터널을 연결하는 피난연락갱 구간에서 발생하였다. 특히 연약지반구간에 NATM 공법으로 시공되는 피난연락갱은 시공리스크가 큰 가장 취약한 구간이라 할 수 있다. 일반적으로 피난연락갱 주변 연약지반을 개량하기 위한 지반보강그라우팅 또는 인공동결공법이 시공 전후에 수행되지만, 연약지반 개량효과의 공학적 확인과 검증이 필수적이라 할 수 있다. 본 현장도 동결공법에 의해 보강된 지반이 문제가 생기면서 대형 붕락사고로 이어진 것으로, 피난연락갱 시공 시 주변 지반에 대한 차수성능을 확인하고 누수 등의 문제 발생 시 보다 즉각적이고 능동적이고 체계적인 비상 대응체계가 요구됨을 알 수 있다.

☞ 사고 원인 조사와 복구대책 수립

본 사고가 발생한 직후 상하이 당국에서는 사고조사위원회를 구성하여 설계 및 시공에 대한 철저한 조사로 주요 사고 원인을 규명하고 복구방안을 제시하였다. 사고 원인은 피난연락갱 주변 지반의 동결상태 불량으로 인한 모래층에서의 파이핑(piping)으로 물과 토사가 터널 내로 급격히 유입되고 주변 지반이 유실됨에 따라 세그먼트 라이닝 파괴와 지상도로 함몰과 건물붕괴에 이르게 된 것으로 파악되었다. 복구방안으로는 지하연속체 공법과 JSP공법을 적용하여 흙막이 굴착공사 후 손상된 구조물을 제거한 후 개착터널을 시공하는 방법이 적용되었다. 복구 공사에서는 대심도 지하연속벽 시공, 파괴된 구조체의 제거 방법, 연결부분 인공동결공법 적용, 손상 터널구간의 지하수 펌핑과 주변 영향을 최소화하는 배수 시스템 등 기술적 난제를 기술적으로 해결하기 위해 신기술 및 신공법 등을 적용했으며 약 3년간의 복구 공사를 성공적으로 마칠 수 있었다.

☞ 하저 TBM 터널 붕락사고와 교훈

본 사고는 TBM 공사의 연약지반에서의 지질 리스크 문제, 피난연락갱 공사에서의 인공동결공법의 품질관리 문제점 등을 확인할 수 있었고, 특히 지하터널공사에서의 설계변경 절차 및 시공관리방법 등의 건설공사의 관리상의 제반 문제점을 확인할 수 있는 계기가 되었다. 특히 상하이 시당국 및 사고조사위원회 등을 중심으로 심도 깊은 논의와 검토를 진행하여 본 붕괴사고에서의 사고 원인 규명과 재발 방지 대책 등을 수립하여 중국 터널공사에서의 안전관리 및 시공관리 시스템을 개선시키게 되었다.

상하이 메트로 TBM 터널 붕괴사고는 중국의 건설역사에 있어 중요한 전환점이 되었던 엄청난 재난사고였다. 2000년대 중국은 급격한 인프라 건설로 인하여 안전성보다는 경제성과 공기 준수이라는 목적을 달성하기 위하여 기본적인 시공관리가 무시되거나 체계적인 시스템이 구축되지 못한 상태였다. 상하이 시내 한복판에서의 대규모 도로 붕락, 건물 붕괴 및 황푸강 제방의 붕괴사고는 토목기술자뿐만 아니라 일반 국민들 그리고 정부당국에게도 상당한 충격을 준 사고라 할 수 있다. 사고 발생 시 즉각적인 군병력 동원과 응급대책으로 추가적인 재난은 방지할 수 있었지만, 붕괴구간에 대한 보강공사와 터널 재굴착 공사로 상하이 메트로 개통이 상당히 지연되어 경제적 손실을 끼쳤던 TBM 터널공사 사고 사례라 할 수 있다.

또한 본 붕락사고는 상당한 리스크가 있는 TBM 터널 피난연락갱공사에서 발생한 대형사고로 연약지반구간에서 본선터널을 NATM 공법으로 굴착하게 되는 피난연락갱의 지질 리스크 및 시공관리의 중요성을 인식하게 되는 중요한 계기가 되었다고 할 수 있다. 따라서 연약지반구간에 시공되는 TBM 터널 피난연락갱에서의 인공동결공법의 시공관리 및 주변 지반의 차수 및 보강효과를 검증하는 품질관리는 아무리 강조해도 지나치지 않으며, 세심한 주의와 관리가 무엇보다 요구된다 할 수 있다. 또한 이러한 지질 및 시공리스크를 최소화하거나 회피할 수 있는 시공기술이 더욱 신중하게 검토되고 적용되어야 할 것이다.

호주 포레스트필드 공항철도
TBM 터널 싱크홀 사고와 교훈
Case Review of Sinkhole Accident at TBM Tunnel in Forrestfield Airlink

2018년 9월 12일 오전 11시경 [그림 4.1]에서 보는 바와 같이 호주 퍼스(Perth)의 포레스트필드 (Forrestfield) 공항철도 공사 중 TBM 터널이 침수되고 상부 도로에 싱크홀(Sinkhole) 사고가 발생했다. 본 사고는 호주 도심지 터널공사 공사에 적용되어 왔던 TBM 터널공사에 심각한 영향을 미쳤다. 본 사고를 통해 TBM 터널공사에서 지반 그라우팅과 배면 그라우팅의 품질관리와 피난연락갱(Cross Passage) 시공상에 여러 가지 문제점이 확인되었다. 특히 도심지 구간을 통과하는 TBM 터널에서의 사고는 조사, 설계 및 시공상의 기술적 문제점을 제기하는 계기가 되었으며, 도심지 TBM 터널구간에서 피난연락갱 사고 원인 및 발생 메커니즘을 규명하기 위하여 철저한 조사를 진행하게 되었다.

　　본 장에서는 포레스트필드 공항철도 프로젝트의 TBM 터널구간에서의 터널침수 및 싱크홀 사고 사례로부터 도심지구간 TBM 터널공사 시 피난연락갱 구간의 지반그라우팅, TBM 터널에서의 배면그라우팅, 피난연락통로 시공 등 시공관리상의 문제점을 종합적으로 분석하고 검토하였다. 이를 통하여 본 TBM 터널 사고로부터 얻은 중요한 교훈을 검토하고 공유함으로써 지반 및 터널 기술자들에게 기술적으로 실제적인 도움이 되고자 하였다.

[그림 4.1] 포레스트필드 공항철도 TBM 터널 사고(호주 퍼스, 2018)

1. Forrestfileld-Airport Link 프로젝트

2018년 9월 22일 토요일 오전 11시 45분경, 피난연락갱(Cross Passage) Dundas와 제1터널 라이닝 링인버트 사이의 경계에서 누수(Leak)가 발생했다. 누수는 포레스트필드역에서 북쪽으로 약 200m 떨어진 피난연락갱 Dundas(CP12) 굴착과정에서 발생했다. 지하수 유입을 막기 위해 즉각적인 노력을 기울였지만, 상당한 수압으로 인해 유입량은 초당 약 50리터로 증가했고 그 결과 200m³ 이상의 모래와 토사가 터널로 유입되었다.

9월 23일 일요일 아침, Dundas 도로에 인접한 지표면에 싱크홀이 형성되었다. Dundas 도로의 일부 구간은 폐쇄되었고, 예방 조치로 두 대의 TBM이 모두 중단되었다. 그날 늦게 전문시공자가 인접한 TBM 터널 주변 인버트에 그라우트를 주입하기 시작했고, 며칠 후 유입량이 크게 감소했으며, 지하수 유입은 10월 3일 수요일에 완전히 멈추게 되었다. 지하수의 압력과 관련 하중으로 인해 피난연락갱 지점 근처에서 약 16개의 터널링 약 26m 구간이 변형되었다.

피난연락갱 Dundas의 시공과정은 지반 조건과 기술 분석에 기초한 협의된 과정을 따랐다. 피난연락갱에 대한 시공기술은 일반적인 것으로 사고 이후 시행된 관련 조치의 범위도 적절해 보이지만, 다양한 전문가들이 사고에 대한 조언을 제공하기 위해 철저한 조사를 수행하였으며, 향후 피난연락갱 시공을 위한 추가 예방지침을 제공하고자 하였다.

본 장은 이번 TBM 터널 사고에 대한 관련 정보(설계 및 시공), 사고 당시 및 사고 이후 시행된 조치를 정리 분석하고자 하였다. 또한 작업자의 안전이나 사고기간 동안 이해관계자들이 어떻게 처리되었는지와 같은 인적 요인보다는 지질리스크 등을 지반공학적 특성과 같은 기술적 요인에 초점을 맞추고자 하였다. 중요한 점은 이미 발생한 터널 사고에 대하여 정확한 원인을 규명하고 적절한 복구대책 방안을 수립함으로써 향후 이와 유사한 터널 사고가 발생하지 않도록 기술적 교훈을 남겨서 관련기술자들에게 도움이 되어야 한다는 것이다.

1.1 프로젝트 개요

Forrestfileld-Airport Link 공항철도는 호주와 서호주 정부가 공동으로 자금을 지원하며 Perth 동부 교외에 새로운 철도 서비스를 제공을 목적으로 계획되었다. [그림 4.2]에서 보는 바와 같이 공항 연결철도에는 Perth 공항 1개 역을 포함해 3개 역 신설과 기존 육상·도로망에 차질이 최소화될 수 있도록 병설 터널 8km가 포함돼 있다. 이와 함께 설계에는 비상시 승객들이 한 터널에서 인접한 터널로 대피할 수 있도록 12개의 본선터널을 연결하는 피난연락갱을 시공하는 내용이 포함되었다. 또한 터널과 3개의 비상대피용 수직구 사이에 피난연락갱 연결이 있어 노선상에 정렬을 따라 총 15개의 피난연결통로를 제공하였다. 2016년 4월 PTA는 Salini

Impregilo-NRW JV와 설계, 시공 및 유지보수 계약을 체결했다.

본선터널은 [그림 4.3]에서 보는 바와 같이 TBM 터널공법으로 계획되었으며, 발주처는 터널 굴진을 위해 Herrenknecht사의 직경 7.1m의 Variable Density Multi Mode TBM 2대(TBM 장비명 Grace와 Sandy)를 지정하였으며, 공항내 사이트에서 고밀도 슬러리를 사용하여 TBM 장비를 슬러리 모드로 작동하도록 하였다. 본 TBM은 카르스트 지형조건에 적용하기 위해 개발되었으며, 본 현장의 하저구간을 통과하는 지질 및 지반조건을 고려하여 성능이 우수하고 안전한 옵션으로 본 장비를 선정하였다.

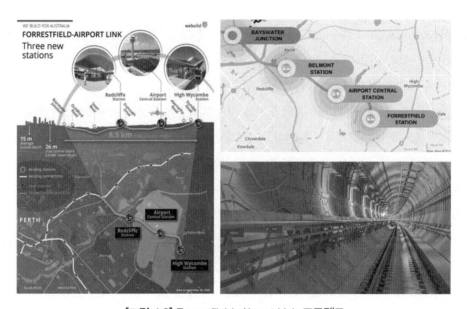

[그림 4.2] Forrestfileld-Airport Link 프로젝트

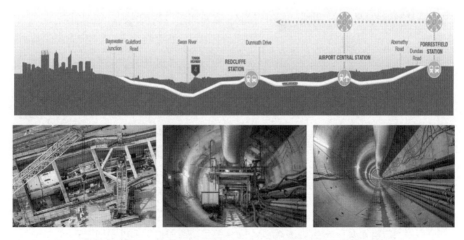

[그림 4.3] Forrestfileld-Airport Link 프로젝트에서의 TBM 터널

1.2 지반 특성

본 프로젝트는 터널링을 위한 독특한 지질 조건을 제시하며, 다양한 지반 조건에 TBM을 적용하는 데 있어 일부 불확실성 요소가 예상되었다. 지반 조건은 [그림 4.4]에 나타나 있으며, 일반적으로 다음과 같은 지반 조건으로 구성된다.

- Fill : 일반적으로 미세하고 거친 모래로 구성되며, 때때로 실트, 점토 및 유기 물질이 포함된다.
- Sandy Alluvium : 주로 스완강에 의해 퇴적된 모래 퇴적물로 구성되어 있으며 현재 스완강 계곡과 범람원에 국한된다.
- Swan River Alluvium : 매우 부드럽고 단단하며 검은색 유기 포화 실트 및 고가소성 점토로 구성되어 있으며, 이는 종종 조개껍질과 조개껍질 조각을 포함하고 있다. 이 부드러운 진흙들은 여전히 스완강 내에 퇴적되어 있으며 압축성이 높다.
- Bassendean Sand : 제안된 대부분의 노선에 걸쳐 지표면에 노출되며 미세~중간 입자의 느슨함~중간 밀도가 높은 모래로 구성된다. 본 모래층은 원래 해안 사구시스템으로 퇴적되었지만 'Coffee Rock'으로 알려진 얇고 밀도가 높은 철이 풍부한 수평층을 포함하고 있다.
- Guildford Formation : 호층을 이루는 모래, 실트 및 점토로 구성되며, 느슨한 모래에서 매우 밀도가 높고 부드러운 모래에서 매우 단단한 점토까지 다양하다.
- Ascot Formation : 석회질 모래와 호층 모래와 쉘 층 사이에 있는 약하고 잘 굳은 칼레나이트로 구성된다. 본 층은 또한 시멘트 층 사이 또는 그 안에 모래로 채워진 빈 공간과 작은 구멍을 포함하고 있으며, 일반적으로 동쪽에서 서쪽으로 나이가 감소하면서 점진적으로 디그레이딩되는 해안선을 따라 형성되었다.
- Osborne Formation : 검은색, 강도가 매우 낮은 사암, 주로 미세한 입자로 구성된다. 오스본 층은 본 프로젝트의 목적을 위해 이 지역에서 효과적인 기반암층을 형성한다.

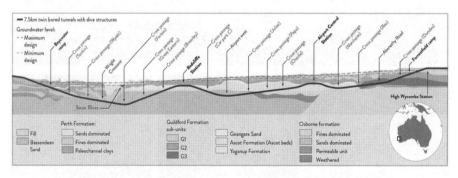

[그림 4.4] Forrestfield-Airport Link 프로젝트 구간의 지반 종단면도

PTA(Public Transport Authority)와 정부는 어려운 지반조건을 인식하고 광범위한 지반조사를 실시했다. 지반공학적 리스크는 Forresfield-Airport Link 프로젝트 계획에 요약되어 있다. PTA의 지반조사 결과는 SI-NRW와 공유되었으며, SI-NRW는 PTA의 결과를 확인하기 위해 추가적인 지반조사를 수행했다. 프로젝트 계약이 체결 시 관련된 모든 당사자들은 터널링과 관련된 잠재적인 문제점에 대하여 공유하였다.

피난연락갱 Dundas 위치에 있는 최초 30m의 지반은 Bassendean 모래와 Guildford 층으로 구성되어 있으며, [그림 4.5]에 나타난 바와 같이 세 가지 주요 단위로 나눌 수 있다.

- Sub-unit G1 : Bassendean 모래 바로 아래에 위치하고 미립분 함량이 높은 점토질 모래로, 투수성이 낮은 매우 단단하고 단단한 모래질 점토층이다.
- Sub-unit G2 : G1에 비해 미립분 함량이 낮은 점토질 모래층으로, 시험결과 낮은 투수성에서 높은 투수성까지 다양한 층이 존재하는 점착력이 높은 조밀한 모래층이다.
- Sub-unit G3 : 약간의 미립분을 포함한 실트질 모래층으로서 시험결과 매우 조밀한 모래층의 투수성이 있는 압밀층이다.

피난연락갱 Dundas 위치에서 TBM 터널은 약 9m의 토피고를 가지며, [그림 4.5]에는 지표면 및 다양한 지반층에서의 Dundas의 위치가 나타나 있다.

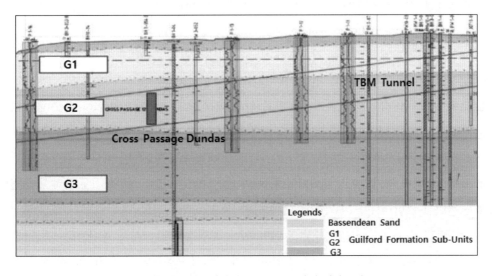

[그림 4.5] 피난연락갱 Dundas 구간의 지반조건

1.3 프로젝트 보험

발주처인 PTA는 Forresfield-Airport Link 프로젝트를 위해 Principal Controlled Insurance 접근 방식을 채택했다. 이는 기본적으로 PTA가 다음과 같은 의사결정 또는 조치로 이어지는 의사결정 프로세스를 통제한다는 것을 의미한다.

- 가입한 보험의 종류
- 가입한 책임 한도
- 보증 범위
- 공제 수준
- 클레임 관리

또한 PTA가 컨트롤하는 보험정책은 Perth Airport Pty Ltd(PAPL) 및 SI-NRW(모든 하도업체 포함)를 포함한다. 발주처(PTA)와 시공자(SI-NRW) 간의 리스크 공유 접근방식을 통하여 지반조건 불확실성에 대한 체계적인 리스크 관리전략을 채택하였으며, 이러한 리스크 관리는 대형 지하 인프라 건설 계약의 조달 및 관리 추세에 적용하고 있다. 이전의 계약 관행은 지반조건에 대한 리스크를 시공자에게 이전하는 경향이 있었다.

보험적용을 위한 최상의 조건을 얻기 위해 PTA는 보험사들에게 리스크 관리와 특히 지반조건의 불확실성에 대해 체계적이고 엄격한 접근 방식을 적용하고 있음을 입증해야 한다. 국제터널링 보험그룹(International Tunnelling Insurance Group, ITIG)의 실무방칙에 따르면, 이는 제안서 요구 단계에서 기준 지반조건 문서를 이용하는 시공자에게 지반공학적 정보를 완전히 공개함으로써 리스크 공유 접근방식이 가장 잘 달성될 수 있다.

프로젝트에 가장 유리한 보험조건을 찾기 위해 여러 명의 프로젝트 직원이 2016년 런던을 방문하여 주요 보험사를 만나 리스크 저감 전략을 강조하고 프로젝트에 대한 문의에 응답했다. 리스크 공유 접근방식은 이전의 두 개의 Perth 철도 터널 프로젝트뿐만 아니라 서호주의 주요 도로 프로젝트에서 정기적으로 채택되었다. 이와 같은 리스크 공유 접근방식을 통해 프로젝트 공사와 관련된 보험 비용을 예측하는 데 상당한 절감 효과를 얻었다.

피난연락갱 Dundas 사고와 가장 관련이 있는 보험정책에는 계약 공사보험-재물 피해 (Material Damage) 특약과 시공 리스크 일반 책임 보험이 포함된다. 근본적으로 본 사고와 관련하여 재물 피해 특약은 공사장과 주요 설비 및 장비(터널 포함)의 공사에 적용된다. 일반배상 책임보험은 제3자의 이익(제3자 유틸리티 및 Dundas 도로에 대한 보강작업에 대한 잠재적 영향 포함)을 포함한다.

본 프로젝트의 보험 담당자들은 사고 발생한 직후 연락을 받은 첫 번째 이해 관계자들 중한 명으로 현장조사를 통하여 목격자들의 진술과 공유된 기술 보고서를 바탕으로 사고 보고서를 작성했다. 프로젝트 팀이 보강 요구사항과 방안을 검토하는 동안 발주처 PTA와 시공사 SI-NRW가 계속 적극적으로 참여하였다.

2. 피난연락갱 Dundas 시공 개요 및 특성

2.1 피난연락갱 시공 기술

오스본층의 암반층 이외 지반에서 피난연락갱을 안전하게 시공하기 위해서는 굴착 작업을 시작하기 전에 지반을 개량해야 한다.

Wyatt, Forbes 및 Great Eastern 피난연락갱은 Osborne층 구간에 계획되어 있으므로 사전 지반 안정화작업(Prior Ground Stabilization)이 필요하지 않다. 반대로 피난연락갱이 공항 부지 외부 또는 랜드사이드(공항 부지 내에서 공항 제한구역에 바깥)에 위치한 경우에는 터널 위 지상에서 제트 그라우팅을 수행하기 위해 특수 장비가 적용된다. 안정화된 지반 블록을 만들기 위해 피난연락갱을 둘러싼 지반(터널의 중심선에서 중심선까지)을 개량하게 된다.

참고로 지반 안정화 작업은 에어사이드(공항부지의 제한구역 내 구간) 내에 피난연락갱 구간에서는 적용할 수 없다. 이러한 경우 지상접근에 대한 제한 때문에 교차로 주변의 지반은 터널 내에서 지반동결로 처리되어야 한다. 또한 피난연결갱은 공항 활주로와 유도로 아래에 위치하는 것이 제한된다.

기본적으로 안정화된 지반은 피난연락갱 위와 아래로 최소 2m 확장되며 터널 중심선에서 중심선까지 확장되어 피난연락갱 굴착구간을 캡슐화하게 된다. 터널 및 피난연락갱이 부분적으로 Osborne층에 위치하기 때문에 지반 안정화가 부분적으로만 적용되는 경우가 있으며, 이 경우 지반 안정화가 필요하지 않는다. 굴착이 발생하는 피난연락갱의 중심부는 피난연락갱 및 터널의 상하로 안정화된 지반에 의해 밀폐되어 있어 일반적으로 안정화되지 않는다. 안정화된 지반은 피난연락갱의 양쪽으로 최소 2m 이상 연장된다.

피난연락갱에 대한 공사를 시작하기 전에 본선터널 굴착과 터널 라이닝의 바깥면(배면) 사이의 간극(Gap)을 이중요소의 컨택그라우트로 처리하여 빈 간극을 채워야 한다. 이러한 처리를 배면 그라우트(Annuls Grout)라고 하며 세그먼트 링을 설치하는 동안 시공된다.

피난연락갱 입구는 각 터널의 터널 라이닝에 볼트로 고정된 반달형 강재 프레임(Half-moon Steel Frame)의 설치를 통해 보강된다. 이 프레임은 터널을 지지하고 피난연락갱 오픈에 필요한 터널 라이닝 섹션을 제거할 수 있다. 그런 다음 프리캐스트 터널 세그먼트는 원형 콘크리트 톱을 사용하여 피난연락갱 입구에서 절단되고 기계식 암반브레커를 사용하여 분리된다.

피난연락갱 굴착은 [그림 4.6]에서 보는 바와 같이 지반 상태에 따라 약 1.2m 전방으로 굴진하게 되고, 굴진 후에 격자지보(강지보)를 설치하고 지반은 1차 라이닝 역할을 하는 강섬유 보강 숏크리트 200mm로 지반을 보강한다. 지반 상태가 양호하지 않은 경우, 격자지보 설치 전에 숏크리트 25mm 실링층을 적용하고 격자지보 간격을 줄일 수 있다. 이 프로세스는 굴착 작업이 다른 터널에 도달할 때까지 반복되며, 이때 이전에 절단된 세그먼트는 교차로 내부에서 기계식 암반브레커를 사용하여 제거된다.

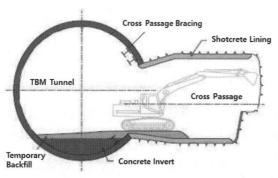

[그림 4.6] 피난연락갱 시공 프로세스

피난연락갱 굴착이 완료되면 굴착기와 기계식 브레커의 조합을 사용하여 피난연락갱의 인버트를 굴착하게 되며, 강섬유 보강 숏크리트가 피난연락갱 인버트에 적용되어 일차 라이닝 적용이 완료되며, 이후 방수포과 부직포로 구성된 방수시스템이 설치된다. 그 다음에는 영구 지보재로서 최종 라이닝을 형성하는 숏크리트 또는 현장타설 콘크리트 라이닝을 적용하게 된다. 그런 다음 동일한 프로세스가 피난연락갱 측벽과 천단부에 대해 반복된다. 마지막 단계는 피난연락갱이 본선 터널과 접하는 철근 콘크리트 칼라의 시공으로 칼라가 완성되면 터널에서 반달 강재 프레임이 제거되어 피난연락갱 구조가 완성된다.

[그림 4.7]에는 Dundas 피난연락갱의 단면이 나타나 있다. 그림에서 보는 바와 같이 피난연락갱은 마제형 단면으로 NATM 공법으로 굴진하도록 설계되었다.

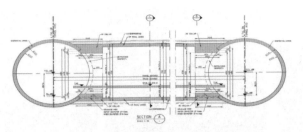
(a) 피난연락갱 횡단면도

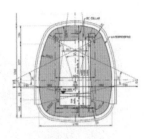
(b) 피난연락갱 단면

[그림 4.7] 피난연락갱 설계 단면

2.2 지반그라우팅 및 피난연락갱 시공

Dundas 사고지점의 지반개량공사는 2017년 말에 진행되었다. 지반보강공법으로 제트 그라우팅공법이 적용되었으며[그림 4.8], 그라우팅홀은 매립된 유틸리티의 존재로 인해 지상에서 경사져 있었다. 또한 [그림 4.9]에 나타난 바와 같이 피난연락갱 주변의 지반보강을 위해 지반동결공법이 적용되었다. [그림 4.10]에는 지반동결공법 시공 장면이 나타나 있다.

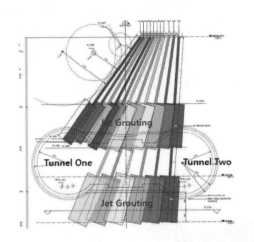

[그림 4.8] 지상보강 그라우팅

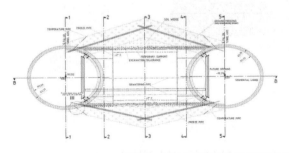

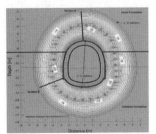

[그림 4.9] 피난연락갱 지반동결공법 설계

[그림 4.10] 피난연락갱 지반동결공법 시공

피난연락갱 굴착이 시작되기 전에 반달 모양의 강재프레임은 각각 6월 27일과 7월 16일 두 터널에 설치되었다. 1번 터널의 세그먼트 라이닝은 7월 9일에 절단(119링)되어 9월 10일에 분해 되었고, 2번 터널의 세그먼트 라이닝은 7월 23일에 절단(118링)되어 9월 11일에 분해되었다. [그림 4.11]에는 사고지점의 본선터널과 피난연락갱의 단면이 나타나 있으며, [그림 4.12]에는 사고지점의 본선터널과 피난연락갱의 횡단면이 나타나 있다.

피난연락갱 Dundas의 상반 굴착은 9월 11일 2번 터널에서 시작되었다. 각 굴착 라운드마다 숏크리트와 격자지보를 설치하여 위에서 설명한 NATM 공법을 이용하여 굴착을 진행하였다. 상반 굴착 및 숏크리트는 9월 21일에 완료되었으며, 그 후 9월 22일에 첫 번째 하반 굴착(제트 그라우팅된 지반 내)이 완료되어 남은 두께 200~300mm 정도만 제거되었다. 사고 이전까지 어떠한 문제도 발생하지 않았으며 특이한 것도 관찰되지 않았다.

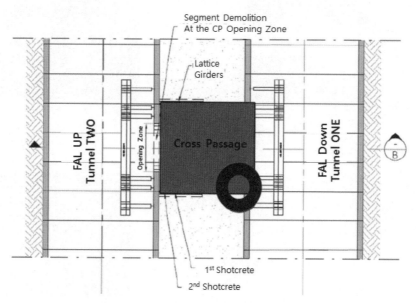

[그림 4.11] 사고지점의 본선터널과 피난연락갱의 단면

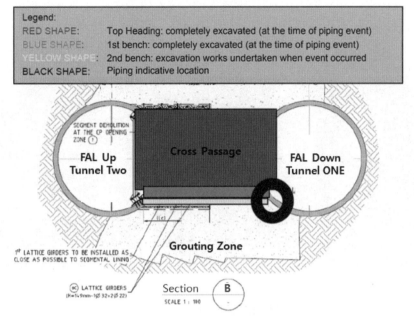

[그림 4.12] 사고지점의 본선터널과 피난연락갱의 횡단면(Section B)

3. TBM 터널 사고 현황

3.1 사고 개요

9월 22일에 제트 그라우팅 지반에서 두 번째 하반 굴착이 시작되었다. 피난연락갱의 90%가 성공적으로 굴착되었을 때, 약 오전 11시 45분에 118번 링의 1번 터널 라이닝 인버트에서 지하수와 진흙이 피난연락갱으로 유입되기 시작했다.

시공사는 누수(Leak)를 막기 위해 즉각적인 조치를 취했다. 처음에는 헤센 재료와 모래주머니로 구멍을 막아서 흐름을 막았다. 이러한 조치들은 성공적이지 못했고 지하수와 진흙이 1번 터널로 계속 흘러 들어갔다. 시공사는 지반 교란을 감시하기 위해 현장관리자를 지상에 즉시 배치했다.

용수는 10mm 직경에서 100mm 직경으로 점차 크기가 증가하여 지하수와 실트가 추가로 유입되어 분당 약 50L의 최고 속도에 도달했다. 예방 조치로 두 TBM 모두 약 1주일간 모든 작업이 중단되었다. 토요일 오후 늦게 사고 주변에 300m 배제 구역이 설정되었고, Dundas 도로는 Sorenson 도로와 북쪽 교차로 사이의 교통이 통제되었다. 일요일 이른 아침 Dundas 도로 옆의 지표면에 싱크홀이 형성되었다.

[그림 4.13]에는 사고 직후의 터널 내부가 완전히 침수된 모습과 배수 후의 터널 내부의 모습으로 현장에서 응급조치로 사용한 고무보트를 볼 수 있다.

(a) 터널 침수 발생   (b) 터널 침수 배수 후

[그림 4.13] TBM 터널 침수 발생

3.2 싱크홀 발생

누수가 처음 발생한 지 약 16시간 후인 9월 23일 일요일 이른 아침(오전 4시경)에 1번 터널 위 지표면에 114번 링에서 120번 링까지 확장된 싱크홀이 나타났다. 싱크홀은 Dundas 도로와 평행하게 형성되었으며 처음에는 길이 약 8m, 폭 약 3m, 깊이 약 3.5m였다. 싱크홀은 처음에는 도로가 가라앉지 않았지만, 나중에는 도로 표면 아래 지지대가 없어 도로 가장자리까지 부서졌다.

[그림 4.14]에는 Dundas 도로에서 발생한 싱크홀 모습이 나타나 있다. [그림 4.15]에는 TBM 터널과 피난연락갱 및 싱크홀의 현황을 보여주고 있으며, [그림 4.16]에는 보다 상세한 현황이 나타나 있다.

[그림 4.14] Dundas 도로에서의 싱크홀(지반 및 도로 함몰) 발생

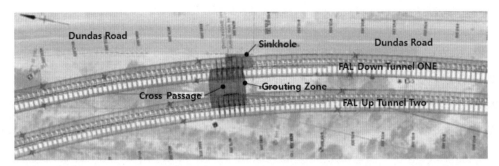

[그림 4.15] TBM 터널구간과 Dundas 도로 싱크홀

더 이상의 지반 함몰을 제한하기 위해, 특수 실링 혼합물이 믹스된 약 $90m^2$의 린콘크리트
(Lean Concrete)를 여러 대의 콘크리트 트럭에 부착된 콘크리트 펌프를 사용하여 지표면에서
구멍으로 펌핑했으며[그림 4.17], 이 결정은 시당국과 협의하여 수행되었다.

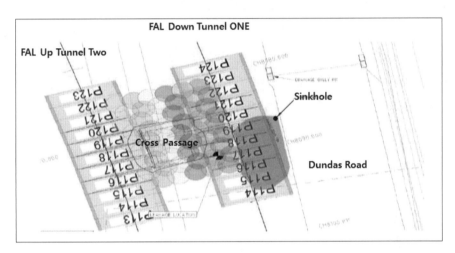

[그림 4.16] Dundas 피난연락갱과 싱크홀 구간

[그림 4.17] 싱크홀 구간에 대한 긴급 임시 대책

3.3 터널 손상

9월 23일 초부터 여러 가지 시멘트 및 러버 혼합물이 누출에 인접한 터널 세그먼트의 인버트에 주입되었다. 이것은 지하수의 흐름을 초당 10ℓ에서 12ℓ 사이로 안정시켰다. 그 후 지하수의 흐름이 이전에 존재했던 실트를 더 이상 포함하지 않는 동안 저압 그라우팅이 계속되었다. 10월 3일에는 용수가 상당히 깨끗해졌고 용수를 완전히 차단하기로 결정했다. 긴급 유입수 완화(Emergency Water Relief)가 필요한지를 결정하기 위해 피에조미터는 (압력을 줄이기 위해) 지하수위와 피난연락갱의 인버트 하부 압력을 계속 모니터링했다.

사고의 결과로 터널 라이닝의 일부 변위가 발생했다. Dundas 피난연락갱의 굴착에 앞서 피난연락갱 시공의 다양한 단계에서 내공변위 수렴을 측정하기 위해 5개의 프리즘이 설치되었다. 이 프리즘은 피난연락갱을 굴착하는 동안 안쪽으로 1mm부터 사고가 발생한 후 7mm, 9월 29일 최대 변위 133mm까지 다양한 값이 계측되었다.

라이닝에 대한 상세 조사결과 피난연락갱의 가까운 쪽에 있는 110번 링까지, 그리고 피난연락갱의 먼 쪽에 있는 125번 링까지, 세그먼트가 잘 배치되어 사고 후 과응력이나 불리한 변형의 징후는 보이지 않았다. 114번 링과 122번 링 사이에 원래 원형 터널 단면은 터널의 왼쪽 상단과 오른쪽 하단 사이의 직경이 증가하고 반대쪽 경사 직경이 짧아지는 타원형으로 변형되었다. [그림 4.18]의 다이어그램은 손상된 단면을 통해 터널 형태의 변형을 보여주고 있다.

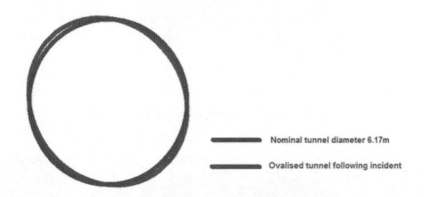

Nominal tunnel diameter 6.17m

Ovalised tunnel following incident

[그림 4.18] 변형된 터널 라이닝 단면의 다이어그램

터널 직경에 대한 계측은 레이저 거리계를 사용하여 수행되었다. 예를 들어, 115번 링에 대한 계측에서 필요한 길이가 6.17m인 것과 대조적으로 왼쪽 위에서 오른쪽 아래로 6.31m, 오른쪽 위에서 왼쪽 아래로 6.11m의 측정값이 나왔다. 1번 터널의 단면 변화는 113번 링에서 123번 링 사이에서 가장 크게 나타났다. 피난연락갱 근접부(링 111과 113 사이)과 피난연락갱 이후 구

간(링 123과 124)에는 변형된 구간과 변형이 되지 않은 구간으로 변화하는 전환 영역이 확인되었다. 이러한 찌그러짐(Ovalization)은 터널 라이닝면에 인장 균열, 터널 세그먼트 사이의 단차 또는 깨짐 등 다양한 변상에 영향을 미쳤다.

[그림 4.19]에는 사고구간 주변에서 관찰된 콘크리트 세그먼트 라이닝의 손상 및 변상의 모습이다.

면밀한 모니터링을 통하여 1번 터널 축의 추가 이동 또는 균열, 단차 및 깨짐을 포함한 터널 라이닝 링의 변형과 손상을 계속 기록하였다. 또한 2번 터널 및 피난연락갱 Dundas는 터널 세그먼트에서 과도한 응력이나 예상치 못한 변형의 징후는 확인되지 않았다.

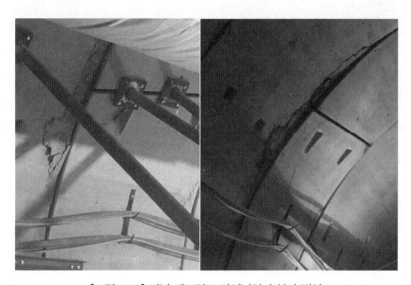

[그림 4.19] 터널 세그먼트 라이닝의 손상과 변상

3.4 주변 지장물 손상

사고 당시 인접한 2개의 고압 가스관이 충격을 받았을 수 있다는 우려가 제기되었지만, 상세 조사결과 사고 이후 가스관에서 약 2mm 정도의 변위가 발생하였고 전반적으로 가스관에는 이상이 없는 것으로 확인되었다. 468mm APA 파이프라인과 200mm ATCO 가스 파이프라인이 터널에 근접해 있기 때문에 시공사(SI-NRW)는 추가 거동 여부를 확인하기 위해 두 파이프라인과 인근 Vocus 광섬유 케이블을 계속 모니터링하였다. 이러한 주변 지장물의 근접성은 피난연락갱 굴착 이전에 진행된 제트 그라우팅 오버레이에 나타나 있으며, [그림 4.20]에는 터널 노선 주변의 주요 지장물 현황이 나타나 있고 주요 특징은 다음과 같다.

- Vocus 광섬유 케이블은 Dundas 도로 서쪽 10m 지점에 있으며, 100mm PVC
- APA 파르멜리아 고압 가스관은 Dundas 도로에서 서쪽으로 13m 떨어진 곳에 있으며, 직경 450mm의 강재
- ATCO 가스 파이프라인은 Dundas 도로에서 서쪽으로 16m 떨어진 곳에 있고, 터널 중앙 위에 있으며, 파이프라인은 200mm 강재

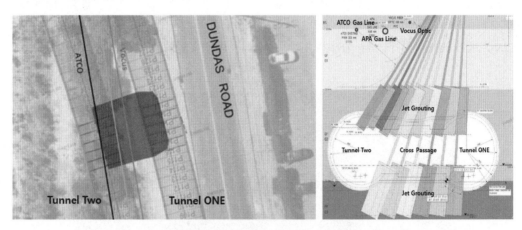

[그림 4.20] TBM 터널 주변의 주요 지장물 현황

4. 응급 조치 및 복구 방안

4.1 임시 보강 조치

초기 임시 지지시스템은 터널 라이닝 세그먼트의 추가 손상을 완화하기 위해 설치되었다. 여기에는 두께 5.5mm, 직경 75mm의 강재 그라우트 파이프 6개가 포함된다. 강관의 양 끝을 보강재가 장착된 20mm 두께의 강판에 용접하여 추가 이동 시 하중을 더 잘 분산시켰다. 이것들은 반달 모양의 강재 프레임의 수직 기둥에 기대어 세워졌다.

또한 C자형 강재 프로파일과 Hilti 앵커 볼트를 사용하여 각 링의 세그먼트를 봉합하고 균열 또는 경미한 상대적 움직임이 관찰된 영향을 받는 영역의 각 인접 링에 연결했다. 또한 기존에 설치되었던 파이프 및 플레이트 시스템을 교체하기 위해 터널링 작업과 충돌하지 않도록 배치된 종방향 빔 및 추가 임시지지 강재의 설치를 고려하였다.

[그림 4.21] 손상 세그먼트에 대한 임시 보강 조치

이후 시공사(SI-NRW)는 Dundas 피난연락갱의 양쪽에 일련의 완전한 강철 링을 설치하여 터널의 손상 부분을 정확한 선형과 수준으로 복원하는 최선의 방법에 대한 결정이 내려지는 동안 터널을 더욱 상당히 보강하였다. 피난연락갱의 입구에는 접근이 차단되지 않도록 부분 강재 링을 사용하였다.

[그림 4.22] 손상 세그먼트 구간 강재 링의 설치

4.2 갱내 보강 및 지상 보강

싱크홀의 보강과 도로 및 주변 지역에 대한 보강작업은 1번 터널의 손상에 대한 보강 설계에 따라 확정되었다. APA 고압 가스라인의 위치를 모니터링한 결과 최대 허용침하한도인 3mm 내에 있는 것으로 나타났으며, 피난연락갱 Dundas는 안정적인 것으로 평가될 수 있으며 압축 그라우팅 및 도로 보수를 포함한 복구 조치를 시작할 수 있었다.

최종적으로 싱크홀은 되메움토와 콘크리트로 채워졌고 11월 15일에 지표면으로부터 압축 그라우팅이 시작되었다. 압축 그라우팅은 싱크홀 주변이 보강될 것으로 예상되며, 압축그라우팅은 12월 중순에 완료되었고 Dundas 도로를 따라 있는 두 개의 좁은 임시차선이 12월 말에 운영되었으며, 향후 영구적인 도로 공사가 진행될 예정이다.

TBM 터널 주변 지반에 대한 갱내 보강은 규산나트륨을 사용한 침투 그라우팅 용액을 사용하여 시공되었으며, TAM(Tube-A-Manchette) 파이프를 사용하여 약 4개월에 걸쳐 처리를 수행했다. [그림 4.23]은 지상보강 그라우팅과 갱내 보강그라우팅을 수행하는 모습을 보여주고 있다.

(a) 지상보강 Compaction Grouting　　　　(b) 갱내 그라우팅 – TAM

[그림 4.23] 사고구간에 대한 지상 및 갱내 지반보강

4.3 피난연락갱 재굴착

피난연락갱 Dundas는 지하수와 모래/실트의 유입으로 인하여 손상되지 않았으며, 강재 거더는 과도한 응력이나 변형의 징후를 보이지 않았다. 예방대책으로 두 번째 벤치 굴착이 완료되기 전에 피난연락갱에 근접한 세그먼트에서 두 터널의 인버트에 저압 그라우팅이 적용되었다. 1차 숏크리트 라이닝 및 인버트에 대한 방수막 설치가 완료된 상태에서 피난연락갱 공사가 계속되고 있다. 다음 단계는 콘크리트 인버트/바닥부 시공과 피난연락갱 측면 및 천단부에 방수재 설치, 콘크리트 라이닝 측벽 및 천단부 시공 등이다. 최종 단계는 피난연락갱과 본선 TBM 터널 사이의 경계면에 콘크리트 칼라를 시공하는 것으로 구성된다. [그림 4.24]에는 피난연락갱을 재굴착하는 모습이 나타나 있다.

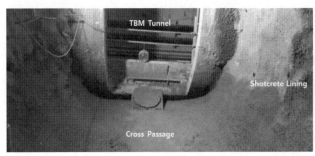

[그림 4.24] 피난연락갱 숏크리트 보강

5. 사고 원인 분석

안전한 피난연락갱 굴착을 위해서는 그라우트된 지반, 주면 배면 그라우팅, 주변 지반 및 세그먼트 라이닝이 모두 전체적으로 안정적이고 불침투성이어야 한다. 이는 다음 조건이 필요하다.

- 지반 그라우팅(제트 그라우팅)의 수밀성(Watertightness)
- 배면 그라우팅의 수밀성
- 지반 그라우트와 배면 그라우팅 사이의 수밀성
- 지반 그라우트와 배면 그라우트의 충분한 역학적 강도(재료 특성 성능)
- 지반 그라우트, 배면 그라우트 및 세그먼트 사이의 변형

따라서 본 TBM 붕락사고는 다음과 같은 측면 중 하나 이상과 관련이 있을 가능성이 높다.

- 제트 그라우팅의 시공 결함
- 배면 그라우트의 시공 결함
- 배면 그라우트와 제트 그라우트 사이의 인터페이스의 파괴
- 세그먼트 라이닝과 배면 그라우트 사이의 인터페이스의 파괴

약 12개월 전에 완료된 TBM 굴진 중 제트 그라우팅 과정에서의 지반 교란, 균열과 파손 및 피난연락갱 굴착에 따른 진동 효과도 원래의 국부적 약점을 증폭시켰을 수 있다. [그림 4.25]는 가능한 경로와 그에 따른 유입, 특히 파이핑(Piping)을 유발하는 경로를 보여준다. 제트 그라우트(a) 또는 배면 그라우트(b) 내의 시공 결함/파괴를 통한 누출(Leakage), 배면 그라우트와 세그먼트 라이닝(c) 또는 제트 그라우트와 배면 그라우트(d) 사이의 경계면에서의 시공 결함/파괴를 통한 누수를 보여주고 있다.

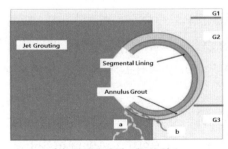 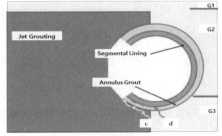

(a) 파이핑 유발 경로 a와 b   (b) 파이핑 유발 경로 c와 d

[그림 4.25] 지하수 유입을 일으킨 경우 Flow Path

본 사고의 잠재적인 시공 결함/파괴의 원인은 다음과 같이 될 수 있다.

1. 그라우트 지반의 역학적 강도 문제
2. 배면 그라우트의 역학적 강도 문제
3. 그라우트 지반의 투수성 문제
4. 배면 그라우트의 투수성 문제
5. 제트 그라우팅을 이용한 지반의 효과적인 완전 처리 불량 → 그라우트 컬럼사이의 갭 발생
6. 배면 그라우트 인터페이스의 효과적인 완전 그라우팅 불량 → 세그먼트 라이닝과 배면 그라우트 사이에 갭 발생
7. 세그먼트 라이닝과 제트 그라우팅 사이 인터페이스에 대한 효과적인 씰링 불량 → 인터페이스의 충분한 채움(Closure) 불량

위에는 파이핑을 유발하고 지반침하/싱크홀을 발생시켜 터널 내로 지하수가 쉽게 유입될 수 있는 7가지 가능한 문제점이 열거되어 있다. 현재까지 입수 가능한 정보로는 파이핑의 원인이 될 수 있는 시공 결함의 증거는 확인되지 않았다.

시공사(SI-NRW)와 엔지니어링 컨설턴트가 참여하는 사고조사위원회는 피난연락갱 Dundas 사고를 분석하기 위한 초기보고서를 작성했다. 보고서에서는 제트 그라우팅에 의한 지반보강처리가 Guildford층의 매우 조밀한 모래층 하부 3m까지의 약 18.5m 깊이에 도달했음을 확인하였다. 그러나 이론적으로 제트 그라우트 컬럼이 서로 충분히 교차하고 있지만, 실제로는 특히 조밀한 Guildford층을 통해 우선적인 침투 경로(Seepage Path)가 존재할 가능성이 있다는 점을 지적하였다. 또한 터널 라이닝의 배면 그라우팅에도 불구하고 그라우트된 지반을 통과하는 터널의 보링과 결과적으로 지반의 비압축(Decompression)으로 인해 터널 라이닝과 그라우트 처리된 지반 사이의 접촉면을 따라 우선적인 유로(Flow Path)가 생겼을 수 있음을 강조했다.

피난연락갱의 인버트 굴착이 조밀한 Guildford 모래층의 상부에 도달함에 따라 Guildford 상층에서 침투 패턴(Seepage Pattern)이 발생했을 것으로 추측된다. 하지만 터널 내부로 유입된 지하수로 인한 토사 운반이 왜 그렇게 빨리 지상에 도달했는지 불분명하며, 터널이 짧은 구간에 걸쳐 확실하게 침하되어 싱크홀이 발생한 것은 지반 중에 싱크홀을 일으킬 수 있는 예상치 못한 지질 특징이 있었을 것으로 생각하였다.

요약하자면, 피난연락갱 Dundas에서 발생한 지하수/토사가 터널 내로 유입되는 사고 원인은 아직 명확히 규명되지 않았지만, 사고 중 지하수/토사의 유입으로 인해 터널 라이닝이 손상되고 터널상부에 싱크홀이 형성된 것으로 분석되었다.

6. 터널 복구 및 보강 대책

사고조사위원회는 향후 피난연락갱 시공을 위한 대책으로서 시공방법에 대한 검토를 완료했으며, 시공방법의 변경 사항은 다음과 같다.

피난연락갱 인접구간의 터널 링에 추가 볼트를 설치하고, 피난연락갱의 칼라부와 그라우트 지반과 터널 라이닝 사이의 인터페이스를 따라 터널 바깥구간에 추가 그라우팅을 적용하도록 하였다. 향후 지하수 침투(Water Ingress)가 발생할 경우를 대비하여 여러 가지 추가 대책으로서 숏크리트, 폼 및 시멘트 그라우트를 사용하도록 하고, 지하수 유입제어 전문기술을 보유한 전문업체도 포함된다. 다음 피난연락갱은 공항부지 내 공터 아래에 있으며, 굴착 작업은 2019년 초에 재개되었다.

6.1 사고구간의 터널 복구 대책방안 검토

터널 사고로 인해 발생한 터널 주변의 지반 이완과 공동(void)을 보강하는 것은 Tunnel ONE의 장기적 안정성에 가장 중요하다. 손상된 터널 세그먼트가 보강될 때까지 터널 라이닝 주변에 공동이 여전히 존재하는지 여부와 이러한 공동이 터널 라인을 따라 얼마나 확장되었는지 정확히 확인하도록 해야 한다.

사고조사위원회는 이제 터널의 장기 내구성을 유지하면서 손상된 구간의 길이에 걸쳐 터널을 복구/재시공하는 방안에 대한 다양한 대책방안을 고려하였다. 발주처와 협의를 통하여 터널 보강작업의 최종 설계가 어느 정도 시간이 소요될 것으로 예상하고 우선적으로 다양한 대책방안을 검토하도록 하였다. 피난연락갱 Dundas 인접구간의 Tunnel ONE의 라이닝의 손상 정도를 고려하고, 라이닝 변상조사 결과를 분석하여 가능한 장기 보강 대책방안에 대한 검토를 수행하였다. 이러한 보강 대책방안은 장기적인 구조 및 내구성 요구사항을 충족할 뿐만 아니라 설계, 시공 및 시간을 포함한 관련 리스크를 충분히 고려하였다. 검토된 보강 대책방안은 다음과 같다.

(a) Tunnel One의 손상 라이닝에 대한 보수 및 강화
(b) 제트 그라우팅 지반안정화 기법을 사용한 Tunnel One의 손상 구간 재시공
(c) 지반동결 안정화기법을 이용한 Tunnel One의 손상 구간 재시공
(d) D-wall 공법을 이용한 Tunnel One의 손상 구간 재시공

6.2 터널 복구 방안 검토

다양한 보강대책방안에 대한 장점과 단점에 대한 예비 분석을 정리하여 [표 4.1]에 나타내었다. [표 4.1]에 제시된 내용은 가장 중요한 항목을 요약한 것이다.

[표 4.1] 사고구간 터널 보강 대책 방안의 예비 분석

대책방안	장점	단점
라이닝 보수 및 보강	• 지상에 장비 없음 – 터널 내부에서만 보수 • 공기에 미치는 영향이 적음 – 보수를 비교적 빨리 시작할 수 있음 • 주요 세그먼트 라이닝 제거 없음(마이너한 보수의 경우)	• 시공 중 터널 내부 추가 장비 • 내구성 확보를 위한 추가 작업 • 설계 터널단면의 fit-out 조정
제트 그라우팅과 터널 재시공	• 터널 손상 구간 완전 복구 • 전면 외부 방수막 • 다른 재시공 방안에 비해 간편한 임시 작업 • 터널 핏아웃 레이아웃에 영향 없음	• 시공 중 터널의 지상 및 내부에 추가장비 설치 • 공기에 대한 영향 • 시공 중 추가 리스크
지반동결공법과 터널 재시공	• 터널 손상 구간 완전 복구 • 전면 외부 방수막 • 터널 핏아웃 레이아웃에 영향 없음 • 임시공사에서의 추가 안전성	• 높은 비용 • 공기에 대한 영향 • 지상 및 내부에 추가 장비 설치 • 지반동결에 액체질소를 사용하는 경우 안전 리스크
D-wall 공법과 터널 재시공	• 터널 손상 구간 완전 복구 • 전면 외부 방수막 • 터널 핏아웃 레이아웃에 영향 없음 • 가장 높은 공사비 예상	• 지표면의 점유 및 교란 • 공사의 복잡성 – 가장 높은 리스크 • 방수막 설치 어려움 • 공기에 대한 영향

또한 다음을 포함하는 종합적인 분석을 통하여 보강대책 방안과 이에 따른 선형 검토, 단면 검토, 구조 및 방재 성능을 재검토하였으며, 종합적인 재시공 방안을 수립하였다.

1. 터널의 설계 및 시공에 관한 서류의 검토
2. 터널 사고 및 임시 조치의 검토
3. 사고 터널구간에 대한 지질 모델 및 3D 지반조사
4. 보강공사를 위한 손상된 터널구간 주변 지반 안정화 처리 설계
5. 제약 조건을 결정하기 위한 터널 노선 및 단면 요구사항 검토
6. 보강 대책방안에 대한 구조적, 내구성 및 방재성능 평가
7. 보강 대책방안에 대한 설계
8. 프로젝트 범위에 맞춰 제안된 보강 대책 방안의 선형 분석
9. 시공 준비 및 모니터링

10. 리스크 식별과 리스크 완화를 설계의 안전성 검토(Safety in Design)

11. 운영 및 유지관리 요구 사항 검토

　[그림 4.26]은 손상된 라이닝에 대한 보수/보강방법이 나타나 있으며, [그림 4.27]에는 제트 그라우팅 공법을 적용한 터널 재시공 방안, [그림 4.28]에는 지반동결공법을 적용한 터널 재시공 방안, [그림 4.29]에는 D-Wall 공법을 적용한 터널 재시공 방안이 나타나 있다.

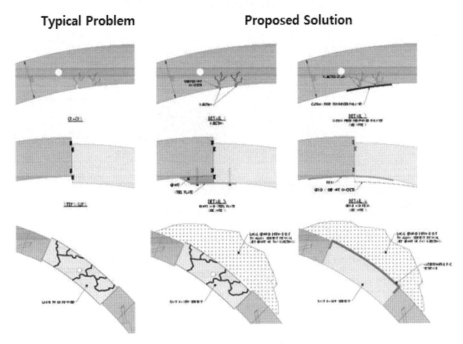

[그림 4.26] 손상 라이닝 보수/보강 방안

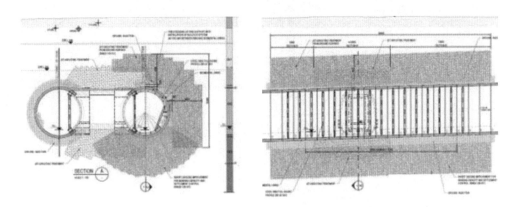

[그림 4.27] 제트 그라우팅공법과 터널 재시공

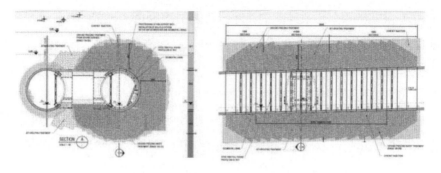

[그림 4.28] 지반동결공법과 터널 재시공

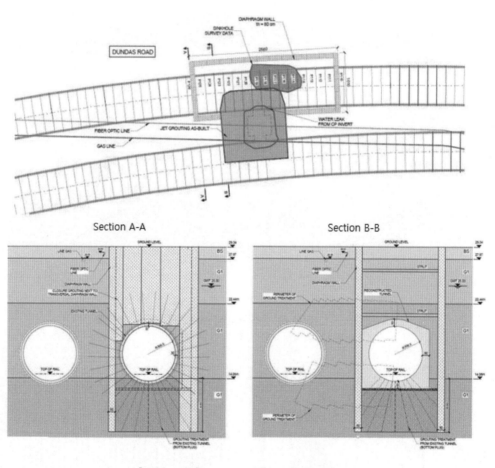

[그림 4.29] D-Wall 공법과 터널 재시공

6.3 최종 복구방안 - 강재(SGI) 라이닝 적용

본 TBM 터널에서는 콘크리트 세그먼트 라이닝 프로세스가 채택되었다. 본 사고구간과 같이 터널의 다른 단면에 대한 대체 라이닝 타입이 적용될 수 있다. 사용되는 라이닝 타입은 완전히 새로운 터널인지 기존 터널에 대한 수정 또는 확장인지 여부를 포함한 여러 요인에 의해 결정된다. 이러한 대체 터널 라이닝 시공기법 중 하나는 강재(SGI) 라이닝 링을 사용하는 것을 포함한다. 강재 라이닝 세그먼트를 공장에서 생산한 현장에서 조립 시공한다는 점에서 생산 및 설치 기술은 콘크리트 터널 라이닝 프로세스와 유사하다. 터널 라이닝 링을 형성하기 위해 강재 세그먼트는 볼트로 고정되며, 궁극적으로 콘크리트 터널 구조와 유사한 구조를 가진 자체 지지형 (Self-supporting) 터널 구조를 형성한다[그림 4.30].

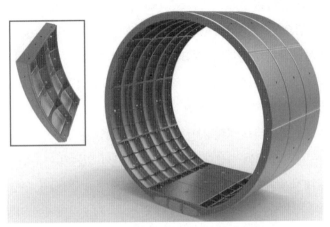

(a) SGI(Spheroidal Graphite Iron) 라이닝

(b) 런던 지하철 Kennington Loop 구간

[그림 4.30] 강재(SGI) 라이닝과 적용 사례

터널의 손상된 구간에 대한 권장 보강 제안은 손상된 콘크리트 라이닝 내부에 강재(SGI) 세그먼트 터널 라이닝을 설치하는 것이다. 강재 라이닝은 자체 지지하며 기존 콘크리트 터널 라이닝 내에서 지지대 역할을 한다. 이는 근본적으로 손상된 터널 구간 주변의 지반이 안정화될 수 있으며, 기존 콘크리트 세그먼트는 제자리에 유지되지만 현재 손상 및 변상에 유의하여 강재(SGI) 터널 라이닝 구조의 설치에 필요한 공간과 적절한 면을 만들기 위해 절삭 연마하도록 한다.

강재(SGI) 터널 라이닝을 적용하기 위해 기존 콘크리트 터널 라이닝을 절삭했음에도 불구하고 손상된 터널 구간에 약간의 공간 제약을 가져오게 된다. 터널 내공감소는 레벨(열차 바닥/문 높이)에서 선로와 평행하게 달리는 비상 출구/유지보수 통로의 폭(공칭 850mm, 국부적으로 836mm)을 14mm 줄이는 것 외에는 운영상 큰 제약을 가하지 않는다.

마찬가지로 재료의 변화(콘크리트 대신 SGI)와 기존 터널 내에서 인력으로 강재(SGI) 라이닝을 설치해야 하는 필요성으로 인해 원래 터널 요구조건에서 벗어난 방수 및 내화성 요구 사항에 다른 제약 조건이 필요하게 된다. 강재(SGI) 세그먼트 체결 또는 결합에는 콘크리트 세그먼트 터널과 다른 대체 조인트 시스템 및 개스킷 유형이 필요하지만, 이는 내구성에 영향을 미치지 않으며 방수에도 영향을 미칠 가능성이 낮다.

강재(SGI) 라이닝은 콘크리트 라이닝보다 화재 사건 동안 손상되거나 구조적으로 파괴될 가능성이 더 높기 때문에 리스크가 허용가능한 허용범위 내에 있는지 여부를 판단하기 위해 제안된 강재(SGI) 보강대책에 대한 화재 안전 정성적 리스크 평가(QRA)가 수행되었으며, 본 평가 강재(SGI) 라이닝에 스프레이를 적용하는 경우에도 강재(SGI) 라이닝에 미치는 영향을 고려했다. 이를 통하여 본 사고구간에 적용되는 강재(SGI) 라이닝이 터널 화재 사건의 가능성 또는 결과의 변화가 매우 적음을 검증하였다. 이는 사고 구간 이외 구간에 비해 강재(SGI) 라이닝 보강 구간이 상대적으로 짧은 26m 구간을 고려할 때 예측가능한 것으로 평가되었다.

또한 강재(SGI) 라이닝 구간에 방재용 스프레이를 적용하는 경우 비용편익 부분에 있어 적절한 개선이 달성되지 않았다. 또한 보호 코팅에 스프레이를 뿌리면 터널 내 공간적 제약(터널 내공두께 35mm)이 가중되어 강재(SGI) 라이닝의 설치가 복잡해진다. 정기적인 육안 검사를 제약하는 고정 장치 및 장비의 유지보수 및 터널 내부 부착과 관련된 기타 문제가 발생할 수 있다.

이러한 이유로 발주처는 강재(SGI) 터널 라이닝이 설치된 후 적용할 수 있는 방화 옵션을 추가로 조사할 것을 요청했으며, 시공사는 다른 제약 조건을 부과하지 않고 강재(SGI) 라이닝의 구조적 안전성을 증가시킬 수 있는 대책 방안에 대해 검토하였다. 터널 내 코팅의 전주기(Full Cycle) 비용과 적용 및 재시공 리스크를 고려하는 것이 적절하여야 하며, 이러한 리스크는 손상된 터널의 상대적으로 작은 구간을 고려할 때 유익하지만 필수적이지 않다는 점에서 대책방안이 허용 가능한지 여부에 대한 고려를 충분히 수행하여야 한다. [그림 4.31]에는 손상된 라이닝 구간에 적용된 강재(SGI) 라이닝과 스프레이가 시공된 라이닝 모습이 나타나 있다.

[그림 4.31] 손상 라이닝 구간 강재(SGI) 라이닝 보강

지금까지의 피난연락갱 Dundas 사고에 대한 사고조사위원회의 상세조사 내용을 바탕으로 [그림 4.32]에 나타난 바와 공식적인 사고 원인 및 복구 공사보고서가 발간되었다.

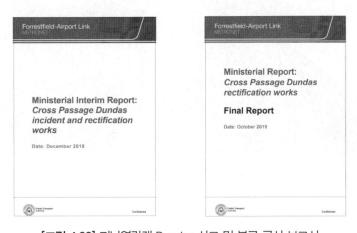

[그림 4.32] 피난연락갱 Dundas 사고 및 복구 공사 보고서

6.4 안전 대책강화 및 개통 그리고 소송

주정부는 공사 현장에서 안전의 중요성을 반복적으로 강조했으며, 새로 도입된 안전 대책에는 안전 준수 책임자를 2명에서 5명으로 늘리는 내용이 포함되어 있다. 또한 시공사는 터널 운영 감독관을 임명하여 더 큰 감독을 제공하고 안전에 중점을 두고 있으며, 발주처는 2018년 한 해 동안 안전점검 658건, 안전준수검사 430건, 대상 공정검사 72건을 실시했으며, 안전 직원들로 구성된 안전팀은 주간 및 야간 근무 모두에 대해 현장 안전을 모니터링하였다.

2018년 9월에 터널 사고 이후 싱크홀 구간과 손상된 Tunnel ONE 터널 부분에 대한 보강공사가 2021년 3월, 터널링은 2021년 4월에 완료되었다. 2022년 상반기에 첫 열차가 운행될 것으로 예상되었지만 코로나의 대유행의 영향으로 상당 기간 지연되어 당초 개통 예정인 2020년 12월보다 약 2년이 연기되어 마침내 2022년 10월 9일에 개통되었다. [그림 4.33]에는 Airport Line 개통 당시의 모습을 보여주고 있다.

[그림 4.33] Airport Line(2022년 10월 개통)

2023년 현재 개통 지연문제와 추가 공사비 문제로 법적 분쟁(Legal Battle)을 시작했다. 본 프로젝트는 당초 2020년 말에 완공될 예정이었지만, 터널 사고 등으로 인하여 2022년 10월까지 개통이 지연됨에 따라 이에 대한 책임이 누구인지를 법정소송을 통하여 가리고자 한 것이다. 현재 대법원에서는 두 개의 터널과 세 개의 역을 연결하는 12개 터널의 설계와 시공의 결함으로 인한 지연에 초점을 맞추고 있다고 한다. 이 소송은 발주처, 시공자 및 설계자의 책임(지반 리스크 포함)에 대한 복잡하고도 어려운 문제로 상당한 시간이 소요될 것으로 보인다.

>>> 요점 정리

본 장에서는 Forrestfield-Airport Link 공항철도 TBM 터널공사에서의 발생한 터널 침수 및 도로함몰 사고 사례를 중심으로 사고의 발생 원인과 교훈에 대하여 고찰하였다. 본 사고는 도심지 구간에서의 TBM 터널의 피난연락갱 공사 중 발생한 붕괴사고로서, 본 사고 이후 TBM 터널공사에서의 피난연락갱 사고를 방지하기 위한 설계 및 시공상의 다양한 개선 노력이 진행되어 피난연락갱 시공기술이 발전하는 계기가 되었다. 본 TBM 터널 사고를 통하여 얻은 주요 요점을 정리하면 다음과 같다.

☞ TBM 터널에서의 지반그라우팅 리스크

본 TBM 터널구간의 피난연락갱 시공 시 지반개량 효과를 증진하기 위하여 TBM 굴진 전에 제트 그라우팅(Jet Grouting)을 적용하였으며, TBM 굴진 완료 후 피난연락갱 굴착 전에 피난연락갱 주변에 인공지반동결공법(Artificial Ground Freezing)을 적용하였다. 사고가 발생한 구간은 하부에 모래층의 대수층이 분포하고 있어 피난연락갱 굴착 시 피난연락갱 주변 지반 그라우트체의 결함과 갭을 통하여 지하수가 터널 내부로 급격하게 침투된 것으로 분석되었다. 따라서 토사지반구간에서의 지반그라우팅 및 배면 그라우팅 공법 적용 시 그라우트의 품질관리가 무엇보다 중요하므로 지반 상태를 면밀히 관찰하고 이에 대해 보다 적극적으로 대응해야만 한다.

☞ TBM 터널에서의 피난연락갱 시공 리스크

본 사고는 TBM 공법으로 시공된 상하행의 본선터널을 연결하는 피난연락갱 구간에서 발생하였다. 특히 토사지반구간에 NATM 공법으로 시공되는 피난연락갱은 시공 리스크가 상대적으로 큰 취약한 구간이라 할 수 있다. 본 현장에서는 피난연락갱 주변 지반을 개량하고 차수 성능을 확보하기 위하여 지반 보강그라우팅과 인공지반동결공법이 적용되었지만, 라이닝과 지반 그라우트체의 갭, 지반 그라우트체의 결함, 배면 그라우트의 결함 등으로 복합적인 문제가 생기면서 침수 사고로 이어진 것으로 판단된다. 따라서 피난연락갱 시공 시 주변 지반에 대한 차수성능을 확인하고 누수 등의 문제 발생 시 보다 즉각적이고 능동적인 비상 대응체계가 요구됨을 알 수 있었다.

☞ 사고 원인 조사와 복구 방안 수립

본 사고가 발생한 직후 발주처에서는 사고조사위원회를 구성하여 설계 및 시공에 대한 철저한 조사를 통해 사고 원인을 규명하고 복구 방안을 제시하였다. 사고 원인은 피난연락갱 주변 지반의 갭(Gap)과 내부 결함(Defect)으로 인한 하부 모래층에서의 파이핑(Piping)으로 물과 토사가 터널 내로 급격히 유입되고 주변 지반이 유실됨에 따라 지상도로 함몰에 이르게 된 것으로 파악되었다. 복구 방안으로는 터널을 재시공하지 않고 손상된 라이닝을 보강하는 방안을 채택하였다. 보강공법으로는 내공한계를 심각하게 침해하지 않는 범위에서 손상된 라이닝을 절삭하여 강재(SGI) 라이닝을 설치하도록 하였으며, 터널화재 등에 대비한 방재성능을 확보하기 위하여 강재(SGI) 라이닝 표면에 스프레이를 타설하였다. 약 1년간의 복구 공사를 성공적으로 마친 후 당초 개통 예정인 2020년 말보다 약 2년이 연기된 2022년 10월 9일 마침내 개통되었다.

☞ TBM 터널 사고와 교훈

본 사고는 토사지반의 TBM 터널에서 배면 그라우팅 품질관리, 피난연락갱 구간의 지반그라우팅 품질관리, 피난연락갱 주변 지반에 대한 지반동결공법의 시공관리 그리고 NATM으로 굴착되는 피난연락갱의 시공관리상의 문제점 등을 확인할 수 있었고, 특히 TBM 터널공사에서의 설계변경 절차 및 시공관리 방법 등의 건설공사의 관리상의 제반 문제점을 확인할 수 있는 계기가 되었다. 특히 발주처 및 사고조사위원회 등을 중심으로 철저한 조사와 검토를 진행하여 본 TBM 터널 사고에서의 사고 원인 규명과 복구 방안 대책 등을 수립하여 호주에서 TBM 터널공사 안전관리 및 시공관리시스템을 개선시키게 되었다.

호주 Forrestfiled-Airport Link 공항철도 TBM 터널 사고는 호주 토목공사의 안전문제에 대한 관리시스템을 전환하는 중요한 사고였다. 호주는 2000년대 이후 시드니, 멜버른, 퍼스 등과 같은 도심지에서의 지하인프라 건설의 급격한 증가로 인하여 공기 준수라는 목적을 달성하기 위하여 체계적인 시공관리가 제대로 운영되지 못한 상태였다. 퍼스 도심지에서의 터널 침수와 도로 싱크홀 사고는 토목기술자뿐만 아니라 일반 국민들 그리고 시당국에게도 상당한 부담을 준 사고로 매스컴을 통하여 생중계되고, 부실시공에 대한 여론이 급증하는 계기가 되었다. 또한 사고구간에 대한 보강공사와 복구 공사로 공항철도 개통이 상당히 지연되어 경제적 손실을 끼쳤던 TBM 터널공사에서의 사고 사례라 할 수 있다.

또한 본 TBM 터널 사고는 상당한 리스크가 있는 피난연락갱에서 발생한 사고로 토사지반구간에서 NATM 공법으로 굴착하게 되는 피난연락갱의 지질 리스크, 품질관리 및 시공관리의 중요성을 인식하게 되는 중요한 계기가 되었다고 할 수 있다. 따라서 토사지반구간에 시공되는 지반 그라우팅공법과 피난연락갱에서의 지반동결공법의 시공관리 및 주변 지반의 차수 및 보강 효과를 검증하는 품질관리가 무엇보다 중요하므로 세심한 주의와 관리가 무엇보다 요구된다 할 수 있다. 또한 이러한 지질 및 시공리스크를 최소화하거나 극복할 수 있는 기술이 더욱 신중하게 검토되고 적용되어야 할 것이다.

독일 라슈타트 철도 TBM 터널 붕락사고와 교훈
Case Review of TBM Tunnel Collapse at Rastatt Railway

2017년 8월 12일 오전 11시경 [그림 5.1]에서 보는 바와 같이 독일 Rhine Valley 철도 Rastatt 터널공사 중 TBM 터널이 붕괴되고 상부 철도가 함몰되는 사고가 발생했다. 본 사고는 독일 터널공사 공사에 적용되어 왔던 TBM 터널공사에 심각한 영향을 미쳤다. 본 사고를 통해 TBM 터널공사에서 지반동결과 배면 그라우팅의 품질관리와 세그먼트 라이닝 시공상에 여러 가지 문제점이 확인되었다. 특히 철도 하부구간을 통과하는 TBM 터널에서의 사고는 조사, 설계 및 시공상의 기술적 문제점을 제기하는 계기가 되었으며, 철도 TBM 터널구간에서 대형 지반 함몰 및 터널 붕락사고 원인 및 발생 메커니즘을 규명하기 위하여 철저한 조사를 진행하게 되었다.

본 장에서는 Rhine Valley 철도프로젝트의 Rastatt TBM 터널구간에서의 터널 붕괴 및 지반 함몰 사고 사례로부터, 토사구간 TBM 터널공사 시 기존 철도 하부 구간의 지반동결 보강, TBM 터널에서의 배면 그라우팅, 세그먼트 라이닝 시공 등 시공관리상의 문제점을 종합적으로 분석하고 검토하였다. 이를 통하여 본 TBM 터널 사고로부터 얻은 중요한 교훈을 검토하고 공유함으로써 지반 및 터널 기술자들에게 기술적으로 실제적인 도움이 되고자 하였다.

[그림 5.1] Rastatt 철도 TBM 터널 사고(독일 Rastatt, 2017)

1. Rastatt 터널 프로젝트

1.1 프로젝트 개요 및 특성

Rhine Valley 철도는 독일에서 가장 붐비는 철도 노선 중 하나이다. 주로 북쪽의 컨테이너 항구와 남쪽의 스위스와 이탈리아 사이를 운행하는 화물 운송 요구사항을 위해 4개의 트랙으로 확장되었다. Rastatt 터널은 길이 4.27km의 단선 터널 두 개로 구성되며, 이는 기존 철도 용량을 두 배로 늘릴 새로운 철도 노선(17km)의 일부이다. [그림 5.2]에 Rastatt 터널 프로젝트에 대한 개요가 나타나 있다.

- Tunnel length : 4,270meters
- Project duration : 2014~2022
- Project volume : 312billion Euros
- Rail tracks : 2single track, parallel tubes
- Max. cover : 20meters
- Speed in designed process : 250 km/h
- Construction technique : mined, driven by underground means

[그림 5.2] Rastatt 터널 프로젝트

Rastatt 터널은 유럽 철도 화물선 A의 핵심 프로젝트이며 총 길이가 4,270m로서 Rastatt 도심을 통과한다. 2013년부터 준비 작업이 진행되고 있으며, 기계화 터널 굴진은 2016년 5월에 시작되었다. 또한 안전한 터널링이 가능하도록 3개 공사 구간에 대해 지반동결이 계획되었으며, Rastatt 터널은 독일 교통부의 BIM 시범 프로젝트이기도 하다.

Rastatt 터널은 Rastatt 도시 지역 전체와 기존 Rhine Valley 철도 및 Federbach 평원 하부를 통과한다. 본 터널은 고속철도에 건설된 가장 긴 터널이며, Ötigheim 동쪽에서 시작하여 Niederbühl에서 끝난다. 두 개의 단선 터널의 선로 중심 간 거리는 26.5m이며, 피난연결통로를 통해 500m 간격으로 연결된다.

두 개의 터널은 크게 원형 터널로 계획되었으며 내부 반경은 4.80m이며 개착구간에서는 직사각형 단면적이 동등한 단면적으로 선택되었다. 터널의 계획된 토피고는 4~20m이다. 터널은 모래 자갈이 분포하는 지반을 통과하며, 대부분은 지하수 하부에 위치한다. 또한 새로운 노선의 17km 길이 구간의 중심축으로 250km/h의 속도로 운영되도록 설계되었다. 장거리 여객 서비스와 복도를 지나는 철도 화물 운송의 일부가 그것을 사용할 것으로 예상된다. 개통되면, Rastatt

터널은 고속 승객 교통을 위한 주요 이동 시간과 화물 교통을 위한 가능한 많이 사용될 것이며, 야간시간에 Rastatt 도심지 구간의 철도 소음을 완화하기 위해 터널 통과로 계획하였다.

[그림 5.3]에서 보는 바와 같이 Rastatt 터널의 시점은 북쪽에서 시작하며, Ötigheim 남쪽에 위치한 800m 길이의 북측 U형 구조물이 있다. 이후 4,270m 길이의 트윈 보어 터널로서 Rastatt의 도시 지역 아래를 지나 Niederbühl 근처의 895m 남측 U형 구조물과 함께 남쪽에서 끝난다. U형 구조물은 북쪽 끝에 45m, 남쪽 끝에 182m(동측 터널) 및 336m(서측 터널) 길이의 개착터널이 있는 포털 영역에 의해 터널로 이어진다. 소닉 붐(Sonic boom) 구조는 모든 포털 구조에 통합되어 미세 압력 파동 효과(tunnel boom)를 저감시킨다.

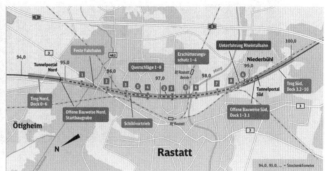

[그림 5.3] Rastatt 터널 프로젝트

1.2 지질 및 지반 특성

주요 암종은 퇴적암으로 구성되어 있으며, Rhine강은 Rastatt에서 서쪽으로 약 7km 떨어져 있다. 터널 노선 주변에 지하수가 많이 존재하는 것으로 관측되었으며, 특히 지표에서 최대 10m 하부까지 분포하는 모래 퇴적물 구간에 집중되어 있다.

[그림 5.4]에는 Rastatt 터널구간의 지질 종단면도가 나타나 있다. 그림에서 보는 바와 같이 터널은 제4기층 및 제3기층을 통과하며, 주로 약간 조밀한 모래에서 조밀한 국부적으로 느슨하게 압밀된 자갈과 모래의 제4기층의 혼합물로 다양한 내용물을 포함한다. 제4기층 하부에는 다양한 점착 성분을 가진 고운 모래 또는 실트와 점토로 구성된 제3기층이 분포한다. [그림 5.5]에는 터널구간에서 시추조사된 지질 및 지반특성을 보여주고 있다.

제4기 지하수 대수층은 기본적으로 남쪽에서는 약 15m, 북쪽에서는 약 40m 두께의 자갈과 모래층으로 구성되어 있으며, 이는 지하수위가 있는 균일한 연속 공극 지하수 대수층이다. 지금까지 측정된 가장 높은 지하수위를 고려하면 터널 바닥에서 약 2.8bar의 최대 수압이 예상된다. 가장 높은 지하수위를 가정할 경우 전체 지하구조물과 터널이 지하수위 하부에 있게 된다.

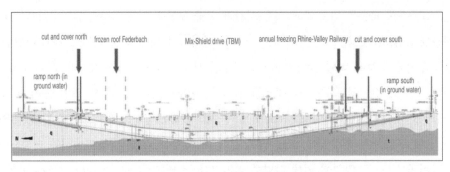

[그림 5.4] Rastatt 터널구간의 지질 종단면도

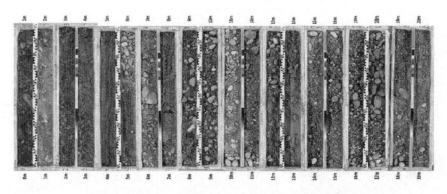

[그림 5.5] Rastatt 터널구간의 지반 특성(시추 코어 사진)

1.3 터널 방재시스템

Rastatt 터널은 철도 터널의 건설 및 운영을 위한 화재 및 재해 방지를 위한 EU 및 연방 철도 당국(EBA)의 현재 요구 사항에 따른 트윈 터널시스템을 갖추고 있다. 이러한 요구 사항은 철도 운송과 무관한 비상탈출을 기반으로 하며, 이는 500m마다 탈출 잠금 장치가 있는 도로 차량 및 횡단 통로에 적합한 포장을 제공해야 한다. 터널 조명 및 탈출 경로 안내 시스템은 터널 탈출 개념의 장비를 완성한다. [그림 5.6]에는 Rastatt 터널의 방재시스템이 나타나 있다.

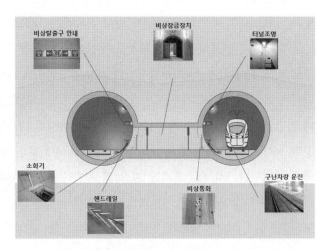

[그림 5.6] Rastatt 터널 구조 – 트윈 터널 시스템

2. Rastatt 터널 시공 개요 및 특성

2.1 터널 계획

2001년 시작 당시 공기는 약 6년이 걸릴 것으로 예상되었다. 그러나 공사가 시작되기 전에 프로젝트의 건설 단계는 자금 부족으로 여러 번 연기되었다. 2011년 4월 터널을 위한 새로운 시추가 시작되었으며, 2012년 10월까지 본격적인 지반조사로서 3개의 시추기가 40개의 조사공을 최대 40m 깊이까지 조사하였으며, 2013년 7월 30일 Niederbühl에서 공식적인 착공식이 열렸다.

본 프로젝트를 수행하기 위해 특별히 설립된 회사인 Rastatt 터널 건설 JV와 2014년 8월에 계약(3,200만 유로)되었으며, 기술 리더십은 Ed. Züblin AG가, 상업 리더십은 Hochtief AG가 맡았다. 전체적인 공정은 2014년 11월에 시작하여 첫 번째 TBM 장비는 2015년 4월에 조립, 터널 굴진은 2015년 10월에, 터널의 완성은 2018년 1분기 말에 달성될 예정이었으며, 2020년에 기술 건설이 완료되고 2022년에 시범 운영될 예정이었다.

지질 및 수문학적 환경으로 인해 터널의 대부분은 남북 선형을 따라 종방향으로 이동하는 두 개의 TBM 공법으로 계획되었으며, 일부 구간은 지반동결(염수 또는 액체 질소 사용)공법에 의해 안정화된 지반을 통해 굴진되며, 약 470m가 NATM 방법을 사용하거나 개착방식으로 계획되었다.

2014년 12월 초 발주처인 DB(Deutsche Bahn)는 두 개의 TBM 장비(3,600만 유로)를 발주하였으며, Herrenknecht는 90m 길이와 1,750톤 TBM 두 대를 제작하였다. 폭 10.97m의 쉴드 TBM을 사용하여 9.6m의 사용 가능한 단면을 제공할 수 있다. [그림 5.7]에는 주요 통과구간에 대한 터널 공법이 나타나 있다.

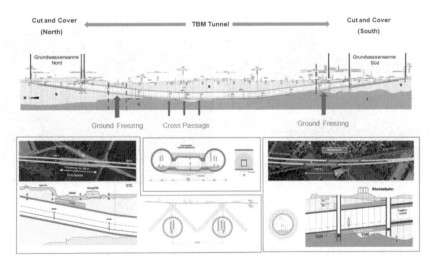

[그림 5.7] Rastatt 터널의 주요 통과 구간

2.2 TBM 터널

복잡한 지반 특성을 고려하여 TBM의 closed mode로 터널을 굴진하기로 결정했다. 두 TBM 터널은 북측 터널 포털에서 시작하고, 2개의 TBM은 믹스쉴드(Mixshield)로서 막장을 슬러리로 지지하는 쉴드 장비이다. 믹스쉴드는 서측 터널에서 길이 3,674m, 동쪽 터널에서 길이 3,826m 의 원형 단면을 굴진한다. 굴진 직경은 10.97m이고 단일 패스 라이닝은 50cm 두께의 세그먼트 로 구성된다. TBM 굴진을 완성하기 위해 슬러리 타입의 Herrenknecht사의 Mixshields를 두 대를 구입했으며, 각각의 길이가 93m이고 무게가 1,750t인 TBM 장비는 동시에 작업장에서 조립되었다.

동측 터널은 2016년 5월에 드라이브를 시작했으며 4개월 후인 2016년 9월에 서측 터널의 TBM 굴진을 시작했다. [그림 5.8]에는 TBM 장비와 TBM 굴진 상황이 나타나 있다. 또한 TBM 터널링과 함께 개방형 개착공법, NATM 피난연결통로 그리고 시트 파일링, 다이어프램 벽체, 제트 그라우팅, 수중 콘크리트 및 지반 동결적용을 포함하는 지반 지보방법이 포함이 된다.

[그림 5.8] TBM 장비 및 굴진

TBM 장비가 Federbach 보존 구역 하부 약 5m 통과할 때 최대 290m의 구간에 대하여 잠재 적인 슬러리 분출로부터 보호하기 위하여 TBM 터널 주변에 지반동결공법을 적용하였다. 또한 지반동결공법은 두 터널 사이에 500m마다 설치되는 피난연결통로 굴착을 위해 함수층 지반에서 적용되었다. 또한 기존 철도 하부 통과구간에서 TBM 공법과 지반동결공법을 적용하는 방안은 NATM 굴착을 사용하자는 초기 제안에 대한 대안으로 시공자에 의해 제시되었으며, 이 대안은 건설비용 절감 효과가 있는 것으로 종합적인 검토를 거쳐 승인되었다.

기존 철도 하부통과를 위한 200m 길이의 수평 지반동결은 선로 양쪽 약 100m에 설치된 30m 깊이의 두 개의 작업구에서 수행되었다. 작업구에서 수평 방향드릴을 사용하여 42×100m 길이의 동결 파이프 구멍을 원형으로 천공하고 동결을 적용하여 각 10.97m 터널 튜브 주변에 2m 두께의 동결 지반 칼라를 만들었다.

내경 9.6m의 싱글 패스 터널 라이닝은 두께 50cm, 길이 2m의 7개 부분 세그먼트 링으로 구성된다. 설치된 각 링의 무게는 약 80t이다. 세그먼트는 프리캐스트 콘크리트 작업에서 생산되고 있으며, 현장으로 운반되었다. [그림 5.9]에는 개착터널 및 TBM 터널 단면이 나타나 있다.

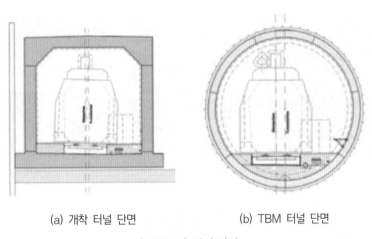

(a) 개착 터널 단면   (b) TBM 터널 단면

[그림 5.9] 터널 단면

2.3 주요 구간에서의 지반동결공법

지반동결공법은 Rastatt 터널 중 세 곳의 지반보강공법으로 적용되었다.

i) 얕은 토피로 인해 북측 포털 근처의 Federbach 하천 하부 통과구간
ii) 함수층의 연약지반에 9개의 피난연락갱 구간
iii) 남측 포털 근처의 기존 라인벨리 철도 하부 통과 구간

Rheintalbahn 철도 하부 통과 구간은 터널 종단선형상 총연장 약 350m와 토피고 5.0m 미만으로 비스듬하게 기존 철도하부를 저토피로 통과한다. Rhine Valley 철도는 운영상의 중요성 때문에 폐쇄될 수 없으며, 철도 운영 중단은 가능한 한 피해야 한다. 기존 철도의 철도 운영에 대한 안전 및 유지관리 요구사항이 매우 엄격하기 때문에, 공식적인 당초 설계는 링 모양의 지반동결 보강 하에 NATM 방식에 의한 굴착을 계획하였다.

TBM은 원래 철도 하부를 통과하기 직전에 중간지점에서 제거되었어야 했다. 시공자는 경제적 최적화 및 시공연장성 등을 고려하여, 철도 하부 통과구간에서 TBM 공법을 적용하는 터널의 대안으로 제안하였다. 발주처는 이를 검토한 후 제안의 기본적인 기술적 동등성과 실현 가능성이 확립되었고 이를 기반으로 TBM 공법으로서 변경이 결정되었다. 거의 완전히 얼어붙은 동결지반을 통해 TBM으로 터널을 굴진하는 것은 기계화 터널링의 첫 번째 사례였다. [그림 5.10]에는 Rheintalbahn 철도 하부 통과 구간에 적용된 지반동결공법에 대한 설계 내용이 나타나 있다.

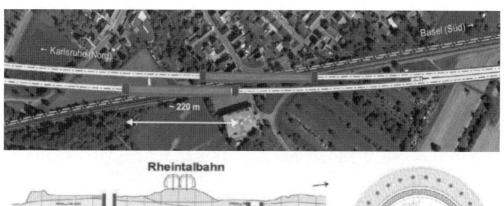

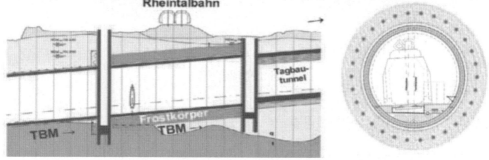

[그림 5.10] Rheintalbahn철도 하부 통과구간의 지반동결공법

동결지반에 대한 기본 요구사항은 동결지반의 연속적인 수밀성과 인접한 지지벽과의 접합 및 하중 지지 링의 구조적 안전성이다. 이는 특히 장애물 제거와 같이 막장면에 필요한 개입이 있는 경우 기존 철도에 미치는 영향(변형, 왜곡 등)을 최소화하기 위한 것이다.

동결구간은 각 터널의 연장 약 220m이다. 기존 철도와 사선 교차로 각 터널의 천공된 부분이 서로 엇갈려 있으며, 위치는 기존 라인에 의해 결정된다. 먼저 북측과 남측 터널 모두에 대해 작업구가 굴착되며, 시컨트 파일벽체과 다이어프램벽체의 조합 형태로 지지된다.

작업구에서 동결체의 형성을 확인하기 위해 측정공과 굴착될 단면을 굴진하기 위해 동결랜스가 터널 내부 라이닝의 외측면에서 약 1.00m 및 약 2.00m 간격으로 링 형태로 설치된다. 각각 약 110m 길이의 수평 보어홀은 방향 시추에 의해 천공된다.

위쪽 절반에는 잭으로 고정된 케이싱으로 구멍을 천공하고 아래쪽 절반에는 수평방향 드릴링으로 구멍을 천공한다. 지반동결 및 모니터링용 천공 후, 연속적으로 3차원으로 조사된다. 완료 후 동결랜스는 냉매로 소금물에 공급되고 동결체가 형성된다. 동결플랜트는 작업구 외부에 있다.

지반침하제어의 특정 조건에서 완전 밀폐 동결체 내부애서의 기계화 터널 구동에 대해 TBM 설계 과정에서 다양한 질문이 논의되었다. 장비 및 프로세스 기술과 관련하여 다음과 같은 측면을 고려해야 한다.

- 동결체 내부의 TBM 열에너지 균형, 최악 시나리오로 해동효과를 갖는 TBM에 의한 과도한 열유입, 또는 TBM장비의 일부분이 동결되고 정지 중에 방해 받는 경우
- 프로세스 및 작업 지침의 형태로 극복전략이 포함된 사고 시나리오의 개념(재가동 시나리오 및 장애물의 발생 시나리오 포함)
- 설치된 장비 및 사용 중인 소모품 및 윤활유의 적합성
- 커팅휠에 장착된 도구 및 복합지반조건에서 발생하는 진동을 고려한 동결체의 절단성
- 시공 프로세스 및 콘크리트 기술의 측면을 고려한 환형 갭 그라우트의 배합 레시피

2.4 피난연락갱(Cross Passage)

두 상하행 터널 사이에 피난연락갱을 만들어 안전 및 구조 개념으로서 연결시스템을 구축하였다. Rastatt 터널에는 9개의 피난연락갱이 500m마다 설치되며, 8개는 탈출 및 1개는 구조 목적으로 설치된다. 가장 낮은 지점에 있는 전원 공급장치를 설치하였으며, 피난연락갱의 길이는 약 16m이고 내경은 7m이다. [그림 5.11]에는 피난연락갱의 계획으로 NATM 공법으로 굴착되며, 터널 주변 지반은 지반동결공법이 적용되었다. [그림 5.12]에는 피난연락갱 시공장면이 나타나 있다.

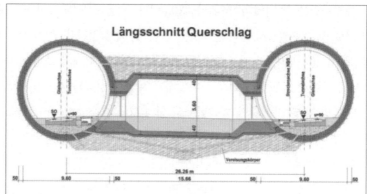

[그림 5.11] 피난연락갱의 설계

[그림 5.12] 피난연락갱 NATM 시공

3. Rastatt 터널 붕락 사고

3.1 사고 및 복구 경위

　2017년 8월 12일 오전 11시경 터널 공사현장의 센서는 터널 위에 있는 기존 노선의 선로가 침하하고 있음을 나타냈다. 노선을 따라 설치된 신호가 위험으로 나타나 모든 열차는 자동으로 운행이 중단되었다. [그림 5.13]에서 보는 바와 같이 약 6~8m 길이의 선로구간에서 0.5m 정도 함몰되었다. 이 구간의 터널 토피고는 4~5m로 터널의 길이에 걸쳐 지반을 −33°C의 냉각액으로 동결시켜 터널을 안정시킨 상태였다. 터널은 완전히 얼어붙은 재료를 통해 205m의 길이에 걸쳐 작동하도록 시공되었다. 상부 지반 및 궤도 함몰 직후 과다한 지하수 유출로 인해 처음에는 터널에 접근할 수 없었으며, 터널 붕락이 임박한 것으로 추정되었다.

[그림 5.13] 터널 상부 함몰 및 궤도 손상 발생

　사고 발생 직후, DB Netze는 지반을 안정화하기 위한 작업과 함께 운행중단된 노선의 재개 계획을 수립하였다. Rheintalbahn 철도노선은 당초 8월 26일까지 봉쇄될 것으로 예상되었지만 10월 7일까지 노선이 폐쇄될 것으로 예상되었다. 폐쇄 기간 동안 Rastatt와 바덴바덴 사이에 비상 버스서비스가 운행되었다. 이 서비스는 8월 14일부터 6분 간격으로 운영되었으며, 승객들은 최소 1시간의 이동 시간 연장을 기대하도록 안내받았다. 8월 13일, 인근 4개 주택의 거주자들은 떠날 것을 요청받았다.

　DB 철도 운영은 대규모 우회와 다른 운송 모드로의 이동에 초점을 맞춘 대체 개념을 검토했으며, 사고현장의 복구공정이 고려됐다. 대규모 분산 운영 체계하에서 주변 철도는 임시로 24시간체계로 운영되었다. 이로 인한 화물 회사의 수익 손실을 주당 1,200만 유로로 추산했으며, 모든 대규모 전환에도 불구하고 몇 개의 우회로가 차단되었기 때문에 부족한 용량 상태에서 이용할 수밖에 없었다.

2017년 8월 15일, 터널의 안정화는 여전히 해결해야 할 질문들이 남아있었음에도 불구하고, 노선 복구 작업이 이미 수행되었다. 50m 길이의 동측 터널은 지반을 안정시키기 위해 콘크리트로 채우는 임시 복구 공사를 통해 가능한 한 빨리 철도 노선을 다시 개통할 수 있었다. 이 과정에서 기존의 TBM 장비를 포기해야 했는데, 1800만 유로의 가치를 지닌 TBM이 지반 속에 남아 있기 때문이다. 그 당시에는 동측 터널이 손상된 것을 해결할 방법과 프로젝트의 전반적인 완료가 불분명했다.

　　2017년 10월 2일, 붕괴로 인한 손상으로 거의 두 달 동안 사용할 수 없게 된 기존 철도 노선이 다시 개통되었다. DB는 길이 120m, 너비 15m, 깊이 1m의 대형 콘크리트 슬래브를 시공하였다. 동측 터널 위에 있는 오래된 지상 철도를 위한 교량 역할을 효과적으로 수행하기 위해, 서측 터널 위에 두 번째 슬래브가 시공되었다. 기존 철도의 일부구간은 레일, 400대의 침목, 약 2,500톤의 밸러스트, 그리고 두 개의 콘크리트 슬래브 위에서 보어의 위치를 통과하도록 노선을 재배치하여 시공되었다. 노선 폐쇄와 철도 고객들에게 야기된 광범위한 혼란과 관련된 비용은 20억 유로에 달하는 것으로 추정되었다. 철도 화물 사업자들은 붕괴와 그에 따른 혼란으로 인한 사업에 대한 영향에 대한 보상을 요구했지만, 일부 회사들은 특히 DB가 터널 부지 주변에 일시적인 저속 전용선을 제공하지 못했고, 일반적으로 재난 완화 계획이 부족하다고 공개적으로 비판했다.

3.2 사고 현황 분석

　　터널 붕락 및 지반 함몰 사고가 발생한 구간은 [그림 5.14]에서 보는 바와 같이 동측 터널구간으로서 TBM 막장면 커터헤드 후방 구간이다. 본 구간 기존 철도 하부 약 4m의 저토피 통과구간으로 TBM 굴진 전에 지반동결공법에 의해 보강된 구간이다. 동측 터널의 선두 TBM은 레일 선로 아래 약 40m를 지난 상태의 3,974m 지점이다. 서측 터널은 4,250m 드라이브에서 3,064m로 동측 TBM보다 약 1,000m 후방에 있었으며, 동측 터널의 사고로 TBM 굴진이 완전 중단되었다.

　　[그림 5.15]에는 터널 붕괴 및 레일 함몰사고에 대한 현황도가 나타나 있다. 그림에서 보는 바와 같이 커터헤드 후방구간에서 터널 손상 및 붕락이 발생하였고, 상부 Rhine Valley 철도의 지반 함몰과 함께 궤도가 완전히 뒤틀리고 손상되었다. 긴급조치로서 손상구간에 콘크리트를 채우고, 차단용 콘크리트 플러그를 설치하여 추가적인 붕괴 및 손상을 방지하도록 하였다. 그림에서 보는 바와 같이 TBM 터널장비는 안전성을 확보하기 위하여 이완 토사 및 보강 콘크리트와 함께 완전히 지반 속에 묻히게 되었다.

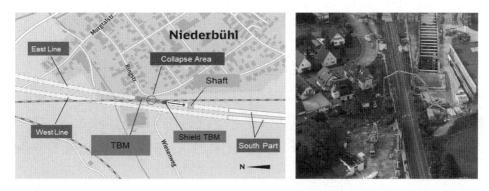

[그림 5.14] 터널 붕괴사고 발생 구간 현황

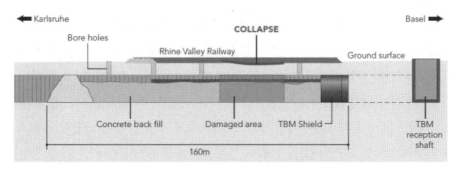

[그림 5.15] 터널 붕괴 및 레일 함몰 현황도

3.3 사고 원인 추정

8월 21일 관계당국에 따르면 철도 선로 아래 및 TBM 뒤쪽 40m 지점의 터널 부분 라이닝은 균열이나 붕괴가 아니라 두께 500mm, 길이 2m 세그먼트 링의 7개 부분이 틈(gap)을 만들어 지하수과 주변 토사의 침투를 허용한 것으로, 이는 동결시스템의 고장과 TBM이 구역을 통과할 때 주변 지반의 과도한 굴착 가능성을 나타낸다고 보고되었다.

터널 붕락사고의 정확한 원인은 현재 동결 관리, 계측 및 모니터링 검토, TBM 작동 및 운영자 로그를 포함한 광범위한 조사 대상으로. 높은 여름 기온과 폭우 기간이 겹치면서 지반 동결 작업의 무결성이 훼손된 것으로 보고 있다.

특히 지반동결공법적용시 기후 조건변화를 위한 동결작업을 준비하는 것뿐만 아니라, 본 현장과 같은 적용에서는 TBM 장비 및 시스템의 작동과 벌크헤드 전방의 굴착 챔버 내 슬러리 굴착 프로세스에서 발생하는 열도 충분히 고려해야 한다. 지반을 지지하기 위한 동결 유지와 상부의 무겁고 규칙적인 열차 트래픽 사이의 불균형은 TBM이 동결된 지반에 갇히거나 슬러리 순환 시스템 또는 기타 작동 유체가 적용된 동결 조건에서 동결되는 것을 방지할 가능성이 있는 것으로 분석되었다.

Rastatt 터널이 기존 트윈 트랙 철도 노선 하부 5m 구간을 수평 지반동결로 보강된 함수질의 모래와 자갈을 통과하는 동안, 지반동결시스템의 실패와 세그먼트 라이닝의 무결성(integrity) 상실은 철도 선로 하부 지반 손실(ground loss)이 발생하여 터널 주변 지반과 지하수가 TBM 터널 내로 급격히 침투되면서 터널 붕괴사고가 발생한 것이다. 또한 붕괴의 가장 가능성 있는 원인은 당시 높은 여름 기온으로 인한 지반동결 지지의 실패와 국지적인 폭우를 동반했기 때문으로 파악되었다. Rastatt 터널의 설계 및 시공조건과 사고 현황으로부터 다음과 같은 문제점을 도출하게 되었다.

1) 동결지반과 그라우팅 품질관리

동결지반 구간에서 세그먼트 라이닝 링갭(Ring Gap)이 제대로 채워지지 않았을 가능성이 있으며. 동결지반을 통과하는 TBM 굴진과 그라우팅 작업에 몇 가지 특별한 문제가 포함될 수도 있다. 동결지반에 대한 굴진은 경암반 드라이브의 특징을 가지고 있으며, 이는 쉴드 스티어링을 가능하게 하기 위해 약간의 오버 굴착이 필요하다. 대부분의 쉴드 TBM은 쉴드 테일을 통과하는 그라우트 라인을 사용하여 테일 씰 바로 뒤의 갭을 채우게 된다. 단단한 암반 조건에서는 과도한 굴착으로 인해 모르타르가 TBM의 본체 주변과 전면으로 흘러들어가 작업실로 들어가 세그먼트 라이닝 외부에 공극을 남기는 경향이 있다. 이러한 공극은 가능한 한 빨리 후행 갠트리 중 하나의 상단에서 세그먼트를 통과하는 보조 그라우팅 작업으로 채워져야 한다. 그러나 갭 바깥에 동결된 지반의 경우, 공극(Void)이 지하수에 의해 채워질 수 있으며, 이는 또한 동결될 수 있으며, 굴진과정 중에 터널 내부에 열로 인해 공극내 얼음이 녹아서 세그먼트가 지지되지 않을 수 있다.

2) 유동성 지반(Flowing Ground)과 세그먼트 라이닝 파괴

Rastatt 터널 붕괴 사고에 대한 원인에서 프리케스트 콘크리트 세그먼트 라이닝의 파괴 가능성도 있다. 하지만 라이닝이 설계되지도 의도하지도 않은 하중에 의해 붕괴될 수도 있다는 것으로 가능한 조건은 유동성 지반이다. 토사층에서 자하수가 유입되어 흐름이 발생하는 경우는 상당한 파괴력을 가지게 된다. 세그먼트 라이닝은 영구상태에서의 정적 지반력과 시공단계에서의 작용 하중을 고려하여 설계되지만, 유동성 지반에서의 엄청난 동적이고 변화 가능한 지반력을 견딜 수 없다는 점이다. 따라서 이러한 지반의 터널공사에서 접근 방식은 지반 유동을 방지하기 위한 조치를 적절히 취하고 관리해야 한다. 당연히 이러한 조치가 실패하면 세그먼트 라이닝의 링이 유지되지 않는다.

4. 긴급 응급조치 및 복구 대책

2017년 8월 12일, 두 터널의 터널 공사는 붕괴 직후에 중단되었고, 대신 안정화 작업으로 초점이 전환되었다. 그러나 서측 터널의 상태에 충분히 자신감이 있었기 때문에 2017년 9월 초에 서측 터널에서 TBM 작업이 재개되었다. 붕괴의 영향을 많이 받은 동측 터널에 대한 작업은 이 시점에서 무기한 중단되었다. 터널 붕괴의 책임을 규명하기 위해 총 60개의 보어홀이 포함된 지반 상태에 대한 상세한 평가가 수행되었다.

2017년 10월 초, 임시조치로 타설된 콘크리트에 묻힌 TBM의 잔해를 땅에서 파내어 복구하자는 제안이 제기되었지만, 동측 터널의 건설을 재개하는 방법에 대한 즉각적인 계획은 없었다. 2018년 1월까지 복구 작업은 아직 미결 상태였고 복구가 이루어지지 않았다. 2018년 7월까지 동측 터널에서는 비상 탈출구 역할을 하고 추가 건설 작업 중 물류를 지원하기 위한 개착구를 만드는 등 제한적인 활동이 이루어졌다.

2019년 8월 DB Netze는 Rastatt 터널의 건설 활동이 2020년 중에 완전히 재개될 것이며, 완공 날짜는 당초 계획보다 3년 늦은 2025년에 이루어질 것으로 예상된다고 발표했다. Rastatt 터널은 손상되지 않은 서측 터널의 나머지 200m를 완료하기 위한 작업을 계속할 것이며, 완료된 서측 터널의 노선을 따라 700m 구간을 재배치하여 동쪽 터널의 건설 현장에서 멀어지게 할 것이다. 2021년까지 예상되는 선형 조정 후 콘크리트 벽체를 필요한 깊이까지 삽입한 후 개착 터널 방식으로 동측 터널의 나머지 부분을 굴착해야 한다.

터널이 완성되면, 터널은 다시 메워져야 하며 기존 철도는 동쪽 터널 위에 위치해야 한다. 여러 개의 교차로와 출입구 입구를 건설하는 것을 포함한 마무리 작업은 2024년까지 걸릴 것으로 예상되었다.

4.1 긴급 조치

주요 화물 및 여객 철도 노선 아래 지상 동결 지원과 관련된 TBM 터널공사 중 붕괴는 카를스루에와 바젤 사이의 모든 철도 교통을 중단시키고, 이 과정에서 TBM을 매몰시키면서 긴급 대책으로 콘크리트 충전을 요구했다.

Rastatt 터널 사고에 즉각적인 대응조치로는 먼저 손상된 터널 구간의 즉각적인 안정화하기 위하여 2017년 8월 17일부터 콘크리트 플러그 설치하여 손상된 부분과 4,000m 길이의 터널의 손상되지 않은 부분을 분리하였다. 커터헤드 뒤쪽 약 150m 지점에 콘크리트 플러그를 만들기 위해 드릴링공 3개를 설치하고 TBM 격벽에서 플러그까지 손상된 터널 구간은 약 10,500m³의 콘크리트로 채워 안정화하였다. 2017년 8월 25일, 터널의 채우기가 완료되었고 예방적으로 대피한 주민들은 집으로 돌아왔다. [그림 5.16]은 터널 사고 직후 실시된 콘크리트를 충진하는 장면이다.

[그림 5.16] 터널 붕락구간에 대한 콘크리트 충진

[그림 5.17]은 터널 붕락구간에 대한 긴급 보강조치 현황도가 나타나 있다. 그림에서 보는 바와 같이 터널 막장에서 160m 후방에 천공하여 콘크리트 채워 콘크리트 플러그를 형성하는 장면을 볼 수 있다.

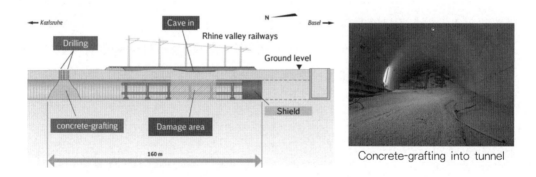

[그림 5.17] 터널 붕락구간에 긴급 보강 조치

4.2 기존 철도 운영 대책

하루에 최대 370대의 열차가 철도 노선의 폐쇄된 구간에서 우회하도록 하고, 여객 열차 여행을 관리하는 버스와 철도에서 하루에 170~200대의 장거리 화물 열차에 대한 우회 경로를 찾아야 했다. 선로의 안전하고 지속적인 복구를 위해 터널 위와 기존 상부 구조물 아래에 275m 구간에 콘크리트 슬래브가 시공되었으며, 콘크리트 슬래브의 시공 이후 자갈, 레일의 부설과 신호 기술의 설치가 시작되었다. 지반의 안정화를 위해 서측 터널 위에 두 번째 콘크리트 슬래브를 설치하였다. 2017년 10월 2일 라인 계곡 철도는 원래 계획보다 5일 일찍 운행을 재개했다. [그림 5.18]에는 터널 붕락구간에 콘르리트 슬래브 타설 현황도가 나타나 있다. 그림에서 보는 바와 같이 지표면에 콘크리트 슬래브를 타설하고 노반을 설치하여 열차운행이 가능하도록 하였다. [그림 5.19]에는 서측 터널 상부를 이용한 임시 개통노선이 나타나 있다.

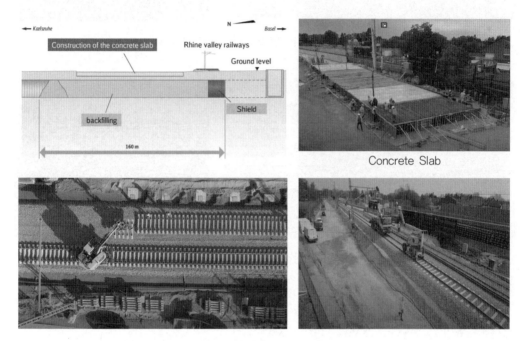

[그림 5.18] 임시 개통을 위한 콘크리트 슬래브 타설 및 노반 설치

4.3 터널 복구 공사

최종적으로 붕락구간에 복구 공사는 파묻힌 TBM 장비를 해체하고, 손상된 세그먼트 라이닝을 파쇄하여 제거한 후 새로운 개착 터널 구조물을 만드는 시공으로 결정되었다. 이러한 복구작업을 수행하기 위하여 우선적으로 길이 200m, 깊이 17m의 굴착 피트를 시공하였다.

[그림 5.20]에는 터널 붕락구간 복구 공사를 위한 굴착 피트 현황이 나타나 있다. 동측 터널의 복구 공사 중 서측 터널에 대한 안전 영향 및 열차 운행에 대한 지장을 최소화하기 위하여 시트파일 등의 지반보강공사를 진행하였으며, 지하수 유입을 완전히 차단하기 어려워 수중 작업 등을 수행하였다.

[그림 5.19] 임시 개통 노선과 궤도 설치 모습

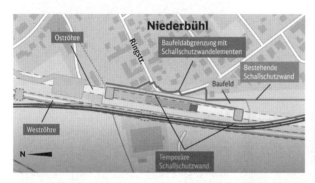

[그림 5.20] 굴착 피트와 수중 작업

[그림 5.21]에는 터널 붕락구간 복구 공사를 위한 충진된 콘크리트를 파쇄하는 장면과 파묻힌 TBM 장비를 해체하는 장면이 나타나 있다.

[그림 5.21] TBM 장비 해체 및 콘크리트 파쇄

4.4 터널 복구 프로세스

새로운 터널 구조물을 설치하려면 먼저 TBM 장비를 꺼내야 한다. 이를 위해서는 먼저 깊이 17m, 길이 200m의 굴착 피트를 만들어 복구되었다. 콘크리트로 채워졌던 선로 아래의 동측 터널은 콘크리트 플러그 구간에서부터 복구작업을 시작하였다. DB 독일 철도는 서쪽 터널의 굴진작업이 끝날 때까지 동측터널에서 복구작업을 계속할 수 없었다. 왜냐하면 Rheintalbahn 궤도는 700m의 거리에 걸쳐 서쪽 터널 위로 재배치되어야 하기 때문이다. 그런 다음 길이 200m, 폭 17m의 공사용 피트를 굴착하고, 기존 터널 구간과 TBM을 해체한 후 개착 공사방식으로 복구 공사를 진행하고 있다. 마지막 단계로 굴착 피트가 다시 채워지고 철도 선로의 원래 선형이 완전히 복원된다.

[표 5.1]에는 Rastatt 터널붕락구간에 대한 긴급 공사 및 복구 공사 프로세스가 정리되어 있다. 표에서 보는 바와 같이 터널 복구 공사는 사고 구간인 동측터널의 재굴착을 중심으로 서측 터널을 활용하여 기존 철도의 운행과 연계하여 최종 복구 공사계획이 수립되었으며, 가장 중요한 점을 기존 철도 운행에 지장을 최소화하도록 하는 것이다. [그림 5.22]에는 터널 복구 공사에 대한 4단계 프로세스가 나타나 있으며, [그림 5.23]과 [그림 5.24]에는 현재 진행 중인 터널 복구 공사의 모습이 나타나 있다

[표 5.1] 터널 긴급 및 복구 공사 프로세스

단계		동측 터널(사고 터널)	서측 터널	기존 철도
긴급 공사	1	콘크리트 충진/플러그 설치	터널 내부 손상여부 조사	운행 중단
	2	터널 상부 콘크리트 슬래브	TBM 굴진 시작 및 완료	
	3	지반그라우팅 보강	개착 구조물 완료	
	4	상세 지반조사 실시	계측 모니터링	
복구 공사	❶	굴착피트/가시설 설치	터널 상부 임시노반	운행 재개 (소음 차단벽 및 궤도 모니터링)
	❷	TBM 장비 해체 및 제거	터널 상부 임시노반	
	❸	개착구조물 설치 및 되메움	터널 상부 임시노반	
	❹	기존 철도 및 신설 철도 운행	임시노반 제거, 신설 철도 운행	

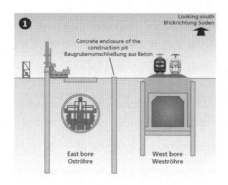
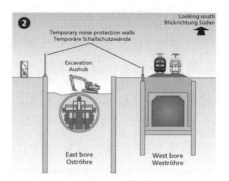
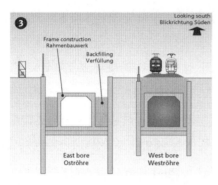
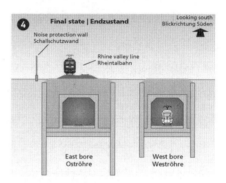

[그림 5.22] Rastatt 터널 복구 공사 프로세스

[그림 5.23] 동측 터널 세그먼트 라이닝 철거

[**그림 5.24**] Rastatt 터널 복구 공사(진행 중)

5. 기술적 이슈 사항과 교훈

5.1 기술적 이슈 사항

지금까지 Rastatt 터널 붕락사고에 대한 제반 사항을 살펴보았다. 본 사고는 토사층의 기존 철도하부구간을 지반동결공법으로 지반을 보강하여 TBM 터널로 통과하는 과정에서 발생한 사고이다. 붕락사고 이후 터널 기술자를 중심으로 다양한 기술적 문제점에 대하여 논의가 진행되었으며, 이를 정리하면 다음과 같다.

1) 종단선형과 토피고

기존 철도 하부통과 종단선형상 토피고가 왜 그렇게 얕았는가? 4.3km의 TBM 터널에서는 종단 선형을 더 깊게 하여 언더패스할 수 없었는지, 토피고 4~5m는 최소 터널직경(D)의 0.5D 미만이다.

2) 지반동결과 슬러리 쉴드 TBM

지반 동결과 슬러리 TBM 굴착이 양립할 수 있을까? 또한 경험은 있는가? 슬러리 TBM의 운영은 유동 굴착(fluid excavation) 및 먹운반(muck haulage) 시스템에 의존하며, 유입되는 신선한 슬러리, 배출되는 슬러리 그리고 굴착 챔버의 슬러리 혼합 작업 모두에 대해 슬러리 유체를 유지하는 것과 동결된 지반지지 환경을 확보하는 것 사이의 균형을 관리하는 것은 규정하는 것뿐만 아니라 유지하는 것도 매우 어렵다.

3) 선로하부에서의 지반동결공법

지반 동결파이프의 길이는 적정했는가? 동결 파이프는 철도 양쪽 100m에 위치한 두 개의 작업구에서 수평으로 설치되었고 각 작업구에서 100m 길이의 드릴로 천공되었는데, 두 동결 파이프 설치의 끝은 레일 선로 바로 하부에 위치하며, 총 길이 200m의 중간 지점에 있다. 그렇다면 이 중요한 중간 지점에서 동결 설치의 접합점과 중복점은 문제가 있을 수 있으며, 파이프가 수평이어서 100m 수평시추 후 파이프의 편차를 보장할 수 없었고 선로 내부 또는 선로 근처에서 작업해야 했기 때문에 지표면에서 동결을 확인할 방법이 없다는 점이다. 분명 그 중요한 중간 지점과 선로 아래에서 동결이 분명히 실패했다는 것이다.

4) 세그먼트 라이닝의 손상

왜 세그먼트 라이닝이 벌어졌는가? 고리 모양의 백필은 어디에 있었는가? 아마도 그것 또한 지반이 동결된 환경에 의해 악영향을 받았을 것으로 판단된다. 세그먼트 라이닝의 완전한 시공은 주변 지반의 지반동결안정화에 의해서만 가능하며, 모니터링 및 계측 결과에 의해 확인이 어려웠는지 확인해야 하며, 동결 작동에 대한 정확한 모니터링은 잠재적 동결 실패를 확인했어야 했다.

5) 열차진동의 영향

무거운 열차하중과 열차 진동이 얕은 토피고 하부에서 세그먼트 라이닝과 TBM 운영 어떤 영향을 미쳤을까? 안전하고 확실한 지반동결이 중요하지만 선로 아래에서 심각한 지반 히빙을 야기하지 않았지만 무거운 열차하중 세트와 교통량이 많은 선로 하부에서 그렇게 밀접하게 동결 작업을 하는 것이 과연 좋은 아이디어가 될 수 있었는지 검토할 필요가 있다.

6) TBM 공법으로의 설계변경

계약 조달방법, 해당 계약의 리스크 분담 체제, 당초 열차 하부의 오픈페이스 운영에 대한 대안으로서 TBM 공법 대안의 변경 승인 프로세스가 어떻게 가능했는지 확인해보아야 한다. [그림 5.25]에서 보는 바와 같이 당초 설계는 동결지반공법을 적용한 NATM 공법이었지만 터널 공법의 연속성(시점구간은 TBM 공법)과 시공성 그리고 경제성을 고려하여 TBM 공법으로 변경되었다. 특히 TBM 공법으로 변경 시 이는 대한 기술적 리스크와 문제점을 충분히 고려하였는지 검토할 필요가 있다.

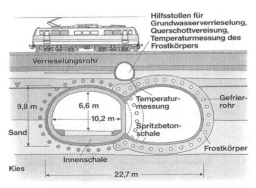
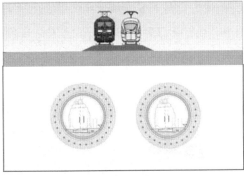

(a) 당초 설계 – NATM 공법   (b) 변경 설계 – TBM 공법

[그림 5.25] 열차 하부통과구간 터널공법 변경

5.2 터널 사고의 교훈과 분쟁

터널 붕락사고의 발생은 터널 산업 전체의 역량을 반영하는 것이다. 터널링은 정치적 또는 지리적 경계가 없는 전문 지식과 모범 사례를 가지고 있으며, 수백 수천 건의 이름 없는 성공을 이루어온 진정한 글로벌 산업 중 하나로서 미래의 산업을 형성하는 실패가 적은 분야이기도 하다. 또한 지하 굴착과 터널링 작업을 고려하는 모든 사람들에게 실패나 사고가 생각하는 것처럼 간단하거나 쉽지 않다는 것을 상기시켜준다. 문제가 발생하면 그 결과는 프로젝트 자체에 치명적일 뿐만 아니라 작업자에게 치명적일 수 있으며, 환경에 미치는 영향과 관련 인프라에 미치는 영향은 치명적일 수 있다. 산업을 발전시키기 위해서는 문제를 강화하는 것이 필수적이지만, 리스크를 관리하고 실패의 원인과 결과로부터 배우는 것이 마찬가지로 중요하다.

본 사고는 독일의 터널 산업에 재앙이 될 것을 우려되고 있다. 영국 히드로 공항철도 붕괴사고 이후 경험했던 것처럼, 어떤 대가를 치르더라도 터널 프로젝트에 대한 보험을 제대로 확보할 수 없다는 점에서 터널링 프로젝트의 리스크 노출에 대한 충분한 고려를 하지 않는 보험업계가 각성하는 계기가 되었으면 한다.

당초 독일 및 유럽 철도망에 상당한 피해를 준 Rastatt 터널의 붕괴가 없었다면 2022년 가동되었을 것이다. Rastatt 터널은 반드시 필요한 기반시설로서, Rhine Alpine선의 이 구간을 더 효율적으로 만들기 위해 독일 Rastatt 도시 아래의 혼잡한 노선에 화물 열차를 운행했을 것이다.

선로의 손상과는 별개로 철도 회사들은 엄청난 규모의 재정적인 손실을 입었다. 터널 사고 후 5년이 지난 2022년, 철도 화물 부문의 손실은 총 1억 유로에 달한다고 한다. 몇몇 회사들은 이러한 손실을 보상받을 것이라고 주장했지만, 지금까지 답이 없는 상태이다. 이른바 증거 수집 과정이 여전히 진행 중이며, 사고 원인은 공식적으로 보고되지 않고 있다.

2017년 TBM 터널 붕괴사고가 발생한 뒤 계획한 복구 재건계획에 따라 2025년 터널이 완공될 예정이었다[그림 5.26]. 2023년 기준 DB에 의하면 Rhine Alpine선의 Rastatt 터널의 완공은 다시 미루어져 2026년 중반까지 운영되지 않을 것이라고 한다.

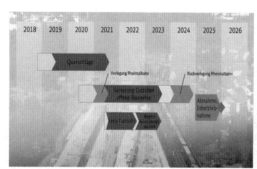

[그림 5.26] Rastatt 터널 완전 복구 및 개통 일정

본 사고는 터널 붕락사고로 인하여 기존 철도의 운행지장을 초래하고 신설철도의 개통을 상당기간 지연시키게 됨에 따라 터널 사고에 의한 경제적 손실이 발생한 메가톤급 대형 건설사고라 할 수 있다. 특히 터널 사고 원인에 따라 발주자, 시공자 및 보험업계 등에 미치는 영향이 매우 크기 때문에 이에 대한 법적공방과 분쟁 그리고 갈등이 오랫동안 지속될 것으로 예상된다.

>>> 요점 정리

본 장에서는 Rheintalbahn 철도공사의 Rastatt TBM 터널공사에서의 발생한 터널 붕락 및 궤도/지반 함몰 사고 사례를 중심으로 사고의 발생 원인과 교훈에 대하여 고찰하였다. 본 사고는 기존 철도하부통과 구간에서의 TBM 터널공사 중 발생한 붕괴사고로서, 본 사고 이후 저토피 토사층에서의 TBM 터널공사에서의 사고를 방지하기 위한 설계 및 시공상의 다양한 개선노력이 진행되어 TBM 시공기술이 발전하는 계기가 되었다. 본 TBM 터널 사고를 통하여 얻은 주요 요점을 정리하면 다음과 같다.

☞ TBM 터널구간에서의 지반동결 리스크

본 TBM 터널구간은 기존 철도하부를 저토피로 통과하는 구간으로 TBM 굴진공시 지반개량효과를 증진하기 위하여 TBM 굴진전 기존 철도하부지반에 지반동결공법을 적용하였다. 사고가 발생한 구간은 하부에 모래층의 대수층이 분포하고 있어 세그먼트 라이닝 배면 그라우팅과의 갭을 통하여 지하수가 터널 내부로 급격하게 침투된 것으로 분석되었다. 따라서 토사지반구간에서의 지반동결공법 및 배면 그라우팅공법 적용시 동결체의 품질관리가 무엇보다 중요하므로 지반 상태를 면밀히 관찰하고 이에 대해 보다 적극적으로 대응해야만 한다.

☞ 저토피 철도하부통과구간에서의 터널링 리스크

본 사고는 기존 철도하부를 TBM 공법으로 저토피 터널로 통과하는 구간에서 발생하였다. 특히 기존 열차가 운행되는 구간에 저토피로 통과하는 것은 상대적으로 시공리스크가 큰 취약한 구간이라 할 수 있다. 본 현장에서는 지반을 개량하고 차수성능을 확보하기 위하여 지반동결공법이 적용되었지만, 지속적인 열차하중과 주변 지반 온도상승으로 동결체가 약화되고 폭우로 인한 지하수위 상승으로 라이닝 배면으로 지하수가 유입되고, 터널 주변 지반이 이완되고 이완영역이 급격히 확대되면서 지반 함몰이 발생한 것으로 판단된다. 따라서 지반동결공법 시공 시 주변 지반에 대한 차수성능을 확인하고 지하수 유입 등의 문제 발생 시 보다 즉각적이고 능동적인 비상 대응체계가 요구됨을 알 수 있다.

☞ 사고 원인 조사와 복구 방안 수립

본 사고가 발생한 직후 발주처인 DB에서는 사고조사위원회를 구성하여 설계 및 시공에 대한 철저한 조사를 통하여 사고 원인을 규명하고 복구방안을 제시하였다. 사고는 TBM 막장 후방의 세그먼트 라이닝 설치구간에서 발생한 것으로, 지반동결체의 내부 결함(Defect)과 라이닝 배면의 갭(Gap)으로 인한 모래층에서의 파이핑(Piping)으로 지하수와 토사가 터널 내로 급격히 유입되고 주변 지반이 유실됨에 따라 지반 함몰과 궤도 손상에 이르게 된 것으로 파악되었다. 긴급복구로는 손상/붕락구간에 콘크리트로 채우고, 콘크리트 플러그를 설치하여 손상부를 차단하였으며, 상부에 콘크리트 슬라브를 시공하여 기존 철도운행을 재개하도록 조치하였다. 복구방안으로는 TBM 터널과 TBM 장비를 포기하고 붕락 및 영향구간에 대한 개착박스 터널로 재시공하는 방안을 채택하였다. 2017년 터널 사고 이후 긴급공사와 복구 공사를 꾸준히 진행하였으나, 기존 철도운행 재개를 고려하고 사고 현장에서의 TBM 장비 제거, 서측 터널 및 운행철도에 대한 안전조치 등의 문제로 인하여 당초 목표인 2025년 개통도 불투명한 상태이다.

☞ TBM 터널 사고와 교훈

본 사고는 토사지반에 지반동결공법의 시공관리, TBM 터널에서 배면 그라우팅 품질관리 그리고 동결지반을 슬러리 타입의 TBM 공법으로 굴진되는 시공관리상의 문제점 등을 확인할 수 있었고, 특히 기존 철도하부 저토피 구간 터널공사에서의 설계변경 절차 및 시공관리방법 등의 건설공사의 관리상의 제반 문제점을 확인할 수 있는 계기가 되었다. 또한 본 사고는 터널 사고로 인하여 기존 철도운행을 중단시키고, 기존 철도운행에 심각한 영향을 주어 막대한 경제적 손실을 초래하게 되었고, 신규 철도 개통의 상당한 지연으로 인한 독일 및 유럽에 대한 경제적 손해를 끼치게 되었다. 현재 발주처를 중심으로 철저한 조사와 검토를 진행하고 있으며, 본 TBM 터널 사고에서의 사고 원인 규명과 복구방안 대책 등을 수립하여 독일에서 TBM 터널공사 안전관리 및 시공관리시스템을 개선시켰다.

독일 Rheintalbahn 철도 Rastatt TBM 터널 붕괴사고는 독일 터널공사의 안전문제에 대한 시공관리시스템을 전환하는 중요한 사고였다. 독일은 TBM 장비를 독자적인 기술로 제작하고, TBM 터널 기술을 지속적으로 가져온 TBM 터널 선진국이라 할 수 있다. 하지만 교통인프라의 건설의 급격한 증가로 인하여 공기 준수와 공사비 절감이라는 목적을 달성하기 위하여 체계적인 시공관리가 제대로 운영되지 못한 상태였다. 특히 Rastatt 터널 사고로 인한 기존 철도의 운행중단 문제는 토목기술자뿐만 아니라 일반 국민들 뿐만 아니라 정부당국에게도 상당한 부담을 준 사고로 특히 발주처에 대한 비판과 부실시공에 대한 여론이 급증하는 계기가 되었다. 또한 Rastatt 터널 사고는 붕괴 구간에 대한 복구 공사의 지연으로 새로운 철도 개통이 상당히 지연되어 경제적 손실이 엄청나게 증가되고 있는 대표적인 터널 사고 사례라 할 수 있다.

또한 본 TBM 터널 사고는 상당한 리스크가 있는 기존 철도하부 저토피 통과구간에서 발생한 사고로 동결지반구간에서 슬러리 TBM 공법으로 굴진시 동결체의 품질관리 및 TBM 시공관리의 중요성을 인식하게 되는 중요한 계기가 되었다고 할 수 있다. 따라서 토사지반구간에 시공되는 지반동결공법의 시공관리 및 배면 그라우트의 효과를 확인하는 품질관리가 무엇보다 중요하며, 특히 폭우에 의한 지하수 영향과 하절기 온도상승에 따른 동결체의 영향 등에 대한 세심한 주의와 관리가 무엇보다 요구된다 할 수 있다. 또한 여러 가지 리스크가 복합적으로 작용하는 구간(저토피, 토사층, 기존열차 하부통과, 지반동결. 슬러리 쉴드 TBM, 폭우, 하절기 외부온도 등)하에서 지반 및 시공리스크를 최소화하거나 극복할 수 있는 설계 및 시공기술이 더욱 신중하게 검토되고 적용되어야 할 것이다.

국내 도심지 TBM 터널 사고 사례와 교훈
Case Review of Tunnel Accidents at Urban TBM Tunnelling

국내 도심지 터널공사에서 비교적 안전하다고 생각하는 TBM 터널공사에서도 사고가 발생하고 있다. 가장 대표적인 사례로서 [그림 6.1]에서 보는 바와 같이 2014년 8월 5일 지하철 터널공사 중 석촌지하차도 주변에 여러 개의 싱크홀이 발견되어 사회적으로 큰 이슈가 되었다. 본 사고는 국내 도심지 TBM 터널공사에서의 시공 및 안전관리 등에 대한 중대한 영향을 미쳤으며, TBM 터널 시공상의 기술적 문제점을 제기하는 계기가 되었다. 도심지 TBM 터널구간에서 대형 싱크홀 발생 원인 및 발생 메커니즘을 규명하기 위하여 사고조사위원회를 구성하여 철저한 조사를 진행하게 되었다.

　본 장에서는 국내에서 발생한 대표적인 TBM 터널 사고 사례로부터 도심지 터널공사에서의 주요사고 원인과 대책 그리고 시공관리상의 문제점을 종합적으로 분석하였다. 특히 TBM 터널에서의 주요 리스크를 분석하고, 사고방지를 위한 공사관리 및 지하공사의 안전관리제도 개선 등을 검토하였다. 이를 통하여 국내 터널 사고로부터 얻은 중요한 교훈을 검토하고 공유함으로써 지반 및 터널 기술자들에게 기술적으로 실제적인 도움이 되고자 하였다.

길이 8m, 폭 2.5m, 깊이 5m 싱크홀 발생

TBM 터널에서의 싱크홀 사고(2014)　　　　　TBM 터널에서의 붕락사고(2020)

[그림 6.1] 국내 도심지 TBM 터널에서의 대표적인 사고

1. 도심지 TBM 터널 사고 사례 분석

1.1 도심지 지하철 TBM 터널에서의 싱크홀 사고

1) 석촌지하차도 싱크홀 사고 현황

2014년 8월 5일 석촌지하차도 진입구간에서 싱크홀이 발생하였다. 이에 추가적인 조사를 통하여 8월 13일 석촌지하차도 중심부 지하에서 가로 5~8m, 세로 4~5m, 길이 80m짜리 대형 동공을 발견했으며, 이는 먼저 발견된 싱크홀의 최소 14배에 달하는 크기로 도로 표면에서 불과 1m 아래에 있었다[그림 6.2].

[그림 6.2] 석촌지하차도 싱크홀

석촌지하차도 전 구간에 대한 상세조사를 통하여 [표 6.2]에 나타난 바와 같이 총 7개소에 달하는 크고 작은 도로함몰 및 동공을 확인하였다. 동공의 특징은 모래·자갈이 혼재된 충적층이 유실되어 지하에 빈 공간이 발생한 것으로, 지하철 공사 시 발생하는 쐐기형 함몰 형태를 가진 동공으로 확인되었다. [그림 6.3]에 석촌지하차도 싱크홀 발생 현황이 나타나 있다.

[표 6.1] 석촌지하차도 도로함몰 및 동공 규모

	도로함몰	동공 1	동공 2	동공 3	동공 4	동공 5	동공 6
폭(m)	2.5	4.5	4.6	5~7	5	5	5.5
길이(m)	7~15	13	16	80	7	5	5.5
깊이(m)	10	2.5	3	4.2	2.5	2.3	3.4

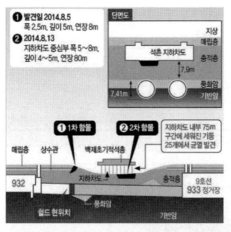

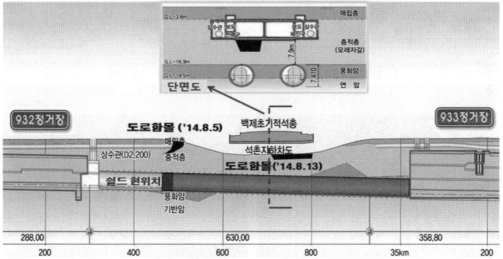

[그림 6.3] 석촌지하차도 싱크홀 발생 현황

2) 지하철 TBM 터널 설계 및 시공 현황

서울 지하철 919 공구는 9호선 연장 3단계중 송파구 삼전동에서 8호선 석촌역까지 연결하는 1,500m 구간이다. [그림 6.4]에서 보는 바와 같이 이 구간은 정거장 2개소와 본선 환기구 7개소 그리고 단선병렬 쉴드 TBM으로 굴착되는 1,134m 연장의 본선터널로 구성되어 있다. 쉴드 TBM 공법은 지반특성을 고려하여 EPB 쉴드를 적용하였으며, 외측직경은 7.41m이다. 또한 두께 30cm, 강도 45MPa인 고강도 철근콘크리트 세그먼트로 설계되었다.

[그림 6.5]에서 보는 바와 같이 TBM 장비는 쉴드 직경 7.69m, 굴착 직경 7.74m, 장비 길이 9.77m로 2013년 1월 석촌역을 출발해 적석총 및 석촌지하차도 하부를 통과해 배명사거리 방향으로 초기굴진을 마쳤다. 시공순서는 933장 정거장에서 상선 굴진 후 U-Turn하여 932 정거장에서 하선 굴진하여 932 정거장에 도달하게 된다.

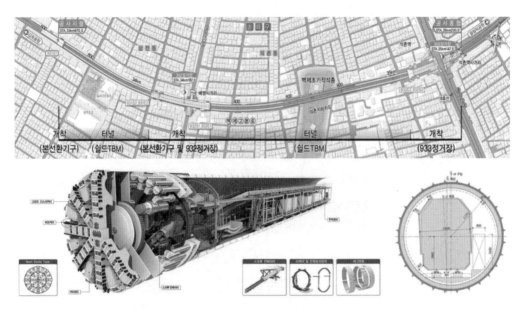

[그림 6.4] 서울시 지하철 919공구 평면도 및 TBM 터널 설계

[그림 6.5] 서울시 지하철 919공구 평면도 및 TBM 시공 현황

3) 석촌지하차도 싱크홀 사고 원인 조사 분석(서울시)

석촌지하차도에서 발견된 총 7개의 크고 작은 도로함몰·동공에 대한 민간조사위원회의 원인조사 결과 및 복구 계획을 발표했다. 조사단과 합동 현장조사를 통해 총 7개의 크고 작은 도로함몰·동공을 확인했으며, 이 과정에서 총 길이 80m 규모의 대형 동공을 추가로 발견해 큰 사고로 이어질 수도 있는 상황을 막기도 했다.

민간조사위원회가 추정 원인을 다각도로 조사한 결과 석촌지하차도 동공 원인은 지하철 9호선(919공구) 쉴드 TBM 터널 공사에 있는 것으로 나타났다. 아울러 쉴드 TBM 공법으로 공사 중인 다른 곳은 동공 등 이상 징후 없이 안전한 것으로 조사됐다.

조사위가 추정 원인을 쉴드 터널 공법으로 제시함에 따라 동공이 발생한 지하철 919공구를 비롯해 쉴드 TBM 공법으로 공사 중인 충적층 전 구간(807m)에 대해 시추조사(26개소)를 실시했다. 조사위는 석촌지하차도 지하철 공사구간(9호선 919공구)의 경우 지질이 연약한 특성이 있고, 이에 시공사도 현장조치 매뉴얼을 작성하는 등 지하차도 충적층 구간을 관리했지만 실제 공사 중 조치가 미흡해 동공이 발생한 것으로 보인다고 밝혔다.

이 지역은 과거 한강과 근접해 있어 무너져 내리기 쉬운 모래·자갈의 연약지층이 형성돼 있다. 특히 지하차도로 인해 타 구간(12~20m)에 비해 상부 지층의 두께가 약 7~8m로 낮아 무너질 위험성이 높다.

시공사는 쉴드 TBM 공법에서 가장 중요한 발생 토사량도 같은 공법으로 공사 중인 타 구간과 비교할 때 미흡하게 관리한 것으로 확인됐다. 또한 충분히 지반보강을 하지 않은 것도 동공 발생 원인으로 분석되었다. 지하차도에 많은 구멍을 뚫어야 하는 제약조건 때문에 지상에서 수직으로 구멍을 뚫고 채움재를 주입하는 일반적인 지상에서의 지반보강이 어려워 터널 내부에서 수평방향으로 충분히 해야 하지만 그렇지 못한 것이다.

동공 발생 위치를 봐도 충적층 내 장시간 쉴드 TBM 장비가 멈춘 위치 인근에서 대규모 동공이 다수 발생했고, 시공이 완료된 터널 바로 위를 따라 동공이 발생됐다. 또 석촌지하차도 왕복 4차선 중 지하철 공사가 시행되지 않은 하선구간에선 동공이 발견되지 않은 반면 공사가 시행된 상선 2차선 구간에서만 동공이 다수 발견되었다.

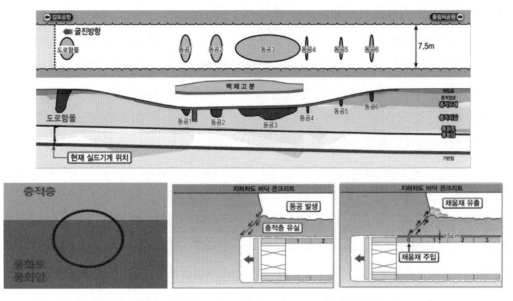

[그림 6.6] 서울시 지하철 919공구 평면도 및 TBM 시공 현황(서울시, 2014)

조사위원회에서 수집한 자료를 바탕으로 정밀조사 기술용역을 시행, 동공발생 원인에 대한 보다 심층적인 공학적 원인분석을 실시하도록 하였다.

아울러 쉴드 TBM 터널 공사가 진행 중인 9호선 현장에 계측기 703개를 설치해 모니터링 하도록 하였으며, 조사결과 전혀 이상 없는 주변 건물과 지하차도 구조물에도 53개 계측기를 추가로 설치해 전문가 등 12명의 계측 기동점검반을 운영해 특별관리 하도록 하였다. 9호선 현장 계측기 703개는 쉴드 터널 공사가 진행 중인 9호선 현장에 건물과 지반의 이상 징후를 감지하기 위해 경사, 침하변화, 균열변화 등을 측정하도록 하였다. 또한 지하차도 주변에 주민안심 상담창구를 개설해 상시 운영하고, 주민설명회와 가구별 방문 면담 등의 적극적인 소통창구를 마련해 지역 주민들의 걱정 해소에도 나서도록 하였다.

신속한 복구를 위해 전담T/F팀을 구성하여 시공사의 원활한 복구 지원을 위한 기술자문·행정지원을 하고 있으며, 동공 복구계획서를 석촌지하차도 유지관리부서인 동부도로사업소에 제출하여 동부도로사업소 주관으로 자문회의를 실시하였다. 또한 최종 추가자문을 거쳐 복구 공사를 시작하여 석촌역방향 2개 차로를 양방향으로 전면 개통하였다.

또한 지하철 9호선 3단계 공사에 남아있는 쉴드 TBM 터널 구간의 충적층 등 연약한 지반 공사는 전문가의 폭넓은 자문을 구해 시공사의 시공계획을 검토, 확실한 안전대책을 수립한 후 공사를 시행할 계획이다. [그림 6.7]에는 서울시에서 발표한 석촌지하차도 동공발생 원인을 정리한 것이 나타나 있다.

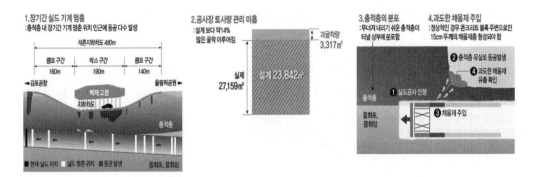

[그림 6.7] 석촌지하차도 동공 원인(서울시, 2014)

4) 법적 이슈와 추가 대책

2014년 8월 석촌지하차도에서 발생한 싱크홀 사고로 공사비는 급격하게 늘었고, 실행원가율은 '손해'를 의미하는 127%로 뛰어올랐다. 이에 시공사 간 추가 공사비 분담문제로 법적 소송이 있었다. 또한 발주처인 서울시와 시공사와의 사고 원인에 대한 문제로 오랫동안 법적 소송이 진행되었다.

서울 지하철 919공구의 지연된 공기를 만회하기 위하여 쉴드 TBM 장비가 추가로 투입되었다. TBM 장비 투입은 석촌지하차도 싱크홀 사고로 지연된 공기를 만회할 수 있는 유일한 방안이기 때문이었다. 쉴드 2호기는 독일 Herrenknecht 제품으로 굴착직경 7.74m, 장비길이 11.0m, 최대추력 5,500톤에 이르며, 현장에 반입된 쉴드 TBM 본체조립이 마무리 되면 발진하여 2017년 2월 쉴드터널 전 구간 굴진이 완료되었다.

지하철 9호선 3단계 전 구간에 대한 본선 터널 및 정거장, 궤도 및 시스템 공사는 2017년 12월까지 완료되고, 2018년 1월부터 9개월 간의 기술 시운전과 영업 시운전을 거친 후 10월경에 3단계 구간이 개통되었다.

1.2 도심지 도시철도에서의 TBM 터널 지반침하 사고

1) 도시철도 TBM 터널 지반침하 사고 현황

부전~마산 복선전철 제2공구의 낙동1터널에서 지반침하가 발생하였다. 피난연결통로 #3 공사 중 2020년 3월 18일 오전 5시 2분 부산 사상구 삼락동 삼락생태공원 인근 부전~마산간 복선경전철 터널 공사구간에서 지반침하 사고가 발생했다. 침하 규모는 둘레 50m, 깊이 20m가량이다. 침하가 일어나기 전 공사 현장에 있던 인부 3명이 대피해 인명 피해는 발생하지 않았으나 현장에 있던 장비 일부가 물에 빠졌다.

본 사고는 부전~마산 복선전철 상·하행선 터널을 잇는 2공구 내 피난연결통로에서 발생했다. 현재 사고 주변 지역의 상·하행선 본선 터널은 사실상 이미 준공됐다. 하지만 피난연결통로 내 지반침하로 추정되는 사고가 발생하면서 흙과 지하수가 터널 내로 밀려 왔으며, 아직 정확한 유입량조차 파악하지 못하였다. 다만 사고 지점부터 최소 600m 이상 떨어진 곳까지 본선 터널 내부에 지하수와 흙 등이 채워진 것으로 추정되었으며, 사고 지점은 낙동강과 가까워 수압이 상당해 피해가 컸던 것으로 확인되었다.

[그림 6.8] 도시철도 TBM 터널 지반침하 현황

본 지반침하 사고는 부전–마산 복선전철 2공구 마산1터널 구간으로 본선 터널은 직경 7.2m로 쉴드 TBM 공법으로 굴진 완료되었으며, 본선 터널 굴진 완료 후 상선에서 하선 방향으로 피난연결통로(Cross Passage)를 굴착하다가 발생하였다. 지반침하 사고 이후 전체 터널의 침수 피해 및 지상부 침하 확대를 방지하고자 터널 내에 임시 차단벽을 즉시 설치하였고, 지상부 침하구간은 토사 채움을 진행하였다. 또한 사고 발생 구간에 추가적인 계측을 실시하여 사고 이후에 안정성 여부를 지속적으로 확인하도록 조치하였다.

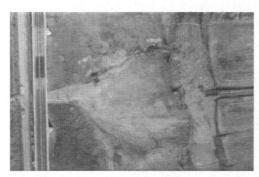

[그림 6.9] 도시철도 TBM 터널 지반침하 긴급 복구 현황

2) TBM 터널 설계 및 시공 현황

부전~마산 복선전철 건설사업은 부전역~사상~김해공항~가락IC~칠산신호소~장유~진례 신호소를 연결하는 노선으로 연장 32.0km, 정거장 3개소(사상, 김해공항, 가락IC), 신호소 2개소로 구성되어 있다. 제2공구(낙동강~사상역, L=4,643m)는 단선병렬의 본선터널(L=4,390m), 개착박스(L=71.2m) 및 피난연결통로 5개소로 구성되어 있다. [그림 6.10]에서 보는 바와 같이 낙동강 하저를 통과하는 구간은 쉴드 TBM 공법으로 계획하였으며, 연약지반특성을 고려하여 EPB 타입이 적용되었다.

[그림 6.10] 도시철도 TBM 터널 설계 현황

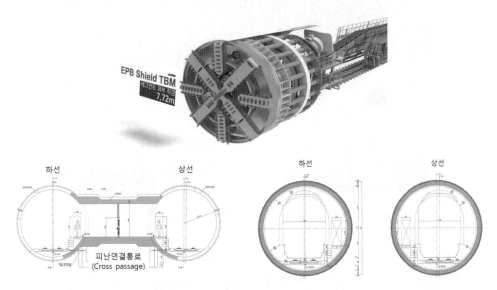

[그림 6.11] 도시철도 TBM 터널 설계 현황

낙동강 하저구간의 연약지반을 통과하기 위한 TBM 장비의 지름은 7.9m로 지하철에서는 국내 최대 규모이며, 쉴드 TBM 장비 2기를 동시에 투입하는 단선 병렬 형식으로 굴진해 TBM 터널을 굴착하였다. [그림 6.12]에는 정거장, 본선터널 및 피난연락갱의 위치가 나타나 있으며,

이번 지반침하가 발생한 곳은 피난연락갱 3번이 위치한 곳이다. 또한 시공 중인 TBM 장비와 NATM 공법으로 시공 중인 피난연락갱 모습이 나타나 있다.

[그림 6.12] 도시철도 TBM 터널 지반침하 사고 및 TBM 시공 현황

[그림 6.13] 도시철도 TBM 터널 지반침하 사고 및 TBM 시공 현황

3) TBM 터널 지반침하 사고 조사 및 대책(국토교통부)

이번 사고와 관련해 전문가를 중심으로 사고 원인 조사 연구보고서를 작성하고 지반침하의 발생 원인으로 피난연락갱 굴착 중 지하수 유출로 인한 터널 하부 및 측면 공동(空洞) 발생을 주요 원인으로 분석하였다. 또한 본 현장의 설계 및 시공자료뿐만 아니라 공사기록을 면밀히 검토하여, 피난연락갱 좌측 누수 감지공 부위에서 지하수 유입, 지상부 지반침하에 의한 균열, 세그먼트 이음부의 균열, 계속되는 지상 그라우팅에도 지하수 유입 증가, 지하수 유입 급증 및 세그먼트 파손과 이음부 단차 발생 등을 확인하였다.

[그림 6.14]에는 언론에서 언급한 개략적인 사고 현황과 개요도가 나타나 있다. 본 사고는 TBM 터널공사 중 NATM으로 굴착되는 피난연락갱 시공 중 발생한 예상치 못한 지반 리스크에 의한 것으로 분석되었고, 지속적인 논의와 철저한 분석이 진행 중에 있다.

[그림 6.14] 도시철도 TBM 터널 붕락사고 현황

복구구간은 지반침하가 발생한 지점을 중심으로 한 240m 구간이다. 이곳은 양옆에 콘크리트 차수벽을 만든 뒤 오픈컷 방식으로 지반을 굴착한 후 손상부 터널을 철거한 뒤 10개의 8각형 모양 셀(cell) 구조물을 타설해 주변 붕괴나 누수를 완전히 막는 방식으로 복구방안이 수립되었다. 개착구조물이 완성되면 위에 흙을 부어 복구를 완전히 마치게 되며, 이 과정에서 국내 최초로 지반동결공법이 시행되었다. 지반동결공법은 개착구간과 기존터널 경계부에 지하수가 더 이상 들어오지 못하도록 땅을 얼려서 지하수 흐름을 차단하기 위한 것이다.

부전-마산 복선화 및 전철화하는 사업은 지난 2014년부터 시작됐으며, 1조 5,766억 원이 투입될 예정이었다. 당초 부마선은 2021년 2월 개통 예정이었지만 공사 막판 사상역에서 낙동강 구간 하부를 잇는 TBM 터널구간에서 지반침하사고가 발생하면서 복구 공사 등으로 인하여 상당기간 공기가 연기될 예정이며, 추가 공사비용도 더 들 것으로 예상하고 있다. [그림 6.15]에는 현재 진행 중인 복구 공사가 나타나 있다.

[그림 6.15] 도시철도 TBM 터널 복구 공사

2. 국내 도심지 TBM 터널 사고 사례와 교훈

　본 장에서는 국내 도심지 TBM 터널공사에서의 발생한 싱크홀 및 터널 붕락사례를 중심으로 사고의 발생 원인과 교훈에 대하여 고찰하였다. 국내에서 발생한 터널 사고는 도심지 구간에서의 TBM 터널 공사 중 발생한 붕괴사고로서, 본 사고 이후 국내 TBM 터널공사에서의 사고 방지를 위한 설계 및 시공상의 다양한 개선 노력이 진행되어 국내 터널공사의 안전 관리방법이 발전하는 계기가 되었다. 본 국내 TBM 터널 사고 사례 분석을 통하여 얻은 주요 요점을 정리하면 다음과 같다.

☞ 국내 도심지 TBM 터널에서의 주요 Key 리스크

TBM 터널에서 가장 중요한 리스크는 NATM 공법으로 계획된 피난연결통로구간의 시공과 TBM 장비 정지 시의 막장 안정성 관리와 굴착토의 시공관리라 할 수 있다. 특히 해외 TBM 터널 사고와 마찬가지로 피난연결통로의 NATM 굴착은 가장 위험하고 어려운 공정이므로 철저한 시공관리와 안전관리가 아무리 강조해도 지나치지 않을 것이다. 이와 관련하여 지반 그라우팅 품질 문제 및 지수/차수에 대한 관리절차 등도 보다 엄격하게 수행되어야 한다.

☞ 국내 도심지 TBM 터널 사고에서의 사고 책임과 분쟁

국내 터널 TBM 사고 사례로부터 사고 발생 이후 사고 원인에 대한 결과에 따른 책임소재가 주요한 분쟁이슈가 되어왔다. 단순히 설계 및 시공상의 기술적 오류인지, 아니면 지반의 불확실성에 기인하여 기술적 문제를 넘어선 예상치 못한 지질 리스크로 인한 것이냐에 따라 발주처와 시공자, 컨소시엄으로 참여하는 시공자 그리고 시공자와 설계자간의 책임공방은 상당히 오랜시간 지속되며, 결국에는 법원 소송으로 가게 된다는 것이다. 특히 설계·시공 일괄입찰 방식의 턴키공사의 경우 지질 리스크 책임문제를 어떻게 할 것인가가 가장 뜨거운 핵심이며, 공사비와 공기지연 등과 함께 공기지연에 따른 여러 가지 부작용에 대한 손해배상문제도 매우 어려운 문제가 된다. 향후 지하터널공사에서의 지오 리스크 책임과 리스크 분담에 대한 논의를 통하여 발주방식이 개선되어야 한다.

☞ 국내 도심지 TBM 터널 사고에서의 사고 조사와 복구 대책 수립

국내 터널공사에서의 사고가 발생하는 경우 사고조사는 보다 객관이고 독립성을 유지하기 위하여 중앙사고조사위원회 또는 전문학회에서 수행하고 있다. 사고조사위원회는 분야별 전문가를 중심으로 구성되며 다양한 조사활동을 통하여 사고 원인 분석에 대한 조사보고서를 제출한다.

또한 사고에 따라 사고 원인에 대한 이견과 다툼이 발생한 경우도 있다.

또한 복구 방안의 사고 원인 분석에 따라 가장 안전하고 확실한 방법으로 대책을 수립하며, 상당한 공사비용과 공사기간이 소요된다. 터널 붕락사고 시의 대책방안은 지상보강방안과 갱내보강 방안을 복합적으로 적용하며, 특별한 경우 붕락구간을 완전 재시공하거나 노선 변경 등에 대한 검토가 수행되는 경우도 있다. 사고 구간에 대한 복구 공사는 공기와 공사비 문제뿐만 아니라 향후 법적책임에 따른 비용분담 등을 충분히 고려해야만 하며, 민원문제 및 안전문제 등도 충분히 반영되어야 한다.

☞ 국내 도심지 TBM 터널 사고와 교훈

국내 도심지 터널 사고로 인한 기술적 제도적 개선이 꾸준히 진행되고 있다. 특히 TBM 터널공사의 영향으로 인한 석촌지하차도 싱크홀 사고는 도심지 지하 굴착공사 및 터널공사에 대한 위험성을 알리는 계기가 되어, 「지하안전관리에관한특별법」이 제정되고 지하안전영향평가를 의무적으로 수행하도록 하는 제도적 개선까지 가는 중요한 변곡점이 되었다. 또한 NATM 터널공사에 비해 상대적으로 기술경험이 부족한 TBM 터널공사의 경우 지반에 적합한 장비 선정, 굴진 중 TBM 운영관리 및 피난연락갱 시공과 같은 점에 보다 철저한 시공관리가 필요함을 인식하게 되었다.

기술적으로 경험하지 못한 특수한 지질 및 지반에서의 TBM 터널 사고는 지금까지의 터널 설계 및 시공기술을 한 단계 업그레이드시키는 계기가 되었으며, 특히 관련 터널 설계기준과 시방서의 개정을 통하여 이를 사전에 방지하고 하는 기술적 대응으로 이어졌다. 즉 같은 실수를 두 번 반복하지 않도록 기술적 대처뿐만 아니라 제도적 개선도 필수적으로 수행되어야 한다. 또한 터널 사고에 대한 원인분석과 사고조사보고서 등이 가능한 공유되게 함으로써 발주자뿐만 아니라 설계자 및 시공자들에게 좋은 교훈이 되어야만 할 것이다.

>>> 터널 붕락사고와 교훈(Lesson Learned)

터널은 종방향으로 긴 선형 구조물로서 지반 불확실성으로 인한 지질 및 지반 리스크가 상대적으로 크기 때문에 공사 중 사고 발생의 위험성이 높고, 실제로 많은 터널 붕락 및 붕괴 사고가 발생하여 온 것이 사실이다. 실제 터널공학의 발전은 이러한 사고로부터 문제점을 분석하고, 그 해결책을 찾아가는 과정이라 할 수 있다. 지난 수십년 동안의 터널 사고 현장으로 얻은 교훈이 현재 터널의 역사를 만들어 낸 것이다.

터널 분야는 아직도 해결해야 할 문제가 많고, 여전히 터널공사 현장에서 발생하는 다양한 크고 작은 사고들을 목격하면서 전문가로서 무엇을 할 것인지 깊이 고민하지 않을 수 없게 된다. 특히 열심히 일하는 엔지니어들에게 실무적인 고민들과도 연결되는 실제적인 도움을 주고자 터널 전문가로서 알고 있고, 현장에서 배우고 경험한 것들을 중심으로 기술적 경험과 지식을 공유하는 것이 반드시 필요하다.

특히 터널 분야는 상대적으로 리스크가 큰 지오 리스크(Geo-Risk)를 다루기 때문에 여러 가지 사고(Accident)가 발생하여 왔지만, 이에 대한 정확한 원인 규명이나 발생 메커니즘에 대한 분석이 충분하지 못했다. 이는 사고의 원인에 따라 부과될 책임소재에 대한 문제가 더욱더 크게 발생하기 때문으로 생각되며, 특히 국내의 경우 사고에 대한 여러 가지 자료들에 대한 공개를 엄격히 제한하고 있는 현실이다. 따라서 해외에서 발생한 터널붕락 사고 사례 분석을 하여 터널 사고 발생 원인 분석과 메커니즘, 주요 리스크와 이에 대한 대책 그리고 사고현장에 대한 응급 복구 및 보강대책 등을 중심으로 기술적 사항을 검토하였다. 다시 말하면 터널공사에서 발생 가능한 지오리스크와 이로 인한 터널 붕락 및 붕괴 특성을 면밀히 검토하여, 터널 사고로부터 얻을 수 있었던 여러 가지 교훈과 사고 이후 개선되거나 달라진 공사체계와 시스템 등에 대하여 분석하였다. 국내 터널 사고에 대한 자료를 쉽게 오픈할 수 없는 한계가 있음으로 해외에서 발생한 터널 사고 사례를 중심으로, 붕괴 발생 원인과 이에 대한 복구대책 등에 대하여 검토하였다.

"사고로부터 배운다"라는 말이 있다. 사고가 발생하는 경우 사고 원인에 대한 객관적인 분석과 함께 이에 대한 명확한 책임과 대책을 수립하는 것이 가장 기본적인 절차이지만, 사고 문제점을 확인하고 이러한 사고가 발생하지 않도록 교훈(Lesson Learned)을 정리하여 이를 관련 기술자들에게 공유하고 일반에게 오픈하는 것이 가장 중요한 핵심이라고 생각한다.

☞ 사고 원인에 대한 공학적 분석 – Geo-Forensic Engineering

터널 붕락사고 발생 시 터널 사고와 관련된 설계 및 시공 자료, 시공 중의 지질 및 암반 자료, 모든 계측자료 등을 바탕으로 하여 터널 붕락사고의 발생 원인과 메커니즘을 분석하여야 한다.

이는 철저한 사고조사 프로세스로서 모든 사고에 대한 철저한 분석(Geo-Forensic)을 통하여 사고 원인을 규명하는 것이 필요하다.

☞ 불가항력과 기술적 오류 – Unexpected Condition and Technical Mistake

터널 붕락사고에서의 가장 큰 쟁점은 이러한 사고가 예상을 할 수 없었던 불가항력적(Unexpected) 인 것인지 아니면 설계 및 시공상의 기술적 오류나 잘못으로 인한 것인지이다. 이는 사고 이후 의 책임(공기지연 및 공사비 증가)소재에 대한 중요한 이슈로서 객관적이고 체계적인 사고 원인 조사를 통해서만 가능하다.

☞ 지오 리스크와 리스크 분담 – Geo-Risk and Risk Sharing

터널공사는 지질/지반/암반 중에 건설되는 지하공사로서 불확실한(Uncertain) 요소로 인한 지 질/지반/지오 리스크(Geo-Risk)가 많은 특성을 가지고 있다. 터널공사 중 발생하는 지오 리스 크에 대한 책임을 누가 질 것인가와 리스크를 어떻게 분담할 것인지에 대한 보다 정확한 공사관 리가 수행되어야 한다.

☞ 사고 보고서의 오픈과 공유 – Official Report and Explicit Communication

터널 붕괴 사고 사례에 대한 분석으로 부터 많은 기술적 문제점을 확인하고, 이를 개선하기 위 한 다양한 제도적 법적 노력이 진행되어 왔음을 확인할 수 있었다. 이는 발주처를 중심으로 오 픈된 사고조사보고서가 있었기 때문에 가능한 것이다. 따라서 철저한 사고조사뿐만 아니라 사 고조사결과에 대한 공식적인 보고서(Official Report)를 제3자 또는 일반인에 명확하게 (Explicit) 오픈하고 공유하도록 함으로써 사고 사례로부터 교훈을 얻도록 하는 과정이 반드시 필요하다.

Tunnel Accident and Safety Management

PART IV

터널 사고와 안전 관리

터널 사고 조사와 법적 이슈
Tunnel Accident Investigation and Legal Issues

지하를 대상으로 하는 터널공사는 지반 자체의 불확실성으로 인하여 공사 중 사고가 지속적으로 발생하여 왔으며, 이는 공사비 증가 및 공기지연이라는 문제뿐만 아니라 사회적 이슈가 되어 왔다. 또한 지하터널공사의 계약 방식에 따라 터널 사고 원인과 책임에 대한 발주자와 시공자의 리스크 분담 문제는 법적 분쟁을 초래하는 경우가 대부분으로, 현재는 설계 이전 단계에서부터 리스크 분석 및 평가에 대한 국제적인 기준이 마련되어, 터널 사고 시 법적 분쟁과 보험에 대한 합리적인 가이드라인이 제시되어 있다. 하지만 가장 중요한 것은 시공 중 어떻게 리스크를 확인하고 적절하게 관리하느냐 하는 것으로 이는 가장 이상적인 터널공사 시스템이라 할 수 있다. 터널 사고 조사와 법적 이슈에 대한 주요 사항을 [표 1.1]에 10가지 키워드로 정리하였다. 본 장에서는 터널 사고 조사와 포렌식 엔지니어링 그리고 법적 이슈과 분쟁 사례에 대하여 기술하였다.

[표 1.1] 터널 사고 조사와 법적 이슈

	Key Word	As-is	To-Be
1	사고 원인 조사(Investigation)	경험적/제한적 조사	종합적/체계적 조사
2	포렌식 지반공학(Forensic)	비공학적/비과학적 조사	포렌식 지반공학 조사
3	지반불확실성(Uncertainty)	지반조사의 한계	시공 중 확인 프로세스
4	지오 리스크(Geo-Risk)	리스크 미확인	리스크 평가/관리
5	계약방식(Contract Method)	설계-시공분리	설계시공 일괄입찰
6	리스크 책임과 분담	발주자 or 시공자	발주자/시공자 분담
7	불가항력(Force Majeure)	자연재해(악천후/홍수)	예측하고 피할 수 없는 조건
8	법적 분쟁 - 중재 사례	지질리스크 VS. 시공	발주자/시공자 분담
9	법적 분쟁 - 소송 사례	지질리스크 VS. 시공	시공자 책임
10	터널 사고 관리	공기/공사비 중심	리스크 안전관리 필수

1. 터널 사고와 포렌식 엔지니어링(Forensic Engineering)

터널 사고에서 법의학 엔지니어링(Forensic Engineering)은 엔지니어링 원리와 방법론을 적용하여 굴착에서 종종 붕괴되는 성능 결함의 원인을 파악하고, 일반적으로 법률 시스템 내에서 전문가 의견의 형태로 결과를 보고하는 것으로 간주된다. 포렌식 지반공학 조사에서 사용할 수 있는 절차와 엔지니어와 법률 시스템의 인터페이스에 대해 논의한다.

1.1 서론

다른 지반 공학 실무분야와 마찬가지로 터널공사에는 많은 불확실성과 위험이 수반되며, 그 중 많은 부분이 관련 지질 특성의 내재적 가변성과 알려지지 않은 특성과 관련이 있다. 이러한 요인과 기타 요인으로 인해 굴착 성능에 결함이 생기고, 굴착이 붕괴되고, 때로는 인명 피해가 발생할 수 있다. 지하터널공사에서 파괴나 붕락이 발생하면 원인에 대한 조사가 불가피하게 수행된다.

붕락의 성격과 심각성에 따라 이 조사는 적어도 부분적으로 적절한 경험을 갖춘 전문 엔지니어가 수행하게 된다. 많은 경우 어떤 형태의 법적 절차가 뒤따르며 손상 원인, 비용 손실 또는 인명 피해를 결정하고 계약 및 책임 이슈를 해결하고 비용을 할당하게 된다. 이 프로세스에는 전문 엔지니어가 일반적으로 전문 증인으로 참여한다. 이러한 사례에서 수행된 전문 엔지니어링 작업은 포렌식 엔지니어링으로 설명될 수 있다.

본 장에서는 포렌식 엔지니어링의 일반적인 특성과 포렌식 터널엔지니어가 직면한 특별한 문제와 어려움, 특히 지하 터널공사의 붕락사고 조사에 대해 논의하며, 사용된 조사 방법을 설명하고 법률 시스템과의 중요한 인터페이스에 대해 논의한다. 지하 터널 사고에 대한 포렌식 조사 경험에서 포렌식 엔지니어 역할의 법적 측면은 점점 더 중요하고 요구되고 있으며, 일부 당국이 엔지니어와 시공자를 법원에 기소하려는 경향이 커지고 있다. 마지막으로 2005년 11월 2일 호주 뉴사우스웨일즈 시드니의 Lane Cove Tunnel Project에서 공사 중 붕락 사고에 대한 포렌식 조사에 대해 간략하게 설명한다.

1.2 포렌식 엔지니어링의 특성

기술 혁신과 엔지니어링의 발전은 항상 어떤 유형의 실패와 함께 했으며 여기에는 다리와 댐과 같은 구조물의 극적인 붕괴도 포함된다. 최근에는 재정적 손실과 명예 훼손이 증가하고, 신체적 상해와 생명 손실이 과거보다 더 심각하게 평가되고, 사회가 일반적으로 소송을 더 많이 하게 되면서 포렌식 엔지니어링이라고 알려진 엔지니어링 실무 분야가 발전했다. 포렌식 엔지니어링은 이제 전문 학회, 컨설팅 회사, 컨퍼런스, 문서 및 대학 과정을 보유하고 있으며, 텔레비전 프로그램과 책을 통해 대중의 관심을 끌고 있다.

포렌식 엔지니어링에 대한 여러 정의가 문헌에 나와 있다. 예를 들어, Specter(1987)는 포렌식 엔지니어링을 "법원이나 중재 절차에서 엔지니어링 전문가로서 자격을 갖춘 사람들의 전문적 실무의 예술과 과학"으로 정의하였다. 마찬가지로 Noon(2001)은 포렌식 엔지니어링을 "법적 영향을 미칠 수 있는 사실 문제에 답하기 위해 엔지니어링 원리, 지식, 기술 및 방법론을 적용하는 것"으로 정의했다. Carper(2000)는 "포렌식 엔지니어는 법적 문제의 엔지니어링 측면을 다루는 전문 엔지니어"라고 말했다. 포렌식 엔지니어링과 관련된 활동에는 사고(accident) 또는 파괴(failure)의 물리적 또는 기술적 원인 결정, 보고서 작성, 관련 분쟁 해결에 도움이 되는 증언 또는 자문 의견 제시가 포함된다. 포렌식 엔지니어는 사고 또는 파괴에 대한 책임에 대한 의견을 제시하도록 요청받을 수도 있다.

Lewis(2003)와 Noon(2001)에 따르면 지하공사의 맥락에서 포렌식 엔지니어링은 엔지니어링 원리와 방법론을 적용하여 공사 중 성능 결함(보통 붕괴)의 원인을 파악하고, 보통 법률 시스템 내에서 전문가 의견의 형태로 결과를 보고하는 것으로 간주된다. 포렌식 엔지니어링이라는 용어의 일부 사용은 법률 시스템과의 관련성을 반영하지 않는다. 그러나 이 법적 요소는 일부 국가(예: 호주, 미국)에서 포렌식 엔지니어링의 정의, 인정 및 실행에 핵심적이며, 여기에서 제시된 논의의 필수적인 부분을 형성할 것이다.

위에서 정의한 포렌식 엔지니어링은 일반적으로 건설된 시설의 파괴, 낙석, 굴착 붕락 및 기타 사고, 화재 및 폭발, 항공 및 철도 충돌, 교통 사고, 소비자 제품의 고장에 대한 조사와 관련이 있다. 이러한 유형의 더 심각한 사건은 상당한 부상과 사망, 재정적 손실로 이어질 수 있다.

포렌식 엔지니어링 조사에는 여러 단계가 포함된다. 일반적으로 포렌식 엔지니어는 여러 유형의 증거를 수집한 다음 다시 다양한 유형의 분석을 수행하여 사고를 포함한 엔지니어링 시설, 시스템 및 제품의 성능 저하 또는 파괴의 '누구, 무엇, 어디, 언제, 왜, 어떻게'를 결정한다. 조사를 안내하기 위해 다양한 공식 및 비공식 절차를 사용할 수 있다. [그림 1.1]은 토목공학 관점에서 포렌식 엔지니어링 조사에 일반적으로 사용되는 단계를 보여준다. 사용되는 법률 용어는 미국에서 적용되는 용어이다.

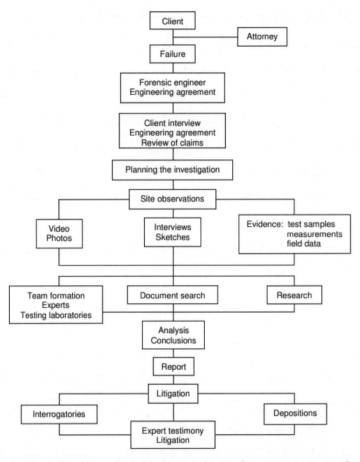

[그림 1.1] 전형적인 포렌식 공학 조사의 흐름도(Greenspan 등, 1989)

결과를 전달하는 것은 조사의 매우 중요한 단계이다. 이러한 전달은 발주자, 시공자 및 기타 전문 엔지니어에게만 필요한 것이 아니라 변호사 및 법정 기관에 대한 보고서, 법적 절차에서의 전문가 증인 진술서, 언론 및 대중에 대한 진술서에서도 필요할 수 있다. 많은 경우 전문가 보고서는 기밀이거나 법률 전문가의 특권으로 보호될 수 있다. 포렌식 엔지니어링 조사가 수행되고 전문가 증인 보고서가 준비되는 사례 중 실제로 법원에 도달하는 비율은 낮을 가능성이 높다. 그러나 보고서에 포함된 정보는 법적 특권으로 보호되고 기밀로 유지되어 결과를 공개할 수 없고 보고서에 포함된 잠재적으로 귀중한 정보가 엔지니어링 전문가에게 도달하지 못할 수 있다.

엔지니어가 '전문가'로 인정받기 위해 어떤 자격을 갖추는지에 대한 중요한 질문은 자세히 논의한 바 있다. 전문 엔지니어의 핵심 속성이 '교육, 훈련, 경험, 기술 및 지식'이며 엔지니어는 '자신의 업무를 정확하고 객관적으로, 그리고 전문적인 방식으로 수행할 수 있어야 한다'. 포렌식 엔지니어 또는 전문 증인으로 활동하는 엔지니어는 윤리적 관행 문제를 특히 알고 있어야 한다.

1.3 포렌식 지반공학(Forensic Geotechnical Engineering)

1) 지반공학에서의 파괴

지표면과 지하에서 나타난 지반재료를 다루는 공학은 오랫동안 어려움에 시달려 왔다. 아마도 다른 공학 분야보다 더욱, 지반공학 프로젝트의 성능 부족과 실패는 항상 있었다. 일반적으로 댐 붕괴나 대규모 산사태로 인해 발생하는 가장 극단적인 경우는 재산과 인프라에 상당한 피해를 입히고 생명을 잃을 수 있다. 특히 지반 및 암반의 고유한 공간적 가변성으로 인해 어려움이 발생한다. 지질 해석에서 상당한 공학적 결과를 초래하는 오류나 누락이 발생할 수 있으며, 프로젝트 현장에서 지질 및 지반 특성에 변화가 있을 수 있으며, 겉보기에 사소한 지질 특징이 공학 구조물의 성능에 큰 영향을 미칠 수 있다.

지난 세월 동안 확률 기반 신뢰성 및 리스크 분석을 통해 이러한 요소 중 일부를 설명하려는 시도가 있었으며, 이는 이제 지반공학의 일부가 되었다. 신뢰성이라는 개념은 '시스템이 허용가능한(Acceptable) 방식으로 작동할 가능성'으로, 포렌식 지반공학에서 중요하다.

따라서 예를 들어 기초, 사면, 댐 및 터널의 파괴에 대한 연구와 분석이 지반 공학 연구, 지식 및 실무의 개발에 중요했던 것은 놀라운 일이 아니다. Leonards(1982)에 따르면, 파괴는 "예상(Expected) 성능과 관찰된(Observed) 성능 간의 허용할 수 없는(Unacceptable) 차이"로 간주된다. 많은 파괴에는 때로는 갑작스러운 파단이 발생할 때 발생하는 치명적인 불안정성이 수반된다. 지반공학 문헌에는 지반공학 파괴의 원인에 대한 자세한 예와 더 광범위한 연구가 많다. 이러한 연구 중 몇몇은 지반공학 파괴에 대한 인적 요인의 영향에 대한 고려 사항을 포함하고 있다. 예를 들어, 500건 이상의 파괴에 대한 Sowers(1993)의 연구는 대부분의 파괴가 '인간의 단점(Human Shortcoming)'으로 인한 것으로. 파괴의 약 12%만이 관련 기술 지식이나 솔루션의 부족에 기인한 것으로 평가하였다.

일반적으로, 포렌식 지반공학 조사는 [그림 1.1]에 나와 있는 광범위한 패턴을 따른다. 많은 경우, 자세한 지질 매핑, 시추, 샘플링 및 테스트와 함께 부지에 대한 신중하고 자세한 재조사가 필요하다. 일부 사례를 해결하기 위해서는 유사하게 신중하고 자세한 데이터 분석과 문제에 대한 역해석이 필요하다. 항상 여기에서 정의한 포렌식 공학의 범위에 속하지는 않지만, 유사한 포렌식 조사는 역사적 구조물의 수리 또는 복원, 지구환경 문제 또는 지진과 같은 자연 재해의 여파와 관련될 수도 있다. 이러한 조사 결과가 컨퍼런스 발표나 출판을 통해 전문가의 주목을 끌 수 있다면 지반공학 지식의 발전에 상당한 기여를 할 수 있다.

2) 지하 공사

흙과 암반의 지하 공사는 일반적으로 지반공학에 대해 설명한 것과 동일한 유형의 오류와 불확실성으로 어려움을 겪을 수 있다. 사망 사고가 발생하고 심각한 재정적 손실이 발생할 수 있지만 지하 공사에서 발생하는 파괴나 붕괴는 위에서 언급한 주요 댐 붕괴나 산사태의 극적이거나 재앙적인 영향을 미치지 않는 경우가 많다. 지하터널 굴착은 작거나 큰 지반 붕괴, 스퀴징 암반, 지하수 문제, 지하터널이나 지반 굴착 중에 매우 큰 침하 또는 싱크홀이 갑자기 생기는 것, 예상치 못한 굴착 변형의 지속적인 발전으로 인해 공사가 느려지거나 중단될 수 있다. 특히 지반침하 및 싱크홀 발생은 싱가포르 MRT 터널을 포함한 많은 프로젝트에서 발생했다. 이러한 발생은 건물과 지표면 및 인접 인프라에 피해를 줄 수 있다.

이러한 다양한 사례에서 수행된 포렌식 조사는 일반 원칙과 방법을 사용한다. 또한 지반공학의 원리와 암반의 공학적 거동에 대한 지식이 필요하다.

1.4 공식 분석 도구 및 조사 방법

광범위한 공식 조사 방법 및 분석 도구와 접근 방식을 포렌식 엔지니어링 조사에 사용할 수 있다. 그중 다수는 리스크 식별, 리스크 평가 및 리스크 관리 또는 컨트롤을 기반으로 한다. 실제로 지하 건설 및 암반공학에서 일반적으로 프로젝트에 영향을 미칠 가능성이 있는 모든 지반공학적 리스크를 식별하는 것이 가능하다고 주장할 수 있다. 그런 다음 포렌식 엔지니어링 작업은 조사 중인 사건에 기여한 위험(Hazard)이 무엇인지 확인하는 것 중 하나가 된다.

사용 가능한 분석 도구에는 인과 분석(Causal Analysis), 에너지/장벽 분석(Energy/Barrier Analysis), 이벤트 트리(Event Tree), 결합 트리(Fault Tree), 인적 오류 분석(Human Error Analysis), Petri 넷 및 순차적 타임 이벤트 플로팅(STEP)과 같은 다양한 특정 기술이 포함된다. 이러한 특정 기술은 사고 원인 분석 방법(Incident Cause Analysis Methods, ICAM) 및 시스템 안전사고 조사(System Safety Accident Investigation, SSAI) 접근법과 같은 보다 통합 분석 방법에 통합될 수 있다.

이러한 도구와 접근 방식은 건설산업을 포함한 여러 산업에서 다양한 유형의 사고 및 파괴에 개발 및 적용되었다. 주어진 사례에 적용되는 정도는 해당 사고의 심각성 또는 결과에 따라 달라진다. 이러한 도구와 접근 방식은 회사 또는 조직의 정책 및 프로토콜의 기반을 형성하는 경우가 많다. 특히 주요 대형 사고가 발생할 때, 외부 당사자가 수행하는 사고 조사에 사용될 수 있다. ICAM 및 SSAI에 대한 개요는 지하건설에 대한 특정 용어가 아닌 일반적인 용어로 제시되었다.

1) 사고 원인 분석 방법(ICAM)

사고 원인 분석 방법(ICAM)은 조사 결과를 구조화된 프레임워크로 분류하는 분석 도구이다. 그 기본 개념은 인적 오류의 불가피성을 수용하는 것이다. 이는 대규모의 복잡한 사회적 기술 시스템의 안전에 대한 개념적이고 이론적 접근 방식을 기반으로 한다.

ICAM을 사용하여 수행한 조사의 구체적인 목적은 다음과 같다.

- 사건을 둘러싼 모든 관련 및 중요한 사실을 확립한다.
- 조사가 운영 인력의 오류 및 위반에 국한되지 않도록 한다.
- 사건의 근본 또는 잠재적 원인을 식별한다.
- 기존 통제 및 절차의 적절성을 검토한다.
- 리스크를 줄이고 재발을 방지하며 운영 효율성을 개선하기 위한 시정 조치를 권장한다.
- 특정 또는 반복되는 문제를 식별하기 위해 분석할 수 있는 트랜드를 감지한다.
- 조사의 목적이 비난이나 법적 책임을 분배하는 것이 아님을 확인한다.
- 사고 조사 및 보고에 대한 관련 법적 요구 사항을 충족한다.

Reason(1997)은 조직적 사고를 잠재적 조건(주로 경영 결정, 관행 또는 문화적 영향에서 발생)이 지역적 트리거링 조건 및 개인이나 팀이 저지른 능동적 실패(오류 및 절차 위반)와 부정적으로 결합되어 사고를 발생시키는 것으로 정의한다. Reason Model과 ICAM은 경영진이 어느 정도 통제할 수 있을 것으로 합리적으로 예상할 수 있는 문제에 초점을 맞춘다.

ICAM Model은 [그림 1.2]에 나와 있는 것처럼 사고 원인 요인을 네 가지 요소로 구성한다. 조직적 요인은 직장에서 성과에 영향을 미치는 작업/환경적 조건을 촉진하거나 해당 조건이 해결되지 않은 상태로 유지되도록 하는 기본 요인이다. 이러한 요인은 잠복하거나 얼마 동안 감지되지 않을 수 있으며, 이러한 요인이 지역적 조건 및 오류와 결합하여 시스템 방어를 위반할 때에만 그 결과가 분명해질 수 있다. 작업/환경적 조건은 사고 직전 또는 사고 시점에 존재하는 작업, 상황적 또는 환경적 조건으로 오류나 위반이 발생한 상황이다. 작업 요구 사항, 작업 환경, 개인 역량 및 인적 요소에 포함될 수 있다. 개인 또는 팀 행동은 적절하게 통제되지 않은 잠재적 위험이 있는 상황에서 저지른 표준이나 절차에 대한 오류나 위반으로, 이는 사고나 사건으로 직접 이어진 행동이나 누락이다. 방어가 없거나 실패하면 기술적 또는 인적 실패로부터 시스템에 필요한 보호를 제공하지 못한다. 사고나 사건을 예방하고 발생할 경우 부정적인 영향을 최소화하려면 사전 예방 및 사후 예방이 모두 필요하다.

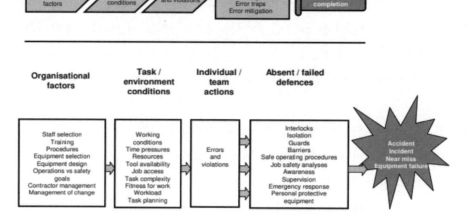

[그림 1.2] 사고 원인에 관한 ICAM 모델(Gibb 등, 2004)

2) 시스템 안전사고 조사(SSAI)

시스템 안전사고 조사(SSAI) 접근법은 1970년대에 미국 핵전력 산업에서 사용하기 위해 개발되었다. 그 이후로 이 기술은 사망 사고나 기타 재난이 발생할 수 있는 많은 고위험 산업에서 사용하기 위해 수정되었다. SSAI에 대한 간략한 설명은 건설산업에 적용하기 위해 이 접근법을 개발한 설명에서 발췌한 것이다. SSAI는 사고 조사에서 사실을 발견하고 결론을 도출하기 위한 체계적이고 논리적인 프로세스를 제공한다. 조사 프로세스에 전반적인 규율을 부과하여 무슨 일이 일어났는지, 왜 일어났는지 식별하는 체계적인 방법을 제공한다. SSAI는 일반적으로 특정 순서로 적용되는 여러 분석 기술을 사용한다.

- event and condition charting : 사고 시퀀스의 이벤트와 해당 이벤트에 영향을 미치는 전제 조건을 그래픽으로 표시하기 위한 이벤트 및 조건의 차트화
- fault tree analysis : 사고 시퀀스에서 이벤트로 이어지는 가능한 시나리오를 묘사하기 위한 결함 트리 분석(목격자가 없는 경우)
- energy/barrier : 사고에 기여한 원치 않는 에너지 흐름과 장벽 부족을 설명하기 위한 에너지/장벽 분석
- human error analysis : 예상되는 인적 성과와의 편차를 체계적으로 조사하기 위한 인적 오류 분석
- gap analysis : 사고가 발생하지 않은 조건과 사고 조건을 비교하여 사고가 발생한 이유에 대한 통찰력을 제공하기 위한 갭 분석

이러한 모든 기술이 반드시 주어진 사고 조사에 적용되는 것은 아니다. 이들은 사고 조사 촉진자가 사용하는 도구이다. 일반적으로 인명 손실, 대규모 장비 손상 또는 장기적인 시스템 고장을 초래하거나 그럴 가능성이 있는 사고는 완전하고 광범위한 조사를 받는다.

1.5 법적 인터페이스

여기에서 사용되는 포렌식 엔지니어링의 개념과 정의에 있어서 포렌식 엔지니어의 조사는 사건이 발생한 국가의 법률 시스템과 관련이 있다는 것은 분명한 사실이다. 포렌식 엔지니어는 검시 조사, 민사 또는 형사 법원 절차, 중재 또는 조정 분쟁 또는 재판소에서 전문 증인으로 활동해야 할 수 있다. 법원 밖에서 해결될 수 있는 법적 사건에서도 포렌식 엔지니어는 일반적으로 규정된 형식으로 전문 증인 진술서를 작성해야 한다.

대부분의 법원 시스템은 전문 증인 진술서 작성에 대한 지침을 발행하며, 전문 증인이 의견 증거를 제시할 때 객관적이고 공정해야 한다는 필요성을 강조한다. 전문 증인으로 출두한 적대적 법원 시스템에서 변호사의 반대 심문은 어렵고 때로는 괴로운 경험이 될 수 있다. 호주 연방 법원의 지침은 법원이 당사자가 고용한 전문가에게 전문가 의견에 대한 합의에 도달하기 위해 회의하도록 지시할 수 있도록 규정한다. 흥미롭게도 영국의 민사소송규칙은 이제 법원에 주어진 문제에 대한 증거를 단일 공동 전문가가 제공하도록 지시할 수 있는 권한을 부여한다.

전문 엔지니어링 실무는 엔지니어가 전문 엔지니어링 조직의 회원이 될 때 준수해야 하는 윤리 강령에 따라 관리된다. 윤리적 행동은 특히 포렌식 엔지니어링에서 중요한데, 이는 위험이 높을 수 있고 포렌식 엔지니어가 자신의 조사, 결과 및 전문가 진술을 한 당사자 또는 다른 당사자의 이익에 맞춰야 한다는 압력이 가해질 수 있기 때문이다. 미국 토목학회(ASCE)의 포렌식 엔지니어링 실무지침은 윤리적 포렌식 엔지니어링 실무를 "법적 조사를 수행하고 건전하고 포괄적이며 편견 없는 조사에 기반한 전문가 증언을 제공하며, 재판관, 대중 및 고객에게 자격을 갖춘 전문가로서 모범적인 전문적 행동과 정직성을 보여주는 것"으로 정의한다.

지하 건설에서 종종 발생하는 특정 소송 분야는 예상치 못한, 변경된, 다른 또는 잠재적인 지반 조건으로 다양하게 설명될 수 있는 것의 결과와 관련이 있다. 이는 건설 중에 발생한 지반 조건으로, 입찰 당시에는 합리적으로 예측할 수 없었던 것으로 주장된다. 최근의 리스크 관리 기술과 계약 관행은 이러한 원인으로 인해 발생하는 소송을 피하거나 최소화하려고 한다. 그러나 이 분야는 여전히 포렌식 지반공학자가 심각하게 관여하는 분야이다. 미국에서는 분쟁 해결의 진전으로 인해 지반공학자가 변경된 조건 청구(changed-condition claim)에 점점 더 많이 관여하게 되었다. 또한 현재 경쟁이 치열한 건설 시장에서 입찰자(bidder)는 일반적으로 제안서에 우발 사건(contingency) 없이 위험(hazard)을 받아들이고, 향후 청구권 행사(claimmanship)

를 통하여 이익이 제한된 공사를 수익성 있는 공사로 바꿀 것이라고 기대한다.

　일부 관할권에서는 지하 건설공사 사건에 대한 소송이 직업 또는 작업장 건강 및 안전 법률에 따라 정부 기관에서 진행될 수 있다. 호주의 일부 주에서는 토목 건설 및 광산 산업 모두에서 직원들을 작업장에서 위험에 노출시킨 개인 전문 엔지니어와 운영사, 시공자 및 전문업체를 상대로 이러한 소송을 제기하는 추세가 증가하는 것으로 보인다. 호주에서 지반공학 관련 부상 및 사망률을 줄이는 데 있어 지난 10년 이상 상당한 진전이 있었음에도 불구하고 자동적인 기소 정책이 이제는 무해 목표에 도달하는 데 부정적인 영향을 미치고 있다. 그 이유는 다음과 같다.

- 심각한 사고의 교훈은 보류 중인 기소와 관련된 특권 및 기타 고려 사항 때문에 몇 년이 지나서야 전파된다.
- 일부 조직과 고용주는 기소에 사용될 수 있다는 우려 때문에 미제 사건 보고를 장려하기를 꺼린다.
- 젊은 엔지니어들이 건설업에서 관리직을 하고자 하는 데 큰 방해가 된다.

1.6 Lane Cove 터널 프로젝트 사례

1) 프로젝트 개요

　호주 뉴사우스웨일즈 시드니의 Lane Cove Tunnel Project(LCTP)는 3.6km 길이의 2차로 및 3차로 터널 2개와 3개와 함께 3.5km의 교량 및 도로 업그레이드를 통해 North Ryde의 M2 고속도로와 Gore Hill Freeway를 연결하는 것과 여러 다른 요소를 포함한다. 동쪽과 서쪽으로 향하는 2개의 터널은 Epping Road의 아래쪽과 약간 북쪽을 지나간다. [그림 1.3]은 이 프로젝트의 터널을 개략적으로 보여주고 있다.

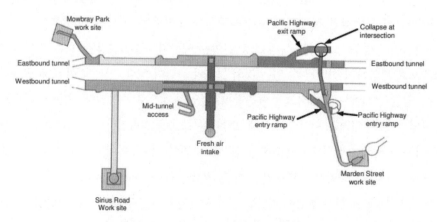

[그림 1.3] Lane Cove 터널 프로젝트의 개략도

뉴사우스웨일즈 도로교통청(RTA)은 Lane Cove Tunnel Company(LCTC)를 고용하여 33년 동안 터널을 설계, 건설, 유지관리 및 운영했다. LCTC는 Thiess John Holland Joint Venture(TJH)를 임명하여 프로젝트를 설계하고 건설했다. TJH의 계약은 2003년 12월에 시작되었고 터널 건설은 2004년 7월에 시작되었다. 터널공사는 세 부분으로, 서쪽 또는 Mowbray Park 구간, 중앙 구간, 동쪽 또는 Marden Street 구간이다. 계약 완료일은 2007년 5월이다. LCTP 터널링의 대부분은 Hawkesbury Sandstone에 있으며, 그 특성과 엔지니어링 거동은 자세한 연구의 주제였다. 여기에서 논의할 터널링 구간은 일반적으로 수평의 Ashfield Shale 위에 굴착되며, 실트암, 이암 또는 적층암 및 작은 셰일과 점토암을 포함한 이암의 지층구조로 정의한다. 본 지역의 다양한 굴착 및 기초를 조사, 설계 및 건설하는 과정에서 사암과 셰일의 지역적 분류가 개발되어 적용되었다. 시드니 암석의 굴착 및 지지 및 보강을 위한 특정 설계 방법도 개발되어 상당한 성공을 거두었다. 이러한 방법과 LCTP 터널 설계에 대한 이러한 경험은 이점이 되었다.

2) 사고 발생

2005년 11월 2일 수요일 이른 아침, MCAA의 Pacific Highway Exit Ramp 터널 위에 MC5B의 Marden Street 환기 터널과 교차하는 지점에서 침하가 발생했다. 해당 위치에서 작업 중인 로더 헤더와 로더는 붕괴된 재료에 묻혔다. 지반침하가 Longueville Road 11-13, Lane Cove, Longueville Road 출구 램프 근처 표면으로 확산되었다. 침하로 인해 건물 앞면과 Longueville Road 북쪽의 굴착 파일 옹벽이 훼손되었다. 붕괴 후 몇 시간 이내에 그콘크리트로 공동을 채워 훼손을 막고 옹벽을 보강하기로 결정했다. 이 사건은 시드니와 호주 전역에서 상당한 언론의 주목을 받았다.

3) 사고 조사

사고 발생 이틀 후 Golder Associates Pty Ltd를 통해 사고 원인을 조사하였다. 다음과 같은 주요 활동을 수행했다.

- 사고 당시 붕괴 현장에서 작업하던 시공사, 설계자, 지반공학 컨설턴트, 작업자 및 감독관의 대표자와의 토론 및 인터뷰
- 사고 현장 방문 및 조사
- 붕괴 현장을 방문하여 프로젝트의 다른 터널을 검사
- 광범위한 설계 문서, 도면, 시공 보고서 및 기타 문서 검토
- 사고의 가능한 원인에 대한 사전 고려 및 보고서 개요 작성

이용 가능한 정보에 대한 이러한 예비 분석에 따라 붕괴에 기여할 수 있는 다음과 같은 요인이 확인되었다.

- 지하수
- 교차로가 굴착된 약한 셰일
- 교차로를 가로지르는 저강도의 가파른 경사의 다이크
- 다이크와 관련된 절리
- 현장에 존재하는 단층
- 교차로 굴착의 큰 유효 스팬
- 낮은 토피고와 특성
- 시공된 지보 수준
- 교차로 굴착 천단에 대한 옹벽과 지반앵커의 근접성

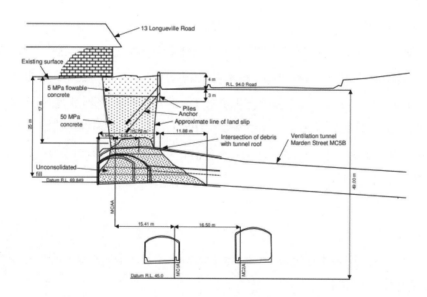

[그림 1.4] 콘크리트 타설 후 Lane Cove 터널 사고현장의 수직 단면도

그런 다음 초기 현장 방문 중에 수집한 정보를 계속 분석하고 보고서를 준비했다. 이 기간 동안 시공자는 지반공학 컨설턴트가 여러 가지 추가 문서와 정보 항목을 요청하여 제공했다. 사고 분석에서 공식 조사기술은 활용되지 않았지만 SSAI 접근 방식에서 고려된 문제는 조사에서 다루었다. 일련의 사건은 다이어그램 형식이 아닌 표 형식으로 편집되었다. 최종 보고서는 대중에게 공개되었고 시드니 언론에서 주목을 받았다. 일반적으로 보고서를 기반으로 한 사고

의 다른 보고서는 기술 언론에 실렸으며, 몇 달 후, 뉴사우스웨일즈주 WorkCover Authority는 NSW 직업 건강 및 안전 규정 2000의 88조에 따라 수행된 사고에 대한 자체 조사의 초기 보고서를 공개했다(WorkCover NSW, 2006).

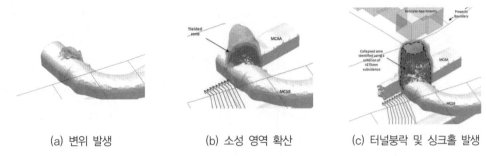

(a) 변위 발생　　　　　(b) 소성 영역 확산　　　　　(c) 터널붕락 및 싱크홀 발생

[그림 1.5] Lane Cove 터널 붕락 발생 메커니즘 분석

4) 사고 원인 조사 보고서

사고 원인에 대한 보고서에서는 다음과 같은 결론을 도출했다.

i) 터널링과 지하공사는 항상 여러 리스크와 불확실성을 수반하며, 주로 공사가 이루어지는 암반의 지질 구조와 공학적 특성의 내재적 가변성과 관련이 있다.

ii) 환기 터널을 굴착하는 동안 거의 수직인 dolerite dyke가 여러 위치에서 교차되었다. 다이크는 시드니 지역의 퇴적암에 존재하는 것으로 알려져 있지만, 이 특정 다이크는 공사 전 지반조사에서 확인되지 않았다. 그러나 이 다이크는 환기 터널와 본선터널에서 공사 중에 교차되었다.

iii) 다이크와 관련된 두 세트의 직교 절리와 다른 절리 및 단층이 존재하기 때문에 환기 터널과 출구 램프의 교차점과 그 근처의 셰일 암반은 설계 단계에서 예상했던 것보다 품질이 좋지 않았다.

iv) 붕괴는 2005년 11월 2일 오전 1시 38분경 출구 램프의 새로 확장된 하행 차도의 북서쪽 모서리 근처에서 시작되어 출구 램프 면을 가로질러 천단부의 다이크까지 빠르게 확장되었다. 붕락은 출구 램프와 환기 터널의 교차점 천단부를 가로질러 동쪽 또는 남동쪽으로 전파되었고 다이크가 포함되었다. 붕괴는 10~20분 만에 도로 표면으로 확장되었다.

v) 붕락은 측면 및 정상적인 구속이 부족하여 이완되면 굴착의 북서쪽 모서리에 있는 암석 블록이 떨어지면서 시작되었다.

vi) 최종 붕락 메커니즘은 점진적이었으며, 아마도 여러 단계로 구성되었을 것이다.

vii) 터널 설계에 사용된 프로세스와 방법론은 시드니와 다른 지역의 모범 사례에 부합했으며, 그 결과 설계는 일반적으로 목적에 적합했다.

viii) 설계 단계에서 교차부에 대한 특별한 분석은 수행되지 않았다. 그러나 지질학적 및 지반 공학적 조건의 불가피한(inevitable) 지역적 차이로 인해 초기 설계, 특히 지보 조항을 실제로 시공 중에 발생한 조건에 맞게 수정하거나 조정해야 한다는 것이 인식되었다.

ix) 시공사는 터널공사를 안전하고 생산적으로 실행하기 위한 일련의 적절하고 모범 사례 프로세스를 갖추고 있다. 이러한 프로세스를 설명하는 일부 문서는 그 종류의 모델이다.

x) 2005년 11월 2일의 사고 발생 시점까지, 현장 설계 및 프로세스는 지식이 풍부하고 헌신적인 인력과 감독자에 의해 매우 전문적이고 생산적인 방식으로 실행되었다.

xi) 붕락은 프로젝트의 지하 작업의 다른 위치에서는 함께 존재하지 않았던 여러 요인의 조합으로 인해 발생했다.

xii) 붕락을 일으킨 요인은 아마도 다음과 같았을 것이다.
- 터널 천단을 가로지르는 지속적이고 비교적 낮은 강도의 거의 수직적인 불연속성을 제공하는 다이크의 존재가 교차부의 최대 유효 굴착폭과 평행한 주향
- 다이크와 관련된 직교하고 간격이 좁은 절리의 존재로 풍화된 셰일 암반의 이미 불량한 역학적 암질의 저하
- 다이크, 절리 및 굴착 경계와 함께 적절하게 지보되지 않으면 굴착 경계에서 떨어지거나 미끄러질 수 있는 블록을 분리할 수 있는 방향의 단층의 존재
- 암반 천단부에 대한 비교적 낮은 토피고가 있는 큰 유효 굴착폭
- 당시 굴착의 서쪽에 존재하는 지지 수준이 큰 유효 경간, 낮은 암석 덮개, 지속적인 수직 불연속성(제방)의 존재를 감안할 때 굴착의 안정성을 보장하기에 부적절했다. 굴착 및 덮힌 암반의 열악한 기계적 특성.

xiii) 지하수는 붕락의 원인이 아니었다.

xiv) 옹벽과 지반앵커가 교차부 굴착의 천단부에 근접해 있어 굴착 바로 위의 암반에 가해지는 하중에 영향을 미치거나, 그 암반을 약화시키거나, 둘 다 영향을 미쳐 붕락에 기여했을 수 있다.

xv) 가능한 가장 양호한 종단 지질 단면 또는 점진적 지질 계획을 준비하면 굴착이 진행됨에 따라 막장면 전방의 조건을 예측하는 데 도움이 되었을 수 있다.

1.7 결언

지하터널 사고에 대한 포렌식 조사와 이와 관련된 법률 시스템과의 상호 작용은 이제 경험 많은 지반공학 엔지니어의 업무에서 중요한 부분을 차지하고 있다. 이러한 조사 수행, 결론 도출 및 결과 전달은 포렌식 지반공학 엔지니어의 지식과 기술에 상당한 요구를 부과하며 가장 높은 전문적·윤리적 기준을 행사해야 한다. 포렌식 지반공학 엔지니어는 지중 또는 지하에서 나타나는 불확실성이 많은 가변적인 자연 재료(variable natural materials)를 다루는 지반 엔지니어링과 관련하여 널리 이해되지 않은 어려움과 리스크를 공개적으로 그리고 법률 시스템 내에서 설명함으로써 중요한 역할을 할 수 있다.

포렌식 평가를 수행하는 지반공학 엔지니어는 현실을 표현하고 갈등을 해결하는 데 효과적이기 위해 법률 시스템의 규칙과 관행 내에서 과학과 공학을 적용해야 한다. 이러한 규칙과 관행은 국가마다 다르지만, 포렌식 사례의 문서화에 필요한 지반공학 작업은 모든 국가에서 동일한 품질 표준을 준수해야 한다. 분쟁 해결에 필요한 지원을 제공하기 위해 엔지니어는 우수한 과학 및 공학과 일치하는 고품질 포렌식 조사와 분쟁 중인 문제를 명확하게 제시할 수 있는 능력을 결합해야 한다. 포렌식 조사에는 데이터 수집, 문제 특성화, 사고 가설 개발, 실제적인 역해석, 현장 관찰 및 경우에 따라 성능 모니터링, 그리고 가장 중요한 것은 작업의 형식적 측면뿐만 아니라 기술적 측면에 대한 품질 관리가 필요하다. 법의학 전문가로서 지반공학 엔지니어의 역할은 특히 사고 조사, 리스크 및 결과 평가, 보수 권장 사항 개발 및 보고서 준비에서 강조되어야 한다.

2. 터널 사고와 법적 분쟁

2.1 입찰 방식에 따른 사고 책임

1) 설계 입찰 시공 분리(Design-Bid-Build Contract)

설계 입찰 시공 분리 계약은 건설 프로젝트에서 설계와 시공을 분리하여 각각 다른 업체에 맡기는 계약 방식이다. 즉, 먼저 설계를 위한 입찰을 진행하여 설계 업체를 선정하고, 이후 시공을 위한 별도의 입찰을 통해 시공 업체를 선정하는 방식이다.

본 계약의 장점으로는 설계와 시공을 분리하여 입찰하기 때문에 각 분야의 전문 업체들이 경쟁적으로 참여하여 더욱 합리적인 가격과 높은 수준의 설계 및 시공을 기대할 수 있다. 또한 설계와 시공의 책임 소재가 명확하여 문제 발생 시 책임 소재를 쉽게 가릴 수 있다. 그리고 설계 변경 시 시공에 미치는 영향을 최소화하고, 시공 중 설계 변경에 대한 협의가 용이하다는 것이 장점이다. 단점으로는 설계와 시공을 각각 입찰해야 하므로 절차가 복잡하고 전체적인 공사 기간이 길어질 수 있다. 또한 설계와 시공 업체 간의 원활한 소통이 이루어지지 않으면 공사 지연이나 하자 발생 등의 문제가 발생할 수 있으며, 별도의 설계와 시공 관리 비용이 발생하여 총 공사비가 증가할 수 있다.

대규모 공공 건축물의 경우, 설계의 공정성과 투명성을 확보하고 다양한 설계안을 비교하기 위해 설계 입찰 시공분리 계약 방식을 많이 활용한다. 또한 복잡하고 특수한 기술이나 전문성이 요구되는 프로젝트의 경우, 각 분야의 전문 업체를 선정하여 최적의 결과를 얻고자 할 때 이 방식을 적용한다.

설계 입찰 시공 분리 계약 시 설계 변경, 하자 발생 등 다양한 상황에 대한 책임 소재와 보증 기간 등을 명확히 규정해야 한다. 또한 발주처는 설계와 시공 과정을 관리하고, 양측 간의 협의를 조율하는 중요한 역할을 수행해야 하며, 프로젝트의 규모, 복잡성, 예산 등을 고려하여 적절한 계약 방식을 선택해야 한다.

(1) 설계 변경과 계약금액 증액

설계 입찰 시공 분리(Design-Bid-Build Contract) 계약 시에 시공자에게 제공되는 지반조사결과(지반조사보고서)는 시공 중 발생하는 당초 설계조건과 다른 지반조건이나 상태(Geo-Risk)에 대한 추가 공사 변경 및 공사비 증감에 중대한 영향을 미치며, 대부분의 발주처를 상대로 한 클레임에서 중요한 문서가 된다.

(2) 지오 리스크에 대한 발주처 책임

설계 입찰 시공 분리 입찰 시의 발주자는 지반조사업체 수행되는 지반조사 결과를 시공사에 제공하므로 시공 중 발생하는 당초 설계조건과 다른 지반조건이나 상태에 대한 모든 책임은 발주자가 분담하게 된다. 따라서 계약 당시에 보다 변경된 지반조건으로 인하여 공사비가 상당히 증가할 수 있다.

(3) 공사 중 사고에 대한 책임

설계 입찰 시공 분리 입찰 시 공사 중 사고가 발생하는 경우에는 사고 원인에 따라 시공자의 책임이 달라진다. 특히 사고 원인이 시공 리스크에 의한 것이면 공기 및 공사비에 모든 책임은 시공자가 분담하게 된다. 하지만 예상치 못한 지질 문제와 같은 사유에 의한 것이면 발주처에 공기 및 공사비 등을 협의할 수 있으며, 일반적으로 발주자가 이를 책임지게 된다.

2) 설계-시공 일괄(Design Build, Turn-key)

설계-시공 일괄 턴키 계약은 건설 프로젝트의 설계부터 시공까지 모든 과정을 하나의 업체가 책임지고 수행하는 계약 방식이다. 즉, 설계와 시공을 분리하지 않고, 하나의 업체가 모든 것을 책임지는 형태이다. 마치 열쇠(key)만 돌리면 모든 것이 작동하는 완성된 제품을 넘겨받는 것과 같다고 하여 '턴키(Turn-key)'라고 부른다.

본 계약의 장점은 설계부터 시공까지 모든 책임을 하나의 업체가 지기 때문에 책임 소재가 명확하고, 문제 발생 시 신속한 해결이 가능하다. 또한 설계와 시공 간의 협의 과정이 생략되어 공사 기간을 단축할 수 있으며, 설계와 시공 비용을 일괄적으로 제시하기 때문에 총 공사비를 미리 예측하기 쉽다. 그리고 설계부터 시공까지 모든 과정을 한 업체에서 처리하기 때문에 발주처의 행정적인 부담을 줄일 수 있다. 하지만 하나의 업체가 모든 것을 책임지기 때문에 경쟁이 제한되어 가격이 높아질 수 있고 또한 설계 변경 시 절차가 복잡하고 비용이 추가될 수 있으며, 하자 발생 시 설계와 시공의 책임 소재를 명확히 구분하기 어려운 경우가 발생할 수 있다는 단점도 있다.

교량 및 터널 등 대규모 인프라 건설 시 기술적 난이도가 높고, 공사 기간이 긴 경우 턴키 방식을 많이 활용하며, 해외 건설프로젝트는 현지 사정이 복잡하고, 다양한 분야의 기술이 필요하기 때문에 턴키 방식을 통해 위험을 분산하고 효율적으로 공사를 진행할 수 있다.

턴키 방식은 업체 선정이 매우 중요하다. 업체의 기술력, 재무 상태, 과거 실적 등을 종합적으로 검토하여 신뢰할 수 있는 업체를 선정해야 한다. 계약 조건을 명확히 하고, 하자 보증 기간, 지체 상금 등을 명시하여 분쟁을 예방해야 하며, 발주처는 공사 진행 과정을 철저히 관리하고, 감독해야 한다.

설계-시공 일괄 턴키 계약은 프로젝트의 특성과 발주처의 요구에 따라 선택해야 하는 계약 방식이다. 턴키 방식은 책임 소재가 명확하고 공사 기간이 단축되는 장점이 있지만, 경쟁 부족과 유연성 부족이라는 단점도 가지고 있다. 따라서 각 방식의 장단점을 충분히 검토하고, 전문가의 자문을 구하여 최적의 계약 방식을 결정하는 것이 중요하다.

(1) 설계 변경과 계약금액 증액

「국가계약법 시행령」과 기획재정부 계약예규인 '공사계약일반조건' 등은 턴키 공사에서 '설계 변경으로 계약 내용을 변경하는 경우에도 정부에 책임 있는 사유 또는 천재·지변 등 불가항력의 사유로 인한 경우를 제외하고는 계약금액을 증액할 수 없다'고 규정해 계약금액 증액을 원칙적으로 제한하고 있다. (i) 계약 체결 이전에 실시설계적격자에게 책임 없는 사유로 실시설계를 변경하거나 (ii) 발주기관의 귀책사유, 불가항력으로 설계를 변경한 경우에는 증액이 가능하지만, 계약상대자의 귀책사유로 인한 설계 변경은 증액이 불가능하다. 다만 예외적으로 계약상대자의 귀책사유로 인한 설계 변경도 합산조정 방식을 통해 제한적인 계약금액 변경이 인정된다. '현장상태와 설계서의 상이 등으로 인해 설계 변경을 하는 경우에는 전체공사에 대해 증감되는 금액을 합산해 계약금액을 조정하되, 계약금액을 증액할 수는 없다'는 규정이다.

(2) 지오 리스크에 의한 시공자 책임

설계 시공 일괄입찰시의 시공자는 자체적으로 수행되는 지반조사결과에 의해 시공을 수행하므로 시공 중 발생하는 당초 설계조건과 다른 지반조건이나 상태(Geo-Risk)에 대한 모든 책임은 시공자가 분담하게 된다. 따라서 계약당시에 보다 상세한 지반조사를 통하여 공사 중 발생할 수 있는 지질 리스크에 대한 대책을 충분히 반영하여야 한다.

(3) 공사 중 사고에 대한 책임

설계 시공 일괄입찰 공사에서 공사 중 사고가 발생하는 경우에는 사고 원인에 따라 시공자의 책임이 달라진다. 특히 사고 원인이 설계 및 시공 리스크에 의한 것이면 공기 및 공사비에 모든 책임은 시공자가 분담하게 된다. 하지만 지질 리스크와 같은 불가항력적인 사유에 의한 것이면 발주처와 공기 및 공사비 등을 협의할 수 있으며, 협의가 어려울 경우 조정이나 법적 분쟁으로 가게 된다.

3) 지오 리스크에 대한 계약 옵션

- 발주자가 모든 리스크 책임 : 발주자는 모든 리스크를 감수한다. 시공자는 프로젝트를 완전히 완료하는 데 드는 공사비를 지불받는다. 시공자는 문제가 발생할 때 비용 효율적으로 문제를 해결하려는 인센티브가 없다.
- 시공자가 모든 리스크 책임 : 시공자는 모든 리스크를 감수한다. 시공자는 리스크를 감수할 수 없거나 감수하고 싶어하지 않을 가능성이 높기 때문에 제대로 된 작업을 할 수 없다.
- 발주자와 시공자의 리스크 분담 : 참조사항(Reference)에 따라 합의하고, 추가 지불을 허용하는 계약 조항을 포하도록 한다. 또한 파트너링의 관계로서 예상보다 좋거나 나쁠 경우 이득 또는 손실을 허용한다.

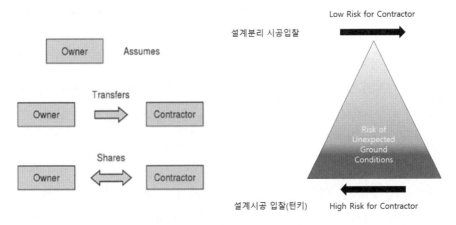

[그림 1.6] 발주자와 시공자의 리스크 분담

2.2 계약 내용

1) 불가항력(Force Majeure)

불가항력이란 당사자가 통제할 수 없는 영역에서 발생하는 불가피한 사정을 의미하는 바, 통상 계약에서 불가항력은 당사자의 책임을 면제하는 사유로 규정되며, 대표적인 경우로 천재지변, 전쟁 등을 들 수 있다. 홍수 그 밖에 악천후, 전쟁 또는 사변, 지진, 화재, 전염병, 폭동 그 밖에 계약당사자의 통제범위를 초월하는 사태의 발생 등의 사유(이하 '불가항력의 사유'라 함)로 인하여 계약당사자 누구의 책임에도 속하지 아니하는 경우를 말한다.

국제건설계약에서 통용되는 국제컨설팅엔지니어링연맹(FIDIC)의 계약서는 불가항력에 관하여, (i) 통제할 수 없고, (ii) 예견할 수 없었고, (iii) 불가피한 사정으로서 (iv) 상대방의 귀책사유에 의하지 않은 사정이라고 정의하고 있다. FIDIC 계약조건 제19조는 불가항력 사유에 대한 정의를 내리는 규정을 포함하여, 당사자들의 통제를 벗어나는 사유에 의해 사실상 또는 법적으로 계약상 의무를 이행하지 못하게 되는 경우에, 그 의무불이행의 책임으로부터 면제받을 수 있는 구체적인 규정을 담고 있다.

'불가항력 사유'라 함은 협약당사자로 하여금 본 협약상의 의무이행을 불가능하게 하거나 불리한 영향을 미치는 협약당사자 어느 누구의 책임에도 속하지 아니하는 사유로서, 협약당사자가 합리적으로 예측하고 회피할 수 없는 상황이나 사유(또는 상황이나 사유의 결합)를 말한다. 불가항력은 불가항력을 주장하는 당사자에게 그 입증책임이 있고, 해당 사유의 치유에 필요한 당사자의 합리적 노력이나 예방에도 불구하고 극복할 수 없는 직접적이고 현저한 사태를 말한다.

계약상에 규정된 불가항력의 사유를 정리하면 다음과 같다.

- 지진, 홍수, 경제 환경의 급격한 변동 등 사업시행자의 본 사업 수익성에 현저한 악영향을 미치는 경우(비정치적 불가항력 사유)
- 전쟁, 폭동, 전국적 파업 등의 사유(정치적 불가항력 사유)
- 당사자의 합리적 노력이나 예방에도 불구하고 회복할 수 없는 직접적이고 현저한 사유
- 당사자가 합리적으로 예측하고 회피할 수 없는 상황이나 사유

(1) 불가항력 인정 요건

일반적으로 불가항력이 인정되기 위해서는 다음과 같은 요건을 갖추어야 한다.
- **외부적 요인** : 당사자의 의지나 통제 범위를 벗어난 외부적인 사건이 발생해야 한다.
- **예측 불가능성** : 당사자가 합리적인 주의를 기울였다면 예측할 수 없었던 사건이어야 한다.
- **불가피성** : 당사자가 모든 가능한 조치를 취했음에도 불구하고 그 사건을 회피할 수 없었어야 한다.

(2) 불가항력 효과

불가항력이 인정될 경우, 일반적으로 다음과 같은 법적 효과가 발생한다.
- **책임 면제** : 불가항력으로 인해 계약을 이행하지 못한 당사자는 계약 위반 책임을 지지 않는다.
- **계약 해제** : 불가항력으로 인해 계약의 목적 달성이 불가능하거나 현저히 곤란해진 경우, 계약을 해제할 수 있다.
- **계약 변경** : 불가항력으로 인해 계약 조건을 변경해야 할 필요가 있는 경우, 당사자 간 협의를 통해 계약 조건을 변경할 수 있다.

(3) 불가항력 판단 시 고려 사항

불가항력 여부는 개별 계약의 내용, 발생한 사건의 구체적인 상황 등을 종합적으로 고려하여 판단된다. 특히 다음과 같은 사항을 중요하게 고려해야 한다.
- **계약에 명시된 불가항력 조항** : 계약에 불가항력에 해당하는 사유가 구체적으로 명시되어 있는 경우, 그 내용에 따라 판단한다.
- **사건의 예측 가능성** : 사건 발생 전에 예측 가능했던 사건이라면 불가항력으로 인정되기 어렵다.
- **당사자의 노력 정도** : 당사자가 사건 발생을 방지하기 위해 합리적인 노력을 다했는지 여부가 중요하다.

2) 지반 불확실성과 지오 리스크

(1) 지반 불확실성(Uncertainty)

지반 불확실성이란 지반의 물리적 특성, 역학적 특성, 수리 특성 등을 정확하게 예측하기 어려운 상태를 의미한다. 즉, 지반조사를 통해 얻은 정보만으로는 실제 지반의 상태를 완벽하게 파악하기 어렵다는 것을 의미한다. 지반 불확실성의 원인은 다음과 같다.

- **지반의 복잡성** : 지반은 다양한 종류의 토질과 암석으로 구성되어 있으며, 이들의 공간적인 분포와 물리적 특성이 매우 복잡하게 변화한다.
- **조사 방법의 한계** : 현재 기술로는 지반의 모든 정보를 완벽하게 얻을 수 없으며, 조사 결과는 항상 오차를 포함하고 있다.
- **시간에 따른 변화** : 지반은 시간이 지남에 따라 풍화, 침식, 지하수 변화 등의 영향을 받아 그 특성이 변화할 수 있다.
- **인위적인 교란** : 건설공사 등 인위적인 활동으로 인해 지반의 상태가 변화될 수 있다.

지반 불확실성이 미치는 영향은 다음과 같다.

- **설계의 어려움** : 지반의 정확한 상태를 알 수 없기 때문에 구조물 설계 시 불확실성을 고려해야 하며, 이는 설계 기간과 비용 증가를 야기할 수 있다.
- **시공의 어려움** : 설계와 실제 지반 상태가 다를 경우 시공 과정에서 예상치 못한 문제가 발생할 수 있으며, 공기지연과 공사비 증가를 초래할 수 있다.
- **안전성 문제** : 지반 불확실성으로 인해 구조물의 안전성이 저하될 수 있으며, 극단적인 경우 붕괴사고로 이어질 수 있다.

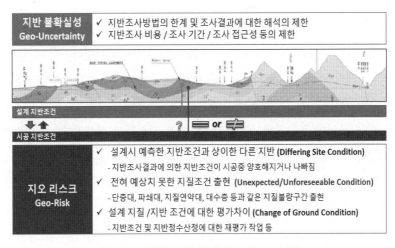

[그림 1.7] 발주자와 시공자의 리스크 분담

(2) 지오 리스크(Geo-Risk)

지하터널공사에서 지질 정보와 예측하기 어려운 문제에 대한 리스크에 대한 관계가 [그림 1.8(a)]에 나타나 있다. 그림에서 보는 바와 같이 터널 공법에 대한 결정을 내려야 할 당시에는 최종적으로 확인된 지반정보의 약 20~30%만 알고 있다는 것이다. 이와 같이 지질 및 지반 정보에 대한 약 70%의 이해 부족은 결국 발생한 몇 가지 문제로 이어졌을 수 있다. 보다 철저한 현장 지반조사를 통해 50% 이상의 리스크 감소가 달성되도록 하여야 한다.

지반 불확실성(uncertainty)과 잘못된 결과(consequence of being wrong)와의 상관도가 [그림 1.8(b)]에 나타나 있다. 그림에서 보는 바와 같이 지반불확실성이 크고, 잘못된 결과가 심각한 경우에는 광범위한 리스크 분석과 적정한 관리가 요구된다.

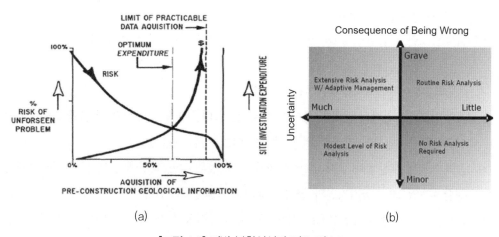

(a)   (b)

[그림 1.8] 지반 불확실성과 지오 리스크

(3) 다른 지반조건(Differing Site Conditions)에 대한 계약사항

지하공사 중 예상되는 지반공학적 조건에 대한 계약사항이 포함된다. 대형 지하 프로젝트는 다른 지반조건 클레임(differing site condition claims)의 상당한 예상 리스크가 있다는 점에 중점을 둔다. 이러한 계약상의 분쟁을 최소화하기 위하여 해외의 GBR(Geotechnical Baseline Reports)에는 지반조사에 포함되어야 할 사항에 대한 지침과 고려해야 할 항목의 체크리스트, 명확성과 정확성을 개선하기 위해 기준 진술에 사용할 내용 및 문구에 대한 권장 사항, 기준 진술에서 문제가 있는 관행과 개선된 관행의 예를 제공하고 있다. 또한 사양, 도면 및 지불 조항에 중점을 두고 GBR과 계약 문서의 다른 요소 간의 호환성을 보장하는 것의 중요성과 이점을 설명하고 있다.

2.3 법적 분쟁(Legal Dispute)

1) 중재

중재란 법원의 소송 절차를 거치지 않고, 당사자 간의 합의에 따라 제3자인 중재인에게 분쟁 해결을 맡기는 것을 말한다. 중재인은 법적인 전문성을 갖춘 사람으로서, 당사자들의 주장을 듣고 중립적인 입장에서 판단하여 최종적인 결정을 내린다. 이러한 중재인의 결정은 법원의 판결과 동일한 효력을 가지므로, 일단 중재 절차가 시작되면 일반적으로 법원 소송으로 이어지지 않는다. 중재의 장점의 다음과 같다.

- 신속성 : 소송에 비해 절차가 간소하여 분쟁 해결 기간이 짧다.
- 비공개성 : 소송과 달리 일반인에게 공개되지 않아 기업 비밀 등 민감한 정보를 보호할 수 있다.
- 전문성 : 중재인은 해당 분야의 전문가이므로, 일반 법원보다 더 전문적인 판단을 받을 수 있다.
- 자율성 : 당사자들이 중재 절차를 직접 설계할 수 있으므로, 분쟁 해결 방식에 대한 자율성이 높다.

(1) 중재의 절차

- 중재 합의 : 당사자 간에 중재를 통해 분쟁을 해결하겠다는 합의한다. 이 합의는 계약서에 명시하거나 별도의 중재 합의서를 작성하는 방식으로 이루어진다.
- 중재인 선정 : 중재 합의에 따라 중재인을 선정한다. 중재인은 당사자들이 합의하여 선정하거나, 중재기관에서 추천받을 수 있다.
- 중재 신청 : 한쪽 당사자가 중재를 신청하면 중재 절차가 시작된다.
- 증거 제출 및 심리 : 당사자들은 각자의 주장을 펼치고 증거를 제출하며, 중재인은 이를 토대로 심리를 진행한다.
- 중재 판정 : 중재인은 심리 결과를 바탕으로 중재 판정을 내린다. 중재 판정은 일반적으로 양쪽 당사자에게 동시에 통보된다.

중재는 다양한 분야에서 활용되고 있다. 특히, 국제 상사 계약, 건설 계약, 지적재산권 분쟁 등 복잡하고 전문적인 분쟁 해결에 효과적이다. 결론적으로 중재는 법원 소송에 비해 신속하고 비공개적으로 분쟁을 해결할 수 있는 효율적인 방법이다. 특히, 국제 상사 거래나 전문적인 분쟁의 경우 중재를 통해 더욱 효과적으로 분쟁을 해결할 수 있다.

(2) 대한상사중재원

대한상사중재원(KCAB)은 국내 유일의 상설 법정중재기관으로 국내외 상거래에서 발생하는 분쟁을 사전에 예방하고 발생된 분쟁을 중재·조정·알선하여 신속하고 공정하게 해결함으로써 건전한 상거래 풍토 조성 및 국가산업경제 발전에 기여하고 있다. 국내외 중재사건을 처리하는 준사법기관으로서 기능하고 있으며, 중재 이외에 조정, 알선, 상담 업무 및 ISD 조사연구 등도 수행하고 있다. 대한상사중재원 국내 중재 규칙은 당사자들이 합의하여 국내중재규칙을 적용하기로 합의한 경우 또는 대한상사중재원 국제중재규칙이 적용되지 않는 경우 적용 가능하다.

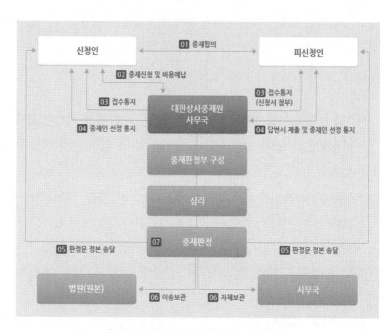

[그림 1.9] 중재 절차(대한상사중재원)

2) 소송

소송이란 법원에 자신의 권리를 주장하거나 남의 권리를 침해받았다고 주장하여 법원의 판결을 통해 법적인 다툼을 해결하는 절차를 말한다. 즉, 법원이라는 제3자 기관에 개입하여 분쟁을 해결하는 공식적인 방법이다.

(1) 소송의 목적
- 권리 구현 : 자신의 권리를 침해받았을 때 이를 되찾기 위해 소송을 제기한다.
- 의무 이행 강제 : 상대방이 법적인 의무를 이행하지 않을 때, 법원의 판결을 통해 이행을 강제할 수 있다.
- 법률 관계 확정 : 불확실한 법률 관계를 명확히 하기 위해 소송을 제기할 수 있다.

(2) 소송의 종류

- **민사소송** : 사법(私法)에 의하여 규율되는 대등한 주체 사이의 신분상 또는 경제상 생활관계에 관한 사건을 다루는 소송이다. 예를 들어, 계약 위반, 손해배상, 부동산 소유권 등에 관한 분쟁이 민사소송의 대상이 된다.
- **형사소송** : 범죄 행위에 대한 국가의 형벌권 행사를 위한 소송이다. 검사가 피고인을 기소하고, 법원은 피고인의 유무죄를 판단하여 형을 선고한다.

(3) 소송 절차(간략)

- **소장 제기** : 원고가 피고에게 소장을 보내 소송을 제기한다.
- **답변서 제출** : 피고는 소장에 대한 답변서를 제출한다.
- **증거 제출** : 양쪽 당사자가 증거를 제출하고, 법원은 이를 검토한다.
- **변론** : 양쪽 변호인이 법정에서 주장을 펼치고 반박한다.
- **판결** : 법원은 변론 결과를 바탕으로 판결을 선고한다.

(4) 소송의 특징

- **공개성** : 원칙적으로 소송은 공개적으로 진행된다.
- **형식주의** : 소송 절차는 엄격한 형식을 따른다.
- **국가의 개입** : 법원이라는 국가기관이 직접 개입하여 분쟁을 해결한다.

(5) 소송의 장단점

장점	단점
법적인 효력이 확실함	절차가 복잡하고 시간이 오래 걸림
국가의 공권력을 이용할 수 있음	비용이 많이 듦
판결 내용에 대한 공신력이 높음	감정적인 갈등을 심화시킬 수 있음

(6) 중재와 소송의 비교

소송과 함께 분쟁 해결 수단으로 중재가 있다. 중재는 당사자 간의 합의에 따라 제3자인 중재인에게 분쟁 해결을 맡기는 것으로, 소송에 비해 절차가 간소하고 비공개적이라는 특징이 있다. 중재는 소송과 달리 중재로 분쟁을 해결하겠다는 중재합의가 있어야 절차가 개시되고, 판사가 아닌 전문가인 중재인이 결정을 내리며, 3심이 아닌 단심으로 끝난다는 점에서 차이가 있다. 전문성을 갖춘 중재인이 그 분야의 특성을 고려하여 현실성 있는 판정을 내리므로 합리적인 결과를 기대할 수 있다.

[표 1.2] 중재절차(대한상사중재원)

	중재	소송
대상	상사분쟁	민사, 상사, 형사, 행정 모든 분쟁
요건	중재합의가 있어야 신청 가능	한쪽에서 일방적 소송 가능
제3자	중재인(전문가)/대한상사중재원	법관(판사)/법원
공개 여부	비공개 원칙	공개 원칙
효력	법적 효력 있음. 국제집행 가능	법적 효력 있음. 국제집행 불가능
승소	단심제	3심제
비용	소송에 비해 저렴	변호사비 등 여러 비용 발생

3) 터널 사고와 분쟁 이슈

터널 사고는 인명 피해는 물론 사회적·경제적 손실을 야기하는 심각한 문제이다. 이러한 사고 발생 시 다양한 주체 간의 책임 소재를 둘러싼 분쟁이 불가피하게 발생하게 된다.

(1) 사고 원인

터널 사고는 다양한 원인에 의해 발생할 수 있다. 주요 원인으로는 다음과 같은 것들이 있다.

- **설계 및 시공 부실** : 설계 단계에서 지반 조사가 부족하거나 시공 과정에서 안전 기준을 미준수하는 경우 사고로 이어질 수 있다.
- **자연재해** : 지진, 폭우 등 자연재해로 인해 터널 구조물이 손상되거나 붕괴될 수 있다.
- **유지보수 미흡** : 터널의 노후화로 인해 유지보수가 제대로 이루어지지 않으면 사고 발생 가능성이 높아진다.
- **인적 실수** : 작업자의 부주의나 운전자의 과속 등 인적 실수로 인해 사고가 발생할 수 있다.

(2) 터널 사고 관련 분쟁 이슈

터널 사고 발생 시 다음과 같은 분쟁 이슈가 발생할 수 있다.

- **책임 소재** : 사고 책임을 누가 져야 하는지에 대한 문제는 가장 핵심적인 분쟁 이슈이다. 설계 감리, 시공, 유지보수 등 각 단계별로 책임 소재를 규명해야 한다.
- **손해 배상** : 피해자는 사망, 상해, 재산 손실 등에 대한 손해 배상을 요구하며, 이에 대한 금액 산정을 둘러싼 분쟁이 발생할 수 있다.
- **보험 문제** : 사고 발생 시 관련 보험 적용 여부 및 보상 범위에 대한 분쟁이 발생할 수 있다.
- **행정 책임** : 관련 행정 기관의 허가 및 감독 부실에 대한 책임 문제가 제기될 수 있다.

(3) 터널 사고와 분쟁 사례

터널 사고 발생 시 가장 중요한 것은 사고 원인이다. 시고 원인이 불가항력적인 것인지 아니면 시공 요인에 의한 것인지에 따라 공기 지연 및 공사비 증가 등의 책임 범위가 달라지기 때문이다. 대표적인 분쟁 사례는 다음과 같다.

- OO 터널 붕락사고 : 턴키공사로 시공 중 터널 붕락사고가 발생하여 국가공인기관의 원인 조사를 통하여 사고 원인이 불가항력적인 자연재해로 판단되었다. 이에 발주자와 시공사는 대한상사중재원에 중재합의를 신청하여, 최종적으로 복구 공사 등의 추가공사비는 시공사가 부담하도록 하고, 공기연장에 따른 지체상금은 부담하지 않도록 합의하였다.
- OO 싱크홀 사고 : 턴키공사로 시공 중 싱크홀 사고가 발생하였다. 발주자와 시공자는 사고 원인에 대한 의견이 상이하여 각각 전문기관에 의뢰하여 사고원인보고서를 작성하였고, 이후 발주자의 법원소송으로 사고 원인에 대한 재판을 진행하여 최종적으로 시공 요인이 사고 원인으로 판결됨에 따라, 복구 공사비 등에 대한 공사비와 공기지연에 대한 지체상금 등 모든 것을 시공사가 책임지게 되었다.

(4) 분쟁해결을 위한 노력

터널 사고 관련 분쟁을 해결하기 위해서는 다음과 같은 노력이 필요하다.

- 정확한 사고 원인 규명 : 과학적이고 객관적인 조사를 통해 사고 원인을 정확하게 규명해야 한다.
- 책임 소재 명확화 : 각 주체의 책임 범위를 명확히 하고, 법적 책임을 묻는 것이 필요하다.
- 피해자 보상 : 피해자에게 적절한 보상이 이루어질 수 있도록 제도적 장치를 마련해야 한다.
- 재발 방지 대책 마련 : 사고 재발을 방지하기 위해 관련 법규를 개정하고, 안전관리 시스템을 강화해야 한다.

터널 사고는 예측하기 어렵고 그 피해가 매우 크기 때문에 사전 예방이 무엇보다 중요하다. 터널 시공 및 유지관리에 대한 철저한 관리 감독과 함께, 사고 발생 시 신속하고 공정한 분쟁해결시스템 구축이 필요하다.

터널 사고와 안전관리 제도
Tunnel Collapse Accidents and Safety Management System

지하를 대상으로 하는 터널공사는 지반 자체의 불확실성으로 인하여 공사 중 사고가 지속적으로 발생하여 왔으며, 이는 공사비 증가 및 공기지연이라는 문제뿐만 아니라 사회적 이슈가 되어왔다. 또한 지하터널 공사의 계약 방식에 따라 터널 사고 원인과 책임에 대한 발주자와 시공자의 리스크 분담 문제는 법적 분쟁을 초래하는 경우가 대부분으로, 현재는 설계이전단계에서부터 리스크 분석 및 평가에 대한 국제적인 기준이 마련되어, 터널 사고 시 법적 분쟁과 보험에 대한 합리적인 가이드라인 제시되어 있다. 하지만 가장 중요한 것은 시공 중 어떻게 리스크를 확인하고 적절하게 관리하느냐 하는 것으로 이는 가장 이상적인 터널공사시스템이라 할 수 있다. 터널 사고와 안전관리제도에 대한 주요 사항을 [표 2.1]에 정리하였다. 본 장에서는 터널 사고와 관련하여 변화된 또는 개선된 안전관리제도에 대하여 기술하였다.

[표 2.1] 터널 사고와 안전관리 제도

	Key Word	As-is	To-Be
1	터널 사고 발생 원인 조사	경험적/제한적 조사	종합적/체계적 조사
2	터널 사고와 교훈	사고 발생 반복	사고 방지 대책 수립
3	터널 사고와 제도 개선	법·제도 시스템 문제	법·제도 시스템 개선
4	사례 I	터널공사기술 부족	터널공사 관리방안
5	런던 히드로 공항철도 붕락사고	리스크 평가 없음	리스크 평가제도 수립
6	사례 II	시공자 중심 현장관리	전문가 중심 현장관리
7	싱가포르 니콜 하이웨이 붕락사고	지하공사 안전관리미흡	종합 안전관리제도
8	사례 III	지하공사 관리 부족	지하안전영향평가
9	서울지하철 석촌지하차도 싱크홀 사고	지하 안전제도 없음	지하안전관리에 관한 특별법 제정
10	터널 사고와 안전관리	안전관리제도 미흡	안전관리시스템 강화

1. 런던 히드로 공항철도 터널 붕락사고와 리스크 관리

1.1 사고 개요

CTA 터널 붕괴는 1994년 10월 21일 밤에 발생했다. 오후 7시경 균열 보수를 하던 야간 근무자들은 벽에 균열이 빠르게 확대되어 이미 보수된 구역까지 확장되는 것을 알아챘으며, 그때부터 숏크리트와 철망 일부가 떨어지기 시작했다.

터널 대피 명령은 자정 무렵 내려졌고 터널은 10월 22일 오전 1시경에 붕괴되었다. 그 후 이틀 동안 계속되어 터널뿐만 아니라 그 위 지표면의 구조물도 손상되었다. [그림 2.1]은 영향을 받은 구역을 보여주고 표면 크레이터가 나타난 구역을 표시한다.

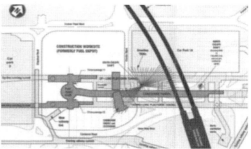

[그림 2.1] 히드로 공항철도 터널 붕락사고(1994)

다행히도 공항의 매우 분주한 구역에서 발생한 이 사건으로 사망자나 부상자가 발생하지 않았다. 한밤중에 발생했기 때문에 큰 의미가 있었다. 그러나 검찰이 이 사건을 법원에 제출했을 때, 인간의 생명에 잠재적으로 해롭다고 여겨져 형사 사건으로 취급되었다. 언론의 반응이 진행 중일 때, HSE는 전면적인 조사를 명령하고 기술의 안전성이 적절히 평가될 때까지 다른 모든 NATM 공사를 중단할 것을 촉구했다.

붕괴 규모로 인해 프로젝트를 대리하는 보험 회사는 큰 배상금을 지불하지 않기를 바라며 각 당사자의 책임을 법정에서 해결하기로 했다. 따라서 이러한 유형의 프로젝트에 대한 보험회사의 요구 사항은 강화되어 프로젝트 안전을 보장하기 위한 관리 메커니즘의 구현이 요구되었다.

1.2 해결 방안

HEX 팀은 프로젝트 내부의 정보 흐름을 재구조화하고 위기에 대한 해결책을 개발하고 품질 보증 프로세스에 대한 다른 개요를 구현하는 어려움을 극복해야 했다. 첫 번째는 건설 현장에 참여하는 중간 관리자와 그룹 회의를 하여 HEX팀이 일상적인 작업 진행 상황을 보다 긴밀하게 파악하도록 하는 방식으로 접근했다. 두 번째는 '솔루션팀'이라는 태스크포스를 만드는 것이었다. 이 조직의 주요 목적은 터널을 재시공하고 프로젝트를 다시 시작하는 실행 가능하고 효율적이며 저렴한 경로를 만드는 것이었다. 또한 품질에 대한 외부 개요를 통합함으로써 변경되었다. 현장 조사의 일환으로 HSE의 참여가 증가했기 때문에 이 접근 방식은 어느 정도 의무적이었다.

추가 리소스가 시급히 필요함에 따라 예산 및 계약 재구조화 협상이 이루어졌다. NEC 사용에 대한 논란은 연기되었고, 계약은 시공사의 참여가 더 높은 보다 전통적인 버전으로 조정되었다. 기술적 관점에서 솔루션팀은 주로 코퍼댐을 기반으로 하는 보수적인 계획을 제안했다. 가장 중요한 목표가 문제를 최대한 빨리 해결하고 가능한 한 비용을 절감하면서 가능한 한 낮은 비용으로 해결하는 것이었기 때문에 이러한 접근 방식은 놀라운 일이 아니었다. 솔루션팀은 건설 문제를 해결할 뿐만 아니라 조직 구조를 재편하는 12개월 통합 계획을 제안했으며, 특히 내부 커뮤니케이션에 중점을 두었다.

1) 기술 솔루션

솔루션팀은 터널의 붕괴된 구역을 개방하기 위해 잠수정을 설치한다는 아이디어를 내놓았다. 작업 규모로 인해 잠수정은 그때까지 영국에서 건설된 것 중 가장 큰 규모였다. 이러한 문제에도 불구하고, HSE 보고서에서 모든 문제를 신중하게 고려하면 NATM 작업을 안전하게 진행할 수 있음이 입증되었음을 언급한 것과 일치하여, 솔루션팀은 터미널 4의 터널 건설에 동일한 기술을 계속 사용하기로 한 결정을 지지했다.

2) 조직 솔루션

조직과 관련하여 솔루션팀은 프로젝트에 새로운 사고방식을 가져왔다. 공사비 절감에 초점을 맞춘 당초 목표는 프로젝트를 완료하려는 동기를 품질과 안전을 핵심 요인으로 삼는 방향으로 전환되었다. 모든 붕괴 책임은 유능한 사법 당국에 의해 인정될 것이므로 마녀사냥을 할 이유가 없었다. 따라서 HEX 경영진은 책임을 간과하는 것이 아니라 프로젝트 구조 내에서 분열을 방지하는 것을 의미하는 비난 금지(no-blame) 문화를 장려했다. 이를 통해 모든 당사자가 단일 목표로 정렬되는 데 도움이 되었다.

(1) 정보 흐름

의사소통 전략도 수정되었다. 모든 결정은 공식적인 통지를 통해 전달되었고 수신자는 자신이 정보를 받았는지 확인해야 했다. 이 프로세스는 시간이 더 걸릴 수 있지만, 결과적으로 근로자의 프로젝트 참여를 늘리는 데 도움이 되었다. 근로자는 자신에게 기대되는 바를 정확히 알 수 있었기 때문이다. 또 다른 이니셔티브는 모든 관련 당사자와 함께 상태를 검토하기 위해 매주 프로젝트 사전 회의를 개최하는 것이었다.

(2) 의사결정 프로세스

의사결정 프로세스는 운영 및 건설 부서의 참여를 허용하고 피드백을 인정하도록 개방되었다. 이 접근 방식에는 두 가지 명확한 의도가 있었다. (i) 근로자에게 권한을 부여하고 프로젝트 개발에 대한 참여를 심화하고 (ii) 잠재적 문제에 대한 조기 통지를 늘려 적절하게 해결할 수 있도록 하는 것이다. 모든 당사자가 입력 및 결정에 대해 책임을 지는 문서화 문화와 함께 주간 프로젝트 회의의 서명된 의사록에 문서화되었다.

이러한 관리 변경사항 하에서 프로젝트는 좋은 속도로 진행되었다. 보수적인 솔루션이 효과가 있었다. 코파댐은 터널의 붕괴된 부분을 청소하고 보수할 수 있도록 했다. 한편, HSE는 NATM 기술 안전성 평가를 마무리하고 사용에 대한 일련의 권장 사항을 발표했다. 또한 기존 법적 조항, 특히 CDM(영국 건설법)은 역량 평가를 포함한 리스크의 규제 통제를 위한 포괄적인 시스템을 제공하였다. HSE는 NATM에서 발생하는 리스크를 구체적으로 해결하기 위한 추가 법률이 필요하지 않다고 결론지었다.

1.3 교훈

본 사고는 영국에서 발생한 최악의 토목 공학 재해 중 하나였다. 그리고 이는 붕괴의 규모와 건설의 중요성뿐만 아니라 프로젝트가 처리된 방식에서도 그렇다. 영국 건설 산업과 같은 규모와 역사를 가진 부문에서 이 실패는 여러 면에서 전환점을 나타냈다.

- 업계의 전문성이 도전을 받았고, BB와 Mott-MacDonald와 같은 업계의 주요 행위자들은 감독 부족과 프로젝트 관리 부족에 대한 비난으로 인해 평판이 손상되는 상황에 직면해야 했다. 개정된 관리 관행의 조정과 건설 계약의 다른 사용은 이러한 이미지를 변화시키는 데 도움이 될 것이다.
- 기술에 대한 이해와 적응을 무시하는 것을 포함하여 사업 과제에 대한 과신과 적응의 어려움이 드러났다. 그런 의미에서 영국토목학회(ICE)와 같은 전문 협회가 이 사건에 어떻게 대응했는지 검토하는 것이 중요하다. ICE의 경우, "Sprayed Concrete Linings(NATM) for tunnels in soft ground"(1996) 지침을 발행했는데, 이는 영국에서 NATM 기술 사용을 어느 정도 표준화하는 데 도움이 되었다.
- 프로젝트 시작 시 경영진의 비용 절감 지향은 건설 공사에 필요한 품질 보증 및 위험 평가

에 영향을 미쳤다. 붕괴 후 건설 산업에 대한 리스크 관리 규정이 강화되었다. 이러한 변화의 한 예는 터미널 5 건설프로젝트에서 볼 수 있다.

- HSE 감독이 예상과 거리가 멀다는 것을 보여주었다. 건설 현장에서 수행된 검사에서 경고가 내려지지 않았다. BB(시공사)와 Geoconsult(설계사)에 대한 재판 동안 해당 기관은 사실에 대한 설명에서 편파적이고 편향적이라는 이유로 기소되었고, 부과된 벌금 총액에서 소액의 보상만 받았다.

- 산업 전체와 정부는 영국을 건설 부문의 리더로 유지하기 위해 새로운 작업 표준을 구현해야 할 필요성을 인식했다. 그러한 이니셔티브 중 하나는 2000년대 초반 산업 재구성에 대한 개요를 제공한 문서 "Rethinking Construction : The Report of the Construction Task Force"(1998)였다.

■ 중대 사고 가능성

1. 중대 사고 위험(Hazard)은 발생 확률이 낮은 사건에서 나타나지만, 발생하면 인간과 사업 측면에서 중대한 결과를 초래할 수 있다. 드물게 발생하기 때문에 중요성을 간과할 수 있다.

■ 리스크 및 리스크 관리

2. 이러한 사고는 건전한 리스크 관리(risk management)를 통해 예방해야 한다.

3. 과거 실패로부터의 교훈(lesson)을 인식해야 한다.

4. 근로자나 대중에게 상당한 영향을 미칠 수 있는 새로운 기술이나 프로젝트를 신중하게 고려해야 할 필요성이 특히 중요하다.

5. 변위계측을 사용하여 리스크를 모니터링하는 경우 데이터는 적절한 기간 내에 관리자에게 도달하여 평가해야 한다.

6. 조직적 및 인적 요소와 기술적 측면이 관리 시스템에 고려되어야 한다.

7. 방어 메커니즘을 고려하여 인적 및 조직적 요소를 반영하는 것이 필수적이다.

8. 방어는 조달, 계약 양식 및 회사 간의 방법론 차이에 영향을 받을 수 있다.

9. 생산 압력은 견제와 균형으로 조화를 이루어야 한다. 여기에는 갈등 관리가 포함되어야 한다.

10. 복구 및 유지관리 활동에는 강력한 조직적 절차가 필요하다.

11. 관리 시스템은 최고위에서 주도되어야 하며, 포괄적이고 적절한 수준에서 좋은 커뮤니케이션과 의사결정을 촉진해야 한다.

■ 법적 프레임워크

12. 법적 프레임워크는 좋은 엔지니어링과 관리에 대한 원동력과 필수성을 제공한다.

결국 프로젝트 관리가 작업을 재소집하고 붕괴로 이어진 대부분의 문제를 바로잡을 수 있는 능력이 흥미롭다. 이 프로젝트의 주요 차별화 요소는 새로운 기술의 도입이 아니라 새로운 사업 및 산업 현실에 대한 집중적인 관리 적응 프로세스와 대규모 복잡한 조직 내에서 수정해야 할 핵심 측면을 식별하는 능력이었다. 무엇보다도 이 프로젝트는 엄청난 재앙을 산업 혁명으로 전환하는 방법의 훌륭한 사례이기도 하다.

1.4 리스크 관리

모든 터널 프로젝트에서 가장 중요한 기본 원칙 중 하나는 리스크 관리가 선택 사항이 아니라는 점이다. 리스크 관리 책임은 법에 의해 명시된 바와 같이 보건 및 안전 문제에 국한되지 않는다. 규정 및 지침서의 존재가 특정 상황에 적합한 터널을 설계하는 설계자의 책임을 감면하지는 않는다. 즉 규정을 준수한다 하더라도 설계자의 전반적인 전문가로서의 책임을 완전히 면제해 주지 않는다. 터널 및 다른 공사의 설계자는 직업 보건 및 안전에 관한 사항을 고려하는 법을 준수해야 한다. 이 법은 1992년 유럽 지침에서 발의되었으며, 이는 다음과 같은 법제정을 통해 영국의 보건 및 안전에 관한 법으로 만들어졌다.

- 건설/설계와 관리(Construction(Design and Management), CDM) 1994
- 건설/보건, 안전과 복지(Construction/Health, Safety and Welfare) 1996

안전 문제가 설계 의사결정에 어느 정도 반영되어야 하고 그러한 문제가 설계 전 과정 내에서 언제 고려되어야 하는지를 이해하기 위해서는 유럽 및 영국법을 살펴볼 필요가 있다. 터널링에서 안전에 관한 종합적인 지침 및 권고 사항은 영국 표준 BS 6164의 '건설 산업에서의 터널공사의 안전'에 포함되어 있다.

1) 프로젝트 리스크 분석 및 관리

프로젝트 리스크 분석 및 관리(Risk Analysis and Management, RAM)는 대부분의 엔지니어가 프로젝트에 적용하는 상식적인 것들을 형식화하는 것이다. 과거와 지금의 차이는 설계 및 시공 프로세스에 통합되어 있는 건설관리법(CDM)에 의해 지원되고 있다는 점이다. 이를 실행하기 위한 필요한 단계는 [그림 2.2]에 정리되어 있다. 터널 프로젝트에 대한 리스크 분석은 대부분 정량적이다. 경험과 판단은 예산 범위에서 공기 내에 안전하게 프로젝트를 수행하고자 하는 전반적인 프로젝트 목표를 달성하기 위하여 공법을 결정하고, 설계를 개선하는 데 이용된다. 이러한 프로세스를 효과적으로 관리하기 위해서는 프로젝트 관리자가 대응적 위기관리에 고용되기보다는 프로젝트 전 과정에서 최대한 관여할 수 있도록 허용하여야 한다. 이와 같은 프로세스는 프로젝트에 리스크를 초래하는 위험요소(Hazard)를 판단하는 데 초점을 맞추어야 한다.

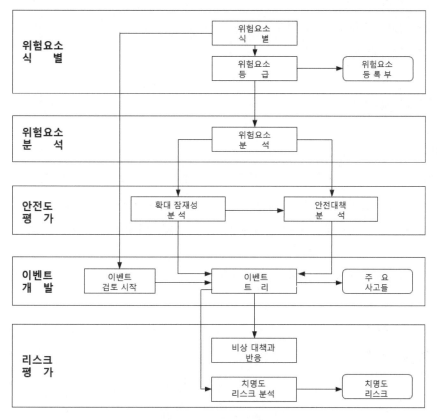

[그림 2.2] 리스크 관리 프로세스

설계과정에서 리스크는 발생 확률과 손상 정도로 평가된다. 프로젝트에서의 리스크에 대한 대처는 프로젝트 목표, 안전 및 수행 성과에 미치는 영향에 따라 달라진다. 중요한 것은 리스크가 어떤 방법으로 제거, 완화되었거나 또는 시공 중에 관리될 수 있는가를 문서화하는 것이다. 이러한 프로세스를 설명하기 위한 전형적인 잔류 리스크 문서가 2장에 제시되어 있다. 대부분의 RAM 문제는 영국터널협회강좌 '터널링에서의 보건과 안전'에서 다루며, 이것은 대부분의 엔지니어에게 유용하게 활용될 것이다. Anderson(2000)에 의하면, 리스크 관리를 시행하려면 다음과 같은 두 가지 전제 조건이 필요하다.

- 교육, 훈련, 역량 및 경험에 기반에 지식
- 리스크 관리의 가치를 이해하는 리더십으로부터 유발된 동기

또한 Anderson 등은 안전 성능에 대한 수용 가능한 주요 요인을 요약하였다.

- 적절한 관리 시스템
- 실용적이고 효과적인 조직 체계
- 강력한 엔지니어링 시스템
- 안전 시스템
- 인적 요인의 고려

2) 유럽 지침 1992

유럽연합이 후원하는 연구 프로젝트에 의해 건설현장 지침(92/57/EEC)이 작성되었다. 이 연구에서는 산업현장에서 사고와 불량한 보건의 본질과 이러한 사건들이 일어나는 주요 원인 등을 검토하였다. 주된 내용은 지침의 서문에 요약되어 있으며, 이 중 두 가지는 다음과 같다.

- 프로젝트 준비단계에서 미흡한 시공조직의 선정 또는 열악한 작업계획이 건설현장에서 발생하는 산업재해의 절반 이상에서 문제가 되었다는 점'
- 프로젝트 준비단계 및 공사단계와 관련된 다양한 당사자들 사이의 조정 작업을 개선할 필요가 있다는 점

(1) 문제점
상기 조항 중 첫 번째 조항은 안전 리스크에 대한 세 가지 문제점으로 언급하였다.
- 미흡한 시공(엔지니어링) 선택
- 불만족스러운 조직적 선택
- 공사 전 계획단계의 열악한 계획

그러므로 공사 전 계획단계를 담당하는 자는 공학적 선택과 조직적 선택을 고려하여 리스크를 줄이기 위해 무엇을 할 수 있는지를 강구해야만 한다.

(2) 의무사항

본 지침의 제2조는 안전에 대한 의무와 책임이 주어진 세 당사자를 정의한다.

- 발주자(The client) : 공사가 잘 수행되도록 해야 하는 의무
- 프로젝트 감독관(The Project Supervisor) : 발주자를 대신하여 프로젝트의 설계, 시공 및 감리 업무에 대한 책임을 지는 의무
- 코디네이터(The Co-ordinator) : 프로젝트 설계 준비과정에서 안전을 담당하는 의무

3) 영국 건설관리법(CDM) 1994

위에서 언급된 영국의 두 가지 법령은 유럽 지침을 바탕으로 영국에서 필요한 것에 따라 인용되었다. 유럽 회원국들은 유럽 지침의 최소사항에 추가하여 유럽지침에 포함되지 않은 국내법에 맞게 자유롭게 추가하였다. 영국의 건설관리법(CDM)을 보건과 안전 규정 등과 같이 별도로 검토하거나 따라서는 안 된다.

유럽 지침에는 '설계자' 또는 '설계'라는 용어를 사용하지 않았음에도 불구하고, 건설관리법(CDM)에는 포함되었다. 유럽 지침의 '프로젝트 감독관'은 영국에서는 공사 전 계획 단계에서의 '계획 감독관'으로서 다시 정의하고, 발주자, 계획 감독관과 설계자 사이의 관계를 재정립하였다. 주어진 특정 상황 하에서 계획 감독관은 하나의 조직으로부터 나올 수 있으며, 개별적인 개인이나 법적 주체가 될 필요가 없다. 건설관리법에서 설계자에 대한 핵심 규정은 제13조에 "모든 설계자는 자신이 준비한 모든 설계를 확인해야 하며, 건설작업을 수행하는 모든 사람의 안전에 대한 예측 가능한 리스크를 피하기 위해 요구되는 적절한 설계 고려사항을 포함하도록 해야 한다"라고 규정되어 있다.

이 규정은 '리스크 위계구조'의 설계 프로세스에 적용된 유럽지침의 핵심사항을 포함하고 있다. 이것은 설계자에게 필요한 템플릿을 제공하는 구조라 할 수 있다.

4) 영국 터널 리스크 관리 실무에 대한 공동 코드

영국터널협회(BTS)와 영국 보험자협회(ABI)는 공동으로 터널 및 지하구조물에서의 설계 및 시공과 관련된 리스크를 최소화하고 관리하기 위하여 모범 실무 사례를 소개하고 보장하기 위한 실무 코드를 발행하였다. 이것은 계약과 계약 보험자 당사자 간의 리스크 규명과 리스크 배분, 그리고 리스크 평가 및 리스크 레지스터를 통한 리스크 관리와 컨트롤에 대한 실무적인 방법을 제시하였다.

(1) 범위

이 공동코드의 범위는 영국에서의 터널 공사와 약정 기간 동안의 터널 운영에 대한 프로젝트 개발, 설계, 계약 조달에 적용된다. 또한 이것은 그 제3자와 다른 구조물에 대한 터널 공사의 영향을 다룬다. 이 코드는 약정 운영기간 동안에 포함되지 않은 지하 구조물의 운영 성능은 제외된다.

(2) 구성

실무 코드는 상업적 필연성에 근거한 리스크 관리 프로세스의 요구 사항을 상세히 설명하고, 다음을 포함한 모든 당사자의 조치와 책임을 상세히 기술한다.

- 리스크 평가
- 리스크 등록부
- 발주자 역할 및 책임 : 적절한 기술 및 계약관리 역량, 현장 및 지반 조사, 프로젝트 옵션의 분석과 평가, 프로젝트 개발 설계 검토
- 건설계약 조달단계 : 입찰 목적용 계약서류 준비, 입찰 목적용 시공자 선정 또는 사전 자격 심사, 입찰 적정 시간과 입찰 분석 및 평가, 입찰 리스크 등록부
- 설계 : 설계자의 선정 및 임명, 설계자 간의 정보 전달, 설계 프로세스, 설계 확인, 시공성 문제, 시공 중 설계 검증
- 시공 단계 : 시공 전 활동, 리스크 관리 절차, 시공자 인원과 조직, 시공성, 시공방법 및 장비, 관리 시스템, 계측 모니터링, 변경 관리

5) 전략적 측면에서 설계자가 수행해야 할 것들

설계자는 설계 프로세스의 모든 단계에서 예측 가능한 안전 리스크의 고려와 제거에 책임을 가진다. 이것은 설계 프로세스가 전적으로 안전 고려사항에 의해 이루어진다는 것은 아니며, 고려된 리스크는 설계자가 합리적으로 예측할 수 있는 것으로 제한된다. 설계자는 설계의 시공 가능한 방법, 또한 다양하고 가능한 시공 프로세스와 관련된 리스크와 위험요소에 대한을 명확한 견해를 갖도록 해야 한다.

(1) 리스크 회피

리스크 관리의 첫 번째 단계는 리스크를 가능한 회피하는 것이다. 이것은 위험요소와 리스크의 구조화된 프로세스를 필요로 하며, 첫 번째 목표는 위험요소를 제거하기 위한 설계 옵션을

실행하는 것이다. 위험요소와 리스크가 남아 있는 경우, 잔류 리스크는 통제되거나 감소해야한다. 최종 목표는 공사에 관련된 리스크에 노출된 모든 당사자를 보호하도록 설계를 진행하는것으로 개인에 대한 보호만을 제공하는 리스크 통제조치에 의존하는 것과는 다르다.

(2) 정보 제공

설계자는 건설 단계에서 공사를 수행하는 사람의 안전에 영향을 줄 수 있는 프로젝트, 구조물 또는 재료의 안전 측면에 대한 충분한 정보를 제공하도록 하는 더 중요한 법률요건이 있다. 이러한 정보는 공사 전 공사 안전시스템이 구분되고 시행되기 전에 공사 담당자에게 충분한 시간 안에 전달되도록 하여야 한다.

(3) 기록 보관

이러한 문제에 있어서 설계자의 고려사항을 기록해야 하는 공식적인 요건은 없으나, 나중에어떤 조사가 이루어질 경우, 공식적인 설계시스템의 일부로서 수행하는 것이 중요하게 될 것이다.

법집행기관인 영국 보건안전위원회(HSE)은 언제든지 법적 의무를 이행하기 위해 설계자의접근법을 감사할 권한을 가지고 있다. 설계 작업이 실제로 완료된 후에, 그리고 주요 엔지니어링 결정이 이루어진 후에 '리스크 평가'를 수행하는 것은 그러한 입법 정신을 만족시키지 못할뿐만 아니라 보건안전위원회(HSE) 그 자체적으로도 피상적인 접근 명령이 될 것이다.

(4) 도전과 과제

위에서 설명한 안전에 대한 여러 가지 법들은 설계자들에게 업무를 수행하는 기존의 방법에서 적절한 새로운 접근법, 새로운 기술 및 새로운 이니셔티브를 사용하여 리스크를 제거하고줄임으로써 사고와 열악한 안전문제를 줄이도록 한다는 점에 있어서 새로운 도전이자 과제라할 수 있다.

1.5 리스크 관리 방법

"리스크가 없는 건설 프로젝트는 없다. 리스크는 관리되고, 최소화되며, 분담되며, 이전되고수용될 수 있다. 리스크는 간과되어서는 안 된다(Latham, 1994)."

최근 몇 년 동안, 토목건설산업은 리스크 관리에 대한 체계적인 접근법의 필요성을 인식해왔으며, 리스크를 다루는 관련 문헌이 증가하고 있다. 현명한 발주자라면 리스크 관리에 대한적절한 방법을 기대할 수 있게 되었다. 효과적인 방법으로 리스크 관리를 제공하기 위하여 공식

절차가 마련되어야 한다. 지금까지의 경험으로부터 특히 설계–시공 프로젝트에서 체계적인 리스크 관리 절차의 적용이 중요하다는 것을 보여준다.

리스크 등록부는 위협(threat)과 기회(opportunity)를 기록하는 공식적인 방법이다. 각각의 위험요소와 관련된 리스크는 프로젝트에 관계된 엔지니어, 발주자 그리고 다른 핵심 이해당사자로 구성된 경험 많은 팀으로부터 상호 협력하에 논리적 방식으로 평가된다.

대부분의 프로젝트에서는 비교적 간단한 정성적 평가시스템이 적합하다. 또한 대형 프로젝트나 특히 위험하다고 평가되는 프로젝트에서는 정량적 접근법이 더 적절할 수 있다. 소통 및 후속 추적이 용이하도록 리스크 평가팀에 의해 인식된 주요 리스크는 리스크 매트릭스로 요약되어야 한다.

1) 범위

모든 프로젝트는 리스크 등록부(Risk register)를 사용해야 한다. 복잡함과 필요한 세부사항의 수준은 프로젝트마다 특별 요구사항에 따라 달라질 수 있다. 권고 노트와 리스크 등록부는 프로젝트의 리스크 관리를 위한 것으로, 이는 프로젝트의 시작부터 완성 단계까지 전 생애 기간 중에 발생할 수 있는 리스크를 능동적으로 관리하며, 운영과 유지관리에 대한 영향을 미칠 수 있는 모든 측면을 포함된다. 실제로, 리스크 등록부는 다음과 같아야 한다.

- 가능한 간단하게
- 모든 프로젝트에 적용가능 하도록
- 프로젝트 복잡성에 관계없이 유연하고 채택 가능하게

예를 들어 철도 안전, 오염된 토지, 지진 위험 등과 같은 경우에 리스크 평가 및 관리를 위한 전문가 절차가 요구된다고 알려져 있다. 전문가 프로세스가 실현되더라도, 프로젝트 리스크에 대한 단순한 높은 수준의 정리는 특히 상세한 정량적 리스크 분석에 대한 전문가 지식이 없는 발주자에게는 여전히 유익하다. 만약 적절하게 사용할 경우 리스크 관리 프로세스는 다음과 같은 추가적인 이점을 제공할 수 있다.

- 효율적인 공사관리에 대한 지식과 전문성 공유
- 프로젝트팀 노력과 중대한 이슈에 대한 집중
- 팀들 간의 소통 개선(즉, '사일로' 사고방식을 피함)

2) 리스트 등록부

(1) 리스크 등록부 사용 시기

리스크 등록부는 프로젝트에 관계된 모든 당사자가 프로젝트에 전 과정에 사용하고 업데이트하는 라이브 문서이다. 특히 시공 중 이벤트가 프로그램상에 설계 수정과 변경을 필요하게 된다면 더욱 그렇다. 설계-시공 일괄프로젝트(Design-and build project)에서 입찰기간은 중대한 단계이므로 리스크 등록부를 입찰 완료 때까지 입찰 프로세스를 가이드하는 데 이용해야 한다. 라이브 문서로서 리스크 등록부는 특히 새로운 정보를 입수하거나 범위를 변경할 경우 다시 검토해야 한다.

(2) 리스크 등록부

리스크 등록부는 다음 사항의 요약이다.

- 무엇이 잘못될 수 있는가?
- 가능성이 얼마나 될까?
- 잘못될 가능성을 완화하기 위해 필요한 조치들은 무엇인가?
- 누가 그것을 관리할 책임이 있는가?
- 만약 무언가 잘못되면 누구에게 취약한가?
- 언제 리스크 관리 조치를 수행해야 하는가?

이것은 또한 발주자의 구성원과 모든 전문시공업체 및 전문 설계자를 포함한 프로젝트팀의 모든 핵심 구성원에 전달되어야 하기 때문에 일종의 커뮤니케이션 도구라 할 수 있다.

(3) 평가 프로세스

주의 깊은 통찰이 위협/기회 구별에 다음을 포함해야만 한다.

- 개개인의 기술적 배경
- 프로세스를 수행하는 인원 수
- 이용 가능한 배경정보

대부분의 프로젝트에서 4~6명의 경험 많은 스태프가 일반 엔지니어링, 상업적 및 전문가적 기술적 배경 등을 갖추어야 한다. 3명 미만이나 경험과 관점의 부족한 경우는 아마도 부적합할 것이다. 10명 이상은 효과적으로 관리하기가 어렵다. 상대적으로 짧은 집중적인 '브레인스토밍' 모임이 비용 대비 가장 효과적이다(일반적으로 0.5~2.0시간). 브레인스토밍에 앞서 핵심구성원에게 발주자 요구사항, 계약사항, 지질, 환경 이슈, 현장 여건 등에 대한 주요 배경정보를 제공할 수 있어야 한다.

[그림 2.3]에서 보는 바와 같이 핵심 단어나 구절을 사용하는 프롬프트 시트는 프로젝트에 대한 위협과 기회의 식별을 용이하게 하는 데 도움이 된다. 이것들은 프로젝트 팀과의 브레인스토밍 모임이 끝나기 전에 사용해야 한다.

3) 핵심 단계

[그림 2.3]은 리스크 관리 프로세스를 요약하는 흐름도를 보여준다. 관리 단계는 다음과 같다.

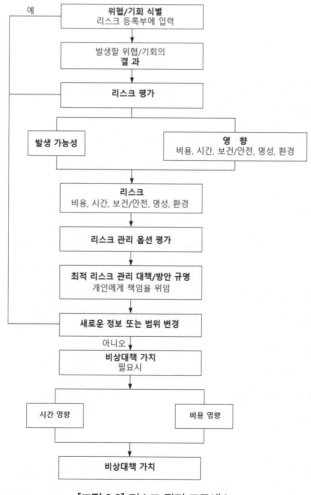

[그림 2.3] 리스크 관리 프로세스

i) 위협/기회 식별

ii) 가능성 평가

iii) 결과 분석

iv) 리스크 감소를 위한 옵션 고려

v) 선택된 리스크 경감전략을 식별하고 관리

vi) 정기적인 검토 및 재고, 특히 새로운 정보가 제공될 경우

계약문서와 회사관계
- 발주자-과거 일적 관계
- 발주자의 기대사항
- 전문업체/공급자-능력, 과거일적 관계
- 계약조건
- 지불조건
- 변경에 민감성(비용과 시간, 대안접근)
- 리스크 할당(예, 지반리스크)
- 과거 설계 및 시공상의 일적관계
- 책임성/권한 경계
- 커뮤니케이션 라인
- 조절정보

직원채용
- 직원채용 요구사항
- 관련 경험
- 적정단계에서의 전문성
- 지식/전문성의 한계
- 내부전문가 이용

제3자의 민감성
- 제3자 연관성
- 다른 당사자에 대한 의존성
- 근접구조물과 서비스
- 공공 연관성/관심
- 위치
- 환경 이슈
- 소음
- 진동
- 폐기물 관리 최소화

승인
- 접근
- 법규 – 환경, 안전
- 계획합의, 면허
- 발주자 승인
- 폐기물 관리 최소화

지반조건
- 사전조사, 지반조사, 지반조사보고서 평가
- 지질 환경-잠재적 변동성, 잠재적 위험요소
- 수리지질 – 계절적 변화, 장기적인 변화
- 지하수 조절
- 오염
- 지반/구조물 상호작용 이슈
- 지반/구조물 거동
- 지진

설계
- 명확하고 분명한 설계 요약
- 서비스 수준 기준
- 혁신 또는 증명된 기술/방법/재료
- 설계 인터페이스
- 입력 자료의 적정성과 신뢰성
- 예상치 못한 메커니즘
- 해결책의 철저한 검증 – 설계, 능력, 가정

시공
- 제안된 방법론에 대한 과거 경험
- 현장 검증/문제 인식
- 시공성
- 유지관리
- 혁신 또는 검증된 기술/방법/재료
- 계측 모니터링
- 시공 인터페이스
- 설계가정 검증을 위한 피드백
- 관찰법의 잠재성
- 지반조건 변경의 영향
- 임시작업

공정
- 작업의 연속성
- 이용 가능한 시간
- 접근 제한
- 직원/전문가 계획의 이용성

[그림 2.4] 위협/기회의 신속한 식별을 위한 리스트

가장 중요한 단계는 위협/기회 식별로, 만약 이것이 종합적인 방법으로 수행되지 않는다면 모든 후속 단계는 잘못된다. 단순한 리스크 평가에서 단계 ii)와 iii)는 정성적이며, 참가자의 경험과 지식의 조합에 기초한다. 프로젝트의 가장 중요한 위협과 기회를 식별하는 것이 주요 목표이다.

(1) 정량적 또는 정성적 리스크 평가

리스크 평가는 프로젝트 규모, 기술적 복잡성 및 관련 당사자들의 선호도에 따라 정성적 또는 정량일 수 있다. 대부분의 프로젝트에는 정성적 리스크 평가가 적합할 것이다. 완전한 정량적 평가는 공사비와 공정수행에 직접적으로 연계될 수 있다는 점에서 유리할 수 있다. 그러나 리스크 전문가를 이용할 수 없다면, 결과나 가능성 평가에 대한 과도한 노력은 전문지식의 주요 목적을 손상시킬 수 있다.

- 가장 중요한 리스크의 식별
- 리스크를 관리하는 최선의 방법 평가

현재 목적을 위해서는 완전한 정량적 접근법이 권장되지 않는다. 세미 정량적 및 정성적 접근 방법은 아래에 설명되어 있다.

(2) 세미 정량적 접근법

위협과 기회가 식별되고 리스크 등록부에 입력되면 관련 리스크가 평가된다. 리스크를 유도하기 위해 각각의 위협 또는 기회의 영향과 가능성이 고려된다. 몇 가지 유용한 정의는 다음과 같다.

- **가능성(Likelihood)** : 정의된 시간 내에 발생하는 리스크 이벤트의 가능성(또는 확률)을 말한다. 여기서 리스크 이벤트는 발생하는 위협 또는 잃어버릴 기회로 정의한다.
- **영향(Impact)** : 리스크 이벤트가 발생한다면 하나 또는 그 이상의 목표에 미치는 영향을 말한다. 영향은 사고율, 재정적 가치, 프로젝트 지연 시간, 명성 손상 등으로 인한 매출액 손실로 측정될 수 있다.
- **위험도(Risk)** : 위협 또는 기회의 잠재적 발생으로, 프로젝트 목표 달성에 긍정적 또는 부정적인 영향을 미칠 수 있다.

위험도(Risk)＝영향(impact) × 가능성(Likelihood)

∴ 높은 영향을 미치지만 매우 낮은 가능성을 가진다면 낮은 위험도로 평가됨

영향에 대한 점수는 [표 2.2]에 제시되어 있으며, 비용, 시간, 명성 및 사업 관계, 보건 및 안전 그리고 환경의 5개의 범주에 기반을 둔다. 영향등급(범주)은 1(매우 낮음 – 무시)에서 5(매우 높은 – 재해 수준)까지 구분된다. 각각의 위협과 기회는 모든 영향등급으로 평가되도록 하였다. 리스크 점수는 영향과 가능성 점수를 결합하여 유도되고([표 2.2] 및 [표 2.3]), 무시(negligible)에서부터 수용 불가(intolerable)까지의 리스크 레벨로 평가된다[그림 2.5].

[표 2.2] 영향 점수

	영향		비용	공기	명성	보건/안전	환경
1	매우 낮음 Very Low	무시	무시	공기에 사소한 영향	무시	무시	무시
2	낮음 Low	중요	예산 1% 이상	공기에 5% 이상 영향	지역회사 이미지/사업관계 에 작은 영향	작은 피해	작은 환경사고
3	보통 Medium	심각	예산 5% 이상	공기에 10% 이상 영향	지역 언론 노출/사업관계에 작은 영향	주요 피해	관리가 요구되는 환경사고
4	높음 High	향후 공사와 발주자 관계에 위협	예산 10% 이상	공기에 25% 이상 영향	전국적 미디어 노출/사업관계에 큰 영향	치명적 피해	법정에 이르는 환경사고
5	매우 높음 Very high	사업 생존과 신용에 위협	예산 10% 이상	공기에 50% 이상 영향	회사 이미지에 영구적, 전국적 영향/사업관계에 심각한 영향	다중의 치명적 피해	공공보건 및 자연에 회복할 수 없는 영향을 미치는 환경사고

[표 2.3] 가능성 점수

	가능성 (Likelihood)		확률(Probability)
1	매우 낮음 Very low	무시/가능성 매우 낮음	<1%
2	낮음 Low	일어날 것 같지 않음	>1%
3	중간 Medium	일어날 것 같음/가능성 있음	>10%
4	높음 High	일어날 수 있음	>50%
5	매우 높음 Very high	매우 일어날 것 같음/거의 확실	>90%

주 : 가능성은 위험이 일어나거나 기회를 잃을 가능성을 의미

가능성(Likelihood)		영향 (Impact)				
		매우 낮음	낮음	중간	높음	매우 높음
		1	2	3	4	5
매우 낮음	1	n	n	n	n	t
약 간	2	n	n	t	t	s
중 간	3	n	t	t	s	s
높 음	4	n	t	s	s	i
매우 높음	5	n	s	s	i	i

key 수용 불가(빨강) intolerable   i   15 to 25   Note : 리스크 매트릭스에 선정된 위협/기회의 ID 숫자를 기입

     중 대 함(황색) significant   s   10 to 14

     수용 가능(노랑) tolerable   t   10 to 14

     무   시(초록) negligible   n

[그림 2.5] 리스크 점수 매트릭스

(3) 정성적 접근법

리스크를 기록하고 평가하는 프로세스는 세미 정량적 접근법과 유사하다. 그러나 가능성과 영향, 즉 리스크는 매우 낮음, 낮음, 중간, 높음, 매우 높음으로 점수를 매긴다. [그림 2.6]에는 정성적 접근법을 위한 프로젝트 리스크 등록부가 나타나 있다. 리스크 종류는 리스크 종류와 관련된 문자, 예를 들어 보건 및 안전 또는 비용 등과 같이 포함되어야 한다.

프로젝트 위험요소 목록(Project Hazard Inventory)

프로젝트명	프로젝트 No.		프로젝트 관리자
	부서		프로젝트 안전코디네이터

(1) 위험요소 번호 Ref.	(2) 위험요소 Hazard	(3) 원인 Cause	(4) 초기 리스크 레벨 Initial risk level			(5) 설계조치 Design action taken?		(6) 저감대책 Mitigation measures	(7) 최종 리스크 레벨 Final risk level
			확률 Probability	심각성 Severity	리스크 Risk	예 Yes	아니요 No		
1									
2									
3									
4									
5									

[그림 2.6] 프로젝트 리스크 등록부

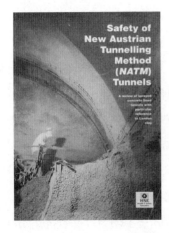

[그림 2.7] 안전보고서와 리스크 관리 실무 기준

2. 싱가포르 니콜 하이웨이 붕락사고와 리스크 안전관리

2.1 사고 개요

니콜 하이웨이 사고는 싱가포르에서 발생했으며 2004년 4월 20일 오후 3시 30분경 붕괴되었다. 굴착 폭은 20.1m였고 11단계로 공사할 계획이었다. 최종 굴착 깊이는 33.3m였지만, [그림 2.8]에서 볼 수 있듯이 굴착이 지표에서 −30.6m(10단계)에 도달했을 때 지보시스템이 붕괴되었다. 파괴된 벽체는 굴착 구역 안쪽으로 무너졌고 강철 스트럿이었던 지보 시스템이 구부러졌다. 붕괴 길이는 약 30.5m였다. 이 사고로 인해 사상자 4명과 부상자 3명이 발생했다. 이 붕락사고로 인해 수도, 전기, 가스선이 막혀 해당 지역의 약 15,000명이 피해를 입었으며, 지반 상태의 손상으로 인해 인근 교량의 두 구역을 철거하고 재건축해야 했다.

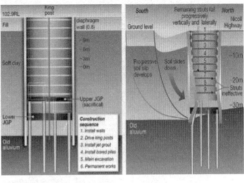

[그림 2.8] 싱가포르 니콜 하이웨이 붕락사고(2004)

이 붕괴는 갑자기 발생하지 않았다. 붕괴가 임박했다는 경고가 많았지만, 대부분의 경고는 심각하게 받아들이지 않았거나 무시되었다. 붕괴 전에 발생한 사건은 임시가시설 시스템의 다이어프램 벽체를 설계할 때 유효응력 접근법(Undrained A)을 사용한 설계 방법론의 중대한 오류가 있었으며, 주요 붕괴가 발생하기 전에 400mm 정도의 과도한 지표침하가 감지되었다. 또한 다이어프램 벽체 패널의 수직 균열도 명확하게 관찰되었으며, 이는 다이어프램 벽체의 허용 용량에 도달했다는 징후 중 하나였다. 이러한 이유로 제트 그라우팅 파일을 시공하여 벽체처짐을 제한했다. 사고 당일 현장 작업자들은 오전 8시경에 다층 스트럿 시스템에서 소리가 나는 것을 들었다. 이 소리는 계약자의 선임 엔지니어가 조사했고, 불행히도 많은 월러-스트럿 연결부가 항복을 겪었다는 것을 발견했다. 그런 다음 모든 건설 작업자를 대피시켜 즉각적인 조치를 취했다. 오후에 발주자 측 엔지니어가 현장에 와서 시공자의 엔지니어와 함께 굴착을 안정화하기 위해 스트럿의 9번째 레벨에 콘크리트를 타설하기로 결정했다. 그러나 오후 3시 30분에 붕괴되었다.

2.2 사고 원인 조사

사고 원인을 조사하기 위하여 노동부 주도하에 조사위원회(the Committee of Inquiry, COI)가 설립되었다. 2004년 5월부터 2004년 12월까지 공청회가 열렸고 최종 보고서는 2005년 5월 10일에 발표되었다. 조사 보고서는 약 1,000페이지에 달하며, 여기에는 잘못된 많은 사항이 나와 있다. 다른 사항도 잘못되었을 수 있지만, 잘못되었는지 여부를 판단할 수 있는 정보가 부족했다. 붕괴된 현장은 이후 복구되지 않아 증거가 부족했고, 붕괴 전에는 선택된 구역만 모니터링되었다.

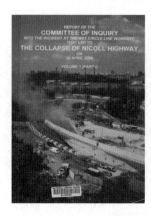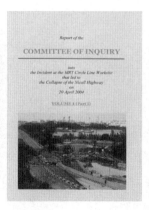

[그림 2.9] 니콜 하이웨이 붕락사고 조사보고서(2005)

COI는 중대한 설계 오류로 인해 토류벽 시스템 일부가 붕괴되어 4명의 근로자가 사망했다고 결론지었다. 또한 니콜 하이웨이 붕괴가 MRT Circle Line 프로젝트 C824의 굴착을 위한 스트럿-월러 지보시스템의 파괴로 인해 시작되었다고 결론지었다. 붕괴 당일, 여러 개의 월러가 휘어져 결국 굴착 현장의 벽체가 무너졌음을 확인하였다. 이 붕괴의 공식적인 이유는 첫째, 다이어프램 벽체를 설계하는 데 방법 A(유효응력 방법)를 적용한 결과 비배수 전단강도가 과대평가되어 결과적으로, 다이어프램 벽체 휨모멘트와 처짐을 과소평가했으며, 둘째, 스트럿-월러 연결의 설계 오류로 파악하였다.

1) 설계 및 시공 오류

위원회는 토류벽 시스템의 파괴로 이어진 중요한 설계 및 시공 오류를 다음과 같이 확인했다.

i) 사고 현장의 지반 강도를 과대평가하고 굴착 내 옹벽에 작용하는 힘을 과소평가한 부적절한 지반 시뮬레이션 모델 사용

ii) 스트럿-월러 지지 시스템 설계 오류로 인해 연결부가 과소설계됨

iii) 실제 시공의 편차로 인해 설계 미달 조건이 더욱 악화됨

iv) ii) 및 iii)의 오류의 순효과로 인해 스트럿-월러 시스템이 원래보다 약 50% 더 약해졌다.

2) 프로젝트 관리 문제

위원회는 설계 오류를 지속시키고 악화시킨 프로젝트 관리의 결함을 발견했다. 인적 및 시스템적 실패는 다음과 같다.

i) 작업의 부적절한 계측 및 모니터링

ii) 계측 데이터의 부적절한 관리

iii) 전문 작업을 수행하는 사람의 역량 부족

iv) 건설 프로세스의 부정적 추세를 파악하고 시정 조치를 이행할 수 있는 프로젝트 관리 팀과 감독 인력의 무능력

v) 발주자, 시공자 및 전문업체 간의 당사자 간 및 당사자 내 명령 체계와 의사소통의 문제

vi) 프로젝트의 다양한 당사자 간의 의사결정을 위한 보고구조의 명확성 부족

2.3 교훈과 권고 사항

위원회는 안전 프레임워크를 개선하고 향후 유사한 프로젝트의 안전을 개선하기 위해 다음과 같은 광범위한 권고 사항을 내놓았다.

i) 중대 사고의 가능성은 리스크 식별 및 리스크 분석을 통해 인식하고 해결해야 한다. 여기에는 임시 작업(temporary work)의 설계가 견고하고 독립적으로 검토되고 정기적으로 검토되도록 하는 것이 포함된다.

ii) 엄격한 가중치 시스템(weightage system)은 계약 및 입찰 평가시스템의 일부를 구성해야 한다. 가중치 시스템에는 안전 기록 및 입찰자 문화와 핵심 또는 기업 역량과 같은 비기술적이고 비상업적 속성이 포함되어야 한다.

iii) 설계에서 실행까지 경영진의 지속적이고 눈에 띄는 헌신과 이해 관계자와의 협의를 포함하여 모든 직장에 강력한 안전 문화가 있어야 한다.

iv) 안전관리 시스템을 고안할 때는 조직적 및 인적 요소를 고려해야 한다. 예를 들면 다음과 같다.

- 계측 및 모니터링은 신중하게 관리해야 한다(특히 대중에게 해를 끼칠 가능성이 있는 경우).
- 고위 관리자는 작업을 중단하거나 중단하는 올바른 판단을 내릴 만큼 충분한 경험이 있어야 한다.
- 생산 압박은 방어적 예방 시스템으로 균형을 맞춰야 한다.
- 전문가와 전문업체는 올바른 역량과 교육을 받아야 한다.

v) 대중과 가까운 곳에서 상당한 해를 끼칠 가능성이 있는 주요 프로젝트는 특별한 검토가 필요하며 종합적인 비상 계획이 있어야 한다.

vi) 새롭거나 익숙하지 않은 기술은 채택하기 전에 엄격하게 이해하고 평가해야 한다.

2.4 안전 문제

본 프로젝트의 안전과 안전 문화는 부족했다. 조사에서 안전에 대한 필요성이 확인되었다. 한 가지 분명한 교훈은 깊은 굴착 공사의 공공 기관, 발주자 및 시공자가 프로젝트 안전에 대한 대중의 신뢰를 심어주어야 한다는 지속적인 필요성이 강조되었다. 보고서는 본 프로젝트의 주요 안전 오류와 조직적 실패를 설명하였다. 문제는 안전이 우리에게 어떤 비용을 초래하는지가 아니라 무엇을 절약하는지이다. COI는 싱가포르의 깊은 굴착공사에서 안전 관리 및 프로세스를 개선하기 위한 몇 가지 교훈을 도출하고 권장 사항을 제시하였다.

2003년 3월부터 붕괴 당일인 2004년 4월 20일까지 많은 안전 실수와 오류가 있었다. 안전 오류와 조직적 실패의 역사였다. 이러한 조직적 실패는 본 프로젝트 실행에서 안전 문화가 부족한 것을 나타낸다.

조직적 사고는 드물지만 이 조사에서 분명히 알 수 있듯이 종종 치명적인 사건이다. 의심할 여지 없이 인적 오류가 있었지만 이는 예측 가능한 조직적 실패의 결과일 뿐이었다. 니콜 하이웨이 붕괴 사고는 특히 리스크 식별, 리스크 회피 및 감소, 잔여 리스크 제어를 적절히 처리하지 못한 예방 시스템의 실패에서 기인했다. 시공자와 전문업체의 안전 감수성과 문화 부족은 붕괴 당일인 2004년 4월 20일에 끔찍한 결과로 나타났다.

중대한 안전 실패는 안전하지 않은 행위, 안전하지 않은 조건 및 안전하지 않은 태도에 직면하여 작업 중단 명령이 내려지지 않았다는 것이다. 작업 중단 명령은 건설 과정에서 실행 가능한 안전 조치로 존재해야 하는 필수적이고 중요한 요소이다. 작업 중단 명령은 실행 가능하고 현실적인 옵션이어야 한다. 2003년 3월부터 2004년 4월까지의 현장 문제는 정보에 입각한 안전 문화가 부족함을 보여주었다.

다른 안전 실수는 다음과 같다.

i) 계측 및 모니터링상의 안전 오류
ii) 명령 체계의 명확성 부족 및 비효율적인 커뮤니케이션
iii) Type M3의 역해석의 안전 오류

안전에 대한 주요 권장 사항은 보고서에 정리되었다. 이러한 권장 사항은 정부의 관계부서, 건설 산업 이해 관계자 등의 의견을 고려했다. 이는 안전 오류에 대한 불관용과 강력한 안전 문화의 필요성을 올바르게 보여준다.

1) 안전 교훈과 권고 사항

(1) 임시 공사는 영구 공사와 동일하게 관리되지 못했다. COI 보고서에서는 임시 공사의 구조적 안전성이 영구 공사만큼 중요하며 확립된 코드에 따라 설계하고 유능한 사람이 확인해야 한다고 하였다.

(2) 깊은 굴착공사에서는 리스크 프로파일을 기준으로 프로젝트를 평가하는 것이 유용하다.

(3) 모든 건설 프로젝트에는 강력한 안전 및 안전 문화가 있어야 한다. 보고서에서는 안전 시스템과 개발자부터 최소 숙련 근로자까지 모든 계층에 스며드는 안전 의식 문화가 있어야 한다고 것이다. 이와 관련하여 노동부는 인프라의 수명 주기, 즉 설계, 시공, 심지

어 유지 관리를 포함하여 안전 및 건강 문제를 해결하기 위해 직장 안전 및 건강법을 도입할 예정이다. 제안된 법률을 시행하면 안전 관리 시스템이 강화되고 건설 현장에서의 안전 /보건관리가 전반적으로 향상될 것이다.

(4) 안전 정책은 명확하고 모호하지 않아야 한다. 노동부의 조사결과, 비상 대피 계획이 수립되었고 현장 인력이 훈련을 실시했지만 작업 현장에서 즉각적인 대피가 필요한 상황 유형에 대한 명확한 지침은 수립되지 않은 것으로 나타났다. LTA는 또한 시공자에게 여러 현장에서 더 나은 접근성과 대피 시설을 제공하도록 요구하도록 하였다.

(5) 직원과 다른 사람들에게 리스크를 최소화하기 위한 효과적인 안전관리 시스템이 있어야 한다. 본 시스템은 사고와 미스의 정보를 수집하고, 지능적이고 합리적으로 분석하고, 배포해야 한다. 안전관리 시스템에서는 계약 조직 내의 문화, 태도, 신념을 포함한 인적 요소를 고려할 필요가 있다. 안전 문화는 건강과 안전에 대한 조직의 접근 방식에 대한 헌신과 스타일과 능숙성을 결정하는 개인 및 그룹의 가치, 태도, 역량, 행동 패턴과 관련이 있어야 한다. 안전 프로세스를 관리하는 사람은 인적 실패가 어떻게 발생하는지, 이를 방지하기 위해 무엇을 할 수 있는지, 어떻게 감지하고 수정할 수 있는지, 어떻게 복구할 수 있는지 이해해야 한다.

(6) 효과적인 안전관리 시스템은 개인에게 발생하는 사고와 조직에 발생하는 사고의 두 가지 사고를 인식해야 한다. 그런 다음 계약 조직은 리스크 식별, 리스크 회피 및 감소, 잔여 리스크 제어를 적절히 처리하는 방어 시스템을 갖추어야 한다.

(7) 안전 조치는 지속적으로 감시하고, 걱정하고, 조정하고, 조절해야 한다. 문화적 사고방식은 명백한 경제성과 시공 일정을 충족해야 할 필요성과 관련된 특정 리스크에 초점을 맞춰야 한다.

(8) 사고에 대한 지나치게 단순한 분석을 방지하고 운영자만 비난할 필요가 있다. 높은 수준의 오류는 다른 사람들이 직장에서 실수를 하는 상황을 만드는 데 중요한 역할을 할 수 있다.

(9) 성능 모니터링 기반 계측시스템은 효과적이고, 적절한 리소스가 제공되고, 유지 관리되어야 한다. 다양한 계측기의 정보를 통합하고 중요한 정보를 작업 현장에서 발생하는 일과 시공의 각 요소의 품질과 연관시킬 필요가 있다. 관리 시스템과 리소스는 방대한 양의 계측 데이터를 수집, 입력, 처리 및 해석할 수 있어야 한다.

LTA가 프로젝트 관리 및 프로세스를 재검토하고 안전, 설계 및 시공 문제를 다루는 모든 현장에 대한 리스크 등록부를 설정하도록 했다. 현장 직원은 트리거 값을 초과하는 계측 판독값을 검토 및 후속 조치를 위해 선임 및 프로젝트 직원으로 구성된 위원회에 즉시 보고해야 한다. 또한 LTA가 시공자에게 맡기는 대신 프로젝트에 대한 전문 계측업체 임명을 직접 처리하여 전반적인 프로세스와 시공 모니터링을 보다 잘 제어할 수 있게 될 것이다. LTA는 진행 중인 프로젝트에 대한 계측업체의 품질 관리를 제정했다. 이를 위해 시공자는 작업 범위, 인력 자격, 교육, 계측기 및 교정과 관련된 품질 계획을 가져야 한다.

(10) 이상한 계측 결과는 충분히 일찍 식별할 뿐만 아니라 끈기 있게 모니터링하고 그에 따른 위험을 인식하여 시정 조치를 취할 수 있도록 해야 한다. 정확하고 최신 모니터링 정보를 정기적으로 제공하는 것이 필수적이다. 예측된 설계 값과 실제 설계 값의 비교와 임시 벽체의 거동으로부터 얻은 추세선을 포함한 정확하고 시기적절한 해석은 안전에 매우 중요하다.

(11) 계약 조직 내의 명령 체계는 잘 확립되어야 하며 의사소통은 효과적이어야 한다. 문제에 대한 소유권, 문제 해결을 위한 건전하고 시기적절한 엔지니어링 판단의 행사가 있어야 한다. 그래야만 그러한 엔지니어링 판단이 효과적으로 수행될 것이다. 현장에서 적절한 정보 흐름을 용이하게 하기 위해 적절한 명령 체계와 보고 구조가 있어야 한다. 복잡한 프로젝트에서 다양한 프로젝트 당사자 간의 업무 관계에 더 큰 명확성이 있어야 한다.

(12) 역해석의 신뢰성은 안전에 매우 중요하며, 적절하고 정직하며 선의로 수행된다는 기본 가정에 따라 달라진다. 역해석이 안전평가라는 기본 목적에서 벗어나 시공의 지속을 정당화하기 위한 곡선 피팅 연습으로 전락하자마자, 그것은 무해한 도구에서 위험한 것으로 변질되었을 것이다.

(13) QPD(지반전문 기술자)의 독립성은 이해 상충 상황을 피하고 적절하고 공정한 감독 하에 건설 공사를 수행할 수 있도록 하는 데 필수적이다. 이와 관련하여 LTA는 조직 외부에서 독립적인 QPD를 임명하는 것을 고려하는 것이 좋다. 또한 LTA는 이중 임명의 현재 관행을 검토하여 잠재적 이해 상충 영역을 파악하고 갈등을 피하거나 줄이기 위한 조치를 취해야 한다. C824에서 발생했듯이 동일한 사람을 동일한 프로젝트의 프로젝트 디렉터와 QPD로 임명하는 관행은 강력히 금지해야 한다. LTA가 모든 프로젝트의 임시 공사 설계에 대한 점검을 수행하기 위해 독립적인 컨설턴트 엔지니어를 고용하고 있다는 점을 알 수 있다. BCA는 또한 깊은 굴착과 관련된 임시 공사에 대한 규제 프레임워크를 강화하기 위한 다양한 옵션을 모색하고 있다.

(14) QPD는 자신의 점검을 진지하고 철저하게 수행할 수 있는 충분한 시간이 있어야 한다. QPD 역할의 중요성은 인식되고 구현되어야 한다. QPD의 견제와 균형 역할은 비용 고려

사항 때문에 포기되어서는 안 되며 단순한 피상적인 기능으로 축소되어서는 안 된다.

(15) COI는 안전 인식을 심어주기 위한 세 가지 원칙을 제시하였다.

- 모든 이해 관계자가 자신이 만든 리스크를 최소화하거나 제거하도록 요구하여 리스크를 원천적으로 줄인다. 이를 위해서는 작업장의 리스크 원천, 이러한 리스크를 줄이기 위한 조치 및 해당 조치에 대한 책임이 있는 당사자를 식별하기 위한 평가가 필요하다.
- 산업 자체가 안전 결과에 대한 더 큰 책임을 가져야 한다. 그들은 책임하에 있는 근로자의 생명 손실과 부상을 줄이기 위해 자체 규제해야 한다.
- 안전 관리가 미흡한 경우 형사처벌을 강화하고 안전하지 않은 시스템을 갖춘 작업장에 대한 재정적 부정적인 인센티브와 처벌을 강화한다.

(16) 좋은 윤리적 관행과 높은 도덕 기준은 상업적 이익보다 우선해야 한다. 따라서 엔지니어(감리자) 및 시공자는 안전을 최우선으로 고려하여 전문적 및 계약적 의무를 주의 깊게 수행해야 한다.

(17) 안전 교육 및 교육 프레임워크를 검토하여 경영진과 근로자에게 작업 위험 및 안전한 작업 관행에 대한 관련 정보와 지식을 제공해야 하며, 특히 전문 작업에서 그렇다.

(18) 근로자는 안전하지 않은 작업 관행에 대해 '고발'하고 작업 리스크를 제거하거나 없앨 수 있는 권한이 있어야 한다.

(19) 안전은 경영진과 근로자의 성과 평가 및 보상에서 핵심 성과 지표(KPI)로 통합되어야 한다.

(20) 특히 깊은 굴착 작업에서 핵심 기술을 개발하기 위해 충분한 현지 근로자를 확보하는 것이 필수적이다. 그런 다음 이러한 근로자를 외국인 근로자로 보완할 수 있다.

2) 전반적인 교훈과 권고 사항

기본 원칙은 리스크를 피하고, 리스크를 최소화하고, 건설현장에서 일하는 사람들과 건설 활동의 영향을 받을 수 있는 사람들의 건강과 안전을 보호하는 것이다. 주요 권장 사항은 다음과 같다.

(1) 효과적인 리스크 관리

- 니콜 하이웨이 붕괴와 같은 주요 사고 리스크는 발생 확률이 낮은 사건에서 발생할 수 있다.
- 이러한 사고는 효과적인 리스크 관리를 통해 예방해야 한다. 이는 리스크 평가의 가정을 일상적으로 준수하도록 리스크를 모니터링하는 기능을 수행하는 관리 및 운영자가 상당한 정도로 수행하여야 한다.

- 리스크를 만드는 사람이 리스크를 줄일 책임이 있다는 것이다. 건설 과정이나 설계 결함으로 인한 중대한 사고의 가능성을 인식하고 신속하게 통제해야 한다. 발주자는 건강, 안전 및 복지를 보장해야 한다.
- 리스크에 대한 통제를 전적으로 시공자에게 맡기는 것은 부적절하다. 리스크는 합리적으로 실행 가능한 한 낮은(as low as reasonably practicable) 수준으로 줄여야 한다. 이는 본질적으로 기술적 문제로 프로젝트의 계약 가치로 결정할 수 없다.
- 리스크 평가는 단순히 직장에서 개인에게 발생하는 리스크뿐만 아니라 대중에게 발생하는 리스크도 고려해야 하며, 식별된 리스크는 리스크 등록부를 통해 다른 사람에게 전달해야 한다.
- 인적 오류는 발주자에게만 국한되지 않고 조직 전체에서 발생할 수 있다는 점을 인식해야 한다. 본 프로젝트에서처럼 설계, 역해석, C채널 사용, 모니터링 데이터 해석의 높은 수준의 오류는 다른 사람이 작업 현장에서 실수를 하는 상황을 만드는 데 중요한 역할을 할 수 있다.
- 기업 역량의 최소 기준을 수립하고 유지해야 하며, 이와 유사한 굴착 프로젝트에서는 적절한 역량을 개발해야 한다.
- 새롭거나 익숙하지 않은 기술은 특별한 검토가 필요하며, 근로자나 대중에게 심각한 피해를 줄 가능성이 있는 주요 프로젝트도 마찬가지이다.

(2) 불확실성과 품질 관리
- 불확실성의 존재를 인식하고 책임이 공유되고, 실수가 빠르게 학습되고, 갈등이 잘 관리되는 생성적인 문화를 육성해야 한다. 역할과 책임은 명확하게 확립되어야 한다.
- 발주자와 시공자는 생산 압박과 품질 및 안전 목표 간의 균형을 이루어야 한다. 효과적인 관리에서는 고위 경영진의 효율적인 헌신을 보여주고, 안전 담당자를 포함한 모든 직장인을 참여시켜야 한다.
- 중요한 결정은 적절한 시기에 적절한 수준에서 내려야 한다.
- 발주자와 시공자 및 설계자 간에 솔직하고 정기적인 협의가 이루어져야 한다. 이를 통해 사고를 방지하기 위한 방어 시스템에서 각 당사자의 역할과 책임에 대한 교차 확인 및 이해의 기회를 제공할 수 있다.

(3) 지반공학 계측 모니터링 관리
- 계측 모니터링은 굴착 작업에 필수적으로 적절한 계측기를 배치해야 하고, 수집된 데이터는 적절하게 사용하고 관리해야 한다.

- 모니터링 시스템은 모든 설계 및 시공 요구 사항을 충족하기에 충분한 정성적 및 정량적 데이터를 수집해야 하며, 특히 시공 중 모니터링은 안전을 염두에 두고 신중하게 수행해야 한다.

(4) 설계의 견고성

설계의 견고성은 리스크를 별하고 제안된 설계가 리스크를 적절히 해결할 수 있는지 확인하여 제공된다. 설계는 특정 요소가 파괴될 경우 치명적인 붕괴를 방지하기에 충분한 중복성을 가져야 한다. 설계에는 재료 결함과 시공상의 결함을 처리하기 위한 내장형 안전장치가 있어야 한다.

(5) 설계 검토 및 독립적 검사

- 구조적 문제가 발견되거나 계측기 판독값이 편차나 이상을 보일 경우 설계 검토를 수행해야 하며, 이를 위해서는 프로젝트 시작 시 계획된 프로그램이 필요하다.
- 모든 깊은 굴착을 위한 임시작업에서 독립적인 검사를 수행해야 하며, 이는 영구 작업에 대한 현재 관행과 같다. 임시 작업의 구조적 안전은 영구 작업의 구조적 안전만큼 중요하며 확립된 코드에 따라 설계되어야 하며 유능한 사람이 검사해야 한다.

(6) 지반 공학 설계에서의 수치 모델링

일반적으로 수치해석 또는 모델링은 건전한 엔지니어링 관행과 판단을 보완하는 데만 사용해야 하며 대체해서는 안 된다. 또한 지반공학 수치해석은 토질 역학 원리에 대한 기본 지식과 수치 모델링과 그 한계에 대한 명확한 이해를 가진 유능한 사람이 잘 수행해야 한다.

2.5 리스크 관리

2004년 니콜 하이웨이 MRT 붕괴사고 이후에 모든 지하공사에서의 안전관리를 강화하고, 리스크 관리를 의무화하고 있는 싱가포르에서의 리스크 안전관리에 대한 현황을 검토하였다.

싱가포르 건설에서는 시공자(Contractor)는 리스크 매트릭스를 사용하여 모든 안전에 중요한 활동을 확인하고 각각의 활동에 대한 공법 설명서(Method Statement)를 준비하고, 공사를 시작하기 전에 엔지니어(Engineer, 감리자)가 승인하도록 해야 한다. 리스크 평가 시 요구되는 위험요소의 발생 가능성(Likelihood)과 결과(Consequence)에 대한 평가등급과 설명은 다음 [표 2.4]에 나타나 있다.

[표 2.4] 사고 빈도(발생 가능성) Accident Frequency(LTA General Specification)

Likelihood	Rating	Description
Frequent	I	Likely to occur 12 times or more per year
Probable	II	Likely to occur 4 times per year
Occasional	III	Likely to occur once a year
Remote	IV	Likely to occur once in 5 year project period
Improbable	V	Unlikely, but may exceptionally occur

[표 2.5] 사고 심각도(결과) Accident Severity(LTA General Specification)

Likelihood	Rating	Description
Catastrophic	I	• Single or Multiple loss of life from injury or occupational disease, immediately or delayed • Loss of whole production for greater than 3 days • Total loss in excess of $1 million
Critical	II	• Reportable major injury,[1] occupational disease[1] or dangerous occurrence • Damaged to works or plants causing delays of up to 3 days • Total loss in excess of $250,000 but up to $1 million
Marginal	III	• Reportable injury,[2] occupational disease[2] • Damage to works or plants causing delays of up to 1 day • Total loss in excess of $25,000 but up to $250,000
Negligible	IV	• Minor injury,[3] no lost time or person involved returns to work during the shift after treatment • Damage to works or plants does not cause significant delays • Total loss of up to $25,000

Note: If more than one of the descriptions occurs, the severity rating would be increased to the next higher level. Applicable to item numbers 2 and 3 only.
1 For man-days lost greater than 7 days
2 For man-days lost greater than 4 to 7 days
3 For man-days lost greater than 1 to 3 days

[표 2.6] 리스크 매트릭스 Risk Matrix(LTA General Specification)

Risk Category			Accident Severity Category			
			I	II	III	IV
			Catastrophic	Critical	Marginal	Negligible
Accident Frequency Category	I	Frequent	A	A	A	B
	II	Probable	A	A	B	C
	III	Occasional	A	B	C	C
	IV	Remote	B	C	C	D
	V	Improbable	C	C	D	D

[표 2.7] 리스크 인덱스 정의 Definition of Risk Index(LTA General Specification)

Risk Index	Description	Definition
A	Intolerable	Risk shall be reduced by whatever means possible
B	Undesirable	Risk shall only be accepted if further risk reduction is not practicable
C	Tolerable	Risk shall be accepted subject to demonstration that the level of risk is as low as reasonably practicable
D	Acceptable	Risk is acceptable

[표 2.8] 리스크 평가 양식(Activity-Based Risk Assessment Form)

ACTIVITY-BASED RISK ASSESSMENT FORM

Company :				Activity/Process :				Location of work :			
Conducted By (RA team members) :	Name	Designation	Date	Reviewed By :	Name	Designation	Date	Approved By :	Name	Designation	Date
Last Review Date :				Next Review Date :							

S/No	Description of Work Activity	Hazards Identified	Risk	Existing Control Measures	Initial Risk Index			Additional Control Measures	Residual Risk Index			Risk Owner (Action Officer)		
					F	S	R		F	S	R	Name	Designation	Follow-up Period

F : Frequency (I = Frequent, II = Probable, III = Occasional, IV = Remote, V = Improbable)
S : Severity (I = Catastrophic, II = Critical, III = Marginal, IV = Negligible)
R : Risk Index (A = Intolerable, B = Undesirable, C = Tolerable, D = Acceptable)

리스크 관리는 리스크 수준을 제어하여 영향을 완화하기 위한 체계적인 접근법으로 리스크 관리 프로세스는 건설 공사가 항상 불확실성을 수반한다는 것을 의미하는 것으로, 건설공사의 성공적으로 완료되도록 리스크가 체계적으로 허용 가능한 수준으로 감소되도록 하기 위한 절차이다. 리스크 관리는 [그림 2.10]에서 보는 바와 같이 위험요소 식별, 리스크 평가, 리스크 컨트롤 및 리스크 모니터링의 연속적인 주기적 절차이다.

[그림 2.10] 리스크 관리 프로세스

2.6 안전관리 시스템(Safety Management System)

1) PSR(Project Safety Review, 프로젝트 안전검토 프로세스)

PSR의 절차의 목적은 LTA 프로젝트에 대한 시공 설계 및 프로젝트 관리에서의 리스크 식별 및 완화 원칙을 적용하기 위한 것이다. 타당성 단계부터 인수인계 단계까지 체계적인 리스크 관리 접근법을 적용하여, 모든 단계에서 위험요소를 식별하고 가능한 경우 제거해야 한다. 다음 의 LTA 프로젝트는 PSR(Safe-to-Build) 프로세스의 적용을 받는다.

- 모든 새로운 RTS(Rapid Transit System) 라인
- 기존 라인에 정거장 추가 건설
- 기존 라인의 확장

(1) Safety Submission(안전 승인)

프로젝트의 모든 단계에서 안전관리에 대한 리포트를 작성하고 이를 LTA에 제출하여 허가 를 받아야 각 단계에서의 프로젝트의 승인을 받을 수 있도록 되어 있다. [그림 2.11]에서 보는 바와 같이 안전 제출 승인의 종류는 타당성 조사단계(CFSS)에서부터 기본개념설계(CCSS), 상 세설계단계(CDSS), 시공단계(CNSS) 및 인도단계(CHSS)로 구분되며, 각 단계별로 예상되는 소요시간과 절차는 [그림 2.12]에 나타나 있다. 일반적으로 CDSS에 한 달, CNSS에 두 달 이상 이 소요되므로 설계 및 시공단계에서 이에 대한 대비를 미리 고려하지 않으면 안 된다.

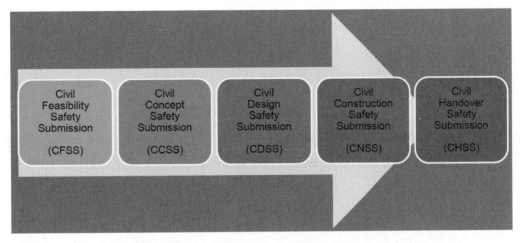

[그림 2.11] 안전 승인 종류(Types of Safety Submission)

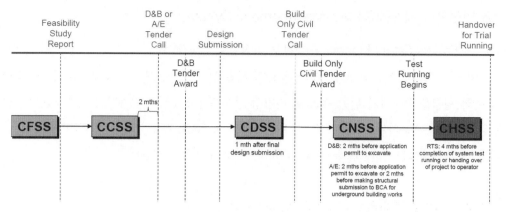

[그림 2.12] 안전 승인 시간표(Timeline for Safety Submission)

2) 역할과 책임(Role and Responsibility)

(1) 리스크 관리자(Risk Management Facilitator, RMF)

- 리스크 워크숍 진행
- 안전 승인 제출 준비
- 리스크 관리에 관리에 대한 외부 RMF와 연계
- 위험요소 식별 및 리스크 평가 방법론 교육
- 토목건설산업 경력 10년 이상(대형 철도 및/또는 도로사업 5년)

(2) 독립 검토자(Independent Reviewer)

- 안전 승인 제출 검토에 있어 PSR 소위원회 지원
- 누락된 위험요소 식별
- 제안된 리스크 제어 조치의 충분성 검토
- 리스크 평가의 합리성

3) AIP 프로세스(Approval-in-Principle)

AIP 프로세스[그림 2.13]는 영국 고속도로국(UK Highways Agency) BD 2/02의 기술 승인 제도를 도입하여 만들어졌다. ACP 프로세스는 상세설계를 준비하기 전에 수행되는 추가 설계 점검 레벨로, ACP 문서는 상세 설계에 대한 합의된 기준을 기록한다.

AIP 프로세스에서는 시공 중 더 안전하게 그리고 공용 중 서비스 수준을 높일 수 있고, 건설 및 유지관리에서 경제적인 제안사항에 대하여 더 큰 보장을 부여하는 것으로, 상세설계 전에 안전관리 및 경제성 측면에서 다시 한번 리뷰하는 프로세스라 할 수 있다.

4) 설계 승인 및 감독(Design Approval and Supervisory Requirements)

건설공사의 설계승인 및 감독 프로세스는 BCA가 규정한다[그림 2.14]. 건설공사의 관련 당사자의 역할은 다음과 같으며, 특히 지하 구조공사의 경우 설계, 검토, 감독에는 특별한 자격을 갖춘 인력이 필요하다.

- PE : 설계를 준비하는 전문 엔지니어 (Professional Engineer)
- AC : 설계 검토에 임명된 독립 인증 체커(Independent Accredited Checker)
- BCA : 설계를 승인하는 정부기관(Building Construction Authority)
- QP(S): 현장에서 작업을 감독하고 검사하기 위해 임명된 독립된 감리팀

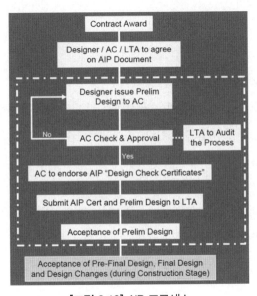

[그림 2.13] AIP 프로세스

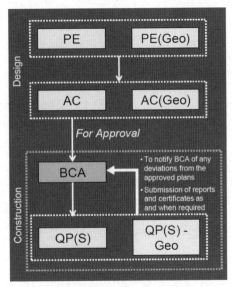

[그림 2.14] 설계 승인 및 감독

5) RMP(Risk Management Plan, 리스크 관리 계획)

시공자는 프로젝트 시작 시에 다음과 같은 항목과 함께 리스크 관리 계획을 제출해야 한다.

- 리스크 평가 계획(Risk Assessment Plan)
- 시공 리스크 등록부(Construction Risk Register)
- 안전, 보건 및 환경 관리 계획(Safety, Health and Environment Control Plan)
- 프로젝트 품질 계획(Project Quality Plan)
- 핵심 공법 설명서(Key Method Statements)
- 검사 및 시험 계획(Inspection and Test Plans)

각 공정에 앞서, 시공자는 특정 공정에 필요한 방법론과 자원을 포함하는 세부 공법 설명서를 제출해야 한다. 공법 설명서에 따라 특정 공정과 관련된 특정 리스크 및 그에 상응하는 리스크 완화 조치를 포함하는 리스크 평가를 제출해야 한다.

6) 리스크 관리 회의(Risk Management Meetings)

프로젝트의 진행에 따라 새로운 리스크를 고려하여 각 활동과 관련된 리스크를 검토하기 위해 정기적인 회의를 개최한다. 프로젝트 기간 중 실시되는 회의의 종류는 다음과 같다.

- 특정 공사 리스크 평가 워크숍 : 주요 업무 활동을 시작하기 전에 실시
- 공동 리스크 등록부 회의 : 월 단위로 실시
- 프로젝트 책임자의 최고 리스크 회의 검토 : 분기별로 실시

7) 전문가 자문단(International Panel of Advisors)

LTA는 리스크 식별, 공사의 공학적 안전성 판단 및 실행 가능한 잠재적 리스크 완화 조치를 권고하는 국제 자문단(회장 1명 및 위원 4명으로 구성)을 운영한다. 자문위원은 다양한 경험을 활용할 수 있도록 배경(컨설턴트, 시공자 또는 학계)과 지리적 위치(싱가포르, 아시아, 북아메리카, 유럽 등)를 바탕으로 선정된다.

싱가포르에서의 프로젝트 안전성 검토(Project Safety Review, PSR)는 터널 사업의 시공 설계 및 사업관리에 리스크 확인 및 완화 원칙을 적용하고 설계단계부터 인계단계까지 체계적인 리스크 관리 접근방법을 수립하는 것을 목적으로 한다. 모든 단계에서 위험요소를 식별하고 가능한 경우 이를 제거해야 한다[그림 2.15].

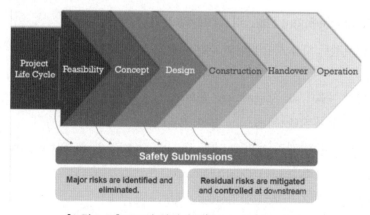

[그림 2.15] PSR과 안전 승인(Safety Submission)

- 설계 안전 승인 보고서(CDSS) : 영구 및 임시 공사의 상세 설계와 특정 계약에 따른 제안된 공법 방법론 및 조치가 관련 식별된 위험요소와 새로 식별된 시공 및 유지관리 위험요소를 다루었음을 입증한다.
- 시공 안전 승인 보고서(CNSS) : CDSS에서 전달된 잔류 위험요소가 시공 단계에서 완화되었고 시공자가 안전 리스크 관리를 위해 필요한 준비를 하고 있다는 것을 입증한다.

8) 종합 안전관리 시스템(Total Safety Management System)

싱가포르에서의 모든 건설공사 안전관리를 철저히 수행하도록 하고 있으며, 이를 체계화한 것이 [그림 2.16]에서 보는 바와 같이 LTA의 종합안전관리시스템(Total Safety Management System)이다. 이 시스템은 주요 리스크를 식별하고 나타내어 원천적으로 리스크를 감소하도록 하며, 모든 공사와 관련된 사람과 일반주민을 보호하고 주체로부터의 리스크를 검토하는 과정을 확인하도록 하고 있다.

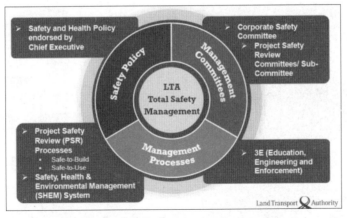

[그림 2.16] Total Safety Management System(LTA)

싱가포르 LTA는 글로벌 수준의 교통시스템을 구축하고자 하는 책임을 다하기 위해 안전에 최우선 순위를 두고 있다. 이를 위하여 건설 안전, 인프라 시스템 안전 포괄하는 안전관리시스템이 구현되었다. 이는 "건설하기 안전하고 사용하기 안전하다(safe to build and safe to use)"는 철학을 반영한 종합 안전관리시스템이다. 본 시스템은 엔지니어링, 교육/홍보 및 시행의 세 가지 영역에 기반을 두고 있다. 인프라 시스템 안전은 PSR 프로세스를 통해 보장된다. PSR은 LTA 프로젝트의 수명 주기 시작부터 '사용하기 안전하다'는 측면에 대한 공식적이고 체계적인 평가를 제공한다. PSR은 최상의 국제적 관행을 준수하며 효과적인 조직 프레임워크로 잘 지원된다. 인프라 시스템 안전을 위해 PSR은 리스크 식별의 엄격성을 크게 강조하고 있다.

3. 서울지하철 석촌지하차도 싱크홀 사고와 지하안전관리 제도

3.1 사고 개요

싱크홀은 2014년 8월 5일 석촌지하차도 앞에서 폭 2.5m, 길이 8m, 깊이 약 5m 규모로 발생했다. 경찰은 즉시 인근 교통을 전면 통제했으며, 서울시 동부도로사업소와 도시기반시설본부 등이 현장에 출동해 임시 복구작업을 벌였다. 구멍의 지름은 2.5m에 불과했지만, 이를 메우는 데는 10t 트럭 14대 분량의 토사가 사용된 데다 응급 복구한 부분이 다시 가라앉았다.

동공을 조사하던 중 8월 13일 송파구 석촌지하차도 지표면 1m 아래에서 길이 80m, 너비 5m, 높이 4.2m에 이르는 대형 동공을 추가로 발견했다. 동공의 영향으로 석촌지하차도 내 기둥 25개가 균열된 사실도 확인됐다. 또한 추가적으로 차도 종점부 램프구간에서 폭 5.5m, 깊이 3.4m, 연장 5.5m 동공을 추가로 발견했다. 석촌지하차도 주변에선 모두 7개의 싱크홀과 동공이 발견됐다.

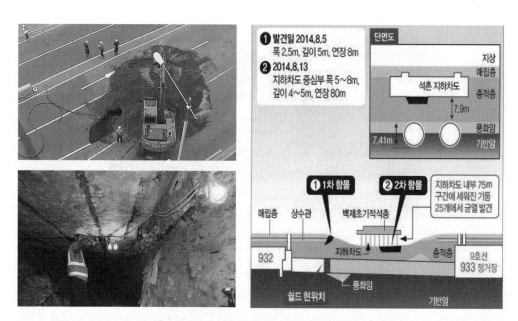

[그림 2.17] 석촌지하차도 싱크홀 사고(2014)

국내에서 싱크홀에 대한 큰 관심과 이슈화를 불러일으킨 송파구 석촌지하차도 하부에 발생한 대규모 공동이 이와 같은 이유로 생성된 지반 함몰(싱크홀)의 대표적인 예라 할 수 있다. 석촌지하차도 하부의 대규모 공동은 주변 초고층건물 신축, 석촌호수 수위 하강, 사고 지역 일대 지질 조건 등 다양한 원인이 논의되었지만 지하철 9호선 건설을 위한 터널공사가 주요 원인인 것으로 조사된 바 있다.

3.2 사고 원인조사 및 대책

서울시가 석촌지하차도에서 발견된 총 7개의 크고 작은 도로함몰·동공에 대한 민간 조사위원회의 원인조사 결과 및 복구 계획, 아울러 매년 발생 빈도가 높아지고 있는 도로함몰과 관련해 마련한 '서울시 도로함몰 특별대책'을 발표했다.

조사단과 서울시는 현장조사를 통해 총 7개의 크고 작은 도로함몰·동공을 확인했으며, 이 과정에서 총 길이 80m 규모의 대형 동공을 추가로 발견해 큰 사고로 이어질 수도 있는 상황을 막기도 했다. 서울시의 이날 발표 주요 골자는 다음과 같다.

    i) 석촌지하차도 동공 발생 원인
    ii) 복구 및 주민안심·타 지하철구간 안전대책
    iii) 3대 발생 원인별 '서울시 도로함몰 특별대책'
    iv) 도로 파손 패러다임 신고 전 사전 탐지로 전환
    v) 시민 정보공유 및 정책참여 활성화

1) 석촌지하차도 동공 발생 주 원인 : 지하철 9호선 쉴드 터널 공사

조사위원회가 추정 원인을 다각도로 조사한 결과 석촌지하차도 동공 원인은 지하철 9호선 (919공구) 쉴드 터널 공사에 있는 것으로 나타났다. 아울러 쉴드 공법으로 공사 중인 다른 곳은 동공 등 이상 징후 없이 안전한 것으로 조사됐다. 얼마 전 조사위가 추정 원인을 쉴드 터널 공법으로 제시함에 따라 동공이 발생한 지하철 919공구를 비롯해 쉴드 터널 공법으로 공사 중인 충적층 전 구간(807m)에 대해 시추조사(26개소)를 실시했다.

조사위는 석촌지하차도 지하철 공사구간(9호선 919공구)의 경우 지질이 연약한 특성이 있고, 이에 시공사도 현장조치 매뉴얼을 작성하는 등 지하차도 충적층 구간을 관리했지만 실제 공사 중 조치가 미흡해 동공이 발생한 것으로 보인다고 밝혔다. 이 지역은 과거 한강과 근접해 있어 무너져 내리기 쉬운 모래·자갈의 연약지층이 형성돼 있다. 특히 지하차도로 인해 타 구간 (12~20m)에 비해 상부 지층의 두께가 약 7~8m로 낮아 무너질 위험성이 높다.

시공사는 쉴드 공법에서 가장 중요한 발생 토사량도 같은 공법으로 공사 중인 타 구간과 비교할 때 미흡하게 관리한 것으로 확인 됐다. 또한 충분히 지반보강을 하지 않은 것도 동공발생 원인으로 분석된다. 지하차도에 많은 구멍을 뚫어야 하는 제약조건 때문에 지상에서 수직으로 구멍을 뚫고 채움재를 주입하는 일반적인 지상에서의 지반 보강이 어려워 터널 내부에서 수평 방향으로 충분히 해야 하지만 그렇지 못한 것이다.

동공발생 위치를 봐도 충적층 내 장시간 쉴드 기계가 멈춘 위치 인근에서 대규모 동공이 다수 발생했고, 시공이 완료된 터널 바로 위를 따라 연속 동공이 발생됐다. 또 석촌지하차도 왕복 4차선 중 지하철 공사 시행되지 않은 하선구간에서는 동공이 발견되지 않은 반면 공사가 시행된 상선 2차선 구간에서만 대규모 동공이 다수 발견됐다. 아울러 동공 발생의 또 다른 원인으로 추정됐던 제2롯데월드, 광역 상하수도관 등은 그 영향을 조사했으나 직접적인 연관성은 없다고 조사위는 설명했다.

서울시는 조사위원회에서 수집한 자료를 바탕으로 정밀조사 기술용역을 시행, 동공발생 원인에 대한 보다 심층적인 공학적 원인분석을 실시할 계획이다.

2) 석촌지하차도 동공 복구 및 주민안심·타 지하철구간 안전 대책

쉴드 터널 공사가 진행 중인 9호선 현장에 계측기 703개를 설치해 모니터링 할 예정이며, 지금까지 조사 결과 전혀 이상 없는 주변 건물과 지하차도 구조물에도 53개 계측기를 추가로 설치해 전문가 등 12명의 계측 기동점검반을 운영해 특별관리 하고 있다. 9호선 현장 계측기 703개는 쉴드 터널 공사가 진행 중인 9호선 현장에 건물과 지반의 이상 징후를 감지하기 위해 경사(傾斜), 침하변화, 균열변화 등을 측정한다.

또한 지하차도 주변에 주민안심 상담창구를 개설해 상시 운영하고, 주민설명회와 가구별 방문 면담 등의 적극적인 소통창구를 마련해 지역 주민들의 걱정 해소에도 나서고 있다.

시는 신속한 복구를 위해 전담T/F팀을 지난 16일 구성하고, 시공사의 원활한 복구 지원을 위한 기술자문·행정지원 등 모든 준비를 마친 상태다. 현재 시공사가 제출한 복구계획을 검토 중에 있으며 시민 불편을 최소화하기 위해 신속히 복구 공사에 착수할 예정이다.

또한 지하철 9호선 3단계 공사에 남아있는 쉴드 터널 구간의 충적층 등 연약한 지반 공사는 전문가의 폭넓은 자문을 구해 시공사의 시공계획을 검토, 확실한 안전대책을 수립한 후 공사를 시행할 계획이다.

3) 3대 발생 원인별 '서울시 도로함몰 특별대책' 마련해 집중관리

서울시는 연평균 681건이 발생하고 있고 매년 그 발생 빈도가 증가하고 있는 도로함몰과 관련, 노후 하수관 등 주요 발생 원인에 대한 분석을 바탕으로 특별대책을 마련해 집중 관리하겠다고 밝혔다.

서울시 도로함몰의 주요 발생 원인은 크게 (i) 하수관 등 지하매설물 손상 (ii) 도로 시공불량 및 지하공사 관리소홀 (iii) 굴착공사로 인한 지하수위 저하로서, 경미한 도로침하·동공까지 포함해 연평균 681건이 발생하고 있으며, 매년 그 발생빈도가 증가하고 있다. 지역별로는 송파

(31%), 구로, 용산 순으로 충적층 지반에서 많이 발생하며, 시기별로는 여름철(6~8월)에 가장 많이 발생하고 있다. 이에 마련된 특별대책은 ▲노후 하수관 관리강화 ▲굴착공사장 관리강화 ▲지하수의 체계적 관리강화 이렇게 3대 주요 방안으로 구성된다.

4) 도로파손 패러다임 '신고 후 조치' → '신고 전 사전탐지' 전환

서울시는 선제적 대응을 위해 '신고 후 조치'의 기존 도로파손 패러다임도 '신고 전 사전탐지'로 전환하고, 첨단장비 확충, 중점관리지역 지정, 도로함몰 관리지도 구축 등으로 이를 뒷받침하기로 했다.

우선 고성능 첨단 탐사장비를 확충, 도로함몰이 가장 빈번한 송파지역에 우선 배치하는 등 정확하고 신속한 점검을 통해 도로함몰 가능성을 사전에 예방하고 사전탐지의 정확도를 높인다.

5) 정보공유 및 정책참여 활성화

도로함몰과 관련한 정보를 시민과 보다 활발히 공유하고 정책참여도 활성화하기 위한 다각도의 시도도 이뤄진다. 시민, 국내외 전문가, 학계 등 누구나 참여할 수 있는 집단지성 '도로함몰 시민참여 토론방'을 페이스북에 한글·영어로 개설, 제시된 의견은 적극 수렴해 도로함몰 특별대책을 지속적으로 보완시켜 나간다. 또한 시민참여 트위터를 운영하고, 국내외 도로함몰의 발생사례와 원인 등을 알기 쉽게 동영상으로 제작해 시 홈페이지와 유튜브 등에 공개한다.

3.3 지하안전관리 제도

도심지의 지하 굴착 및 공간개발, 대형 건축공사로 인한 지반침하 등의 안전사고가 거듭 발생하여 지하안전관리에 대한 관심이 높아지면서 공사 종류와 특성에 따른 체계적 지하안전관리 절차를 규정한 「지하안전관리에 관한 특별법」이 2018년 1월부터 시행되고 있다.

1) 지하안전관리제도 도입 배경

2014년 8월 5일 서울 석촌동 도로에서 폭 2.5m, 깊이 5m의 지반침하가 발생하여 사회적 이슈로 대두되었다. 국민들은 도심지 중앙에서 발생한 대형 지반침하로 인해 생활안전에 위협을 느끼게 되고, 국가 차원의 대책을 요구하게 되었다.

정부는 이러한 사회적 요구에 발빠르게 대응하여 그 해 8월 12일 '범정부 민관합동 TF'를 구성하고, 12월 4일 국가정책조정회의에서 '지반침하 예방대책'을 발표하게 된다. '지반침하 예방대책'의 주요 내용은 ① 지하공간 통합지도 구축 서비스 ② 굴착공사 현장 주변의 안전관리

강화 ③ 불안요소에 대한 선제적 모니터링 및 관리 ④ 지하공간 통합 안전관리체계 기반 조성 (특별법 제정) 등이었다. 결국, 관련법을 토대로 지하시설물 정보를 통합 관리하고, 건설의 계획단계부터 유지관리단계까지 안전관리를 강화하여 지반침하를 적극적으로 예방한다는 것이다.

이러한 정부의 노력으로 2016년 1월 7일 「지하안전관리에 관한 특별법(이하 지하안전법)」이 제정되어 2018년 1월 1일부터 전면 시행되기에 이르렀다.

2) 지하안전법 주요 내용 및 이행 현황

「지하안전법」에서는 건설단계별로 각각의 주체에게 지반침하 예방을 위한 의무를 부여하고 있다. 즉, 승인기관(중앙정부, 지자체), 협의기관(국토교통부), 지하개발사업자, 지하시설물관리자에게 지하안전 확보를 위한 각자의 역할을 명확하게 규정하고 있는 것이다.

계획단계에서는 국토교통부가 '국가지하안전관리 기본계획'을 수립하면 관계 중앙행정기관의 장은 '연도별 집행계획'을 수립하여야 한다. 집행계획을 토대로 시·도지사는 '시·도 관리계획'을, 시장·군수·구청장은 '시·군·구 관리계획'을 수립하며, 지하시설물관리자는 소관 지하시설물 및 주변지반에 대한 '안전점검 및 유지관리규정'을 정하여 지자체로 통보하도록 되어있다.

설계단계에서는 지하개발사업자가 해당 사업이 지하안전에 미치는 영향을 조사·예측·평가하여 사전에 안전확보 방안을 마련하도록 규정하고 있으며, 지하안전 영향평가(굴착깊이 20m 이상 또는 터널공사)와 소규모 지하안전영향평가(굴착깊이 10m 이상)로 구분된다.

시공단계에서는 지하개발사업자가 해당 사업(지하안전영향평가 대상사업)의 착공 후에 그 사업이 지하안전에 미치는 영향을 조사하는 사후지하안전영향조사가 핵심내용이라 할 수 있다. 또한, 설계단계의 지하안전영향평가(소규모 포함)와 시공단계의 사후지하안전영향조사는 전문기관으로 등록한 자에게 대행할 수 있도록 규정하고 있다.

유지관리단계에서는 지하시설물관리자에게 정기적인 안전점검의 의무를 부여하여 소관 지하시설물 및 주변지반에 대해 1년에 1회 이상의 육안조사, 5년에 1회 이상의 공동조사(GPR탐사)를 실시하도록 규정하고 있다. 안전점검 결과에서 지반침하의 우려가 있다고 판단되는 경우에는 지반침하위험도평가를 실시하여 중점관리대상으로 지정, 정비를 통해 안전을 확보하도록 명시하고 있다.

또한, 계획단계에서 유지관리단계에 이르는 모든 지하안전제도는 지하안전정보체계 및 지하정보통합체계를 통해 DB화하고 정책수립 연구 등에 활용하도록 하고 있다.

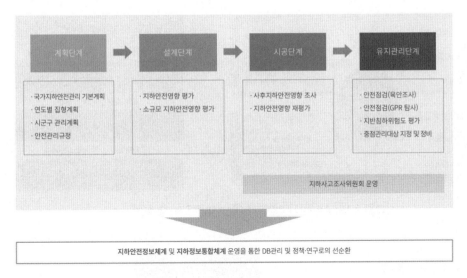

┌─────────────┐   ┌─────────────┐   ┌─────────────┐   ┌─────────────┐
│   계획단계   │→ │   설계단계   │→ │   시공단계   │→ │ 유지관리단계 │
└─────────────┘   └─────────────┘   └─────────────┘   └─────────────┘

- 국가지하안전관리 기본계획   · 지하안전영향 평가   · 사후지하안전영향 조사   · 안전점검(육안조사)
- 연도별 집행계획   · 소규모 지하안전영향 평가   · 지하안전영향 재평가   · 안전점검(GPR 탐사)
- 시군구 관리계획   · 지반침하위험도 평가
- 안전관리규정   · 중점관리대상 지정 및 정비

지하사고조사위원회 운영

지하안전정보체계 및 지하정보통합체계 운영을 통한 DB관리 및 정책·연구로의 선순환

[그림 2.18] PSR과 안전 승인(Safety Submission)

3) 지하안전법 개정 현황

유지관리「지하안전법」시행 이후, 국토교통부에서는 시행 초기의 미비점을 보완하고자 2차례에 걸쳐 하위 법령을 개정하였다. 2018년에는 시행령 2건, 시행규칙 1건에 대하여 개정을 추진하였다.

개정 내용은 ① 굴착깊이 산정 시 집수정, 엘리베이터 피트 등 지하 안전에 미치는 영향이 미미한 구간을 제외하는 것 ② 굴착 영향범위 내에 피해가 예상되는 시설물이 없는 경우 영향평가 대상에서 제외하는 것 ③ 안전점검 대상 지하시설물의 규모를 직경 500mm 이상으로변경하는 것 등이다. 즉, 제도의 실효성을 강화한 것으로 볼 수 있다. 2019년에는 시행령 3건에 대하여 개정을 추진하였다. 개정 내용은 ① 재협의 대상을 확대하는 것 ② 사후영향조사의 보고체계를 강화하는 것 ③ 사후영향조사의 대상을 확대하는 것이다. 이러한 개정의 취지는 제도 시행후 인지되는 안전관리의 사각지대를 해소하고자 하는 것으로 판단된다.

4) 지하안전영향평가

지하안전영향평가란 지하개발사업자가 지하 굴착공사 시 지하안전에 미치는 영향을 미리 조사·예측·평가하여 지반침하를 예방하거나 감소시킬 수 있는 방안을 마련하는 것으로 지하안전평가 대상사업은 법 제14조에 규정하고 있는 각 호의 어느 하나에 해당하는 사업 중 영 제13조에서 정하는 일정 규모 이상의 지하 굴착공사 또는 터널공사를 수반하는 사업을 대상으로 하며, 평가 종류 및 대상사업은 다음과 같다.

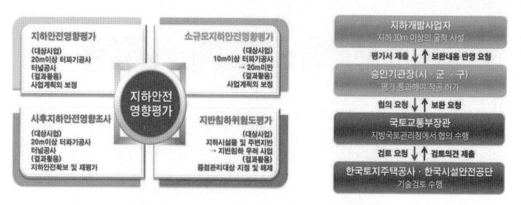

[그림 2.19] 지하안전영향평가 대상 사업 및 수행 절차

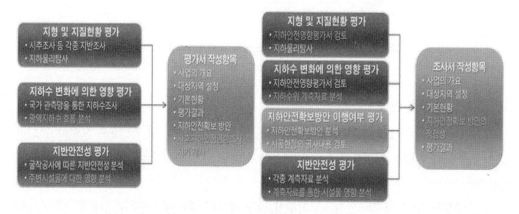

[그림 2.20] 지하안전영향 평가 수행 내용

(1) 지하안전영향평가서의 주요 검토사항

- 대상 사업의 종류, 범위, 협의요청 시기의 적정성 등 기본요건 검토
- 설계지반정수 산정, 지하수 변화에 의한 영향 및 지반안전성 검토 결과의 적정성
- 지반안전성 검토 결과를 고려한 지하안전 확보 방안 수립의 적정성

(2) 사후 지하안전영향조사서의 주요 검토사항

- 착공 전 계획된 추가 지반조사 실시여 부와 예정 공정표의 준수 여부
- 적용공법 및 계측계획 등 당초 평가시 협의된 사항과 변경된 사항
- 지하안전영향평가 시 협의한 지하안전 확보방안의 현장 이행 여부

[그림 2.21] NATM 공법과 재래식 공법

4. 도심지 대심도 터널 리스크 안전관리

4.1 PSR 프로세스(프로젝트 안전검토)

PSR(Project Safety Review) 절차의 목적은 대심도 터널 프로젝트에 대한 시공 설계 및 프로젝트 관리에서의 리스크 식별 및 완화 원칙을 적용하기 위한 것이다. 타당성 단계부터 인수인계 단계까지 체계적인 리스크 관리 접근법을 적용하여, 모든 단계에서 위험요소를 식별하고 가능한 경우 제거해야 한다. 다음의 대심도 터널 프로젝트는 PSR 프로세스의 적용을 받는다.

- 대심도 터널 건설
- 대심도 지하 정거장 건설
- 대심도 수직구 건설

1) PSR 위원회(PSR Committee)

PSR 위원회는 대심도 터널 프로젝트에 관련된 모든 당사자를 기본 구성으로 안전 문제에 대한 통합적 의사결정구조를 의미한다. 본 위원회는 설계자, 시공자, 감리자 및 외부 전문가 자문단을 포함하며, 시공자는 현장과 본사 안전관리팀을 포함하도록 한다. PSR 위원회에서는 각각의 모든 단계에서 주요 리스크(Major risks)는 확인되고 제거하도록 하며, 잔류 리스크(Residual risks)는 공사 진행 과정에서 완화되고 컨트롤되도록 하여야 한다. 본 위원회는 의사소통구조로서 설계단계에서의 안정성 검토 결과와 시공단계에서의 안정성 검토 내용이 반드시 검토·확인되어야 한다.

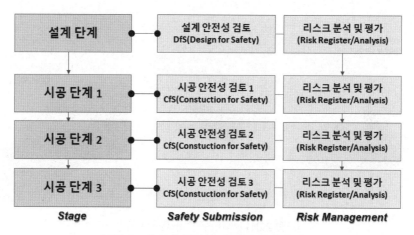

[그림 2.22] 설계 안전성 및 시공 안전성 검토

2) 안전관리 제출 및 승인(Safety Submission)

프로젝트의 모든 단계에서 안전관리에 대한 리포트를 작성하고 이를 본사 안전관리팀에 제출하여 허가를 받아야 각 단계에서의 프로젝트의 승인을 받을 수 있도록 되어 있다. 안전 제출 승인의 종류는 설계단계 및 시공단계로 구분되며, 각 단계별로 예상되는 절차는 [그림 2.23]에 나타나 있다. 일반적으로 설계 안전성 검토와 시공 안전성 검토에 상당한 기간이 소요되므로 설계 및 시공단계에서 이에 대한 대비를 미리 고려하지 않으면 안 된다.

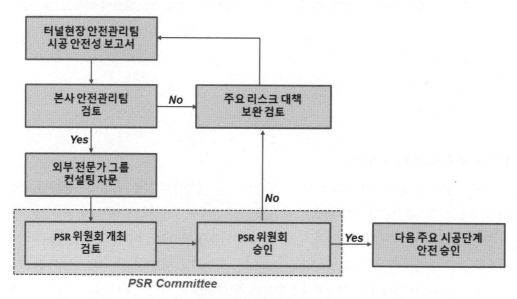

[그림 2.23] PSR 위원회에서의 안전 승인 절차

4.2 리스크 관리 회의 및 전문가 자문단

프로젝트의 진행에 따라 새로운 리스크를 고려하여 각 활동과 관련된 리스크를 검토하기 위해 정기적인 리스트 관리회의(Risk Management Meetings)를 개최한다. 프로젝트 기간 중 실시되는 회의의 종류는 다음과 같다.

- 특정 공사 리스크 평가 워크숍 : 주요 업무 활동을 시작하기 전에 실시
- 공동 리스크 등록부 회의 : 월 단위로 실시
- 프로젝트 책임자의 최고 리스크 회의 검토 : 분기별로 실시

리스크 식별, 공사의 공학적 안전성 판단 및 실행 가능한 잠재적 리스크 완화 조치를 권고하는 외부 전문가 자문단(Professional Panel of Advisors)을 운영한다. 자문위원은 다양한 경험을 활용할 수 있도록 배경(컨설턴트, 시공자 또는 학계)을 바탕으로 선정된다.

4.3 도심지 대심도 터널 통합안전관리 시스템 체계

도심지 대심도 터널공사의 안전관리를 확보하기 위하여 리스크 관리를 기본으로 하여 [그림 2.24]에 나타난 바와 같이 본사, 현장 그리고 기술팀을 중심으로 한 통합 안전관리 시스템 (TSMS-Integrated Total Safety Management System)을 운영하도록 하여 상호 소통을 통한 현장에서 발생 가능한 리스크에 대하여 능동적으로 대처하도록 한다.

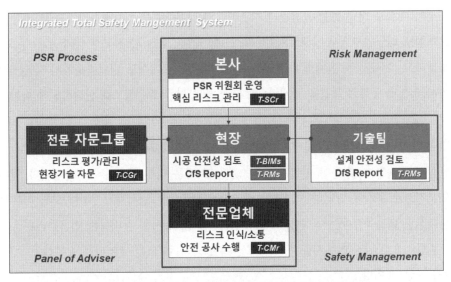

[그림 2.24] 도심지 대심도 터널 안전관리 시스템(TSMS) 체계

4.4 도심지 대심도 터널 통합 안전관리 시스템(TSMS)

도심지 대심도 터널의 특성과 글로벌 공사관리 특징을 반영하여 대심도 터널 통합 안전관리 시스템(TSMS)을 개발하였다. 본 시스템의 특징을 정리하면 다음과 같다.

1) 정량적 안전관리(Digital Safety Management System)

도심지 대심도 터널 통합 안전관리 시스템(TSMS)은 정량적 안전관리 시스템이다. 본 시스템은 기본적으로 대심도 터널공사에서 발생 가능한 리스크를 정량적 리스크 평가 기법을 적용하여 관리하도록 하는 것이다. 또한 시공 중에 발생하는 시공관리 및 계측관리 등에 대한 모든 자료를 BIM 시스템으로 구현하도록 하여, 공사 중에 발생하는 모든 데이터를 정량적으로 관리하도록 하는 것이다.

2) 통합 안전관리(Integrated Safety Management System)

도심지 대심도 터널 통합 안전관리 시스템(TSMS)은 통합 안전관리 시스템이다. 본 시스템은 기본적으로 설계단계에서부터 발생 가능한 리스크를 선정하고, 이를 시공단계에서도 지속적으로 관리하도록 하는 것이다. 이는 대심도 터널공사를 설계자 관점에서의 리스크와 시공단계까지 시공자 관점에서의 리스크를 공유하고, 이를 설계자, 시공자 및 관리자 등이 서로 소통하고 통합적으로 해결하고자 하는 것이다.

3) 전 공정 안전관리(Total Safety Management System)

도심지 대심도 터널 통합 안전관리 시스템(TSMS)은 전 공정 안전관리 시스템이다. 본 시스템은 대심도 터널공사에서 발생 가능한 리스크를 터널, 수직구, 정거장 등과 같은 주요 공정별로 구분하고, 이를 공사 단계별로 관리하는 것이다. 이는 대심도 터널공사에서 각 공정이 가지는 공사 특성과 공학적 특성을 체계적으로 반영하고 이를 효율적으로 관리하고자 하는 것이다.

4) 열린 안전관리(Explicit Safety Management System)

도심지 대심도 터널 통합 안전관리 시스템(TSMS)은 열린 안전관리 시스템이다. 본 시스템은 기본적으로 공사를 담당하는 그리고 관리하는 모든 이해당사자가 참여하도록 하는 것이다. 이는 대심도 터널공사에서 공사를 수행하는 전문업체, 공사를 감리하는 전문감리원 그리고 시공을 종합적으로 관리하는 시공자 모두가 참여하고, 관련 모든 데이터를 공유하고 소통하도록 하고자 하는 것이다.

4.5 TSMS 정착을 위한 제언

이 장에서 제안한 도심지 대심도 터널 통합 안전관리 시스템(TSMS)이 하나의 통합관리 시스템으로 정착하기 위해서 다음의 사항을 제언하고자 한다.

1) 건설문화로의 정착(Construction Culture for TSMS)

지금까지 원가와 공기 및 공정관리에 중점을 두었던 관리방식에 대한 근본적인 전환이 필요한 시점이다. 안전은 부가적인 또는 의례적인 행위나 절차가 아니고 반드시 수행하고 지켜져야기본 사고체계의 변환이 건설문화로 자리 잡아야 한다. 철저한 안전관리가 바로 공사의 성패를좌우하는 주요 핵심임을 인식하여야 한다.

2) 장단기 안전 마스터 플랜 수립(Safety Master Plan for TSMS)

최근 건설공사시 발생하는 안전사고에 대한 사업자 책임이 더욱 강화되고, 「중대재해 처벌등에 관한 법률」(2021년 6월 제정, 2022년 1월 단계적 시행)이 시행 중이다. 따라서 본사와 주요 현장을 대상으로 안전관리 인력과 조직 등을 정비하고 안전관리에 대한 장단기 마스터 플랜을 수립하도록 하여 보다 철저한 안전관리 방안이 마련되어야 한다.

3) 보다 적극적 투자 필요(Active Investment for TSMS)

건설공사에서의 리스크 관리, 안전관리, 데이터 관리는 바로 비용과 직결된다. 적정한 투자없이 관리체계만을 개선하는 것은 그 효과에 한계가 있을 수밖에 없다. 따라서 대심도 터널공사등과 같은 주요 공사에 대하여 도심지 대심도 터널 통합안전관리 시스템(TSMS)과 같은 새로운방식의 시스템을 도입하고 이에 대한 적극적 투자가 필요하다 할 수 있다.

터널 사고 줄이는 방법
How to Control the Tunnel Collapse Accidents

지반 및 암반과 같은 자연재료를 굴착하는 터널공사는 지반 자체의 불확실성으로 지반조사 및 설계를 철저히 한다하더라도 NATM과 TBM 공사 중 모두 시공 중 다양한 사고가 발생하게 된다. 지금까지 발생한 다양한 터널 사고에 대한 교훈으로 설계 및 시공의 기술적 문제 그리고 설계, 시공 및 감리와 같은 공사체계의 문제 그리고 이를 운영하고 관리하는 시스템의 문제 등이 지속적으로 개선되고 발전해왔다. 이러한 사고에서 얻은 교훈으로부터 터널 사고를 최대한으로 줄이고 합리적인 공사를 수행할 수 있는 방법을 정리하여 요약하여 [표 3.1]에 10가지 키워드로 정리하였다. 본 장에서는 터널 사고 줄이는 방법에 대하여 NATM 터널과 TBM 터널의 핵심사항을 구분하여 이에 대한 주요 관리대책과 대응방안 등에 대하여 기술하였다.

[표 3.1] 터널 사고 줄이는 방법

	Key Points	How to Control
N A T M	1. 지질/암질 변화	지질/암질 변화에 능동적으로 대응하자
	2. 정량적인 페이스 매핑	NATM의 기본인 페이스 매핑에 집중하자
	3. 지속적인 계측관리	계측 데이터로부터 안정성을 판단하자
	4. 현장전문가의 의사결정	현장에서의 터널전문가 결정이 우선이다
	5. 단층파쇄대 우선 보강	단층파쇄대+용수가 가장 위험하다
	6. 지질/시공 리스크 관리	시공 중 지질/시공 리스크 관리는 필수이다
T B M	1. 최적 TBM 장비 선정	지반/암반에 적합한 장비선정이 중요하다
	2. 굴진/막장압 관리	굴진 중 굴진 데이터 분석에 집중하자
	3. 굴착토 관리	굴착토는 정량적으로 관리하자
	4. TBM 정지 시 관리	TBM 정지 시 주변거동 파악에 주의하자
	5. 피난연락갱 시공관리	피난연락생 시공이 가장 위험하다
	6. 지질/시공 리스크 관리	굴진 중 지질/시공 리스크 관리는 필수이다

1. NATM 터널에서 사고 줄이는 방법

1.1 급격한 지질 변화는 지속적으로 확인하자

NATM 터널공법의 원리는 굴착 중 확인되는 지반 및 지질 조건에 적합한 가축성 지보를 신속하게 시공하는 것이다. 터널공사에서는 [그림 3.1]에 나타난 바와 같이 종방향으로 굴착하는 과정에서 다양한 지질 조건을 만나게 되는데, 특히 예상하지 못한 급격한 지질 변화가 나타나는 경우가 많다.

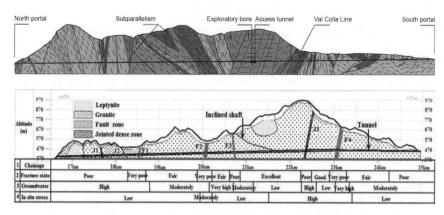

[그림 3.1] NATM 터널에서의 종방향 지질 변화

또한 터널 굴착과정에서 암종 및 지질 특성뿐만 아니라 암질 및 암반 특성 등도 달라지는 경우가 대부분이다. 따라서 조사 설계과정에서 파악한 지질 및 암질의 변화는 하나의 참고사항이므로 시공 중 이를 막장마다 확인하고 평가하고 예측하는 과정, 즉 페이스 매핑이 중요하다할 수 있다.

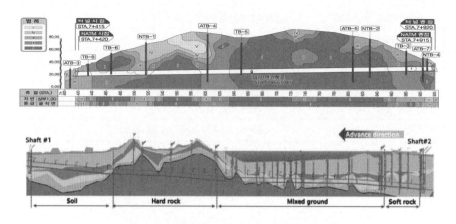

[그림 3.2] NATM 터널에서의 종방향 암질 변화

터널 설계 단계에서의 지반조사 결과는 가장 중요한 기본 자료이자 터널 전 구간에 대한 지질 리스크 및 암반 특성을 확인할 수 있는 데이터이다. 하지만 시공 중 이를 확인하는 절차인 페이스 매핑은 필수적이다. 또한 막장 전방의 지질을 예측하거나 지반조사 결과 시 예측된 단층대를 확인하기 위하여 [그림 3.3]에서 보는 바와 같이 TSP 탐사나 선진수평시추를 수행하게 된다. 특히 선진수평시추는 막장전방의 지질 상태를 직접 확인 할 수 있기 때문에 반드시 수행하는 것이 있다.

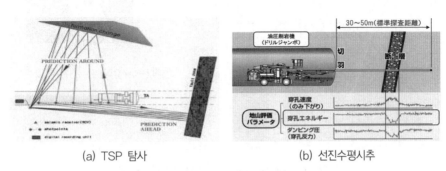

| (a) TSP 탐사 | (b) 선진수평시추 |

[그림 3.3] 터널막장 전방지질 예측

또한 매 막장마다 시행하는 페이스 매핑 결과는 눈으로 확인할 수 있는 가장 확실한 결과이다. 따라서 페이스 매핑에서 확인되는 급격한 지질 변화의 특성을 분석하는 것이 중요하다. 이를 위해서는 지질을 아는 전문가의 판단과 페이스 매핑 결과를 정량적으로 분석하는 노력이 요구된다. 이는 터널 막장 평가 시 주관적 판단에 의지하지 않고 객관적인 자료화를 통하여 지질 특성뿐만 아니라 암반평가와 계측결과와 연계하는 체계적인 프로세스도 요구된다.

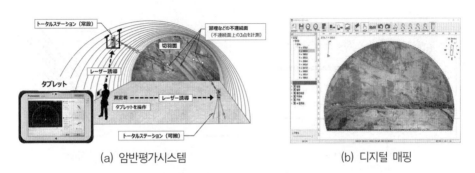

| (a) 암반평가시스템 | (b) 디지털 매핑 |

[그림 3.4] 터널 막장 평가 프로세스

1.2 단층파쇄대(연약대)는 가장 우선적으로 보강하자

터널공사에서 단층파쇄대(fault fracture zone)는 가장 취약하고 위험한 지질 리스크이다. 단층파쇄대는 완전히 파쇄되어 부스러진 구간으로 일정한 폭의 존(zone)을 형성하는 경우에 [그림 3.5]에서 보는 바와 같이 터널 막장면과 터널 종방향 모두 붕락 리스크가 나타나게 된다. 또한 단층파쇄대는 사전지반조사에서 확인되는 경우는 충분히 대응할 수 있지만, 시공 중 사전에 확인하지 못한 단층파쇄대가 나타나는 경우에는 특히 위험하므로 주의해야 한다.

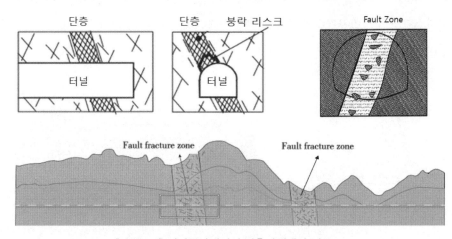

[그림 3.5] 터널공사에서의 단층파쇄대와 리스크

특히 단층파쇄대가 가장 위험한 경우는 [그림 3.6]에서 보는 바와 터널 막장면쪽으로 경사 (against dip)가 있는 경우로 막장면으로의 붕락 위험성이 가장 크다. 또한 단층파쇄대에 지하수가 유입되는 경우는 단층점토(가우지)가 지하수에 의해서 열화되고 변질되므로 특히 유의해야 한다. 따라서 터널공사 시 단층파쇄대의 폭, 단층파쇄대의 위치 및 방향 그리고 단층가우지의 유무를 확인해야 한다.

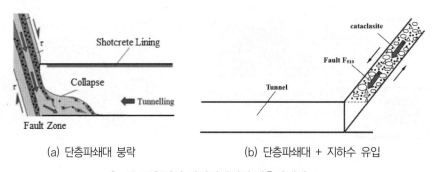

(a) 단층파쇄대 붕락   (b) 단층파쇄대 + 지하수 유입

[그림 3.6] 터널 막장면에서의 단층파쇄대

단층파쇄대를 보강에서 가장 중요한 것은 막장의 안정성을 조기에 확보하고 지보를 설치하여 장기적인 터널의 안정성을 확보하는 것이다. [그림 3.7]에서 보는 바와 같이 터널 단면 방향 및 종방향으로의 붕락 리스크를 제어하는 방법은 막장 전방에 파이프 루프(pipe roof)를 설치하는 것이다. 일반적으로 터널 천단부에 강관을 일정한 간격으로 설치하고 강관 파이프 주변에 그라우팅을 실시하여 강관과 그라우트체를 일체화시켜 지보성능을 최대한 확보하는 것이다.

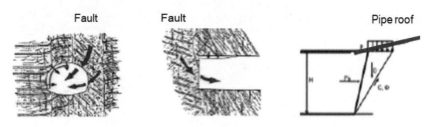

[그림 3.7] 단층파쇄대 보강 개념

단층파쇄대 보강 시 적용되는 강관보강그라우팅 보강공법은 터널의 안정성을 확보하기 위한 효과적인 방법이다. 하지만 지반 조건, 터널 규모, 공사 환경 등에 따라 [그림 3.8]에서 보는 바와 같이 적용 방안이 달라질 수 있으므로 터널 전문가와의 충분한 협의를 통해 최적의 보강 방안을 수립해야 한다.

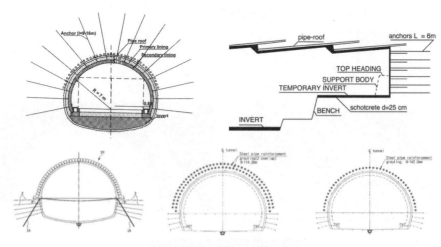

[그림 3.8] 단층파쇄대 보강 방안

1.3 연약대의 용수는 주의 깊게 관리하자

터널공사에서의 용수 및 출수는 가장 위험한 리스크 중 하나이다. 특히 단층파쇄대와 같은 연약대의 경우 터널 굴착에 의한 지하수의 변동으로 인하여 지하수가 연약한 구간으로 집중됨에 따라 굴착 이후 일정한 시간이 경과하며 용수가 발생하는 경우가 많다. [그림 3.9]에 나타난 바와 같이 집중호우 등으로 인하여 우수가 연약대에서 통하여 유입됨에 따라 터널 내 용수가 발생하는 경우가 있으며, 이때 연약대의 열화 변질을 가져오게 되므로 유의해야 한다.

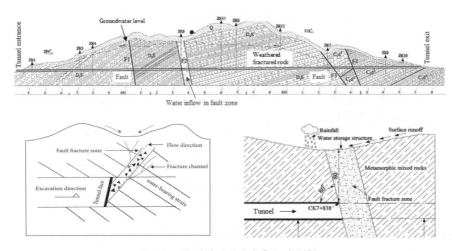

[그림 3.9] 연약대에서의 용수와 영향

양호한 암반 사이에 놓인 연약대(파쇄대)는 지하수의 유로가 형성되기 쉽다. [그림 3.10]에서 보는 바와 같이 종방향뿐만 아니라 터널단면에서의 연약대(파쇄대)는 막장면으로의 용수를 일으키는 주요 원인이 되므로, 특히 연약대(파쇄대) 구간에서의 용수위치, 용수량 및 용수변화량 등을 확인해야 한다.

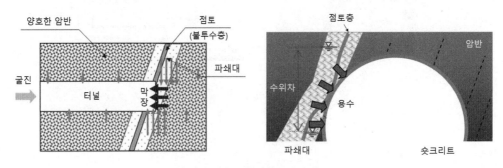

[그림 3.10] 단층파쇄에서의 용수

NATM 터널은 기본적으로 배수개념의 터널이므로 공사 중과 운영 중에 배수를 허용하게 된다. 따라서 일반적인 구간에서는 수발공을 설치하고 배수로를 설치하여 용수를 처리하게 된다. 하지만 터널 내 용수로 인하여 터널 안정성에 영향을 주거나 해하저 통과구간과 같은 특별한 경우에는 용수를 제어하고 관리해야 한다. 특히 전방에 연약대가 있는 경우에는 [그림 3.11]에서 보는 바와 같이 사전 감지공을 천공하여 유입수량을 확인하고 이에 따라 적절한 차수그라우팅 계획을 수립하도록 해야 한다.

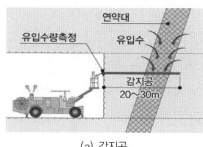
(a) 감지공

(b) 차수 그라우팅

[그림 3.11] 터널전방 감지공 및 차수그라우팅

터널 그라우팅에는 터널 굴착 전에 미리 그라우팅을 실시하여 지하수 유입을 차단하는 선행 그라우팅과 터널 굴착 후 굴착면 주변에 그라우팅을 실시하는 후행 그라우팅으로 구분되며, [그림 3.12]에서 보는 바와 같이 굴착면에 부채꼴 모양으로 구멍을 뚫고 그라우팅 재료를 주입하는 팬그라우팅이 적용된다. 특히 연약대(파쇄대) 구간에 대한 차수그라우팅은 터널 안정성 확보에 있어 중요하다.

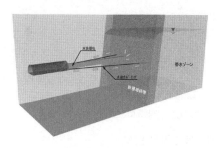
(a) 차수 그라우팅

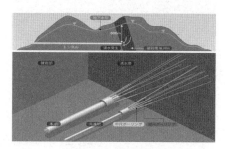
(b) 용수대책 공법

[그림 3.12] 막장전방지질 예측

1.4 페이스 매핑은 가장 기본적이고 중요한 프로세스이다

터널 페이스 매핑은 터널 굴착면의 지질 상태, 암반 특성, 불연속면, 지하수 유출 등을 육안으로 관찰하고 기록하는 작업을 말한다. 즉, 터널 굴착이 진행됨에 따라 지속적으로 변화하는 굴착면의 상태를 정확하게 파악하여 터널 시공에 필요한 정보를 제공하는 중요한 과정이다. 특히 시공 전 터널 구간에 대한 정보를 완벽하게 획득하는 것은 어렵기 때문에 [그림 3.13]에서 보는 바와 같이 매 막장마다 관찰 및 확인을 통하여 지질 및 암질상태를 평가하도록 하여야 한다.

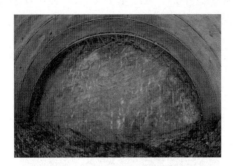

| (a) 터널 막장면(굴진면)(Tunnel Face) | (b) 터널 막장면 관찰조사(Face Mapping) |

[그림 3.13] NATM 터널에서의 페이스 매핑

터널 굴착은 예측할 수 없는 지질 조건 변화에 항상 노출되어 있다. 페이스 매핑은 이러한 변화에 신속하게 대응하고, 안전하고 효율적인 터널 시공을 위해 필수적인 과정이다. 특히 NATM 터널에서의 페이스 매핑은 암질 변화에 따라 적합한 지보를 설치한다는 원칙에 있어 가장 기본적이고 중요한 프로세스이다. 대부분의 경우 발주처 자체의 암판정 절차로 기준화 및 절차화되어 있으므로 이를 반드시 준수하여야 하며, 모든 데이터를 공학적으로 평가하도록 해야 한다.

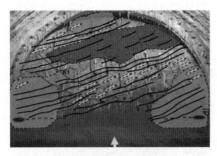 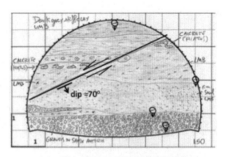

(a) 터널 페이스 매핑   (b) 터널 페이스 매핑에서의 단층

[그림 3.14] NATM 터널에서의 막장 관찰

페이스 매핑에서 가장 중요한 것은 매 막장의 면 관찰로부터 이를 연결하여 터널 굴착방향으로의 3차원적 관찰로 확인하는 것이다. 이를 위해서는 지질 및 지반에 대한 전문적인 지식뿐만 아니라 상당한 경험이 요구되므로 현장에 터널 전문가가 상주하면서 페이스 매핑 자료를 자료화하고 이를 통하여 터널 주변 구간의 지질 변화를 예측하고 지질 리스크를 확인하여야 한다.

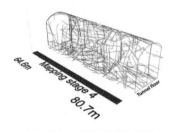

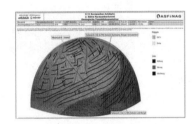

(a) 페이스 매핑 결과의 연결   (b) 페이스 매핑의 자료화

[그림 3.15] 페이스 매핑 결과의 정량화

현재 비정량화된 터널 페이스 매핑을 보다 객관화하고 정량화하기 위하여 디지털 매핑, 온라인 자동화 기술 및 스마트 기기를 활용한 다양한 기술이 개발되어 있으므로 이를 적극적으로 활용하는 것도 필요하며, 단순한 지질 및 암질 분석보다는 터널 거동과 어떤 연관성을 갖는지 판단하는 것도 중요하다.

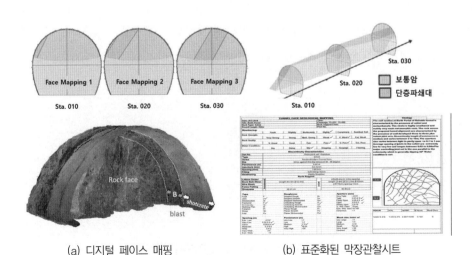

(a) 디지털 페이스 매핑   (b) 표준화된 막장관찰시트

[그림 3.16] 디지털 페이스 매핑

1.5 계측 데이터에 변화에 주의를 기울이자

NATM 터널은 시공 후 지보의 적정성 및 터널의 안정성을 계측으로부터 판단하는 관찰적 방법(observational method)에 기초하고 있다. 따라서 터널공사에의 계측은 터널 시공 중 발생할 수 있는 변위 및 침하 등의 위험을 사전에 감지하고 안전성을 확보하기 위한 필수적인 작업이다. 특히 터널 내공변위, 숏크리트 응력, 록볼트 축력 및 지중변위 등의 계측항목이 있지만 이 중 가장 중요한 것은 터널 내공변위로 터널의 변형거동을 판단할 수 있다.

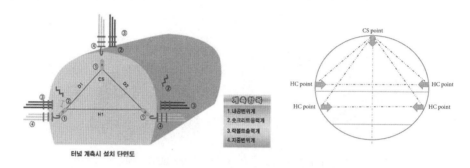

[그림 3.17] NATM 터널 주요 계측항목

터널 내공변위는 터널 굴착 시 주변 지반의 응력 재분배로 인해 터널 내벽면에서 발생하는 변형을 의미한다. 즉, 터널을 굴착하면 주변 암반이 변형되면서 터널 내벽면이 안쪽으로 이동하는 현상이 발생하게 되므로 터널 주변 암반 특성과 밀접한 관계가 있다[그림 3.18]. 터널 내공변위를 정확하게 측정하고 분석하면 터널의 안정성을 평가하고 붕괴 가능성을 예측하여 사고를 예방할 수 있으며, 지보재의 종류, 지보재량, 설치 시기를 결정하는 데 필요한 자료를 제공한다. 또한 시공 과정에서 발생하는 문제점을 조기에 발견하고 대처할 수 있으며, 터널의 장기적인 안전성을 확보하기 위한 유지관리 계획 수립에 활용된다.

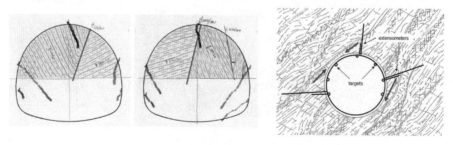

[그림 3.18] 터널 주변 암반 특성과 변형 거동

터널 계측데이터는 [그림 3.19]에서 보는 바와 같이 터널 주변 지질 및 암반 특성과 연관성이 매우 크기 때문에 반드시 페이스 매핑 결과와 같이 분석하여야 한다. 또한 내공변위는 굴착 직후 급격하게 증가하다가 시간이 지남에 따라 변화율이 감소하는 경향을 보이는 경시변화가 발생하게 되는데, 내공변위의 수렴 여부에 따라 터널의 안정성을 확인하는 가장 중요한 판단자료이므로 굴착 직후부터 변위의 변화를 확인해야 한다.

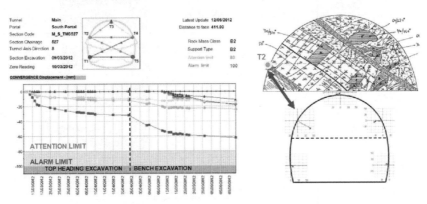

[그림 3.19] 계측 결과와 페이스 매핑 결과 비교 검증

최근 터널 계측에는 loT 기반 무선센서 기술, 레이저 스캐닝 기술, AI 기반 데이터 분석 기술, 광섬유 센서 기술 등 다양한 신기술이 개발되고 있다[그림 3.20]. 이러한 신기술은 온라인 자동화 디지털 모니터링이 가능한 방향으로 적용되고 있으며, 계측데이터 및 페이스 매핑 등이 통합적인 시스템으로 운영되고 있다.

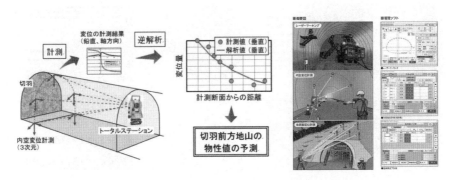

[그림 3.20] 계측 관련 신기술

2. TBM 터널에서 사고를 줄이는 방법

2.1 지반/암반에 적합한 TBM 장비를 선정하자

TBM 장비 선정은 TBM 터널공사의 성공을 좌우하는 매우 중요한 결정사항이다. 지반 및 암반 조건에 따라 적합한 TBM을 선택해야 공기 단축, 공사비 절감, 안전 확보 등의 효과를 기대할 수 있다. [표 3.2]에는 TBM 분류가 나타나 있다.

[표 3.2] TBM 분류

지반 조건	쉴드 유무	TBM 장비			지보/라이닝
경암반/연암반 Hard Rock Soft Rock	Open TBM	Rock TBM	Gripper TBM		숏크리트 + 콘크리트 라이닝
	Shield TBM		Single Shield TBM		세그먼트 라이닝
			Double Shield TBM		세그먼트 라이닝
토사/복합 지반 Soft Ground Mixed Ground		Soil Shield	EPB Shield TBM		세그먼트 라이닝
			Slurry Shield TBM (Hydro/Mixed Shield)		세그먼트 라이닝
			Hybrid(Multi) TBM (EPB+Slurry)		세그먼트 라이닝

TBM 장비 선정 시 토질, 암종, 지하수위, 지압 등을 종합적으로 고려해야 한다. 지반은 쉴드 TBM, 암반은 오픈 TBM이 일반적으로 적합하며, 특히 지반 상태와 조건에 따라 슬러리 타입과 EPB 타입을 결정하는 것이 매우 중요하다.

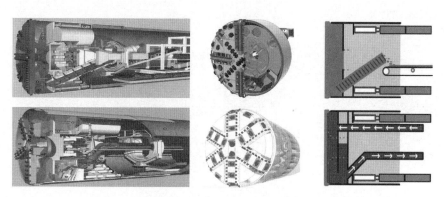

[그림 3.21] Slurry 쉴드 VS. EPB 쉴드

적합한 TBM 장비를 선정하기 위해서는 정확한 지반 조사를 통해 지반 특성을 파악하고 터널 형상, 규모 등을 결정하고, TBM에 요구되는 성능을 명확히 해야 한다. 또한 다양한 TBM 제작사의 장비를 비교·분석하고, 프로젝트에 가장 적합한 장비를 선정하도록 한다. 특히 지반 특성에 따라 적합한 TBM 타입을 선정하는 것은 [그림 3.22]에 나타난 표를 참고하여 결정하게 되며, 지반의 종류, 강도, 투수성 등을 종합적으로 고려하여 적합한 TBM을 선정해야 한다.

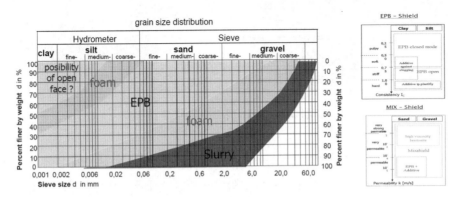

[그림 3.22] 지반조건에 따른 TBM 타입 선정

최근에는 TBM 장비 기술이 발전함에 따라 EBP 방법과 Slurry(MIx) 방법의 적용범위가 확대되고 있으며, 토사와 암반이 교호하는 복합지반에서의 적용성도 개선되고 있다. 또한 굴진 중 조우할 수 있는 다양한 지질 리스크를 확인하여 이를 TBM 장비 스펙에 반영하는 것이 매우 중요하다.

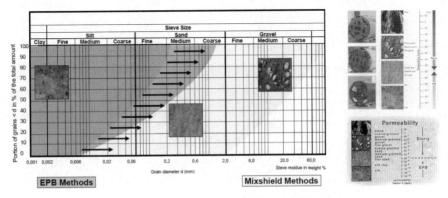

[그림 3.23] 지반 특성에 따른 쉴드 TBM 공법 선정

2.2 막장압 관리에 최선을 다하자

TBM 터널에서 굴착 전 지반의 상태는 안정된 원지반의 상태로 토압과 수압이 균형을 이루고 있으나 TBM 터널 굴착이 이루어진 후는 막장과 터널 벽체로부터 토압과 수압이 내부로 작용한다. 쉴드 TBM은 챔버 내의 채워진 이토/슬러리 압력으로 막장의 토압과 수압을 지지하게 된다. 막장 안정은 토압 및 수압과 챔버 내의 압력을 조절하여 균형을 유지함으로써 지반교란을 최소화 할 수 있고 이러한 균형이 깨지면 지반침하나 융기, 지반 함몰 등이 발생하게 된다.

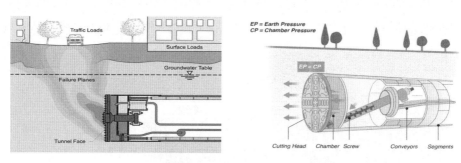

[그림 3.24] 쉴드 TBM에서의 막장 안정성

EPB 쉴드 TBM에서의 막장압은 굴진속도와 스크류 컨베이어의 회전 수에 의해 제어되며 추진력에 의해 챔버 내에서 가압된 굴착토의 토압이 굴진면 전체에 작용해 막장의 안전성을 확보하게 된다. 슬러리 쉴드 TBM은 굴착된 토사를 물과 혼합하여 슬러리 상태로 만들어 배출하는 방식으로, 막장압 관리가 매우 중요하다.

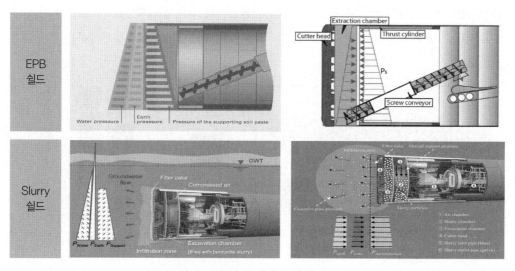

[그림 3.25] 막장압 작용과 막장압 계산

쉴드 TBM 터널 시공에 있어 막장압 관리는 막장면 붕괴, 지반침하 등을 방지하여 막장 안정성을 유지하는 데 중요한 역할을 담당한다. 특히 챔버 내부의 굴착토로 막장압을 조절하는 EPB 쉴드 TBM의 경우 슬러리 쉴드 TBM에 비해 막장압의 관리가 어려우므로 굴진 중 막장압에 대한 관리가 매우 중요하다. 막장압 관리 방법은 챔버 내 압력 조절, 굴착 토사의 유동성 조절, 잭 추력 조절, 개구율 조절을 통하여 막장압을 조절하게 된다.

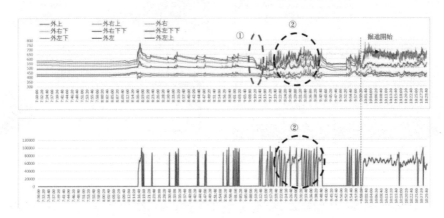

[그림 3.26] 막장압 데이터와 막장압 관리

최근 기술을 도입한 쉴드 TBM AI 굴진 시스템은 쉴드 TBM의 운용 및 제어를 위한 시스템이다. 굴착할 지반의 조건과 쉴드 TBM의 위치와 자세에 따라 TBM의 방향을 계획대로 정밀하게 제어하면서 터널 막장면의 압력을 적정한 값으로 유지하도록 한다. 이는 안전과 품질의 안정적인 공급을 유지하면서 개별 작업자의 경험과 기술을 전수하는 것이다.

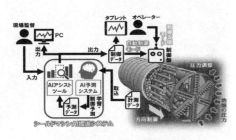 

(a) Shield TBM AI 굴착 시스템   (b) 추진 제어 이력을 보여주는 관리 화면

[그림 3.27] 쉴드 운영 및 제어를 위한 AI 시스템(일본 도큐건설)

2.3 정량적인 굴착토 관리가 반드시 요구된다

TBM 공법에서 굴착토 관리란 단순히 굴착된 토사를 제거하는 것을 넘어, 막장 안정성 확보, 장비 효율성 증대, 환경 문제 해결 등 다양한 목표를 달성하기 위한 중요한 작업으로 정량적인 관리를 통해 더욱 효율적이고 안전한 시공이 가능하다. 굴착토량이 부족하면 막장이 붕괴될 위험이 있고, 과다하면 장비에 과부하가 걸릴 수 있다. 정량적인 관리를 통해 막장 압력을 일정하게 유지하여 안정성을 확보할 수 있다. 굴착토량이 부족하면 굴착 속도가 저하되고, 과다하면 슬러리 밀도가 변화하여 장비 성능에 악영향을 미칠 수 있다.

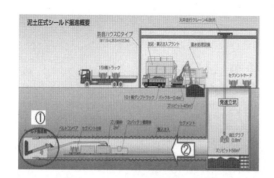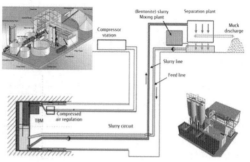

[그림 3.28] 쉴드 TBM에서의 굴착토 배출시스템

쉴드 TBM에서는 계획된 굴착토량과 실제 굴착토량에 차이가 있는 경우, 지하구조물에 영향을 미치고, 지표면의 침하 또는 융기를 유발하며, 함몰사고를 유발한다. 따라서 굴착토의 양을 정확하게 측정하고 관리하는 것이 매우 중요하다. 과거에는 굴착이 완료된 후 철제 차량을 유정으로 운반할 때 굴착토의 부피를 레이저 스캐너로 측정했지만 실시간으로 측정할 수 없었다. 또한, 컨베이어 벨트의 속도와 불규칙한 퇴적물의 배출로 인해 컨베이어 벨트에서 배출되는 퇴적물의 표면을 정확하게 파악하기 어려웠다.

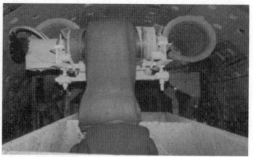

[그림 3.29] 쉴드 TBM에서의 굴착토

굴착토 관리 잘하는 방법

굴착토량 계측하는 방법은 굴착토 반출 설비(스크류 컨베이어, 벨트 컨베이어 등)에 부착된 계측기를 통해 굴착토량을 직접 측정하고, 굴착토를 일정 용량의 용기에 담아 무게를 측정하여 부피를 계산하는 직접 계측과 굴착 속도와 굴착 단면적을 이용하여 굴착토량을 추정하거나 챔버 내 압력 변화를 측정하여 굴착토량을 추정하는 간접 계측이 있다. 또한 지반 조건, 굴착 속도, 챔버 내 압력 등 다양한 변수를 고려하여 굴착토량을 예측하는 모델을 개발하여 수치해석 기법을 이용하여 굴착토량을 예측할 수 있다. 굴착토량, 챔버 내 압력, 슬러리 밀도 등을 실시간으로 모니터링하여 굴착 작업을 효율적으로 관리하게 된다.

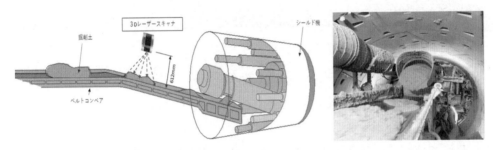

[그림 3.30] 쉴드 TBM에서의 굴착토의 계측 시스템

정량적인 굴착토 관리 시 지반 조건, 굴착 속도, 챔버 내 압력, 슬러리 밀도, 굴착토 특성을 충분히 고려하여야 한다. 최근에는 벨트 컨베이어 위에 3D 레이저 스캐너를 설치하고, 레이저를 방출하여 얻은 포인트 클라우드에서 배출되는 굴착토에 유동 퇴적물을 3D 영상으로 생성하는 기술이 개발되었다. 쉴드 TBM 공법에서 정량적인 굴착토 관리는 막장 안정성 확보, 장비 효율성 증대, 환경 문제 해결 등 다양한 측면에서 중요한 역할을 한다.

[그림 3.31] 쉴드 TBM에서의 굴착토의 정량적 측정

2.4 TBM 장비 정지 시 지반의 거동을 주의 깊게 관리하자

TBM 굴진 시 지반과의 마찰로 인해 마모가 발생하게 되며 일정 마모 이상에서는 커터의 성능 저하를 유발한다. 특히 적기에 교체가 되지 않을 경우 인접 커터 거동에 영향을 미치고 TBM 장비에 추가 부하를 발생시켜 굴착 효율을 저하시킨다. CHI(Cutter Head Intervention)는 커터가 마모되거나 손상되어 교체가 필요할 때 또는 예정된 정비를 위해 작업을 중단하는 것을 의미한다. TBM 설계 시 적절하게 계획된 CHI 위치를 식별하고, CHI의 안전한 실행을 위해 승인된 계획에 필요한 조치를 평가하고 명시해야 한다. 가능한 경우 계획되지 않은 CHI는 피해야 하며, 고위험 CHI 위치에서는 지상 처리를 제공해야 한다[그림 3.32].

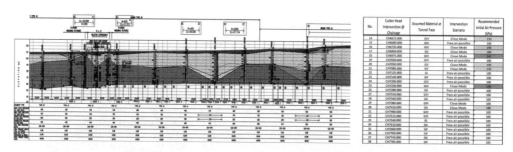

[그림 3.32] TBM 설계 시 CHI 위치와 지반조건

커터 또는 비트 교환이 필요한 경우에는 지반조건, 수리조건을 고려하여 교환 위치를 계획해야 한다. 또한 커터가 편마모되었거나 파손된 경우 커터의 베어링, 실링, 커터 하우스 기능의 정상 여부도 점검하여야 한다. 또한 이상마모가 발생하는 경우 원인을 파악하여 굴진에 반영하여야 한다.

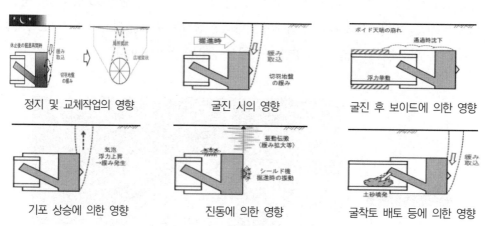

[그림 3.33] TBM 장비 정지, 굴진, 굴착토 배토 시의 영향

TBM 장비 정지 시 지반 거동 변화를 정확하게 파악하고 안전 문제를 예방하기 위해 다양한 계측 방안을 활용할 수 있다. CHI 계측에는 지반거동과 막장상태를 파악하기 위하여 지중변위계(RX) 및 지반침하(SM), 막장압, 압력 단계 감소절차, 허용 가능한 스탠드업 시간을 포함한 필요한 계측기를 지정해야 한다. RX 또는 SM을 설치하는 것이 실행 불가능한 경우, 지반거동을 모니터링하는 대체 수단을 제안해야 한다. 계측주기는 CHI 중에 주기적으로 자주 실시하도록 하고, 특히 CHI 위치가 도로인 경우에는 특별히 유의하여야 한다.

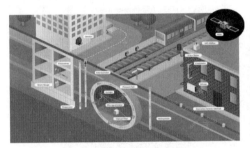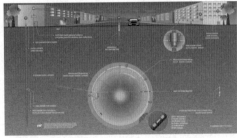

[그림 3.34] TBM 터널 계측

BM 장비 정지 및 커터 교체 작업 시 주변 지반에 상당한 영향을 미치게 되므로 지반에 어떤 변화가 발생할지 예측하고 관리하는 것이 매우 중요하다. 특히 TBM 정지 시의 주요 변화사항으로는 막장압 변화, 지하수 유입 증가, 지반 침하 발생, 주변 구조물에 영향 등이 있다. TBM 장비 정지 시 계측은 터널 굴착 공사의 안전성과 효율성을 높이는 데 필수적이므로 다양한 계측 장비를 활용하여 지반 거동을 정확하게 파악하고, 실시간으로 모니터링하여 안전 문제를 예방해야 하며, 긴급 상황에 대비하여 비상 대응 계획을 수립해야 한다.

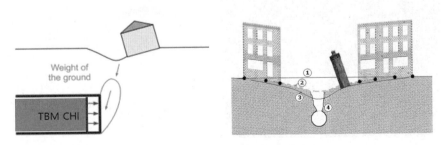

[그림 3.35] TBM CHI 시의 주요 리스크

2.5 피난연락갱(Cross Passage) 시공에 주의하자

단선 병렬의 터널의 경우 상행선과 하행선을 서로 연결해주는 방재통로의 의미인 피난연결 통로(cross passage)를 일정한 간격으로 반드시 설치하도록 하고 있다. [그림 3.36]에는 TBM 터널에 설치된 전형적인 피난연결통로가 나타나 있다. 피난연락갱은 화재, 붕괴 등의 비상 상황 발생 시 인원과 장비를 안전하게 외부로 이동시키는 주요 통로이고, 구조대가 사고 현장에 신속 하게 접근하고 구조 작업을 수행할 수 있도록 지원하며, 터널 내부의 유해 가스를 배출하고 신 선한 공기를 공급하여 피해를 최소화하는 역할을 한다.

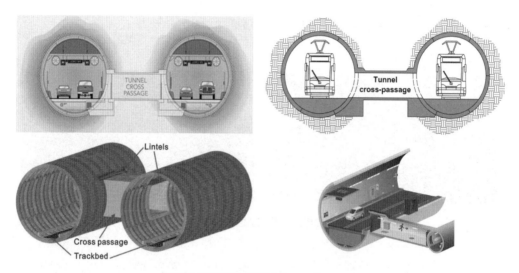

[그림 3.36] TBM 터널과 Cross Passage

특히 TBM 터널에서 피난연결통로는 본선구간의 TBM 공법과는 달리 NATM 공법으로 설계 되고 시공되는 경우가 대부분이다. 즉 기설치된 세그먼트를 분해하고 여기에 일정한 공간을 굴 착하게 되므로 가장 리스크가 큰 공정이다. 따라서 피난연결통로 시공 시 안전관리가 요구된다.

[그림 3.37] TBM 터널에서의 피난연결통로 시공

연약한 지반이나 불안정한 지반 조건에서는 피난연락갱의 안정성을 확보하기 위해 그라우팅이 필요하다. 프리 그라우팅은 굴착 전에 시행하는 그라우팅으로 굴착 중 발생할 수 있는 지하수 유입을 차단하기 위한 목적으로 주로 지상에서 수행된다. Post-grouting은 터널 굴착 후 시행하는 그라우팅으로 갱내에서 피난연락 중 주변에 터널 주변 지반의 안정성을 확보하기 위한 목적으로 수행된다. 특히 그라우팅을 실시한 후 시험 천공을 통하여 충분한 차수 성능을 확인한 후 피난연락갱을 굴착하도록 하여야 한다.

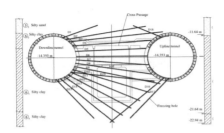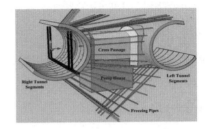

[그림 3.38] 피난연락갱 시공 전 프리 그라우팅

TBM 터널에서 피난연락갱 굴착으로 인하여 주변 지하수 유입 등으로 붕락사고 및 지반 함몰 사고가 발생하는 경우가 많아짐에 따라, 기존의 NATM 굴착의 대안으로 기계식 굴착기술도 개발되어 적용되고 있다.

(a) Cross Passage NATM Construction

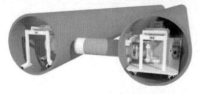

(b) Mechanized Cross Passage Technology

[그림 3.39] 피난연락갱 NATM 시공과 기계화 시공

3. 터널에서의 지오 리스크 관리

3.1 시공 중 지오 리스크 확인 프로세스

시공 중 변화하는 지반/암반에 대한 평가는 조사·설계단계에서 지질 및 암반 특성을 완전하게 파악할 수 없는 지반조사의 한계성을 시공단계에서 직접 확인하고 보완하기 위한 과정이다. 이는 모든 지하공사에서 지반 불확실성으로 인한 지오 리스크를 줄이고자 하는 기술적 노력이라 할 수 있다. 하지만 터널공사에서의 시공 중 변화하는 지반/암반에 따라 당초 예상했던 공사비 및 공기에 미치는 영향이 매우 크기 때문에 시공 중 변화하는 지반/암반에 대한 평가절차는 객관성과 전문성 그리고 합리성을 가져야만 하므로 이해당자인 조사/설계자, 시공자, 감리자 및 감독과의 협의나 소통이 매우 중요하게 된다.

시공 중 변화하는 지반/암반에 대한 평가에서의 객관성은 정량적인 공인된 평가도구를 통하여 확보되며, 전문성은 터널전문기술에 근거한 경험있는 기술자가 수행을 통하여 확보되며, 합리성은 이해 당사자 간 합리적인 의사결정 절차 과정을 수행하고 이를 확인하는 절차를 통하여 확보하도록 해야 한다. 객관성과 전문성 그리고 합리성은 지오 페이스 매핑 수행체계에서 있어 중요한 요소이다.

또한 시공 중 변화하는 지반/암반에 대한 평가는 시공 중 예상했거나 예상하지 못했던 지오 리스크를 직접 확인하게 됨으로써 시공 중에 터널 안정성 및 시공성을 확보하기 위한 다양한 리스크 관리 및 컨트롤 대책을 수립하여 시공 중 합리적인 공사관리를 수행하게 된다.

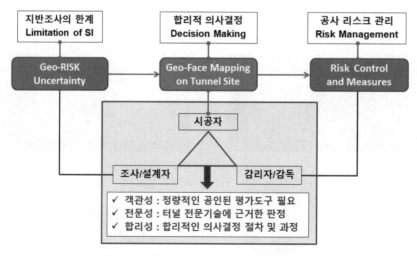

[그림 3.40] 터널에서의 시공 중 의사결정 추진체계

3.2 지오 리스크 관리 및 대처방안

시공 중 변화하는 지반/암반에 대한 평가는 터널의 기본적인 철학의 중심에 있다. 이는 설계단계에서의 지반조사의 한계를 해결하기 위하여 시공단계에서 직접 확인된 막장면의 암반 상태에 따라 적절한 지보를 선정하고 시공하는 NATM 공법의 원리를 실현하는 것이며, TBM 굴진에 따라 굴진면과 굴진데이터를 지속적으로 관리해야 하는 TBM 공법의 기본을 구현하는 것이다.

하지만 터널공사에서의 시공 중 변화하는 지반/암반에 대한 평가는 여러 가지 이유에 의해 터널현장에서 적극적으로 시행되지 못하고 있다. 이는 지질 및 암반 분야라고 하는 기술적 특수성뿐만 아니라 설계자, 시공자, 감리자 및 발주자와의 역할과 책임의 한계, 주관과 경험에 의존하는 평가절차 및 방법 등 실제 터널현장에서 많은 문제점을 가지고 있기 때문이다.

최근 터널공사의 기술이 발전함에도 불구하고 많은 터널 사고 등이 꾸준히 발생함에 따라 시공 중 변화하는 지반/암반에 대한 평가를 보다 효율적이고 객관적으로 운영할 수 있는 시스템에 대한 니즈가 많다. 이를 위해서는 먼저 시공 중 변화하는 지반/암반에 대한 평가 방법을 간소화하고 및 표준화하는 작업이 필요하며, 경험과 자격이 있는(accredited and qualified) 터널기술자가 직접 수행하도록 하며, 암판정 평가결과를 체계적으로 시공 프로세스에 적용하도록 하며, 확인된 지오리스크에 대한 리스크 대처방안을 수립하고 반영하도록 해야 한다. 이는 터널현장에서 직접 확인된 문제를 경험있는 기술자의 의사결정을 통하여 문제를 해결하고 관리하는 선진적인 터널공사 관리시스템을 구축하는 것이다.

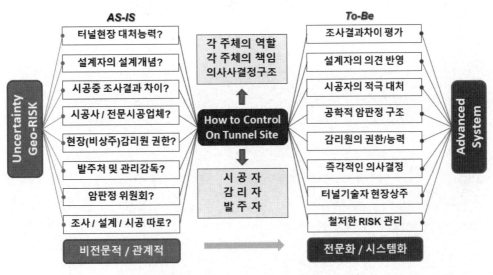

[그림 3.41] 터널에서의 시공 중 지오 리스크 관리방안

Suggestion for Tunnel Construction Management System

신진 터널공사 관리시스템 제안

SUGGESTION

선진 터널공사 관리시스템 제언

Suggestion for Tunnel Construction Management System

본 장에서는 지반불확실성에 의한 지반 리스크와 이를 시공 중에 관리해야 하는 지하터널공사의 특성을 살펴보고, 국내 터널공사의 문제점을 조사/설계, 시공/감리 및 감독 등의 측면에서 고찰하였다. 또한 해외 선진국에서 운영되고 있는 글로벌 터널 공사관리의 핵심사항을 분석함으로써 선진 터널공사관리시스템(T-CMS)을 도출하였다. 이 시스템은 국제엔지니어링 계약 시스템에서 발주자, 시공자 그리고 엔지니어(PMC) 간의 관계를 현재의 국내 건설사업관리 방식에 도입하거나 개선하는 터널공사 관리시스템이라 할 수 있다. [표 4.1]에는 선진 터널공사관리시스템의 주요 특성을 10가지 키워드로 정리하여 나타내었다.

본 시스템은 현재 지하터널공사의 문제점을 근본적으로 개선하기 위한 것으로, 선진화된 합리적인 방법으로 터널공사를 수행하게 함으로써 지하터널 공사 중 발생하는 리스크에 능동적으로 대응하여 공사 당자자 간의 리스크를 적극적으로 분담하게 하는 것이다. 이러한 시스템을 도입함으로써 부실공사를 예방하고, 안전한 터널시공이 가능할 것이다.

[표 S.1] 선진 터널공사 관리시스템의 주요 특성

	Key Word	As-is	To-Be
1	터널 전문감리	전문성 결여	터널 전문성 강화
2	설계 체크/검증 시스템	설계 검증 부족	설계 체크시스템
3	설계자의 시공협업/관리	설계자의 권한 부족	설계자 책임 강화
4	터널 리스크 관리	리스크 관리 없음	리스크 평가 구축
5	통합 데이터 관리	데이터 관리 부족	데이터 통합관리
6	터널공사 리스크 분담	시공자 부담	발주자/시공자 분담
7	안전관리 체계	안전관리 부족	안전관리시스템 구축
8	터널 현장중심	문서 중심의 결정	현장에서의 결정
9	터널 현장자료	공개 제한	제3자에게 공개
10	의사소통 구조	의사소통 부족	소통의 활성화

1. 선진 터널공사 관리시스템

국내의 터널공사 관리의 문제점을 개선하기 위하여 선진 터널공사관리시스템을 도출하였으며, 본 시스템의 핵심적인 구성요소를 정리하면 다음과 같다.

- 터널 전문감리 시스템 : 터널 현장에 터널업무에 대한 전문 사업관리책임자를 상주하도록 하여, 터널공사에 관한 문제에 대한 의사결정을 현장에서 즉각적으로 이루어지도록 한다.
- 터널 설계검증 시스템 : 설계자가 수행한 설계내용에 대하여 독립적인 설계검증엔지니어가 검증하도록 하여 터널설계에서 발생할 수 있는 오류나 문제를 최소화하도록 한다.
- 터널 책임설계 시스템 : 설계를 담당한 책임설계자가 시공과정에서 발생하는 시공내용 및 변경설계에 대하여 확인하고, 시공자를 지원 또는 협업하고 책임을 지도록 한다.
- 터널 리스크 관리시스템 : 안전설계 개념을 도입하여 설계단계에서 리스크를 확인하고 평가하며, 시공단계에서 리스크 저감대책을 시행하고 관리하도록 한다.
- 터널 통합정보 관리시스템 : 터널 설계에 BIM을 도입하여 설계성과품을 작성하고, 시공단계에서의 다양한 정보를 통합적으로 관리하고 개방형으로 운영하도록 한다.

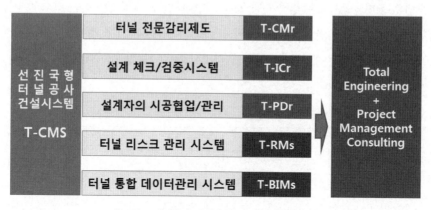

[그림 S.1] 선진 터널공사관리시스템 구성

국내 터널공사의 건설관리시스템에 대한 기본적인 체계는 [그림 4.2]에 나타나 있다. 그림에서 보는 바와 같이 국내 터널공사관리는 발주자와 시공사 그리고 건설사업관리자(또는 책임감리자)로 구성된다.

건설사업관리(CM)제도의 도입으로 건설사업관리자의 권한과 역할 그리고 업무범위 등이 잘 정리되어 있지만 실제적으로 이러한 시스템이 정상적으로 운용되는 것은 쉽지 않은 것이 현실이다. 이는 발주자와의 계약 관계, 시공자의 원가중심의 관리시스템, 감리원의 기술적 제약 등으로 인한 것으로, 단지 터널공사의 문제만은 아니라 할 수 있다. 하지만 지반불확실성으로 인한 지반공학적 리스크가 상대적으로 큰 지하터널공사는 이러한 시스템으로는 안전사고의 문제점을 가지고 있으며, 실제로 많은 지하터널공사의 부실과 안전문제라는 현실로 나타나고 있다.

터널공사에서의 가장 합리적인 시스템은 터널전문기술자들이 현장중심으로 공사 중 즉각적인 의사결정을 수행하도록 보장하며, 터널 기술자에게 독립적인 권한과 책임을 부여하는 것이라 할 수 있다. 이를 위해서는 선진국에서 운용되는 터널 공사관리시스템을 참고로 하여 관련법규나 제도 그리고 시스템의 총체적인 개선이 요구된다.

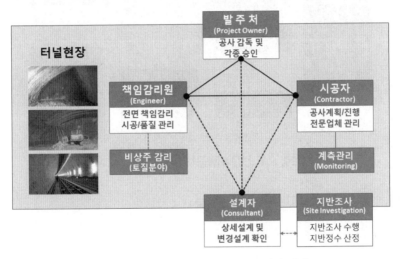

[그림 S.2] 국내 터널공사 관리시스템의 체계

선진국에서 운영되는 터널공사관리방법을 참고하고, 국내 현재의 여건을 반영하여 선진 터널공사 건설관리시스템을 도출하였다. 본 시스템의 기본적인 체계가 [그림 4.3]에 나타나 있다. 그림에서 보는 바와 같이 발주자와 시공사 그리고 건설사업관리자(또는 책임감리자)외에 터널기술자로 구성된다.

본 시스템의 기본적인 방향은 터널전문가가 현장에 상주하면서 지반의 불확실성에 대한 리스크를 시공 중에 확인하고 이에 대한 즉각적인 대처를 하도록 하자는 것이다. 이러한 역할을 담당하는 전문 감리자(T-CMr)는 발주자와 시공자로부터 객관성과 독립성을 확보하여 기술적인 의사결정을 하도록 하는 것이다. 또한 터널설계의 책임기술자(T-PDr)가 설계단계에서부터 리스크 평가를 통한 안전설계를 수행하고, 설계내용이 시공에 실현되는 과정을 확인하도록 하여 설계자가 시공단계에서의 권한과 책임을 가지도록 하는 것이다. 또한 설계자는 설계내용과

성과품에 대하여 독립적인 체커엔지니어(T-ICr)에게 검증을 받도록 하여 설계자의 오류 및 문제점을 사전에 방지하도록 하는 것이다.

이와 같이 본 시스템은 각각의 기술자가 업무를 수행하면서 일정한 권한과 책임하에서 독립적이고 동등한 관계를 가지며, 상호 체크를 통한 협업 시스템이다.

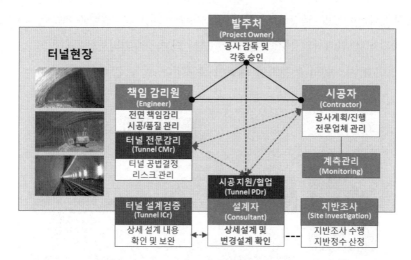

[그림 S.3] 선진 터널공사관리시스템의 체계

2. 선진 터널공사 관리시스템의 주요 특징

▌지하터널공사에서 리스크는 가장 중요한 관리요소이다

지하터널공사는 지반의 불확실성과 이로 인한 지반리스크가 존재하게 된다. 다양한 지반조사기법을 통하여 터널구간에 대한 지질 및 지반특성을 분석하고, 그 결과로부터 터널 전 구간에 예상되는 지반리스크를 확인하게 되며, 설계단계에서 예상된 지반리스크를 고려하여 터널 지보패턴과 보강공법을 설계하게 된다. 그러나 조사·설계단계에서 지반 리스크를 완벽하게 파악하는 것은 매우 어렵기 때문에, 터널 시공단계에서 지반리스크에 대한 대책이 필요하게 된다. 일반적으로 터널시공 중 막장관찰을 통하여 암반을 평가하고, 그 결과로부터 적절한 지보공 또는 보강공법을 선정하여 시공함으로써 터널의 안정성을 확보하는 것이 가장 중요한 터널시공 프로세스라 할 수 있다. 이와 같이 지하터널공사의 가장 중요한 관리 요소는 바로 지반리스크이며, 설계단계에서 리스크 확인과 평가가 수행되고 시공단계에서 리스크가 관리되어야 한다.

▌국내 터널공사는 리스크 분담 중심의 공사관리로의 전환이 요구된다

국내 지하터널공사는 계속되는 부실공사와 안전사고문제로 인하여 국가적 사회적 이슈가 되어 왔으며, 이러한 문제점을 근본적으로 개선하고 보다 효율적인 공사시스템으로의 전환은 터널 기술자들에 있어 오랜 과제이라 할 수 있다. 하지만 발주자에 의한 불합리한 계약관계와 시공자중심에 의한 원가중심의 현장운영, 건설사업관리자(감리자)의 기술적 한계와 비용부족, 설계자의 권한과 책임부재 등으로 인하여 조사/설계, 시공/감리, 감독 등의 모든 부분에서의 문제점들이 존재하는 국내 터널공사의 현실이다.

이러한 불합리한 터널공사시스템을 근본적으로 개선하기 위해서는 터널 공사 중 발생하는 리스크를 효율적으로 관리할 수 있는 체계적인 시스템을 구축하여야 한다. 이를 위해서 건설사업관리자와 터널전문가의 권한과 책임강화, 설계자의 현장변경설계와 시공 책임강화, 시공자의 리스크 관리 및 안전관리를 포함한 공사관리시스템을 만들어 공정하고 합리적인 의사결정체계로의 전환이 필요하다.

▌선진국에서의 지하터널공사는 현장중심의 전문가 책임시스템이다

선진국에서의 공사관리는 국제엔지니어링 계약시스템의 발주자, 시공자 그리고 엔지니어로 구성되어 있으며, 엔지니어는 발주자를 대신하여 단순한 시공감리업무에서 벗어나 전반적인 프로젝트관리를 주관하는 건설사업관리자(PMC)로서의 역할을 수행하고 있다. 특히 지하터널공사에서는 일정한 경력과 엔지니어링 능력을 자진 터널 전문기술자를 상주시켜 터널 공사 중 발생하는 리스크에 대한 적극적으로 대처하도록 하고 있다

또한 영국과 싱가포르와 같은 선진국에서는 설계단계에서 리스크 관리를 포함한 안전 설계(Design for safety, DfS) 개념과 안전사고 방지를 위한 설계(Prevention through Design, PtD)를 도입하여, 설계단계에서부터 안전관리를 강조하고 있다. 그리고 설계자, 시공자 및 엔지니어(PMC)가 동등한 계약적 관계에서 각각의 책임과 권한을 가지고, 정확한 공사관리 프로세스와 통합적인 의사결정을 통하며 공사를 수행하고 있다.

▌선진 터널공사관리시스템은 공정한 협력체계의 관리시스템이다

선진 터널공사관리시스템은 지하터널공사를 수행함에 있어 시공현장에서의 기술자 중심의 합리적인 의사결정시스템이라 할 수 있다. 이는 지반의 불확실성에 적극적으로 대처하여 공사 중 리스크를 최소화하기 위하여 현장에 터널 전문기술자를 상주시켜 공사관리를 리딩하도록 하며, 프로젝트 전 단계에 걸쳐 리스크 관리시스템을 적용하게 하여 안전시공이 되도록 하며, 공사에 관련된 모든 자료를 피드백하여 통합관리하도록 함으로써 공사의 안전성과 신뢰성을 높이도록 하였다.

본 시스템은 국내 터널공사의 문제점을 개선하기 위하여 도출된 것으로 실제 터널공사에 적용하기 위해서는 기존 제도와 시스템에 접목하는 정책적 개선작업이 병행되어야 한다. 이는 향후 글로벌 시장에서의 진출과 성장을 위해 국내 건설제도와 엔지니어링 그리고 건설시스템을 글로벌 스탠다드 시스템으로의 변환하는 과정으로서 글로벌 엔지니어로서 공정한 권한과 책임을 가지는 시스템을 구축하는 작업이라 할 수 있다.

3. 안전성 제고를 위한 터널공사의 선진화 제언

터널공사는 다른 구조물에 비교하여 지반공학적 불확실성(Uncertainty)에 의하여 많은 어려움을 겪는 것이 사실이다. 이는 터널 낙반사고 등과 같은 대형사고를 수반하기도 하고 공사의 어려움으로 인한 부실시공의 형태로도 나타나기도 한다. 실제 터널 현장에서 조사자, 설계자, 시공자가 느끼고 고민하는 문제는 상상 이상이며 매우 열악한 것이 작금의 현실이다. 또한 그 문제점을 직시하고 이를 개선하기 위한 노력은 모든 터널 기술자의 바람일 것이다.

이러한 문제점을 개선하는 방법은 무엇이 있을까? 이를 구체적으로 살펴보기 위한 첫 번째 과정이 바로 다른 나라, 특히 선진국에서는 어떻게 터널공사를 관리하고 있는지를 살펴보는 것이다. 지난 몇 년간 한국이 아닌 다른 나라에서 근무하면서 참 다른 시스템으로 관리되고 운영되는 것이 놀랐고, 과연 이러한 시스템이 국내에 적용될 수 있을지 회의적이기도 하였다. 물론 그곳에서도 터널 사고도 발생하고 기술적 문제점이 없는 것은 아니지만 그들이 갖는 기술적 장점이 분명히 있고, 우리가 배워야만 한다는 것이다.

해외의 선진적인 터널공사의 건설시스템을 이해하기 위해서는 먼저 국제 계약시스템을 이해해야 하는데, 이를 기본으로 한 공사관리시스템을 파악해야만 한다. 이것이 건설공사시스템의 기본 프레임으로 해외 건설문화에 대한 종합적인 사고의 틀 속에서 가능한 것이기도 하다. 즉 다시 말하면 커다란 건설시스템의 한 축으로서 터널과 같은 지하공사에 대한 특징적인 관리를 필요로 한 것이며, 이것이 바로 지반불확실에 의한 지반 리스크에 대한 분석과 평가, 리스크에 대한 공사당사자 간의 분담(Sharing) 그리고 리스크에 대한 관리 책임 등을 명확히 하여야 한다는 것이다.

이러한 관점에서 터널공사의 건설시스템의 중심적인 핵심사항과 기본적인 틀은 다양한 분석과 검토를 통하여 충분히 도출되었다고 판단된다. 많은 터널 기술자들의 현장에서의 Need와 VOC를 바탕으로 보다 현실적인 방안들이 만들어져야 함은 물론이다. 또한 이러한 것들이 정책과 제도 속에 반영될 수 있도록 터널 기술자들이 꾸준히 노력해야 할 것이다.

AUTHOR

1983년 서울대학교 자원공학과에 입학, 1993년 동 대학원에서
암반공학 박사학위를 취득하였다. 대우건설, 삼보기술단, 삼성물산
등의 현업에 재직하면서 설계와 시공에 대한 다양한 실무를 경험하고
화약류 관리 기술사 및 지질 및 지반기술사를 취득한 후, 전문학회 이사
와 공공기관의 자문위원 및 평가위원으로서 활동하고 있다. 서울대학교와
호주 UNSW 대학교를 거쳐 글로벌 설계사인 Parsons Brinckerhoff에서
터널 전문가로서 컨설팅 업무를 수행하였으며, 현재 종합설계사인
(주)건화에서 설계업무와 전략기획업무를 담당하고 터널전문엔지니어
로서 활동하고 있다.

김영근 Kim Young Geun

babokyg@hanmail.net / babokyg@kunhwaeng.co.kr

경력 CAREER

1983 – 1993	서울대학교 자원공학과 암반공학 전공(공학박사)
1993 – 2002	대우건설 토목연구팀 책임연구원
2002 – 2006	삼보기술단 지반사업부 이사
2006 – 2012	삼성물산 토목엔지니어링팀 부장
2012 – 2012	서울대학교 에너지자원공학과 겸임교수
2012 – 2013	University New South Wales, Mining School / Visiting Researcher
2013 – 2015	Parsons Brinckerhoff Singapore, CS Division / Tunnel Specialist
2015 – 현재	(주)건화 지반터널부/기술연구소/전략기획실 부사장
2020 – 현재	명지대학교 토목환경공학과 유지관리대학원 겸임교수

자격 CERTIFICATES

1996	화약류 관리기술사 (No. 96147100022V)
1997	지질 및 지반기술사 (No. 97150100042L)

저서 PUBLICATIONS

2003	터널의 이론과 실무 – 터널공학시리즈 1 (공저)	한국터널공학회
2007	터널의 이론과 실무 – 터널공학시리즈 2 (공저)	한국터널공학회
2007	터널기계화 시공 – 설계편 (공저)	한국터널공학회
2008	터널 표준시방서 (공저)	국토해양부/한국터널공학회
2009	지반기술자를 위한 지질 및 암반공학 I (공저)	한국지반공학회
2010	대단면 TBM 터널 설계 및 시공 (공저)	삼성물산
2011	지반기술자를 위한 지질 및 암반공학 II (공저)	한국지반공학회
2011	터널설계시공 (공역)	씨아이알
2012	지반기술자를 위한 지질 및 암반공학 III (공저)	한국지반공학회
2013	응용지질 암반공학	씨아이알
2015	글로벌 터널 설계 엔지니어링 실무	씨아이알

2017	터널 라이닝 설계 가이드	씨아이알
2018	선진국형 터널공사 건설시스템	한국터널지하공간학회
2019	터널공사 시방서	씨아이알
2020	터널맨 이야기	씨아이알
2021	로드헤더 기계굴착가이드 (공저)	씨아이알
2022	터널 리스크 안전관리	씨아이알
2022	암반 지오리스크	씨아이알
2022	TBM 터널 이론과 실무 (공저)	씨아이알
2023	터널 페이스 매핑	씨아이알
2024	터널 스마트 지하공간	(주)에이퍼브프레스

대외활동 ACTIVITIES

2000 – 현재	한국암반공학회 발전위원장
2002 – 현재	한국지반공학회 부회장
2002 – 현재	한국터널지하공간학회 부회장
2016 – 현재	국토교통부 중앙건설기술심의위원 (토질 및 터널)
2000 – 현재	국토교통과학기술진흥원 R&D 및 신기술평가위원
2015 – 현재	과학기술정보통신부 기준수준평가 전문가 (건설교통분야)
2002 – 현재	한국도로공사 설계자문위원 (토질 및 터널)
2018 – 현재	국가철도공단 설계자문위원 (토질 및 터널)
2018 – 현재	한국광해공단 평가위원 및 출제위원
2016 – 현재	국가기준위원회 위원 (터널)
2021 – 현재	새만금개발공사 기술심의위원(토질 및 기초)
2021 – 현재	국토교통부 국가건설사고조사위원

수상 AWARDS

2001	한국암반공학회 일암논문상
2008	국토해양부 장관상
2008	한국터널공학회 논문상
2009	한국암반공학회 공로상
2011	한국암반공학회 기술상
2012	한국지반공학회 기술상
2017	(주)건화 개인 우수상
2017	한국지반공학회 저술상
2018	한국지반공학회 기술상
2018	한국터널지하공간학회 학회장상
2020	한국도로공사 사장 표창
2021	한국지반공학회 특별상
2021	대한토목학회 저술상
2022	한국터널지하공간학회 공로상
2022	한국암반공학회 공로상
2022	한국건설인정책연구원 우수강사상
2023	국무총리 표창장

TUNNEL ACCIDENTS & UNDERGROUND SAFETY

터널 사고와 지하 안전

초판 발행 | 2025년 1월 31일

지은이 | 김영근
펴낸이 | 김성배
펴낸곳 | (주)에이퍼브프레스

책임편집 | 최장미
디자인 | 엄혜림, 엄해정
제작 | 김문갑

출판등록 | 제25100-2021-000115호(2021년 9월 3일)
주소 | (04626) 서울특별시 중구 필동로8길 43(예장동 1-151)
전화 | 02-2274-3666(대표) **팩스 |** 02-2274-4666
홈페이지 | www.apub.kr

ISBN   979-11-986997-8-7 (93530)